国家出版基金项目

教育部文科重点研究基地重大项目

叶朗 主编 朱良志 副主编

中国美学通史

清代卷

HISTORY

OF

CHINESE

AESTHETICS

朱良志 肖鹰 孙焘 崔树强 著

江苏人民出版社

图书在版编目(CIP)数据

中国美学通史. 清代卷/叶朗主编;朱良志等著. --
南京:江苏人民出版社,2021.3
ISBN 978-7-214-23588-6

Ⅰ.①中… Ⅱ.①叶… ②朱… Ⅲ.①美学史－中国
－清代 Ⅳ.①B83-092

中国版本图书馆 CIP 数据核字(2020)第 036312 号

中国美学通史

叶 朗 主编 朱良志 副主编

第七卷 清代卷

朱良志 肖 鹰 孙 焘 崔树强 著

项 目 策 划	王保顶
项 目 统 筹	胡海弘
责 任 编 辑	张惠玲
装 帧 设 计	周伟伟
出 版 发 行	江苏人民出版社
地 址	南京市湖南路 1 号 A 楼,邮编:210009
网 址	http://www.jspph.com
照 排	江苏凤凰制版有限公司
印 刷	苏州市越洋印刷有限公司
开 本	652 毫米×960 毫米 1/16
印 张	214.75 插页 32
字 数	2 980 千字
版 次	2021 年 3 月第 2 版
印 次	2021 年 3 月第 1 次印刷
标 准 书 号	ISBN 978-7-214-23588-6
总 定 价	880.00 元(全八册)

江苏人民出版社图书凡印装错误可向承印厂调换

总　序

一

中国历史上有极为丰富的美学理论遗产。继承这份遗产，对于我国当代的美学学科建设，对于我国当代的审美教育和审美实践，对于21世纪中华文化的伟大复兴，有着重要的意义。近代以来，梁启超、王国维、蔡元培、朱光潜、宗白华等前辈学者对这份美学理论遗产进行了整理和研究，取得了重要的成果。20世纪80年代以来，学术界开始尝试对中国美学的发展历史进行系统的研究，出版了一批中国美学史的著作。我们试图在前辈学者和学术界已有研究成果的基础上，写出一部更具整体性和系统性的中国美学通史，力求勾勒出中国美学思想发展的内在脉络，呈现中国美学的基本精神、理论魅力和总体风貌。

二

我们在《中国美学通史》的写作中注意以下几点：

一、《中国美学通史》是关于中国历史上美学思想的发展史。美学是对审美活动的理论性思考，是表现为理论形态的审美意识，所以这部美学通史不同于审美文化史、审美风尚史等著作。

二、中国美学史的发展,在一定程度上体现为美的核心范畴和命题的发展史。一个时代美学的核心范畴和命题的形成和发展,反映那个时代美学的基本精神和总体风貌。这部通史重视研究各个时期的重要美学概念、范畴和命题,力求通过这样的研究勾勒出一个理论形态的中国美学发展的历史。

三、这部通史注意在历史发展过程中把握中国美学的内在逻辑线索,不同于孤立地介绍单个的美学家和单本的美学著作。

四、中国美学的一个重要特点是它不限于少数学者在书斋中做纯学术的研究,而是与人生紧密结合,与各个门类的艺术实践紧密结合,它渗透到整个民族精神的深处。因此,我们这部通史既注意在哲学、宗教等相关著作中发现有价值的思想,又注意发掘艺术理论、艺术批评中所蕴涵的丰富的美学思想,同时还注意到各个时代的社会生活中寻找美学理论与现实人生相互联结的各种材料,以更深一层地显示美学理论的时代特色。

五、这部通史注意新材料的发现,同时力求以研究者独特的眼光去发现和照亮历史材料中的新的意蕴。这部通史的写作还力求体现我们这个时代的时代精神。这部通史从上古时期的商代开始一直写到1949年,反映中国美学从上古时代到近现代的全幅波动,但并不意味着把它写成过往时代历史材料的堆积,我们力求使这部通史反映当代的理论关注点,反映当代的美学理论的追求,从而在某种程度上使它成为一部闪耀着当代光芒的美学史。

三

这部《中国美学通史》是由教育部文科重点研究基地北京大学美学与美育研究中心组织编写的。由叶朗任主编,朱良志任副主编。全书由江苏人民出版社出版。

这部美学通史共有八卷,分别是先秦卷、汉代卷、魏晋南北朝卷、隋唐五代卷、宋金元卷、明代卷、清代卷、现代卷。

　　这部书的著者以北京大学的学者为主,同时邀请了国内其他高校的一批有成就的中青年学者参加。本书从 2007 年启动,前后经过六年多时间。全书初稿完成后,又组织几位学者进行统稿。参加统稿的学者为:叶朗、朱良志、彭锋、肖鹰。统稿时对各卷文稿作了若干修改,其中对个别卷作了较大的修改。

　　这部美学通史被列入教育部文科基地重大项目,并获得国家出版基金资助,我们对此表示深深的谢意。本书编写过程中得到北京大学相关部门的帮助,很多学者参加过本书从提纲到初稿的讨论,在此一并表示谢意。

　　由于多方面的原因,全书还存在着很多缺点,敬请读者提出批评意见。

目　录

导　言

清代美学是中国美学发展的关键时期。明末清初以来,社会的动荡,思想的激越,也带来美学观念的变革。

这一时期美学发展的重要标志之一,是一些具有重要价值的美学体系的形成。如王夫之论诗学,以"意象"为中心建立起独特的美学系统;石涛论绘画,以"一画"为中心,建立起一种强调生命创造的系统美学思想。

此时美学发展的另一个重要特点,是在继承传统美学基础上,对很多重要问题进行深入讨论,有明显的理论推进。如书法在追求金石风气影响下,形成了尊碑抑帖的观念,其讨论中触及中国美学一系列重要问题,如关于美丑、巧拙、天趣人工诸问题的论述有新的推展。明代中期文人园林的营建达到高潮,但理论的整合和突破则在明末清初,影响园林理论的几部重要著作(如计成的《园冶》、祁彪佳的《寓山注》)均出现于此期,其所涉及的空间意识、意境创造等思想具有重要美学价值。小说评点之学盛行,也带来了理论上的突破,金圣叹、李贽、张竹坡、毛宗岗、脂砚斋等都有重要理论贡献,对艺术真实等一系列问题发表了重要见解。

清代美学开启了近现代中国美学发展的进程,从王国维的"境界"理论以及 20 世纪以来的审美意象理论中,即可以辨析出与王夫之以来美学之间的内在关系。

第一章　王夫之的美学思想

第一节　王夫之的生平和著作

中国古典美学在明末清初进入了自己的总结时期。作为这一时期的标志，是王夫之的美学体系和叶燮的美学体系。

王夫之（1619—1692），字而农，号姜斋，湖南衡阳人，曾任南明桂王政府行人司行人，晚年居衡阳西北石船山，因称船山先生。王夫之是清初伟大的儒学思想家，一生著书一百多种，见于著录的有 88 种，计 390 卷。其中 70 种收入《船山遗书》。

王夫之是中国文化史上不多的集大思想家与大文论家于一身的人物。[①] 王夫之的哲学思想是中国思想史上的一个高峰，这已经为学界广泛了解。王夫之还有很深的诗学修养。他自己说："十六而学韵语，阅古今人所作诗不下十万。"他的美学思想，主要就表现于他论诗的著作中。他论诗的著作有《诗译》、《夕堂永日绪论内编》、《南窗漫记》，合称《姜斋诗话》。他还编有《古诗评选》、《唐诗评选》、《明诗评选》三部诗歌选集。

[①] 萧驰：《抒情传统与中国思想：王夫之诗学发微》，第 4 页，上海古籍出版社，2003 年。

过去研究王夫之的学者比较注意《姜斋诗话》，对这三部"评选"注意不够。其实这三部"评选"的重要性不亚于《姜斋诗话》。王夫之在这三部诗歌选集中写了大量的评语，其中包含有极丰富的美学思想。不研究这些评语，对王夫之的美学思想就不可能获得全面的了解。

王夫之还有诗经学著作，如《诗译》、《诗广传》等，他在《诗译》中说："陶冶性情，别有风旨，不可以典册、简牍、训诂之学与焉也。"他力求突破以往从政治隐喻式文字、名物考证等方面解《诗》的经学传统，着重分析《诗》的审美特质。

除了以上这些著作之外，在王夫之的《尚书引义》、《张子正蒙注》等政治、哲学著作中，也有不少有关美学的论述。

王夫之的美学和同时代叶燮的美学有很多相似的地方。这两位大思想家在理论上的成就，把中国古典美学的发展推上了一个灿烂的高峰。人们常说李白和杜甫是中国诗歌史上的双子星座，我们也可以说，王夫之和叶燮是中国美学史上的双子星座。

王夫之曾用很激烈的词句，对杜甫、白居易、李贽等人进行批评，其中不乏片面不当的地方。但是，这并不是说，王夫之对杜甫等人的批评完全都是错误的，其中也有合理的地方。这要我们进行具体的分析。

过去学术界对王夫之的美学思想研究很不够。我们在本章中也只能从几个主要方面对王夫之的美学思想作一些粗略的介绍。我们希望通过这些介绍，能够使读者对王夫之美学思想的深刻性有所感受。进一步深入地研究王夫之的美学体系，还是摆在美学史工作者面前的一个重大课题。[①]

与其他清初思想家一样，王夫之哲学和美学思考的背景也是明末的社会动荡。在农民起义和关外骁骑的接连冲击下，明政权的不堪一击、士大夫的软弱无能，都对当时的思想界产生了极深的触动。明末清初的

---

① 本节有关王夫之美学思想的论述参考了叶朗的有关著作，参看叶朗《中国美学史大纲》，第451—483页。

儒家学者把社会的颓势归咎为空疏狂放的王(阳明)学末流对道德人心的败坏。为了在思想上拨乱反正,清初的思想家们纷纷把目光转向王学当初反对的以"格物致知"为标榜的朱子学。在政治鼎革的时代背景下,儒学内部所谓"理学"和"心学"的矛盾又重新被提起了。

王夫之独辟蹊径,把学术资源追溯到比朱熹更早的张载那里。他一方面像当时人一样,把"理"作为世界秩序的总代表①,另一方面,则把"理"放在"气"中讨论,如"理本非一成可执之物,不可得而见,气之条绪节文,乃理之可见者也。故其始之有理,即于气上见理"(《读四书大全说》卷九)。"夫性即理也,理者理乎气而为气之理也,是岂于气之外别有一理以游行气中者乎?"(《读四书大全说》卷十)这种"气上见理"的提法针对的是明朝知识界的空谈玄理的风气。与此相应的,是王夫之对于"道"与"器"、"器"与"象"关系的认识。

"道"与"器"是中国思想史中的一对重要概念。《易传》提出"形而上者谓之道,形而下者谓之器",人们会倾向于认为,"道"与"器"的地位是不平等的,"道"在上而"器"在下,把握"道"是一种更加尊贵的取向。后世的谈玄论理的风气也跟这种认识有关。王夫之针对这种误解,指出"据器而道存,离器而道毁"(《周易外传》卷二),"盈天地之间皆器矣"(《周易外传》卷五),"天下惟器而已矣。道者器之道,器者不可谓之道之器也,无其道则无其器"(《周易外传》卷五)。这些说法反映了一种哲学思想的观念:"道"和"器"是不能分离的,"器"是"道"的承载者,并不存在一种脱离了形而下的"器"而把握"道"的可能性。

王夫之对于"器"的肯定与他高度重视诗歌艺术意象的美学思想有着直接的关联。他在解释《易》的时候,指出了"器"与"象"两个概念的联系。他说:《易》有象,象者像器者也;卦有爻,爻者效器者也;爻有辞,辞者辨器者也。"(《周易外传》卷五)圣人通过《易》而观象玩辞,这

---

① "理者,天之昭著之秩序也。时以通乎变化,义以贞其大常,风雨露雷无一成之期,而寒暑生杀终于大信。君子之行藏刑赏,因时变通而协于大中,左宜右有,皆理也。"(《张子正蒙注》卷三)

是一种把握"道"的方式。正如"道"不能离开"器"而单独存在,王夫之也说"天下无象外之道"(《周易外传》卷六)。"器"与"象"的联系早在《易传》中已有表述。《易传》提出"《易》有圣人之道四",其中就包括"以制器者尚其象"。有学者认为,"象"居于形而下的"器"和形而上的"道"之间,居于有形和无形之间,起到沟通两者的作用。① 我们接下来会看到,在王夫之的美学中,情景交融的意象一方面把具体现实的物色景象化为"道"的呈现;另一方面,又把高妙的玄理落实在人情人事的可感物象当中。王夫之对"器"的强调,体现在美学思想里,就是对于意象的重视。

王夫之的"天下唯器"、"象者像器"等思想在美学上的集中体现就是他对于审美意象的深刻反思和系统总结。他提出"诗者,幽明之际"和"诗者,象其心",揭示了艺术意象对于世界的"照亮"②。基于此,王夫之建立了一个以审美意象理论为核心、以诗歌的"情景"学说为主体的美学体系,构成了中国古典美学的一种总结的形态。

在中国美学的发展中,"意象"是一个概括审美活动(包括文艺创作、欣赏)本体的概念。到了明清时代,已经有一些理论家直接用"意象"来解说诗歌艺术(以及其他艺术)的本体。如明代思想家王廷相说:"夫诗贵意象透莹,不贵事实粘著,古谓水中之月,镜中之影,难以实求是也。""言征实则寡余味也,情直致而难动物也,故示以意象,使人思而咀之,感而契之,邈哉深矣,此诗之大致也。"(王廷相:《与郭价夫学士论诗书》)王廷相强调,诗不是实事的记录,也不是情意的直露,而是"示以意象"。"意象"乃是诗的本体。王夫之继承了这样的思想,并把它们充分地展开了。围绕着"意象",王夫之有两个主要学说,一个是情景说,这是意象的结构论;另一个是现量说,这是意象的生成论。

---

① "道无象无形,但可以悬象或垂象;象有象无形,但可以示形;器无象有形,但形中寓象寓道。或者说,象是现而未形的道,器是形而成理的象,道是大而化之的器。"庞朴:《一分为三》,《庞朴文集》第四卷,第 232 页,济南:山东大学出版社,2005 年。
② 有关审美意象的"照亮"方面的论述,见叶朗《美在意象》,第 74 页,北京大学出版社,2010 年。

王夫之美学体系中的情景说,对诗歌意象的基本结构作了具体的分析。王夫之反复强调,"诗"不同于"志"(或"意"),"诗"也不同于"史"。"诗"的本体乃是审美意象,即"情"与"景"的内在统一。

王夫之借用了佛家法相宗的"现量"概念来说明"情"与"景"的统一。"现量"具有三层涵义,即"现在"义、"现成"义和"显现真实"义。王夫之用这三层涵义对审美观照的特点进行了概括。他指出,在审美观照当中,"情"与"景"统一于人心当下所现的审美意象。"现量"在美学上意味着摒弃了内外、主客二分的思维,也超越了理性的思虑计量。王夫之在情景说和现量说的基础上,对诗歌意象的整体性、真实性、多义性、独创性等特点作了深入的分析,提出了一系列重要的命题。

王夫之对诗歌意境的分析也有许多独到的地方。他把意境与人生境界联系在一起,把诗歌的格局与诗人的胸襟联系在一起,大大超出了一般文艺批评的范围,成为他思想整体的一个有机组成部分。王夫之的美学思想体系既有思想的深度,又有涵摄文艺和现实的广度,是中国美学发展到总结期的一个典范性成果。

第二节 性情说与意象本体论

一、王夫之的性情说

在儒家思想的发展史中有一个聚讼已久的问题,就是人的"性"与"情"的关系问题。自从孟子提出"性善"的主张之后,儒家思想就需要解释"恶"究竟来源于何处。这种解释总体上沿用了孟子的思路,即把一切被称作"恶"的东西归为后天习气力量的影响,导致人走向偏颇过恶的力量,被后来的思想家称为"情"。也就是说,人的先天的"性"是善的,恶来自于后天的"情"。

沿着"性善情恶"的思路,后来的理论和实践都倾向于压抑一切情感,包括那些生活当中的自然合理的喜怒哀乐。这种压抑扭曲了人的正常的性情,也把价值观念导向了虚伪乡愿。这种压抑在明朝达到了一个高峰,道貌岸然和贪婪淫逸并存,引起了一般人的极大厌恶,也激起了思想界对于"性善情恶说"的集体反对。在美学、艺术领域,标举"童心"、"性灵"、"趣"等口号的李贽、公安派等人,都高举着"情"的大旗,跟那些陈腐虚伪的假道学作斗争。这是明代美学的一个突出的亮点。

然而,晚明重"情"思潮也造成了很严重的流弊。对于情的肯定很快走向了极端,人们在"情"的大旗下,把放纵认作率性,把粗疏标为旷达,把淫奢当成豪放,人的动物性的一面被鼓励和放任起来了。这样,社会风气的败坏又走向了另一个极端;而在政治方面,也进一步助长了腐化和无能。明末政治、经济、军事的全面溃败,跟思想文化领域的乱象也有一定的关系。清初学者的反思,正是面对着明代思想在"情"的问题上的极端态度所导致的文化和社会问题。这是王夫之性情说的形成背景。

王夫之对人性人情的认识,要回归到传统儒家的中庸思路上,也就是说,既肯定"情"有存在的合理性,也强调节制情感的重要。他的方法是把"性善情恶"的命题转化成了"性善,情有善有恶"。

王夫之认为,喜怒哀乐之"情"不是"性"的对立物,而是先天之性的自然表露:"内生而外成者,性也,流于情而犹性也。"(《诗广传》卷三《论宾之初筵》)"情者,性之情也。"(《诗广传》卷二《论东山三》)这跟他反对将"理"与"气"、"道"与"器"对立的思路是一致的。在更系统的哲学表述中,他说:"天以其阴阳五行之气生人,理即寓焉而凝之为性。故有声色臭味以厚其生,有仁义礼智以正其德,莫非理之所宜也。声色臭味,顺其道则与仁义礼智不相悖害,合两者而互为体也。"(《张子正蒙注》卷三)与人的自然需求相联系的"声色臭味"与反映社会伦理要求的"仁义礼智"并不必然冲突,两者完全可以而且应该统一在"道"当中。

既然"性"与"情"本为一体,同归于善,那么恶又是从何而来的呢?王夫之指出,"情"有两面性,或者说,有两种不同的发展趋向:一个是导向"贞"的"情",与"性"统一而为善;另一个是导向"淫"的"情",是"性"的反面,也就是恶。他说:"审乎情,而知贞与淫之相背,如冰与蝇之不同席

也,辨之早矣。"(《诗广传》卷一《论静女》)

在王夫之的思想体系里,既然天下万物的存在都归结为"气"的流动,那么,情的"贞"与"淫"也与"气"有关。他说:"情附气,气成动。动而后善恶驰焉,驰而之善,曰惠者也,驰而之不善,曰逆者也。故待其动而不可挽。"这里暗含一个意思,就是"气"的流动有可能走向偏颇失当,需要有意识地调整和约束。

把"情"分为善恶两种且归为"气"的动态,这种思路跟其他人并没有太多的不同,但王夫之随后又提出,情感之所以走向邪淫,是因为它们没有得到很好的抒发,而要让情感回归正道,决不能去压抑,这需要通过抒情的方式。他说:"欲治不道之情者,莫若以舒也。舒者,所以沮其血之躁化,而俾气畅其清微,以与神相邂逅者也。"(《诗广传》卷三《论小弁》)抒发情感是生命的天然要求,这种要求得到了适当的满足,人的生命才会保持健康。王夫之指出,在"发而中节"的前提下,"性"和"情"是统一的,而如果对"情"的宣扬太过分,违背了"性",才成为需要克服和约束的东西。

早在汉代,中国人就已经有了"发乎情,止乎礼义"的观念,王夫之的这种思想不能算前无古人。但经历了前代从压抑到放纵的两个极端之后,这种主张意味着中国美学思想开始回归中道。王夫之有关艺术本体、艺术教化、人生境界的思想,都源于他对于"性"与"情"关系的这种不离中道的认识。

二、"文"与"彰"、"明"

如何才能让情感的发抒不离中道呢?王夫之认为,应当把人心中隐幽的情感化入审美意象,使之具有文明的形式。

> 情,非圣人弗能调以中和者也。唯勉于文而情得所正……君子之以节情者,文焉而已。(《诗广传》卷一《论鹊巢》)

"文",表现为声音、颜色、线条等可见形式,本质上是思想、情感的外化,用美学的术语说就是意象。这个意义的"文"也是儒家美学的一个重要概念,至少可以追溯到《论语》当中提到的"文质彬彬"、"文之以礼乐"等主张。

在王夫之的哲学思想中,"文"与承载着"道"的"器"、"象"是处于同一层面的概念。王夫之在不同的地方表述了这一观点。

> 天成象,地成形,文章著矣。……文章著故万物诉然,而乐听其命。(《周易外传》卷六)
>
> 云霞相杂,合离不一,以成文章。(《楚辞通释》卷十四)
>
> 文章,谓制礼作乐、移风易俗之事。圣德默成万物,不因隐见而损益,文章则不可见也。(《张子正蒙注》卷六)
>
> 异色成采之谓文,一色昭著之谓章。文以异色,显条理之别;章以一色,见远而不杂。乃合文以成章,而所合之文各成其章,则曰文章。文合异而统同,章统同而合异。以文全、章偏言之,则文该章;以章括始终、文为条理言之,则章该文。凡礼乐法度之分析、等杀、差别、厚薄者文;始末具举、先后成宜者章。文以分,分於合显。章以合,合令分成。而分不妨合,合不昧分,异以通於同,同以昭所异,相得而成,相函而不乱,斯文章之谓也。(《读四书大全说》卷五)
>
> 离明,在天为日,在人为目,光之所丽,乃著其形。有形则人得而见之,明也。(《张子正蒙注》卷一)

王夫之指出,古人善于从天地自然的云蒸霞蔚当中提取出能够生成丰富意义的形式("文"),以便在人世当中辨同异、列等差、明条理。同异、分合、等差等对于人事秩序和精神生活而言是至关重要的,都需要在"文"当中建构起来。《说文解字》以"错画为文"来阐释"文"的本义,强调其符号的属性。人们借助各种各样的符号、形象来为万物赋予意义。这里所谓的"文章",是"因文而章(彰)",也就是凭借符号、形象来"彰显"、"照亮"事物,使之具有明确的意义。宗白华说"象如日,创化万物,明朗万物"①,与此颇为接近。总之,"文"为人类提供了生成意义的工具,使得人的世界得以呈现为如是面貌。

"文"或"象"之所以能够"昭"、"章(彰)",能够"创化万物,明朗万物",除了要有丰富而明晰的形式,更需要人心的灵明。王夫之说:

> 夫人之所以异于禽兽者,以其知觉之有渐,寂然不动,待感而通也。……禽兽有天明而无己明,去天近,而其明较现。人则有天道而抑有人道,去天道远,而人道始持权也。耳有聪,目有明,心思有睿知,人天下之声色而研其理者,人之道也。(《读四书大全说》卷七)

王夫之在这里指出,人要真正了解世界的意义,不能仅靠耳目感官去认知,更要借助人心的睿知来洞彻其"理"。因为内心有了灵明,耳目才会"聪"和"明"。

王夫之有关"文"的哲学思考与他的美学思想紧密相联。他有关情景关系、意象与意境等的观点都跟"文"、"章"的理解相关,而他对礼乐功能的阐释则是这种思考的直接体现。

王夫之认为,万物都因"气"的聚散而成,聚而为有,散而为无,有无之间永恒转化。这个过程表现在"文"的形态上,就是事物形式的显与隐、明与幽。王夫之认为,儒家之所以把礼乐置于社会文化的核心位置,就是因为这些活动能够通过"文"的形式,把处于动态生成中的人的情感、行动导向中正平和的状态。

> 礼莫大于天,天莫亲于祭,祭莫效于乐,乐莫著于诗。诗以兴乐,乐以彻幽,诗者,幽明之际者也。视而不可见之色,听而不可闻之声,抟而不可得之象,霏微蜿蜒,漠而灵,虚而实,天之命也,人之神也。命以心通,神以心栖,故诗者,象其心而已矣。神非神,物非

---

① 宗白华:《形上学(中西哲学之比较)》,见叶朗《美在意象》,第78页。需要指出的是,在有些语境中,"象"与"文"还有层次上的细微区别。王夫之说:"今夫象,玄黄纯杂,因以得文;长短纵横,因以得度;坚脆动止,因以得质……"(《周易外传》卷六)与"象"对举的"文"突出了"象"的形式化的一面,但两个概念不作区别的时候,则用法意义基本重合。

情，礼节文斯而非仅理，敬介绍斯而非仅诚。来者不可度，以既"有成"者验之，知化以妙迹也。往者不可期，以"不敢康"者图之，用密而召显也。夫然，遗不可见之色，如缔绣焉；播不可闻之声，如钟鼓焉；执不可执之象，如攒瑈焉。神皆神，物皆情，礼皆理，敬皆诚，故曰而后可以祀上帝也。呜呼！能知幽明之际，大乐盈而诗教显者鲜矣！况其能效者乎？效之于幽明之际，入幽而不惭，出明而不叛，幽其明而明不倚器，明其幽而幽不栖鬼，此诗与乐之无尽藏者也，而孰能知之！（《诗广传》卷五《论昊天有成命》）

这一段文字提出了"诗者，象其心"的主张，进一步阐释了作为"文"的审美意象的功用。前面提到，王夫之沿用张载的思想，把世界万象归为"气"的聚散流动。无论是外在事物、内在情感，还是沟通两者的艺术形式，都永远处在"有"和"无"、"明"与"幽"的转化当中。[①] 对于"有"，也就是一切有形、有象、有规定、有边界的事物，人是比较容易认识和掌握的，而对于幽暗无限的"无"的把握，却一直是个难题。"戒慎乎其所不睹，恐惧乎其所不闻"（《礼记·中庸》）是古人的一贯态度，难免令人感觉紧张。王夫之指出，以诗为核心的礼乐仪式处于"幽明之际"，可以将不可知之情、不可象之物化入审美意象而呈现出来，可以让人在礼乐的正向熏陶中不断突破自我的局限。这就是"文"的功用。

王夫之在这一段文字中揭示了礼乐在信仰层面的意义。作为儒家学者，王夫之对待信仰问题，主要是从境界论的角度来思考的。《昊天有成命》是一首用于祭祀神灵的乐歌，以诗配乐而唱。王夫之指出，乐在祭祀天地神灵的过程中处于关键地位。天地神灵处于不可见、不可闻的幽暗当中，但能跟人的心灵相感应。诗乐相配的仪式的意义在于"象其心"，即为人神相感的心灵赋予美的形式。这样的音乐即能够召唤神灵

---

① 当时的儒家学者为了跟言"空"、"无"的佛老"二氏"划清界限，特意用"幽明"代替带有道家思想色彩的"有无"，如王夫之说："尽心思以穷神知化，则方其可见而知其必有所归往，则明之中具幽之理；方其不可见而知其必且相感以聚，则幽之中具明之理。此圣人所以知幽明之故而不言有无也。"（《张子正蒙注》卷一）

到场，为人世增加福祉。就其对于人心的效果而言，"幽明之际"的审美意象有助于情感的抒发和宣导。王夫之在另一处说："天地之间，必无长夜之理。日所不至，尚或照之，见明可以察幽，人心其容终昧乎？"(《楚辞通释》卷三)他解释楚辞的"愁郁郁之无快兮，居戚戚而不可解。……凌大波而流风兮，话彭咸之所居"时也说："以上追写幽忧不可解之情，尽古今思士愁人之自言，无有曲写如此者。情中之景，刻画幽微，如此常愁，其可忍乎？"(《楚辞通释》卷四)人的情感如果长时间处于幽暗当中，人心会不堪重负，诗将这种情感呈现出来，人之心境得以敞开，即如同"资大乐之声，昭宣其幽滞"(《诗广传》卷五)。①

三、王夫之论艺术与教化

王夫之把诗歌音乐等艺术形式作为沟通"幽"与"明"的桥梁，强调其宣发人情、照亮人心的作用，并由此阐述了艺术与社会教化之间的关系。

王夫之说："人无异性，斯无异情，无异情斯无异治，故历代王者相沿，皆以礼乐为治教之本也。"他认为，政教的普遍性本乎人性的普遍性，而人性的自然发露即是人情，政治教化的立足点就是人的情感。

对于"情"与政治教化的关系，自汉代以来，儒家的主流看法是"发乎情，止乎礼义"，一方面肯定情感需要兴发，另一方面，又要求对情感的兴发加以限制。兴发和限制之间的尺度如何把握，就成了儒家美学的一个长期课题。

在《诗广传》中，王夫之一反以往政教话语的陈调，提出了一个"白情以其文"的美学主张。

> 是故文者，白也。圣人之以自白而白天下也。匿天下之情，则将劝天下以匿情矣。忠有实，情有止，文有函，然而非其匿之谓也。"悠哉悠哉，辗转反侧"不匿其哀也。"琴瑟友之"、"钟鼓乐之"不匿

---

① 本段分析参见张胜利《王夫之的诗歌文体观：幽明之际》，《烟台大学学报(哲学社会科学版)》，2012年第2期。

其乐也。非其情之不止而文之不函也。匿其哀,哀隐而结;匿其乐,乐幽而耽。耽乐结哀,势不能久而必于旁流,旁流之哀,浏慄惨淡以终乎怨,怨之不恤,以旁流于乐,迁心移性而不自知。周衰道弛,人无白情,而其诗曰:"岂不尔思,畏子不奔",上下相匿以不白之情,而人莫自白也……性无不通,情无不顺,文无不意。白情以其文,而质之鬼神,告之宾客,诏之乡人,无忝无惭,而节文固已具矣。(《诗广传》卷一论《关雎》)

王夫之指出,包括艺术在内的一切文化创造都是为了呈现真实的人心世界。"白"就是如实呈现。对于圣人来说,文化的意义在坦然地面向整个世界剖露本心。与"白"相对立的是"匿",即把真实的情感隐藏起来。王夫之认为,中正的艺术固然要求收敛("止")和含蓄("函"),但含蓄并不意味着隐匿。他举《关雎》为例,"辗转反侧"、"钟鼓乐之"把追求淑女的君子的内心活动真实无隐地呈现出来,并没有任何的隐藏。如果人出于种种原因而刻意地将情感隐匿起来,就会导致不良的后果。"隐而结"、"幽而耽"与现代心理学涉及的"压抑"有一定的相关性。情绪必然要求释放。情感释放的过程有可能越出常轨,但人只能合理地约束和引导,而不能去压制情感的释放。否则,人的思想、行动会趋于失常,甚至表现为追逐某些过分以至变态的释放方式。这样,情感会失控,人心也会逐渐沉沦。王夫之将"白情"与"文"联系在一起,主张以文雅的形式来引导情感的抒发。这实际是把"发乎情"和"止乎礼义"统一在以审美意象为基础的美育活动中了。

就具体的诗歌批评而言,王夫之着力击破时人对"隐"的误解。

《小雅鹤鸣》之诗,全用比体,不道破一句,《三百篇》中创调也。要以俯仰物理而咏叹之,用见理随物显,唯人所感,皆可类通;初非有所指斥,一人一事,不敢明言,而姑为隐语也。若他诗有所指斥,则皇父、尹氏、暴公,不惮直斥其名,历数其愆;而且自显其为家父,为寺人孟子,无所规避。诗教虽云温厚,然光昭之志,无畏于天,无

恤于人，揭日月而行，岂女子小人半含不吐之态乎？（《姜斋诗话·夕堂永日绪论》）

王夫之在这里指出，艺术创作意味着将作者要表达的意思化入审美意象。借助审美意象和借助普通的语言文字是两种不同的表达方式，艺术的表达要求"不道破"，完全用意象来呈现。然而，无论是艺术的表达还是话语的表达都要求意义的明晰。艺术的委婉、含蓄并不等于晦涩难解，不等于隐含不吐。这个主张，也是"白情以其文"的一个体现。

王夫之的有关美学阐述主要是建立在诗歌点评的基础上的，他还把诗歌放在整个乐教的演变史中来看。

> 《周礼·大司乐》以乐德、乐语教国子，成童而习之，迨圣德已成，而学韶者三月，上以迪士，君子以自成，一惟于此。盖涵咏淫洗，引性情以入微，而超事功之烦黩，其用神矣。世教沦夷，乐崩而降于优俳。乃天机不可式遏，旁出而生学士之心，乐语孤传为诗。诗抑不足以尽乐德之形容，又旁出而为经义。经义虽无音律，而比次成章，才以舒，情以导，亦所谓言之不足而长言之，则固乐语之流也。二者一以心之元声为至。舍固有之心，受陈人之束，则其卑陋不灵，病相若也。韵以之谐，度以之雅，微以之发，远以之致，有宣昭而无罨霭，有淡宕而无犷戾，明于乐者，可以论诗，可以论经义矣。（《姜斋诗话·夕堂永日绪论内编序》）

王夫之在这里指出，最早的政治教化是周代的面向贵族子弟的乐教，是结合了礼制的一种政治制度。随着周代政治的衰微和社会形态的转变，乐教分化成两个发展方向，一个是演化成作为大众娱乐的倡优表演，一个是演变成为后世的诗歌。相对而言，诗歌更加接近文人学士的趣味和追求，似乎更能承载儒家所追求的"道"，所以，在诗歌艺术之外，还出现了所谓"经义"，也就是对诗歌之"德"加以阐释的一些理论性的文字。王夫之特别强调，无论是诗歌本身，还是对它们的阐释，都以承载着儒家正统道德内涵的"心之元声"作为根本和归宿。

第三节 情景说与意象生成论

一、王夫之论情景相生

王夫之总结了宋、元、明美学家的成果,对诗歌"意象"的基本结构作了具体的分析。这就是他的有名的情景说。

王夫之认为,诗歌意象就是"情"与"景"的内在统一,"情""景"的统一乃是诗歌意象的基本结构。这个观点是中国美学意象结构学说发展的产物。

"情景交融"观念的最初表现是汉代的"物感说"。《礼记·乐记》指出:"感于物而动,故形于声";"乐者,音之所由生也,其本在人心之感于物也",已经把音乐放在"心"和"物"统一的层面上来认识。到了魏晋时代,"感物"说得到了丰富和完善。陆机的《文赋》云:"遵四时而叹逝,瞻万物而思纷,悲落叶于劲秋,喜柔条于芳春。"钟嵘《诗品》云:"若乃春风春鸟,秋月秋蝉,夏云暑雨,冬月祁寒,斯四候之感诸诗者。"这些都是从情景交融角度概括艺术意象的经典表述。到了刘勰的《文心雕龙》,理论上的总结又进了一步。他指出"人禀七情,应物斯感。感物吟志,莫非自然","情以物兴","物以情观",还说"既随物以宛转,亦与心而徘徊"。如果把这里提到的"物"联系到后世所谓的"景",那么,刘勰这里就已经对情与景的双向建构关系已经有了比较全面的思考,只是尚未拈出"情景"这一对美学范畴而已。

到了唐代,中国山水诗画艺术得到了空前的发展,促成了唐诗的繁荣。"情景"作为一对诗歌美学范畴被正式提了出来。这一观点始见于王昌龄的《诗格》中:"诗一向言意,则不清及无味;一向言景,亦无味,事须景与意相兼始好。"《文镜秘府论》所引王昌龄《诗格》并概括出"诗有上句言意,下句言状;上句言状,下句言意"的结合模式。又说:"夫置意作诗,即需凝心。目击其物,便以心击之。"宋代的山水诗画艺术更趋成熟,情景论也有了发展。宋代葛立方指出："人之悲喜,虽本于人心,然亦生于境。心无系累,则对境不变,悲喜何从而入乎？……盖心有中外枯菀之不同,则对景之际,悲喜随之尔。"（《韵阳秋语》卷十六）初步揭示了情景之间的互动关系。姜夔在《白石道人诗说》中则强调"意中有景,景中有意",也看到了二者之间的联系。但它不是对具体作品发表评论,更没有讲诗的根本宗旨,而是正如作者在书的跋语中所道："《诗说》之作,非为能诗者作也,为不能诗者作而使之能诗。"因而书中只注重用事、措辞、行文等方面的经验之谈。南宋周伯弢《三体唐诗》是一部研讨律诗句法的著作,涉及情景问题,主张情景虚实参半："以四实为第一格,四虚次之,虚实相半又次之。"范晞文《对床夜话》对"情景"问题的论述则较为引人注目,他明确提出"景无情不发,情无景不生",已包含有"情景交融"的深刻内涵。但又像乃师周伯弢那样从诗体结构谈情景,认为杜甫《春日梓州登楼》中的两联是"上联景,下联情"。元代的杨载也有"景中含意","意中带景"之说,情景论一直绵延不断。元代方回一方面指出"情"与"景"之间的相互渗透关系,如"景在情中,情在景中","以情穿景","景中寓情";另一方面,也从句法安排的技术角度来探讨"情"、"景"结合的具体模式,提出上情下景、下情上景、景起情结、情起景结等句法格式,甚至把情景结合视为诗句用词的一种对偶关系,如云："'白发',人事也。'黄花',天时也。亦景对情之谓。""以'客子'对'杏花',以'雨声'对'诗句',一我一物,一情一景。"

明代以前的"情景论"还很不成熟,其中的"情"常与"意"置换,"景"常于"境"混淆;并且,情景论始终未能摆脱诗的句法、结构的束缚。情景论真正形成蔚为大观的局面是在明代,无论从作诗技术还是从理论总结方面,都有了更加系统的表述。胡应麟《诗薮》云："作诗不过情、景二端,如五言律,前起后结,中四句二言景二言情,此通例也。"陈嗣初说："情与景会,景与情合,始可以诗矣。"[1]情景问题被提到诗学中的极高地位。谢

---

[1] 都穆《南濠诗话》引语,丁福保辑《历代诗话续编》（下）,北京:中华书局,1983 年。

榛《四溟诗话》更是多次提到情景关系问题,指出"作诗本乎情景,孤不自成,两不相背。景乃诗之媒,情乃诗之胚,合而为诗"(卷三),"诗乃模情景之具,情融乎内而深且长,景耀乎外而远且大。……夫情景相触而成诗,此作家之常也"(卷四)。又说:"凡作诗要情景俱工……一联必相配,健弱不单力,燥润无两色。"(卷四)这些说法都把情景关系置于诗学理论的核心位置。当然,明代更多的诗论家仍跳不出从诗的结构句法来谈情景的窠臼,如李梦阳《再与何氏书》云:"古人之作,其法虽多端,大抵前疏者后必密,半阔者半必细,一实者必一虚,叠景者意必二。此予之所谓法,圆规而方矩者也。"何景明《与李空同论诗书》云:"追昔为诗,空同子刻意古范,铸形缩模,而独守尺寸。仆则欲富于材积,领会神情,临景构结,不仿形迹。"王世贞《张肖甫诗序》则云:"境有所未至,则务伸吾意以合境;调有所未安,则宁屈吾才以就调。"如此等等。总之,前代有关情景关系的思考已经构成了进一步理论提升的基础,无论是理论的提炼还是琐细的经验之谈,都从正反两个方面为王夫之的情景说提供了养料。①

王夫之对情景结构的认识达到了一个新的高度,一方面,他对"情"与"景"关系的思考远比前人全面和深刻;另一方面,他对情景结构的思考是置于以诗歌意象为核心的哲学思考当中,理论色彩十分突出,超出了一般的诗学创作论或批评论的技术化的讨论。

与前人从作诗技术上总结情景关系不同,王夫之强调"情"和"景"是不可分离的因素。他说:"情景虽有在心在物之分,而景生情,情生景,哀乐之触,荣悴之迎,互藏其宅。天情物理,可哀而可乐,用之无穷,流而不滞,穷且滞者不知尔。"(《姜斋诗话·诗译》)"情景相生"比"情景交融"更突出了两者的统一性,王夫之在其他地方还提出"情景合一"(《古诗评选》卷四)和"妙合无垠"(《姜斋诗话》)。有学者指出,

---

① 以上有关中国古典美学中的"情景"范畴历代演变的内容参考了陶水平《"神于诗者,妙合无垠"——王夫之诗学情景相生论的美学诠释》,《衡阳师范学院学报》,2006年第2期。

"情景合一"、"妙合无垠"的"合"是情景交感的"契合",而非两个独立事物偶然的"融合"。①

他称赞谢灵运的诗"言情则于往来缥渺有无之中,得灵蠁而执之有象,取景则于击目经心丝分缕合之际,貌固有而言之不欺。而且情不虚情,情皆可景,景非虚景,景总含情"②。在他看来,诗歌的审美意象不等于孤立的"景"。"景"不能脱离"情"。脱离了"情","景"就成了"虚景",就不能构成审美意象。另方面,审美意象也不等于孤立的"情"。"情"不能脱离"景"。脱离了"景","情"就成了"虚情",也不能构成审美意象。只有"情""景"的统一,所谓"情不虚情,情皆可景,景非虚景,景总含情",才能构成审美意象。

因为"情"、"景"不可分离,所以并不象宋元以来有的诗论家说的那样,写诗必须一联情,一联景。王夫之反复强调,"情"与"景"的统一是内在的统一,而不是外在的拼合,不是机械的相加。他说:

> 近体中二联,一情一景,一法也。"云霞出海曙,梅柳渡江春。淑气催黄鸟,晴光转绿苹。"③"云飞北阙轻阴散,雨歇南山积翠来。御柳已争梅信发,林花不待晓风开。"④皆景也,何者为情?若四句俱情,而无景语者,尤不可胜数。其得谓之非法乎?夫景以情合,情以景生,初不相离,唯意所适。截分两橛,则情不足兴,而景非其景。且如"九月寒砧催木叶"⑤,二句之中,情景作对;"片石孤云窥色相"四句⑥,情景双收:更从何处分析?陋人标陋格,乃谓"吴楚东南坼"四句⑦,上景下情,为律诗宪典,不顾杜陵九原大笑。愚不可瘳,亦孰

① 萧驰:《抒情传统与中国思想:王夫之诗学发微》,第21页。
② 《古诗评选》卷五谢灵运《登上戍鼓山诗》评语。
③ 杜审言:《和晋陵陆丞早春游望》。
④ 李峤:《奉和圣制从蓬莱向兴庆阁道中留春雨中春望之作应制》。
⑤ "九月寒砧催木叶,十年征戍忆辽阳。"(沈佺期:《独不见》)
⑥ "片石孤云窥色相,清池皓月照禅心。指挥如意天花落,坐卧闲房春意深。"(李颀:《题璇公山池》)
⑦ "吴楚东南坼,乾坤日夜浮。亲朋无一字,老病有孤舟。"(杜甫:《登岳阳楼》)

与疗之？（《姜斋诗话》卷二）

> 景中生情，情中含景，故曰，景者情之景，情者景之情也。高达夫则不然，如山家村筵席，一荤一素。（《唐诗评选》卷四岑参《首春渭西郊行呈蓝田张二主簿》评语）

所谓"景生情，情生景"，所谓"景以情合，情以景生"，所谓"景中生情，情中含景"，意思都是说，诗人的创作要以审美意象为核心，意象虽然可以分析为情与景两个方面，但在创作过程当中却不可分离，是内情与外象交互引生的结果。情与景越是融汇得好，意象就越接近完美的整体。

王夫之在他的诗学著作《姜斋诗话》中说：

> 情景名为二，而实不可离。神于诗者，妙合无垠。巧者则有情中景，景中情。景中情者，如"长安一片月"①，自然是孤栖忆远之情；"影静千官里"②，自然是喜达行在之情。情中景尤难曲写，如"诗成珠玉在挥毫"③，写出才人翰墨淋漓、自心欣赏之景。凡此类，知者遇之；非然，亦鹘突看过，作等闲语耳。（《姜斋诗话》卷二）

为揭示情景关系的复杂性和多样性，王夫之指出了诗歌意象的两种特殊类型：一种是"情中景"，一种是"景中情"。前一种，如"诗成珠玉在挥毫"，只有情语，但是情中显出了景。后一种，如"长安一片月"、"影静千官里"，只有景语，但是景中藏着情。

《姜斋诗话》中还有一段话：

> 不能作景语，又何能作情语邪？古人绝唱句多景语，如"高台多悲风"④，"胡蝶飞南园"⑤，"池塘生春草"⑥，"亭皋木叶下"⑦，"芙蓉

---

① 李白：《子夜吴歌》。
② 杜甫：《喜达行在所》。
③ 杜甫：《和贾至舍人早朝大明宫》。
④ 曹植：《杂诗》。
⑤ 张协：《杂诗》。
⑥ 谢灵运：《登池上楼》。
⑦ 柳恽：《捣衣》。

露下落"①,皆是也,而情寓其中矣。以写景之心理言情,则身心中独喻之微,轻安拈出。谢太傅于《毛诗》取"訏谟定命,远猷辰告"②,以此八字如一串珠,将大臣经营国事之心曲,写出次第;故与"昔我往矣,杨柳依依;今我来思,雨雪霏霏"③同一达情之妙。(《姜斋诗话》卷二)

王夫之这段话指出的诗歌意象的两种类型,第一种也就是前面说的"景中情",如"胡蝶生南园"、"池塘生春草"之类;第二种所谓"以写景之心理言情",也就是前面说的"情中景",如"訏谟定命,远猷辰告"、"今日同堂,出门异乡"之类。王夫之认为,"以写景之心理言情",可以很容易把身心中独特的感受写出来。

除了这两种类型外,王夫之还谈到过诗歌意象的另外两种特殊的类型:一种是"人中景",一种是"景中人"。如文徵明《四月》诗:"春雨绿阴肥,雨晴春亦归。花残莺独咤,草长燕交飞。香篋青缯扇,筠窗白葛衣。抛书寻午枕,新唤梦依微。"王夫之认为这首诗的结语就是"人中景"④。又如刘令娴《美人》诗:"花庭丽景斜,阑牖轻风度,落日更新妆,开帘对芳树。"王夫之认为这首诗就是"景中有人,人中有景"⑤。

王夫之指出诗歌意象有以上这些特殊类型,并不是说,诗歌意象只限于这几种类型。如果这样来理解王夫之的论述,正好违反了王夫之的本意。王夫之这些论述的本意,是反对为"情""景"的结合总结为几个死板的模式,把诗歌意象划分为几种有限的类型。他指出诗歌意象中这些特殊的类型,是为了说明"情"景"结合的具体形态可以是多种多样的,只要这种结合是内在的统一,而不是外在的拼合,就可以构成审美意象。

在这里,当然就会产生一个问题:"情"与"景"的这种内在的统一,究

---

① 萧悫:《秋思》。
②《诗·大雅·抑》之二章。
③《诗·小雅·采薇》之六章。
④《明诗评选》卷五文徵明《四月》评语。
⑤《古诗评选》卷三刘令娴《美人》评语。

竟怎样才能实现呢？王夫之认为是在直接审美感兴中实现的。在直接审美感兴中，"情"与"景"自然相契合而升华，从而构成审美意象。

他有两段话强调"写景"与"写情"的统一。

> 语有全不及情，而情自无限者，心目为政，不恃外物故也。"天际识归舟，云间辨江树"，隐然一含情凝眺之人呼之欲出，从此写景，乃为活景。故人胸中无丘壑，眼底无性情，虽读尽天下书，不能道一句，司马长卿谓读千首赋便能作赋，自是英雄欺人。（《古诗评选》卷五谢朓《之宣城群出新林浦向板桥》评语）

> 游览诗固有适然未有情者，俗笔必强入以情，无病呻吟，徒令江山短气。写景至处，但令与心目不相暌离，则无穷之情，正从此而生。一虚一实、一景一情之说生，而诗遂为阱为桎为行尸。噫！可畏也哉！（《古诗评选》卷五孝武帝《济曲阿后湖》评语）

有的诗虽然一句情语也没有，却能生出无限之情。什么缘故呢？就是因为它仍然是由诗人内心真实情感而生的审美感兴。所谓"心目为政，不恃外物"，所谓"与心目不相暌离"，都是指这种直接的审美感兴。"情"与"景"的内在统一，依靠直接审美感兴，而不是依靠直接审美感兴之外的东西。如果没有直接审美感兴，就没有"情""景"的契合，也就不能构成审美意象，尽管读尽天下书，仍然作不成诗。王夫之对"情""景"关系的思考和阐释，就是在美学上以"美感"来分析"美"的一个例子。①

二、情景归于一心

"情"与"景"名为二，其实是在审美意象当中融合一体的。既然两者能够而且必须统一，它们之间必定分享着基本的一致性。王夫之指出，"情"与"景"都不是外在于人心的东西，"情"与"景"统一的基础是人的精神体验，或说"心"。

---

① 参见叶朗《美在意象》，第74页，北京大学出版社，2010年。

王夫之在《姜斋诗话》中说：

> 身之所历，目之所见，是铁门限。即极写大景，如"阴晴众壑殊"、"乾坤日夜浮"，亦必不逾此限。非按舆地图便可云"平野入青徐"也，抑登楼所得见者耳。隔垣听演杂剧，可闻其歌，不见其舞；更远则但闻鼓声，而可云所演何出乎？前有齐、梁，后有晚唐及宋人，皆欺心以炫巧。（《姜斋诗话·夕堂永日绪论》）

> 只于心目相取处得景得句，乃为朝气，乃为神笔。景尽意止，意尽言息，必不强括狂搜，舍有而寻无。在章成章，在句成句。文章之道，音乐之理，尽于斯矣。（《唐诗评选》卷三张子容《泛永嘉江日暮回舟》评语）

"身之所历，目之所见"与"心目相取处"都是指人真实的体验，是一切审美意象生成的前提条件。在这里，我们特别要注意王夫之对于审美体验的认识。王夫之把"身之所历"放在"目之所见"的前面，把"心"放在"目"的前面，体现了中国美学的一种独特认识，就是认为耳目等感觉器官的功能需要纳入到一个更高的整体当中。这个整体包括两个方面，一个是"身"，另一个是"心"。"心"对于王夫之美学的意义，我们在前面讨论性情说与意象本体论的时候已经阐述过了，这里还要特别说明王夫之的思想所反映的中国美学对于"身"的理解。在中国美学思想当中，"身"是作为一个整体来讨论的。"身"的整体性一方面体现在知觉的统一性上，知觉不仅包括一般被视作审美感知的视觉、听觉，也包括味觉、嗅觉、触觉等；另一方面，"身"还是沟通外界事物与内心情感的枢纽。明代祝允明曾说过的"身与事接而境生，境与身接而情生"[①]，王夫之这里提到的"景"与"意"、"言"的关系，都体现了"身"与"心"的合一。

> 《大雅》中理语造极精微，除是周公道得，汉以下无人能嗣其响。

> 陈正字、张曲江始倡《感遇》之作，虽所诣不深，而本地风光，骀宕人

---

① 《枝山文集》卷二。转引自叶朗《中国美学史大纲》，第328页。

性情,以引名教之乐者,风雅源流,于斯不昧矣。(《姜斋诗话·夕堂永日绪论》)

"本地风光"也是宋明理学的一个重要概念,专指对于"道"、"理"的理解切合于身心修养的实际体验。王夫之把这种要求移入艺术创作与欣赏中,就是把关于审美活动的思考纳入到对于"理"的领会当中,把审美活动提升到心性修养的高度上来认识了。

在王夫之的诗学中,审美意象可以分析为"情"与"景"两方面,最终却要统一到"心"和"意"当中。王夫之在《诗广传·鲁颂三》中提到"心有警,物有应",以心为主,以物为从。在《姜斋诗话》中,他指出:"元韵之机,兆在人心,流连泆宕,一出一入,均此情之哀乐,必永于言者也。"(《姜斋诗话·诗译》)"心"落实在具体的创作中则为"意",王夫之在诗学当中多次提到的"以意为主"、"立主御宾"、"以主待宾"等,也是强调"心"的表现。有了"心"、"意",情景的描绘才能做到"寓意则灵",才能成为"兼该驰骋"、"无所窒碍"的"活景"。否则,勉强的应景之作,就成了"撑开说景"。"撑开说景者,必无景也",或者就是"无帅之兵"的乌合之众,或者成为"意外说景"的"死景"、"滞景"之类。

王夫之也反对脱离内心体验(或"意")而一味求字句上的工巧。他说:

> 含情而能达,会景而生心,体物而得神,则自有灵通之句,参化工之妙。若但于句求巧,则性情先为外荡,生意索然矣。"松陵体"永堕小乘者,以无句不巧也。然皮、陆二子,差有兴会,犹堪讽咏。若韩退之以险韵、奇字、古句、方言矜其饾辏之巧,巧诚巧矣,而于心情兴会,一无所涉,适可为酒令而已。黄鲁直、米元章益堕此障中。近则王谑庵承其下游,不恤才情,别寻蹊径,良可惜也。(《姜斋诗话·夕堂永日绪论》)

> 咏物诗,齐、梁始多有之。其标格高下,犹画之有匠作,有士气。徵故实,写色泽,广比譬,虽极镂绘之工,皆匠气也。又其卑者,饾凑

成篇,谜也,非诗也。李峤称"大手笔",咏物尤其属意之作,裁剪整齐而生意索然,亦匠笔耳。至盛唐以后,始有即物达情之作,"自是寝园春荐后,非关御苑鸟衔残",贴切樱桃,而句皆有意,所谓"正在阿堵中"也。"黄莺弄不足,含入未央宫",断不可移咏梅、桃、李、杏,而超然玄远,如九转还丹,仙胎自孕矣。宋人于此茫然,愈工愈拙,非但"认桃无绿叶,道杏有青枝"为可姗笑已也。嗣是作者益趋匠画,里耳喧传,非俗不赏。袁凯以《白燕》得名,而"月明汉水初无影,雪满梁园尚未归",按字求之,总成窒碍。高季迪《梅花》,非无雅韵,世所传诵者,偏在"雪满山中"、"月明林下"之句。徐文长、袁中郎皆以此衒巧。要之,文心不属,何巧之有哉?(《姜斋诗话·夕堂永日绪论》)

诗歌的主导是"心"、"意",人心的意义空间广大无际,所以诗歌意象是具有多义性的。王夫之的诗学理论对审美意象的多义性也有多方面的阐述。

王夫之在《唐诗评选》中有一段话:

> 只平叙去,可以广通诸情。故曰:诗无达志。(《唐诗评选》卷四杨巨源《长安春游》评语)

"诗无达志"的意思是诗的涵意具有宽泛性和某种不确定性,或者说,诗歌的审美意象具有多义性,或者说,与不同性质、不同层次的"情"都可以发生感应。

诗歌意象的多义性有不同的缘由。

有的诗歌意象本身可以随上下语境而具有不同的意义。以王夫之对"倬彼云汉"意象的分析为例。"倬彼云汉"两见于《诗经》,都是描绘天上银河的灿烂照临。一处为《大雅·棫朴》,用于称颂周文王作育人才的功德犹如光辉的银河,即"颂作人者增其辉光"。另一处为《大雅·云汉》,用以表达人们对天旱无雨的焦虑,即"忧旱甚者益其炎赫"。王夫之指出,只要运用得当,银河的意象跟不同的心境都可以配合,都能大其咏叹,"无适而无不适也"。

有的诗歌意象的意义还要结合读者的审美过程。王夫之在《姜斋诗话》中说：

> "诗可以兴，可以观，可以群'，可以怨。"尽矣。辨汉、魏、唐、宋之雅俗得失以此，读《三百篇》者必此也。"可以"云者，随所"以"而皆"可"也。……作者用一致之思，读者各以其情而自得。故《关睢》，兴也；康王晏朝，而即为冰鉴。"讦谟定命，远道辰告"，观也；谢安欣赏，而增其遐心。人情之游也无涯，而各以其情遇，斯所贵于有诗。（《姜斋诗话·诗译》）

> 方在群而不忘夫怨，然而其怨也旁寓而不触，则方怨而固不失其群，于是其群也深植而不昧。夫怨而可以群，群而可以怨，唯三代之诗人为能。无他，君子辞焉耳。（《诗广传》卷五）

这段话讲了诗歌欣赏中美感的差异性。这种差异的发生，固然是由于欣赏者的具体条件所造成的，但其根据则在于诗歌审美意象具有多义性的特点。"皆可"的意思，就是诗歌审美意象可以与不同的心境相感应，或者说，给读者的兴、观、群、怨提供广大的空间。"作者用一致之思，读者各以其情而自得。"就是说，不同的欣赏者，由于性格不同，生活经验和思想情趣不同，因此对于同一首诗，欣赏的侧重点可以不同，引起的想象、联想和共鸣可以不同，在思想上获得的感受和启示也可以不同。这与其说是艺术欣赏中美感的差异性，更不如说是艺术欣赏中美感的丰富性。王夫之认为诗歌在人类社会生活中之所以有特殊的价值，就是在于诗歌审美意象具有这种多义性的特点，亦即在于诗歌欣赏中这种美感的丰富性。诗歌诉诸人的并不是单一的确定的逻辑认识（"诗无达志"）。要用概念（即朱熹所谓"外来道理言语"）来把握和穷尽诗的意象是很困难的。所以他反对艺术欣赏或艺术批评中的简单化和庸俗化的做法。他说："陶冶性情，别有风旨，不可以典册、简牍、训诂之学与焉。"（《姜斋诗话》卷一）又说："经生家析《鹿鸣》、《嘉鱼》为群，《柏舟》、《小弁》为怨，小人一往之喜怒耳，何足以言诗？"（《姜斋诗话》卷二）因为这些做法把审美意象的活生生的整体肢解了,破坏了审美意象的多义性,艺术也就失其所以为艺术的根据了。

三、审美与非审美的界限

王夫之以情景交融之意象作为艺术的本体,并作为判断一个作品是否具有艺术价值的首要标准。他的诗歌批评的一个重要意图是通过具体的艺术作品例子来确立这个标准,把其中的艺术与非艺术、审美与非审美区别开来。

为了区分作品中的艺术因素与非艺术因素,王夫之特别作了两方面的区分:一个是强调"诗"与"意"的不同,一个是强调"诗"与"史"的不同。

王夫之明确地把"诗"和"志"、"意"加以区别。"诗言志",但"志"不等于"诗"。因为诗的本体是审美意象,而"志"、"意"并不等于审美意象。"志"、"意"与审美意象是两个东西。一首诗好不好,不在于"意"如何,而在于审美意象如何。这在美学上是一个十分重要的区别。但是人们往往把这两个东西混为一谈,由此产生了种种弊病。王夫之把这种混乱彻底澄清了。他说:

> 诗之深远广大,与夫舍旧趋新也,俱不在意。唐人以意为古诗,宋江人以意为律诗绝句,而诗遂亡。如以意,则直须赞《易》陈《书》,无待诗也。"关关雎鸠,在河之洲,窈窕淑女,君子好逑。"岂有入微翻新、人所不到之意哉?(《明诗评选》卷八高启《凉州词》评语)

为什么诗之深远广大、舍旧趋新"俱不在意"?就因为诗的本体是审美意象,而不是"意"。如果诗的本体是"意",那不如赞《易》陈《书》,根本用不着诗了。"关关雎鸠"所以好,是这首诗的审美意象好,并不是这首诗有什么"入微翻新,人所不到之意"。王夫之一再讲这个道理:

> "诗言志,歌咏言。"非志即为诗,言即为歌也。或可以兴,或不可以兴,其枢机在此。(《唐诗评选》卷一孟浩然《鹦鹉洲送王九之江左》评语)

但以声光动人魂魄,若论其命意亦何迥别,始知以意为佳诗者犹赵括之恃兵法,戍擒必矣。(《古诗评选》卷四张协《杂诗》评语)

亦但此耳,乃生色动人,虽浅者不敢目之以浮华。故知以意为主之说,真腐儒也。诗言志,岂志即诗乎?(《古诗评选》卷四郭璞《游仙诗》评语)

王夫之在《姜斋诗话》中说过:"无论诗歌与长行文字,俱以意为主。"(《姜斋诗话》卷二)很多人还把这句话当作王夫之美学的主要命题。但是王夫之在这里却说"以意为主"是腐儒之说。这岂不自相矛盾?其实并不矛盾。《姜斋诗话》中说"以意为主",是从审美意象整体性的角度说的,意思是一首诗应该有一个整体的意义。这里否定"以意为主",是为了强调诗的"意"具有其独特性,一般议论意义上的"意"不等于诗的"意",议论的意佳不等于诗的意佳。

"意"不等于诗,因为诗的本体不是"意",一首诗之所以动人美感,也不是依靠"意"。王夫之在《古诗评选》的一则评语中说:

风雅之道,言在而使人自动,则无不动者。恃我动人,亦孰令动之哉!(《古诗评选》卷四左思《咏史》评语)

所谓"言在而使人自动",就是出之以意象,自然动人兴观群怨。所谓"恃我动人",就是把自己有限的、确定的"意"强加于读者。王夫之认为那是不可能使人感动的。

王夫之强调审美意象的多义性,强调诗歌涵意的宽泛性、不确定性,所以他还从这个角度主张把诗与议论严格区分开来,反对以议论入诗。他说:

议论入诗,自成背戾。盖诗立风旨以生议论,故说诗者于兴观群怨而皆可。若先为之论,则言未穷而意已先竭。在我已竭,而欲以生人之心,必不任矣。(《古诗评选》卷四张载《招隐》评语)

唐宋人于理求奇,有议论而无歌咏,则胡不废诗而著论辩也。(《古诗评选》卷五江淹《清思诗》评语)

从这两段话看,王夫之反对议论入诗,就因为诗歌蕴涵的情意具有宽泛性、不确定性,欣赏者"于兴观群怨而皆可",而议论所包含的思想则是确定的、有限的,"言未穷而意已先竭",很难引发读者无限的情思。所以,他认为,如果要发议论,那就和诗的特性相违背,不如"废诗而著论辩"了。

王夫之强调审美意象的多义性,强调诗歌涵意的宽泛性、不确定性,所以他又强调"诗"与"乐"的联系,强调乐府诗应以"声取胜,强调咏史诗应"于唱叹写神理"①。王夫之强调这些,主要不在于强调诗歌应具有音韵美,而在于强调诗歌涵意应具有宽泛性。

王夫之的这些论述,把明代思想家王廷相的"情直致而难动物"的命题充分地展开了。这是一方面。

另一方面,王夫之又明确地把"诗"和"史"加以区别。他在《古诗评选》中说:

> 诗有叙事叙语者,较史尤不易。史才固以櫽栝生色,而从实著笔自易,诗则即事生情,即语绘状,一用史法,则相感不在咏言和声之中,诗道废矣。此"上山采蘼芜"一诗所以妙夺天工也。杜子美放之作《石壕吏》,亦将酷肖,而每于刻画处,犹以逼写见真,终觉于史有余,于诗不足。论者乃以"诗史"誉杜,见驼则恨马背之不肿,是则名为可怜悯者。(《古诗评选》卷四《古诗》评语)

这段话意思是说,"诗"虽然也可叙事叙语,但并不等于"史"。写诗要"即事生情,即语绘状",也就是要创造"意象",而写史虽然也要剪裁(櫽栝生色),却是"从实著笔",所以二者有本质的不同。这种不同,就在于一个是审美的(意象),一个则不是审美的(实录)。在这里,王夫之和杨慎一样,也反对"诗史"之说。② 他认为杜甫的一些诗,"于史有余,于诗

---

① 《唐诗评选》卷二李白《苏武》评语。
② 杨慎认为"六经各有体",所以"诗"不可以兼"史"。王夫之也有类似的议论。参看《苕斋诗话》卷一、《明诗评选》卷五徐渭《严先生祠》评语、《古诗评选》卷五庾信《咏怀》评语。

不足"，并不值得赞美。

王夫之尤其反对偏离诗歌的意象去关注一些非艺术因素，比如历史考据。他举例说：

> 必求出处，宋人之陋也。其尤酸迂不通者，既于诗求出处，抑以诗为出处，考证事理。杜诗："我欲相就沽斗酒，恰有三百青铜钱。"遂据以为唐时酒价。崔国辅诗："与沽一斗酒，恰用十千钱。"就杜陵沽处贩酒向崔国辅卖，岂不三十倍获息钱耶？求出处者，其可笑类如此。（《姜斋诗话·夕堂永日绪论》）

王夫之反对以学问、考证为诗，把王廷相的"言征实则寡余味"的命题充分地展开了。

第四节　王夫之论意象的特点

一、王夫之的"现量说"

王夫之不仅精于分析诗歌意象的情景结构，而且也对审美意象的生成过程有深刻的认识。他结合具体的作品分析来阐述这种认识。

> "僧推月下门"，只是妄想揣摩，如说他人梦，纵令形容酷似，何尝毫发关心？知然者，以其沉吟"推""敲"二字，就他作想也。若即景会心，则或推或敲，必居其一，因景因情，自然灵妙，何劳拟议哉？"长河落日圆"，初无定景；"隔水问樵夫"，初非想得：则禅家所谓"现量"也。（《姜斋诗话》卷二）

贾岛"推""敲"的故事一直传为文坛佳话。王夫之却把这种"推敲"加以否定。在他看来，对于辞藻的反复比对不仅不会让意象更加精准，反而会遮蔽原初的审美情境，让诗作成为人力造作设计的产物，而真正的佳作是设计不出来的。所谓"即景会心"、"因情因景，自然灵妙"，还有他在另外地方说的"只于心目相取处得景得句，乃为朝气，乃为神笔"，意思都是说，审美意象必须从直接审美观照中产生。王夫之认为这是审美意象的最基本的性质，他借用佛学的"现量"概念来阐释审美观照的特点。

"现量"本来是古代印度因明学中的术语，佛教法相宗用来说明"心"与"境"的关系。① 王夫之把"现量"这个概念引进美学领域，用来说明审美意象的基本性质，即审美意象必须从直接审美观照中产生，不夹杂思虑计量。

王夫之对他的美学思想中的"现量"有三个重要的规定：

> "现量"，"现"者有"现在"义，有"现成"义，有"显现真实"义。"现在"，不缘过去作影；"现成"，一触即觉，不假思量计较；"显现真实"，乃彼之体性本自如此，显现无疑，不参虚妄。"比量"，"比"者以种种事比度种种理：以相似比同，如以牛比兔，同是兽类；或以不相似比异，如以牛有角比兔无角，遂得确信。此量于理无谬，而本等实相原不待比，此纯以意计分别而生。"非量"，情有理无之妄想，执为我所，坚自印持，遂觉有此一量，若可凭可证。（《相宗络索·三量》）

按这个解释，"现量"有三层含义。一是"现在"义。就是说，"现量"是当前的直接领悟而获得的知识，不是过去的印象。一是"现成"义，所谓"一触即觉，不假思量计较"，就是说，"现量"是瞬间的直觉而获得的知识，不需要比较、推理等抽象思维活动的参与。一是"显现真实"义。就是说，"现量"是真实的知识，是显现外境之"体性"、"实相"的知识，是把对象作为一个生动的、完整的存在来加以把握的知识，不是虚妄的知识，也不是仅仅显示对象某一特征的抽象的知识。"现量"的这三层含义，不仅和"非量"相区别，而且和"比量"相区别。

---

① 古印度的因明学是关于推理、论证的学说。在因明学中，"量"指知识。"量"分"现量"和"比量"。人们通过感觉器官直接接触客观事物，把握事物的"自相"（个别），这就是"现量"。"现量"是纯感性知识。"比量"则以事物的"共相"为对象，由记忆、联想、比较、推度等思维活动所获得的知识。参看石村《因明述要》，第118—127页，中华书局，1981年。另有研究者指出，王夫之以"即景会心"、"因景因情"来阐释"现量"，已经把带有禅宗色彩的"直寻"、"顿悟"纳入其中了。张文涛：《王夫之"现量说"思想意义的谱系》，《衡阳师范学院学报》，2006年第2期。

"现量"的这三种含义,显然是对于审美观照的一种分析。在王夫之看来,审美观照必须具有"现在"、"现成"、"显现真实"这三种性质:审美观照是"心目"与景物相感时的直接感兴,排除过去的印象;审美观照是瞬间的直觉,排除抽象概念的比较、推理;审美观照中所显现的是事物的完整的"实相"("自相"),不是脱离事物"实相"的虚妄的东西,也不是事物的"共相"(事物的某一特征、某一规定性)。王夫之的这种分析,包含了十分深刻的思想,为后人进一步研究审美观照留下了宝贵的思想资料。

王夫之不仅仅提出了以"现量"来解释审美意象的理论,更注意随时应用到文艺批评当中。他用诗学的语言把"现量"解释为"寓目吟成"①,"只于心目相取处得景得句","因情因景,自然灵妙"等。

晋简文帝司马昱有首《春江曲》:"客行只念路,相争渡京口,谁知堤上人,拭泪空摇手。"王夫之评道:"偶尔得此,亏他好手写出。情真事真,斯可博譬广引。古今名利场中一往迷情,俱以此当清夜钟声也。"(《古诗评选》卷三简文帝《春江曲》评语)这段评语意在指出,从直接审美感兴中产生的审美意象,才可以具有动人心魄的力量,给予人们丰富的美感和启发。如简文帝这首小诗,写的本是渡口上的一个常见的小场景,但是却呈现了心与境在当时一刻的真实碰撞,所以能打动人心,可以为在名利场中迷恋忘返的人们敲响清夜钟声。

王夫之以直接的审美感性作为评价诗歌水准高下的标尺,他认为,像"僧推月下门"、"蝉噪林逾静,鸟鸣山更幽"一类诗句,虽然构思独特,对仗工巧,但因为缺少了真实的感兴,所以显得强括狂搜,舍有寻无。这样的诗,就不是"现量",而是属于"比量"、"非量"。

王夫之看重人心是否具备审美的条件。这个条件,就是审美的心胸。从庄子到宗炳、郭熙,审美心胸的观念是中国古典美学思想中的重要组成部分。王夫之也继承了这一传统的思想,强调审美心胸是实现审

---

① 《古诗评选》卷一斛律金《敕勒歌》评语。

美观照的必要条件。他在《古诗评选》中有一则评语：

> "日落云傍开,风来望叶回",亦固然之景,道出得未曾有,所谓
> 眼前光景者此耳。所云"眼"者,亦问其何如眼。若俗子肉眼大不出
> 寻丈,粗俗如牛,目所取之景亦何堪向人道出。(《古诗评选》陈后主
> 《临高台》评语)

天地间存在着美的景致,但是单有这个还不能实现审美观照。要实
现审美观照,人必须有一个审美的心胸(审美的眼光)。王夫之所谓"俗
子肉眼大不出寻丈,粗俗如牛",也就是郭熙说的骄侈俗鄙、意烦体悸、志
意抑郁沉滞。这不是审美的心胸。审美的心胸,不仅不是利欲的心胸,
也不是褊狭、死寂的心胸,而是纯洁、宽快、悦适的心胸(郭熙所谓"胸中
宽快,意思悦适"),是充满勃勃生机的心胸。没有这种审美的心胸,就不
能发现审美的自然,也就不能实现审美的观照。

王夫之的现量说强调人的直觉和领悟,但并不把审美的契机完全归
为人的"主观"。在"现量"的当机直悟中,人心需与外物融为一体,不可
分割。他在《诗广传》中有一段话:

> 天不靳以其风日而为人和,物不靳以其情态而为人赏,无能取
> 者不知有尔。"王在灵囿,麀鹿攸伏;王在灵沼,于牣鱼跃。"王适然
> 而游,鹿适然而伏,鱼适然而跃,相取相得,未有违也。是以乐者,两
> 间之固有也,然后人可取而得也。(《诗广传》卷四《大雅》一七)

"靳"是吝惜的意思。天地间的景物并不吝惜以自己美的情态供人
欣赏。这种美的情态是天地间的景物所固有的,而人心之所以能够与之
相感,也是因为此人内心具备审美的能力,所以"能取"。

《诗广传》另一段话也是说的这个意思:

> 天地之际,新故之迹,荣落之观,流止之几,欣厌之色,形于吾身
> 以外者化也,生于吾身以内者心也;相值而相取,一俯一仰之际,几
> 与为通,而浡然兴矣。(《诗广传》卷二《豳风》三)

"人心"与"天化"相值而相取，这才产生审美感兴。有了审美观照、审美感兴，才能产生审美意象。他在《古诗评选》中说：

> 两间之固有者，自然之华，因流动生变而成其绮丽。心目之所及，文情赴之，貌其本荣，如所存而显之，即以华奕照耀，动人无际矣。（《古诗评选》卷五谢庄《北宅秘园》评语）

这是一段很精彩的话，可以看作是对"现量说"的一种概括。这段话包含了两层意思：第一，美是天地本身固有的，来源于气的流动变化；第二，诗人之心与外境之美景相感（"心目之所及"），凭借文化的熏陶而生成审美意象（"文情赴之"），把天地之美作为一个完整的存在而真实地呈现出来（"貌其本荣，如所存而显之"），就是艺术的美，就能"华奕照耀，动人无际"。审美意象决不是纯粹主观的产物，也不是纯然客观、与人无关的东西。审美意象乃是天地自然之色与人心之美的一种交互感应。

王夫之指出，诗歌审美意象之所以具有多义性、灵活性，也是因为诗歌的审美意象是从直接审美感兴中产生的。他在评论杜甫《野望》①一诗时说：

> 如此作自是野望绝佳写景诗。只咏得现量分明，则以之怡神，以之寄怨，无所不可，方是摄兴观群怨于一炉，锤为风雅之合调。（《唐诗评选》卷三杜甫《野望》评语）

"只咏得现量分明"，这样产生的审美意象，就具有多义性，既可以怡神，也可以寄怨，具体的意义指向不同，但就其作为成功的艺术作品而言，则是相同的，所以说"无所不可"。

为什么"现量"就具有多义性？这是由"现量"的性质决定的。前面说过，"现量"的一个特点是能够保持意义的完整性，"如所存而显之"。在"现量"中，诗人并不用自己特定的意图去分割、缩减、破坏情与景的完

---

① 杜甫《野望》："清秋望不极，迢递起层阴。远水兼天净，孤城隐雾深。叶稀风更落，山回日初沉。独鹤归何晚，昏鸦已满林。"

整存在。这是一方面。另一方面，"现量"是"一触即觉，不假思量计较"，也就是说，审美意象是诗人直接面对景物时，瞬间的感兴的产物，不需要有抽象概念的比较、推理。因此，审美意象蕴涵的情意就不是有限的、确定的，而是宽泛的，带有某种不确定性。王夫之在评论一些诗歌的时候常常赞扬这些诗"不作意"①、"宽于用意"②、"寄意在有无之间"③，就是强调诗歌涵意的这种宽泛性、不确定性。他认为，正因为诗歌涵意具有这种宽泛性、不确定性，所以才"可以广通诸情"，动人兴观群怨。他在一篇文章中曾记了自己的一段经历：

> 尝记庚午除夜，兄（王介之）侍先姚拜影堂后，独行步廊下，悲吟"长安一片月"之诗，宛转欷歔，流涕被面。夫之幼而愚，不知所谓。及后思之，孺慕之情，同于思妇，当其必发，有不自知者存也。（《姜斋文集》卷二《石崖先生传略》）

李白《子夜吴歌》本来是写妇女对于征戍的丈夫的怀念，王夫之的哥哥却借这首诗来抒发自己对先辈的哀思。为什么能够这样？王夫之开始不理解，后来懂得了。"孺慕之情，同于思妇，当其必发，有不自知者存也。"李白诗抒写的是思妇之情，但是审美意象蕴涵的这种情意带有宽泛性，所以可以通于念亲之情。王夫之在《明诗评选》中有两则评语说的也是这个道理：

> 谓之有托佳，谓之无托尤佳。无托者，正可令人有托也。（《明诗评选》卷八袁宏道《柳枝》评语）
>
> 绝不欲关人意，而千古有心人意自不容不动。所以贵有诗者此而已矣。（《明诗评选》卷四石宝《秋夜》评语）

所谓"无托"，所谓"绝不欲关人意"，不应理解为诗的意象根本不蕴

---

① 《古诗评选》卷五萧琛《别诗》评语。
② 《唐诗评选》卷四杜甫《九日蓝田宴崔氏庄》评语。
③ 《古诗评选》卷五江淹《效阮公诗》评语。

涵情意,而应理解为诗的涵意的宽泛性、不确定性。这种涵意的宽泛性、不确定性,是为"现量"的性质决定的。

二、意象的整体性

审美感兴的过程是一个不可分割的整体,而审美感兴的结果,生成审美意象,也是一个整体。王夫之对于审美意象的思考,贯穿着对于整体性的要求。

王夫之指出,优秀的诗歌作品会呈现为一个整体意象,是通过整体,而非某一句来传达意思。

> "子之不淑,云如之何","胡然我念之,亦可怀也",皆意藏篇中。杜子美"故国平居有所思",上下七首,于此维系,其源出此。俗笔必于篇终结锁,不然则迎头便喝。(《姜斋诗话·诗译》)

王夫之在他的诗学评语和诗学理论当中多用比喻来阐发何谓"整体"。

> 看明远乐府,别是一味。急切觅佳处,早已失之。吟咏往来,觉蓬勃如春烟弥漫,如秋水溢目盈心,斯得之矣。(《古诗评选》卷一鲍照《拟行路难》评语)

> 此种诗直不可以思路求佳。二十字如一片云,因日成影,光不在内,亦不在外,既无轮廓,亦无丝理,可以生无穷之情,而情了无寄。(《古诗评选》卷三王俭《春诗》①评语)

> "采采芣苢"②,意在言先,亦在言后,从容涵咏,自然生其气象。(《姜斋诗话》卷一)

这些话都是说,读诗者要把握诗的整体意象,不应通过逻辑分析,而

---

① 王俭《春诗》:"兰生已匝苑,萍开欲半池。轻风摇杂花,细雨乱丛枝。"
② 《诗·周南·芣苢》:"采采芣苢,薄言采之。采采芣苢,薄言有之。采采芣苢,薄言掇之。采采芣苢,薄言捋之。采采芣苢,薄言袺之。采采芣苢,薄言襭之。"

应通过从容的、反复的涵咏。如果说,诗歌的吟咏也要涉及意义的把握,那么,这种对于意义的把握就应该是归于"气象",也就是审美意象,而不是逻辑化的"言"本身。王夫之肯定程颢说诗的方法:"程子与学者说《诗经》,止添数字,就本文吟咏再三,而精义自见。"①王夫之的这种见解与朱熹是一致的。朱熹认为欣赏诗歌应该长时间地涵咏,而"不必多引外来道理言语"。因为诗歌意象内部有血脉流通,必须长时间地涵咏才能把握。如果多引外来道理言语,就会卡断诗的血脉,"壅滞却诗人活底意思"。王夫之对朱熹所说的"血脉流通"作了说明,从而把朱熹的思想从理论上推进了一步。王夫之指出,一首诗的意象,不是依靠词的连接而成为整体,也不是依靠意的连接而成为整体,而是在直接审美感兴中自然连接成为整体。这种直接审美感兴中的连接,就是诗歌意象的内在血脉。因此,读诗者为了把握诗歌意象的整体性,就不能依靠引用外来道理言语,不能依靠逻辑的分析,也不能依靠词句的分析,而必须通过反复涵咏,设身处地,把自己置于诗人当时的境会,使自己充分体验诗人审美感兴的"逻辑"(诗歌意象的血脉)。王夫之认为,这才是"以诗解诗",而不是"以学究之陋解诗"②。

王夫之在《古诗评选》中还从正反两方面给出了具体的例子:

> 景语之合,以词相合者下,以意相次者较胜,即目即事,本自为类,正不必蝉连,而吟咏之下,自知一时一事有于此者,斯天然之妙也。"风急(当作"暖")鸟声碎,日高花影重",词相比而事不相属,斯以为恶诗矣。"花迎剑佩星初落,柳拂旌旗露未干",洵为合符,而犹以有意连合,见针线迹。如此云:"明镫曜闺中,清风凄已寒",上下两景,几于不续,而自然一时之中寓目同感,在天合气,在地合理,在人合情,不用意而物无不亲。呜呼,至矣!(《古诗评选》卷四刘桢《赠王宫中郎将》评语)

---

① 《姜斋诗话》卷二。
② 《姜斋诗话》卷一。

王夫之认为,"风暖鸟声碎,日高花影重",只是文词的连接,没有一个整一的意象,属于人工拼接的恶诗;"花迎剑佩星初落,柳拂旌旗露未干",这是意的连接,已经有了意象,但仍有匠气;而"明镫曜闺中,清风凄已寒",则词、意俱不相蝉连,但在审美感兴之中,自然地互相连接,合情合理合气,这样的审美意象,才真正得到天然之妙。王夫之还用形象的比喻来解说气韵流通的艺术境界:

> 无端无委,如全匹成熟锦,首末一色,唯此故令读者可以其所感之端委为端委,而兴观群怨生焉。(《古诗评选》卷五袁宏《游仙》评语)

"全匹成熟锦,首末一色",是说诗歌意象的整体性达到了天衣无缝的程度。"无端无委",是说诗歌意象的整体性无法分析成"词"和"意"的片段,而是在直接审美感兴中自然的连接。在诗人的审美感兴中,诗歌意象是有端有委的。读诗者之所以要反复涵咏,正是为了以诗人审美感兴中的端委为端委,从而把握贯通诗歌意象的内在的血脉。这是产生兴观群怨的前提。《姜斋诗话》中有一段话也是说的这个道理:

> "欲投人处宿,隔水问樵夫。"则山之辽廓荒远可知,与上六句初无异致,且得宾主分明,非独头意识悬相描摹也。"亲朋无一字,老病有孤舟。"自然是登岳阳楼诗。尝设身作杜陵凭轩远望观,则心目中二语居然出现,此亦情中景也。(《姜斋诗话》卷二)

"独头意识悬相描摹",就是非、比二量而不是现量①,不是直接的真实的感受。王夫之认为,像"欲投人处宿,隔水问樵夫"(王维)、"亲朋无一字,老病有孤舟"(杜甫)这样的诗,就不是"独头意识悬相描摹",而是从情景交融的审美感兴中产生的。对于这样的诗,必须反复涵咏,设身处地作审美体验,诗的意象就会活泼泼地涌现出来,所谓"生气灵通,成章而达"。(《姜斋诗话·夕堂永日绪论》)

---

① 参看《百法问答钞》二。

这段话还意味着意象的整体并不是一个静态的事物,而是一个动态的过程。王夫之在另外的地方强调了意象的生成是回环往复的:

> 谢灵运一意回旋往复,以尽思理,吟之使人卞躁之意消。(《姜斋诗话·诗译》)

> 意亦可一言而竟,往复郑重,乃以曲感人心,诗乐之用,正在于斯。(《古诗评选》)

> 魏晋以下人诗,不著题则不知所谓,倘知所谓,则一往意尽。唯汉人不然,如此诗一行入比,反复倾倒,文外隐而文内自显,可抒独思,可授众感。鲍照、李白间庶几焉,遂擅俊逸之称。(《古诗评选》)

基于直接感兴的审美意象与一般的言语表述都要给人呈现一定的意思,它们的区别就是言语表意比较直接、单向,而意象则要曲折往复,以此来承担整体的、多样的、灵活的意蕴。这也就是宋人为什么强调读诗要反复吟咏。

王夫之本人精于医学,甚至径直用气血经脉等医学词汇来表达他的诗学思想。

> 晚唐饾凑,宋人支离,俱令生气顿绝。"承恩不在貌,教妾若为容。风暖鸟声碎,日高花影重。"医家名为关格,死不治。(《姜斋诗话·夕堂永日绪论》)

> 无法无脉,不复成文字。……夫谓之法者,如一王所制刑政之章,使人奉之。奉法者必有所受;吏受法于时王,经义固受法于题。……且法者,合一事之始终,而俾成条贯也。一篇之中为数小幅,一扬则又一抑,一伏则又一起,各自为法,而析之成局,合之异致,是为乱法而已矣。谓之脉者,如人身之有十二脉,发于趾端,达于颠顶,藏于肌肉之中,督任冲带,互相为宅,萦绕周回,微动而流转不穷,合为一人之生理。若一呼一诺,一挑一缴,前后相钩,拽之使合,是傀儡之丝,无生气而但凭牵纵,讵可谓之脉邪?(《姜斋诗话·

夕堂永日绪论》)

中国古代医学侧重从"生气"的流动方面来认识生命。王夫之把这个思路用于评点诗歌艺术,强调诗句的意义要彼此呼应,形成一个有结构、有变化的整体。

根据意象的整体性、动态性的要求,王夫之提出了诗歌语句的意义联系的原则:

> 句绝而语不绝,韵变而意不变,此诗家必不容昧之几。"天命玄鸟,降而生商。"降者,玄鸟降也,句可绝而语未终也。"薄污我私,薄浣我衣。害浣害否?归宁父母。"意相承而韵移也。尽古今作者,未有不率繇乎此,不然,气绝神散,如断蛇剖瓜矣。近有吴中顾梦麟者,以帖括塾师之识说诗,遇转则割裂,别立一意。不以诗解诗,而以学究之陋解诗,令古人雅度微言,不相比附。陋子学诗,其弊必至于此。(《姜斋诗话·诗译》)

作诗必然要处理句、韵、意之间的关联,王夫之指出,在句、韵的间断处,"意"、"气"不能断。不仅作诗时要注意,解诗时也要注意,否则就是"陋"。

王夫之对诗歌形式的思考也反映了他一以贯之的思想。当时有一种观点认为,篇幅短小的绝句就是律诗的片段,王夫之反对这种说法:

> 五言绝句自五言古诗来,七言绝句自歌行来,此二体本在律诗之前;律诗从此出,演令充早日畅耳。有云:绝句者,截取律诗一半,或绝前四句,或绝后四句,或绝首尾各二句,或绝中两联。审尔,断头刖足,为刑人而已。不知谁作此说,戕人生理?自五言古诗来者,就一意中圆净成章,字外含远神,以使人思;自歌行来者,就一气中骀宕灵通,句中有余韵,以感人情。修短虽殊,而不可杂冗滞累则一也。五言绝句,有平铺两联者,亦阴铿、何逊古诗之支裔。七言绝句,有对偶如:"故乡今夜思千里,霜鬓明朝又一年",亦流动不羁,终不可作"江间波浪兼天涌,塞上风云接地阴"平实语。足知绝律四句

之说,牙行赚客语,皮下有血人不受他和哄。(《姜斋诗话·夕堂永日绪论》)

王夫之认为,艺术作品不论篇幅大小,都应该是一个完整的生命体。那种把绝句看作删头去尾的律诗的观点,是十分浅薄的。他在阐述当中结合了具体的例证和形象的比喻,让人容易领会。

如何让一个作品具备整体性呢?王夫之指出,要让这个作品贯穿一个统一的"意",而不能有多个"意"。他还提出了一系列概念,如"帅"、"主"、"体"来解释这个"意"。

> 诗文俱有主宾。无主之宾,谓之乌合。俗论以此为宾,以赋为主,皆塾师赚童子死法耳。立一主以待宾,宾非无主之宾者,乃俱有情而相浃洽。若夫"秋风吹渭水,落叶满长安",于贾岛何与?"湘潭云尽暮烟出,巴蜀雪消春水来",于许浑奚涉?皆乌合也。"影静千官里,心苏七校前",得主矣,尚有痕迹。"花迎剑佩星初落",则宾主历然镕合一片。(《姜斋诗话·夕堂永日绪论》)

> 无论诗歌与长行文字,俱以意为主。意犹帅也。无帅之兵,谓之乌合。李、杜所以称大家者,无意之诗,十不得一二也。烟云泉石,花鸟苔林,金铺锦帐,寓意则灵。若齐、梁绮语,宋人抟合成句之出处,役心向彼掇索,而不恤己情之所处发,此之谓小家数,总在圈缋中求活计也。(《姜斋诗话·夕堂永日绪论》)

> 一篇载一意,一意则自一气,首尾顺成,谓之成章;诗赋、杂文、经义有合辙者,此也。(《姜斋诗话·夕堂永日绪论》)

"意"是令诗歌意象凝结成一个整体的首要因素。"意"犹如招待宾客的主人、作战时的主帅,可以把整首诗的各个部分都调动起来,为统一的主题服务。"意"也是作者灌注到作品中的"灵",有了这个"灵",各种意象就有了一个寓意的指向,整个作品就成了一个有生命力的东西。在王夫之看来,评价一个作品的最重要的标准就是看它是不是像一个有生命的整体。他还就此论及模仿前人的问题:

> 一段必与一篇相称,一句必与一段相称。截割彼体,生入此中,
> 岂复成体? 要之,文章必有体。体者,自体也。妇人而髯,童子而有
> 巨人之指掌,以此谓之某体某体,不亦慎乎? (《姜斋诗话·夕堂永
> 日绪论》)

初学诗的人不免模仿前人的经典范例,就像书法里的"颜体"、"柳
体"等。王夫之指出,真正要进入到诗歌艺术的创作当中时,必须打破
"某体某体"而将之化入作者的"自体"。无论别人的东西有多美好,如果
跟这一个作品的整体不相应,或者整体不能驾驭局部,那就好像"妇人而
髯"、"童子巨掌",成了怪物。

三、艺术的真实性

王夫之说的"心目之所及,文情赴之,貌其本荣,如所存而显之",以
及"取景则于击目经心丝分缕合之际,貌固有而言之不欺"等等,都是说
的审美意象的真实性。这种真实性,是由"现量"所决定的。"现量"的一
层涵义就是"显现真实"。王夫之对"真实"有独特的思考。

《姜斋诗话》中有一段话,对"真实"做了不同层次的区分。

> 苏子瞻谓"桑之未落,其叶沃若"①,体物之工,非"沃若"不足以
> 言桑,非桑不足以当"沃若",固也。然得物态,未得物理。"桃之夭
> 夭",其叶蓁蓁","灼灼其华","有蕡其实"②,乃穷物理。夭夭者,桃之
> 稚者也。桃至拱把以上,则液流蠹结,花不荣,叶不盛,实不蕃。小
> 树弱枝,婀娜妍茂,为有加耳。(《姜斋诗话》卷一)

"显现真实"的一层涵义,是说直接审美感兴中所产生的审美意象,
不仅仅限于显示事物的外表情状("物态"),而且要显示事物的内在秩序
("物理")。这一点特别具有美学的意义。美学意义上的"真"与认识论

---

① 见《诗·卫风·氓》之三章。
② 见《诗·周南·桃夭》。

意义上的"真"是不同的,王夫之的"显现真实"是就美学意义上的"真"而言。[1] 他对于"真实"的理解,正是由观"物态"进而知"物理"。这个"物理",在宋明理学家那里常以"鸢飞鱼跃"来形容,并不是脱离了人的生存活动、内心情感的数学规律。

王夫之的美学也精于思考"理"。他特别强调在艺术中的"理"具有独特的呈现方式。鲍照有《登黄鹤矶》一诗:"木落江渡寒,雁还风送秋。临江断商弦,瞰川悲棹讴。适郢无东辕,还夏有西浮。三崖隐丹磶,九派引沧流。泪竹感湘别,弄珠怀汉游。岂伊药饵泰,得夺旅人忧。"王夫之评道:"木落固江渡风寒,江渡之寒乃若不因木叶。试当寒月临江渡,则诚然乃尔!故经生之理不关诗理,犹浪子之情无当诗情。"(《古诗评选》卷五鲍照《登黄鹤矶》评语)这就是说,诗歌审美意象所显示的"理",并不是儒家经典上的教条("经生之理"),也不是逻辑概念的理("名言之理"),而是在直接审美感兴中把握的理。鲍照这首诗的审美意象,是不能用逻辑概念来分析的,但是它仍然是合"理"的。这种"理"不是逻辑思维的理,而是处在当时境会中通过直接审美感兴所把握的"理"。前面"桃之夭夭,其叶蓁蓁","灼灼其华","有蕡其实",也就是在直接审美感兴中把握的物理。

王夫之评杜甫《祠南夕望》一诗说:

> "牵江色",一"色"字幻妙。然于理则幻,寓目则诚。苟无其诚,然幻不足立也。(《唐诗评选》卷三杜甫《祠南夕望》评语)

"于理则幻,寓目则诚",就是说,这首诗的意象显示一种幻妙的理,这种理,是以真实的直接的感受为基础的。也就是说,这是一种直接审

---

[1] 叶朗指出,"在中国哲学和中国美学之中,真就是自然。这个自然,不是我们一般说的自然界,而是存在的本来面貌。……王夫之说的'显现真实'、'如所存而显之',可以理解为,意象世界(美)照亮了这个最本原的'生活世界'。这个'生活世界',是有生命的世界,是人生活于其中的世界,是人与万物一体的世界,是充满了意味和情趣的世界。这是存在的本来面貌。"叶朗《美在意象》,第75、77页。此处的"生活世界"是借鉴胡塞尔的概念,相关解释见同书第74—77页。

美感兴所把握的理。

严羽说过："诗有别材，非关书也；诗有别趣，非关理也。然非多读书，多穷理，则不能极其至。所谓不涉理路、不落言筌者，上也。"(《沧浪诗话·诗辩》)严羽竭力要把艺术想象和逻辑思维区分开来。他强调"兴趣"(审美意象所包含的审美情趣)，强调"妙悟"(审美感兴)，强调"不涉理路"。但同时他又说"唐人尚意兴而理在其中"。他似乎朦胧地意识到审美意象、审美感兴与"理"是可以统一的。究竟如何统一，他并没有作出论述。所以"兴趣"、"妙悟"与"理"在他那里并没有真正得到统一。王夫之解决了严羽所没有解决的问题。他在《姜斋诗话》中说：

> 谢灵运一意回旋往复，以尽思理，吟之使人卞躁之意消。《小宛》抑不仅此，情相若，理尤居胜也。王敬美①谓"诗有妙悟，非关理也"，非理抑将何悟？(《姜斋诗话》卷一)

这段话就是强调诗不能脱离"理"，"妙悟"不能脱离"理"。那么，("妙悟"与"理"怎么统一)要解决这个严羽所未能解决的问题，关键就在于要认识到，诗歌审美意象所显示的"理"，并非逻辑思维的"理"，而是在直接审美感兴中所把握的"理"。王夫之在评论司马彪《杂诗》时把这一点说得最清楚。司马彪《杂诗》是这样的："百草应节生，含气有深浅。秋蓬独何辜，飘飘随风转。长飚一飞薄，吹我之四远。搔首望故株，邈然无由返。"王夫之分析道：

> 王敬美谓"诗有妙悟，非关理也"，非谓无理有诗，正不得以名言之理相求耳。且如飞蓬何首可搔，而不妨云"搔首"，以理求之，讵不蹭蹬？(《古诗评选》卷四司马彪《杂诗》评语)

诗歌审美意象是要显示"理"的，但不是逻辑思维的理，而是在直接审美感兴中所把握的"理"。这样就把"兴趣"、"妙悟"和"理"统一起来

---

① 王世贞(元美)在《艺苑卮言》卷一曾引录严羽关于"妙悟"的言论，王夫之此处误记为王世懋(敬美)语。

了。这在美学史上是一个飞跃。同时代的叶燮,在这个问题上达到了和王夫之同样的认识水平(详见下章)。所以王夫之的这个思想,带有时代的特点。

第五节　意境与人生境界

一、王夫之论诗歌的意境

王夫之不仅讨论了一般审美意象的特点,而且也讨论了诗的意境的特点。虽然他没有直接用"意境"这个词,但实际上他在很多地方都谈到了意境。如:

> 知"池塘生春草"、"蝴蝶飞南园"之妙,则知"杨柳依依"、"零雨其濛"①之圣于诗:司空表圣所谓"规以象外,得之圜中"者也。(《姜斋诗话》卷一)

"规以象外,得之圜中"(按:司空图原话是"超以象外,得其环中")就是虚实结合的意境。王夫之在《古诗评选》中对谢灵运《登池上楼》的评论可以看作是这段话意思的进一步展开:

> "池塘生春草",且从上下前后左右看取,风日云物,气序怀抱,无不显著。较"蝴蝶飞南园"之仅为透脱语,尤广远而微至。(《古诗评选》卷五谢灵运《登池上楼》评语)

这里的"从上下前后左右看取",这就是"超以象外"。"风日云物,气序怀抱,无不显著",这就是"得其环中"。整首诗也呈现出一种"广远而微至"的意境。王夫之在《古诗评选》中对谢灵运《田南树园激流植援》一诗的评语,在《明诗评选》中对胡翰《拟古》一诗的评语,也是推崇这种虚实结合的意境:

---

① 见《诗·豳风·东山》。

亦理亦情亦趣,逶迤而下,多取象外,不失圜中。(《古诗评选》卷五谢灵运《田南树园激流植援》评语)

空中结构。言有象外,有圜中。当其赋"凉风动万里"四句时,何象外之非圜中,何圜中之非象外也。(《明诗评选》卷四胡翰《拟古》评语)

前面提到,王夫之精于以"情""景"来分析意象结构,这里所谓"象外"又是另一层面,是比一般的情景交融更加精妙的层面。这方面的思考就是审美意境论。

意境之"境"是"境界"之"境"。"境界"这个词来源于佛家思想,原意是"疆界"①,指心识所涉及的全部内容。这个词语逐渐进入到普通话语中,引申为一个人所觉知的世界的整体意义。② 在美学中,"境界"体现在"意境"之中,指一种呈现着世界的整体意蕴的审美意象。在这个意义上,"意境"和"意象"并不是同一的概念。"意境"的内涵比"意象"丰富,"意象"的外延大于"意境"。因此,并不是一切审美意象都是意境,只有取之象外,才能创造意境。

审美意象不可以以推理逻辑来把握,意境的创造也要求"不着痕迹"。王夫之以此来说明后世诗歌作品与《诗》的一个差距:

"庭燎有辉",乡晨之景,莫妙于此。晨色渐明,赤光杂烟而靉靆,但以"有辉"二字写之。唐人《除夕》诗"殿庭银烛上熏天"之句,写除夕之景,与此仿佛,而简至不逮远矣。"花迎剑佩"四字,差为晓色朦胧传神;而又云"星初落",则痕迹露尽。益叹《三百篇》之不可及也!(《姜斋诗话·诗译》)

王夫之推崇意境,表现于他对于"影"、"声"的强调。他赞扬刘庭芝

---

① 丁福保《佛学大辞典》解释为"自家努力所及之境土,又,我得之果报界域"。
② 20世纪的一些学者从哲学思想上阐发了"境界",对美学也有启发意义。冯友兰将人对宇宙人生的"觉解"作为人的境界,张世英指出,一个人的"灵明"所照亮的有意义的世界,即是"境界"。有关论述见叶朗《美在意象》,第468、469页,北京大学出版社,2010年。

《公子行》一诗"脉行肉里,神寄影中,巧参化工,非复有笔墨之气"(《唐诗评选》卷一)。他赞扬赵南星《独漉篇》一诗"脱形写影"(《明诗评选》卷一)。他还赞扬阮籍《咏怀》一诗"字后言前,眉端吻外,有无尽藏之怀,令人循声测影而得之"(《古诗评选》卷四)。写形是"取象","脱形写影",就是取之象外,也就是"取境"。"脱形写影","神寄影中","令人循声测影而得之",这样的审美意象就是"意境"。何逊《苑中见美人》:"罗袖风中卷,玉钗林下耀,团扇承落花,复持掩余笑。"王夫之对这首诗评了八个字:"借影脱胎,借写活色。"(《古诗评选》卷三)这首诗没有直接写美人,没有写她的形,而是脱形写影(或如徐渭所说"舍形而悦影"),借影脱胎,写出了美人的活色。王夫之常常从这个角度谈意境的创造。他指出,有一种"善于取影"的构思:

> 唐人《少年行》云:"白马金鞍从武皇,旌旗十万猎长杨。楼头少妇鸣筝坐,遥见飞尘入建章。"[1]想知少妇遥望之情,以自矜得意,此善于取影者也。"春日迟迟,卉木萋萋;仓庚喈喈,采蘩祁祁。执讯获丑,薄言还归。赫赫南仲,猃狁于夷。"[2]其妙正在此。训诂家不能领悟,谓妇方采蘩而见归师,旨趣索然矣。建旌旗,举矛戟,车马喧阗,凯乐竞奏之下,仓庚何能不惊飞,而尚闻其喈喈?六师在道,虽曰勿扰,采蘩之妇亦何事暴面于三军之侧邪?征人归矣,度其妇方采蘩,而闻归师之凯旋。故迟迟之日,萋萋之草,鸟鸣之和,皆为助喜。而南仲之功,震于闺阁,室家之欣幸,遥想其然,而征人之意得可知矣。乃以此而称南仲,又影中取影,曲尽人情之极至者也。(《姜斋诗话》卷一)

王夫之举出的这两首诗的构思很相仿佛。第一首,"楼头少妇鸣筝坐,遥见飞尘入建章",这是少年战士想象中的情景。第二首,"春日迟迟"时采蘩妇女听到凯旋消息,为征人的赫赫战功而欢欣鼓舞,是征人想

---

[1] 王昌龄作。《万首唐人绝句》及《全唐诗》题作《青楼曲》。
[2] 《诗·小雅·出车》末章。

象中的情景。想象是"虚"，而在这两首诗中化"虚"为"实"，这就叫"取影"。这种"取影"，实际上也是一种"取之象外"。因为这两首诗本来是写征人"自矜得意"的喜悦的情绪。但是诗人并不是孤立地写这种内心情绪，而是把这种内心情绪化为欢快的生活图景，从而更生动、更充分地写出了征人的情绪，即所谓"曲尽人情之极至"。这也是一种"超以象外，得其环中"。这样创造出的审美意象，就是意境。"取影"的构思，就是意境的构思，其中的妙处是执著于文字名相的"训诂家"无论如何也揣摩不到的。

讨论意境，经常要涉及中国美学里独特的"虚"与"实"的观念。

> 大要在实其虚以发微，虚其实而不窒。若以填砌还实，而虚处止凭衰弱之气姑为摇曳，则题之奴隶也。（《姜斋诗话·夕堂永日绪论》）

从这里可以看出，讨论"虚"、"实"，主要是因为关注"气"的流动。"气"流动通畅，才是一个生机勃勃的整体意象。"虚"和"实"之间必有一个连贯之处，王夫之称之为"神理凑合"或"以神理相取"，又称之为"取势"。

> 论画者曰："咫尺有万里之势。"一"势"字宜着眼。若不论势，则缩万里于咫尺，直是《广舆记》前一天下图耳。五言绝句，以此为落想时第一义，唯盛唐人能得其妙。如"君家住何处？妾住在横塘。停船暂借问，或恐是同乡"，墨气所射，四表无穷，无字处皆其意也。李献吉诗："浩浩长江水，黄州若个边？岸回山一转，船到堞楼前。"固自不失此风味。（《姜斋诗话·夕堂永日绪论》）

王夫之好用小诗、小景来凸显意境的妙处。景致有限，刻画寥寥，但意境不凡，让人生出无限遐思、无限情意。这样的小诗犹如山水画，空白处连通天地，无字处皆有画意。这就是"墨气所射"的意思。

"四表无穷"的意境一旦造成，会给人造成深刻的触动。但是，人却不可为了这种效果而去勉强追求意境，勉强追求只会阻塞"气"的流动。

> 把定一题、一人、一事、一物,于其上求形模,求比似,求词采,求故实;如钝斧子劈栎柤,皮屑纷霏,何尝动得一丝纹理? 以意为主,势次之。势者,意中之神理也。唯谢康乐为能取势,宛转屈伸,以求尽其意,意已尽则止,殆无剩语;夭矫连蜷,烟云缭绕,乃真龙,非画龙也。(《姜斋诗话·夕堂永日绪论》)

以"龙"来比喻说明"气势"的意义、虚实的关系,也是中国古人特有的思维方式。龙的特点就是飞动灵活,"见首不见尾"。清代赵执信的诗话《谈龙录》中有一段著名的描述可以与之呼应。

> 昉思嫉时俗之无章也,曰:"诗如龙然,首尾爪角鳞鬣一不具,非龙也。"司寇哂之曰:"诗如神龙,见其首不见其尾,或云中露一爪一鳞而已,安得全体? 是雕塑绘画者耳!"余曰:"神龙者屈申变化,固无定体,恍惚望见者,第指其一鳞一爪,而龙之首尾完好,故宛然在也。若拘于所见,以为龙具在是,雕绘者反有辞矣。"昉思乃服。

与"虚"与"实"相类似的,还有"大"与"小"。

> 有大景,有小景,有大景中小景。"柳叶开时任好风"、"花覆千官淑景移"及"风正一帆悬"、"青霭入看无",皆以小景传大景之神。若"江流天地外,山色有无中"、"江山如有待,花柳更无私",张皇使大,反令落拓不亲。(《姜斋诗话·夕堂永日绪论》)

"大景"的"大"意指境界之大。"柳叶开时任好风"、"风正一帆悬"等都是广袤无尽的意境。这并不是得自"天地"、"江山"等宏大的文辞,而是意境本身的"大"。文艺作品的意境之大,不能从文字技巧上强求,最终还是来自创作者人生境界的大。

王夫之以成功作品为例,分析了意境的生成原理。他说:

> 工部之工,在即物深致,无细不章。右丞之妙,在广摄四旁,圜中自显。如终南之阔大,则以"欲投人处宿,隔水问樵夫"显之;猎骑之轻速,则以"忽过"、"还归"、"回看"、"暮云"显之。皆所谓离钩三

寸,鲅鲅金鳞,少陵未尝问津及此也。然五言之变,至此已极。右丞
妙手,能使在远者近,抟虚作实,则心自旁灵,形自当位。苟非其人,
荒远幻诞,将有如一一鹤声飞上天,而自诧为灵通者,风雅扫地矣。
是取径盛唐者节宣之度,不可不知也。(《唐诗评选》卷三王维《观
猎》评语)

王夫之在这里把杜甫和王维作了对比。他认为杜甫诗的特点是"即
物深致,无细不章",这是"工";而王维诗的特点是"广摄四旁,圜中自
显",这是"妙"。"即物深致,无细不章",这是"取象",创造的是一般的审
美意象;"广摄四旁,圜中自显",这是"取境",也就是取之象外,创造的就
是意境。王维的诗不局限于具体的物象,而是"广摄四旁",伸向无尽的
空间,又能"使在远者近,抟虚作实"(如终南之阔大,则以"欲投人处宿,
隔水问樵夫"显之)。这样的审美意象,就不是某一具体物象的刻画,而
能显示整个宇宙的生气,所谓"离钩三寸,鲅鲅金鳞"。这样的审美意象,
就从有限而趋向无限,所谓"长可千年,大可万里,一如明月之在天而不
可改"①! 王夫之认为,杜甫往往"只用一钝斧子死斫见血"②,"世之为写
情事语者苦于不肖,唯杜苦于逼肖"③,所以杜诗有意象,却很少有意境,
所谓"少陵未尝问津及此也"。当然,王夫之也指出,如果脱离实际的审
美感兴而追求这样的意境,只有虚而没有实,就有可能走到"荒远幻诞"、
空有虚声的歧途上去。

王夫之一再强调,这种"离钩三寸,鲅鲅金鳞"、虚实结合、不即不离
的意境,也必须在直接审美感兴中得到。他说:

以神理相取,在远近之间,才着手便煞,一放手又飘忽去。如
"物在人亡无见期"④,捉煞了也。如宋人咏河鲍云:"春洲生荻牙,春

---

① 《古诗评选》卷四陆机《赠弟士龙》评语。
② 《明诗评选》卷四蔡羽《饯孔周席上话文衡山王履吉金元宾》评语。
③ 《唐诗评选》卷一杜甫《哀王孙》评语。
④ 李颀《题卢五旧居》:"物在人亡无见期,闲庭系马不胜悲。窗前绿竹生空地,门外青山如旧
时。怅望秋天鸣坠叶,巑岏枯柳宿寒鸥。忆君泪落东流水,岁岁花开知为谁。"

岸飞杨花。"①饶他有理,终是于河钝没交涉。"青青河畔草"与"绵绵思远道"②,何以相因依,相舍吐? 神理凑合时,自然恰得。(《姜斋诗话·夕堂永日绪论》)

"以神理相取,在远近之间",这是对意境很好的描绘。意境不能捉煞,也不能飘忽上天。"物在人亡无见期"一诗,有近无远,有实无虚,是捉煞了。"春洲生荻牙,春岸飞杨花"一诗,有远无近,有虚无实,是飘忽走了。这样的诗,情景并不自然恰和,都没有意境。"青青河畔草,绵绵思远道"则是"超以象外,得其环中",有虚有实,不即不离,这才是诗的意境。王夫之认为,这种意境是在直接审美感兴中自然得到的。

二、审美感兴与人生境界

王夫之的美学是他的整个思想体系的有机组成部分。在他看来,审美并不是一种孤立绝缘的活动。审美感兴虽然要脱离对于日常事务的计较思虑,但最终还是要回归现实人生。他有一段关于"兴"的论述,颇能反映这个思想。

> 能兴者即谓之豪杰。兴者,性之生乎气者也。拖沓委顺,当世之然而然,不然而不然。终日劳而不能度越于禄位田宅妻子之中,数米计薪,日以挫其志气,仰视天而不知其高,俯视地而不知其厚,虽觉如梦,虽视如盲,虽勤动其四体而心不灵,惟不兴故也。圣人以诗教以荡涤其浊心,震其暮气,纳之于豪杰而后期之以圣贤,此救人道于乱世之大权也。(《俟解》)

在这段话中,王夫之回答了这样的问题:人为什么要审美? 他认为,人有一种深刻的精神需要,就是超脱动物性的本能的生活(所谓"禄位田宅妻子"),把关注的范围尽可能地扩大,直至整个天地宇宙。对于圣人

---

① 梅尧臣:《范饶州坐中客语食河豚鱼》。
② 蔡邕:《饮马长城窟行》。

来说,他的精神生活时时刻刻处于这种高远广大的境界当中,但对普通人来说,就必须有一种特殊的活动状态来打破"拖沓委顺"、"暮气",从庸人俗人渐进到"豪杰",以至于"圣贤"。这就是审美活动("诗教")的意义。

审美活动("兴")为什么具有这样的效果呢? 还是要从王夫之自己对审美活动的分析来看。王夫之指出,审美活动的核心是审美意象的生成,是情与景的交融。审美意象的"情"与"景"都比日常的受局限的情绪、景象更加丰富、生动,可以让人的精神生活得到拓展,这就是"兴"。审美意境更是超越了一情一景的范围,让人跳出一事一物的认识和情感,把精神活动的范围扩充到无限,这又是一种更高层面的"兴"。

另外,王夫之在"现量说"中提出的"显现真实"也具有拓人心胸的意义。在王夫之的诗学理论当中,"显现真实"最大的意义,不是认识论的,而是境界论的。王夫之说:

> 往戍,悲也,来归,愉也。往而咏杨柳之依依,来而叹雨雪之霏霏。善用其情者,不敛天物之荣凋、以益己之悲愉而已矣。夫物其何定哉? 当吾之悲,有迎吾以悲者焉;当吾之愉,有迎吾以愉者焉;浅人以其褊衷而捷于相取也。当吾之悲,有未尝不可愉者焉;当吾之愉,有未尝不可悲者焉;目营于一方者之所不见也。故吾以知不穷于情者之言矣:其悲也,不失物之可愉者焉,虽然,不失悲也;其愉也,不失物之可悲者焉,虽然,不失愉也。导天下以广心,而不奔注于一情之发,是以其思不困,其言不穷,而天下之人心和平矣。(《诗广传·论采薇二》)

王夫之特别强调,"天情物理,可哀而可乐"[①],外在景物可以承担丰富的意义。当你悲伤的时候,迎接你的客观景物有可悲伤的,也有可愉悦的;当你愉悦的时候,迎接你的客观景物有可愉悦的,也有可悲伤的。

---

① 《姜斋诗话》卷一。

在人的日常生活中，外境与内心情感的联系是狭小而固定的，所谓"感时花溅泪，恨别鸟惊心"是生活的常态，而能令人"兴"的审美活动则可以打破这种常态。在审美活动中，你不能用自己特定的情意去局限、分割、破坏客观景物作为多方面规定性的统一的完整的存在。以《诗·小雅·采薇》中"昔我往矣，杨柳依依；今我来思，雨雪霏霏"这几句诗为例。往戍时悲哀的情意，通过"杨柳依依"（乐景）来表现，更增强了悲哀的情意。诗人并没有因为自己的情意是悲哀的，就改乐景为哀景。同样，归来时愉悦的情意，通过"雨雪霏霏"（哀景）来表现，更增强了愉悦的情意。诗人也并没有因为自己的情意是愉悦的，就改哀景为乐景。王夫之高度称赞"昔我往矣，杨柳依依，今我来思，雨雪霏霏"的意象，就是因为意象之景保持它自身的面貌（"显现真实"），不再受制于人的情绪的投射。又如，"'吴楚东南坼，乾坤日夜浮'乍读之若雄豪，然而适与'亲朋无一字，老病有孤舟'相为融浃。"（《诗绎》）这首杜诗前两句的意象廓大雄豪，却正衬出巨大的凄楚孤独之感。以上两个例子表明，尊重外在世界（"景"）的本貌与刻画内心的情感体验完全可以统一在审美意象中，相反而又相成的情景关系反而具有更强的艺术力量。外景与内情之间拉开了距离，可以使人超越一己的情绪来看待这个世界。这就是所谓"广心"，就是人的内心空间得到了拓展。

再以前面提到的《诗·大雅》中"倬彼云汉"这句诗的两种解释为例。在称颂周文王功德的《棫朴》第四章中，这句诗增添了周文王的光辉，而在忧念旱灾的《云汉》首章中，这句诗则说明了旱情的严重。"倬彼云汉"这一景象和这两首诗的情意都很融洽，诗人并没有用自己特定的情意去分割、破坏这一客观景物的完整性。这就叫"不敚天物之荣凋，以益己之悲愉"，这不仅限于尊重客观自然，更是指向了人生境界的提升。

根据"现量"的"显现真实"的要求，王夫之对陶诗中"良苗亦怀新"一语提出了批评：

> 陶此题凡二作，其一有云："平畴交远风，良苗亦怀新"，为古今

所共欣赏。"平畴交远风",信佳句矣,"良苗亦怀新",乃生入语。杜陵得此,遂以无私之德,横被花鸟,不竞之心,武断流水。不知两间景物关至极者如其涯量亦何限,而以己所偏得,非分相推,良苗有知,宁不笑人之曲谀哉!通人于诗,不言理而理自至,无所枉而已矣。(《古诗评选》卷四陶潜《癸卯岁始春怀古田舍》评语)

王夫之的这个批评,乍看起来很奇怪。陶诗中的"良苗亦怀新",杜诗中的"花柳更无私"、"水流心不竞",不是古今所共欣赏的名句吗?但是王夫之认为,在这些诗句中,诗人用一己"偏得"之意,去缩减、分割、破坏了客观景物完整的存在。这样的诗,不是从直接审美感兴中产生的,不符合"如所存而显之"的要求,因此不具有真实性。

王夫之关于审美意象的真实性的这一思想,同他的现量说紧密相联,最终指向的是人生境界的提升。这其中的联系很值得我们研究。

三、诗歌格局与作者胸襟

王夫之指出,诗歌意象、意境之所以能令人拓展心胸,提升境界,是因为做诗人具有相当的境界。他一般用"胸次"的概念来表达这个意思。

太白胸中浩渺之致,汉人皆有之,特以微言点出,包举自宏。太白乐府歌行,则倾囊而出耳。如射者引弓极满,或即发矢,或迟审久之,能忍不能忍,其力之大小可知已。要至于太白止矣。一失而为白乐天,本无浩渺之才,如决池水,旋踵而涸。再失而为苏子瞻,姜花败叶,随流而漾,胸次局促,乱节狂兴,所必然也。(《姜斋诗话·夕堂永日绪论》)

王夫之在这里指出,作诗者的境界大,才能驾驭得住大才华,否则才华泛滥不收,反而降低了作品的品味。

"池塘生春草","蝴蝶飞南园","明月照积雪"[①],皆心中目中与

---

① 见谢灵运《岁暮》。

相融浃,一出语时,即得珠圆玉润,要亦各视其所怀来而与景相迎者也。"日暮天无云,春风散(应作"扇")微和"①,想见陶令当时胸次,岂夹铅汞人能作此语?(《姜斋诗话》卷二)

这里突出强调的是作者的境界是情景交融而生意象的前提条件。"其所怀来"也是一种"情",但这种"情"反映的是诗人的平生抱负,而非一时一地之情。这种情景交融而生成的审美意象可以呈现出一个人的整体风貌,也就是王夫之这里所谓的"胸次"。

他还以建筑作比喻,指出作者"胸次"与作品意象的关系:

艺苑品题有"大家"之目,自论诗者推崇李、杜始。李、杜允此令名者,抑良有故。齐、梁以来,自命为作者,皆有蹊径,有阶级;意不逮辞,气不充体,于事理情志全无干涉,依样相仍,就中而组织之,如廛居栉比,三间五架,门庑厨厕,仅取容身,茅茨金碧,华俭小异,而大体实同,拙匠窭人仿造,即不相远,此谓小家。李、杜则内极才情,外周物理,言必有意,意必由衷;或雕或率,或丽或清,或放或敛,兼该驰骋,唯意所适,而神气随御以行,如未央、建章,千门万户、玲珑轩豁,无所窒碍,此谓大家。(《姜斋诗话·夕堂永日绪论》)

王夫之用这个比喻说明:一个人的境界大,所能掌握的意义生成的空间就大,其作品的意蕴就丰富深广。反之,作品意象虽能成立,也不过像一间小瓦房那样,没有可观之处。

王夫之还指出,一个作品的意蕴要真正实现出来,除了作者要有大胸襟,读者也要有相应的胸襟。他说:"程子与学者说《诗经》,止添数字,就本文吟咏再三,而精义自见。作经义者能尔,洵为最上一乘文字,自非与圣经贤传融液吻合,如自胸中流出者不能。"(《姜斋诗话·夕堂永日绪论》)"吟咏"既是读者欣赏的过程,也是一种审美意象的再创作。这个再

----

① 陶渊明:《拟古》九首之七。

创作的过程可以看作是作者与读者境界的沟通。

王夫之强调一切意象只是来自"现量",只是情景交融,只与作者的诗心文情有关。由于诗人每一次审美感兴都是具体的、独特的、不可重复的,由审美感兴产生的审美意象就必然是新鲜的,独创的,是不能用固定的、僵死的"法"和"格"来限制,也是不可模仿的。所以,他特别强调艺术的独创性,极反对因袭成法、固守门户。在《姜斋诗话》中,他说:"才立一门庭,则但有其局格,更无性情,更无兴会,更无思致;自缚缚人,谁为之解者?""凡言法者,皆非法也。""死法之立,总缘识量狭小。如演杂剧,在方丈台上,故有花样步位,稍移一步则错乱。若驰骋康庄,取涂千里,而用此步法,虽至愚者不为也。"这种说法有很多,不一一列举了。

所谓"门庭",也就是文学集团、派别。同一时代的作家,往往依据一定的共同点(如师生或僚属关系、趋同的思想或文风、相近的地域阶层等)而结合成为流派,拥戴共同的宗主,持守共同的纲领,创作出风格相近的作品。"门庭"、"格"、"法"等在王夫之的诗学话语中一般具有负面的意义。在他看来,"门庭"、"格"、"法"对创作的局限要远远大于其正面的作用。他甚至说,所有带有门庭标记的诗作,都是作者格局不高、胸襟不大的反映。

> 立门庭者必饾饤,非饾饤不可以立门庭。盖心灵人所自有而不相贷,无从开方便法门,任陋人支借也。(《姜斋诗话・夕堂永日绪论》)

也正是根据对于诗歌审美意象独创性的这种认识,王夫之又尖锐地批评了诗歌创作中公式化的倾向。他在《唐诗评选》中曾对杜牧《闻庆州赵纵使君与党项战中箭身死》一诗作了评论。他说,一般人写到这种题目,总是搬用"丹心碧血"、"日月山河"、"衰草夕阳"等老一套的词句。离了这些老套,他们就感到没有地方下笔。就像"优人作老态,但赖白髯"。搞得千篇一律,毫无生气。实际上,"此等题于'丹心碧血'、'日月山河'、

'衰草夕阳'外,自有无限"①。

王夫之对"门庭"、"成法"的尖利批评是针对当时的风气而发,今天看来有些说法不免极端化、简单化,但因其背后有"现量说"的支撑,这种批评是发人深省的。

王夫之还说:

> 当其天籁之发,因于俄顷,则攀援之径绝而独至之用弘矣。若复参伍他端,则当事必怠,分疆情景,则真感无存,情惝感亡,无言诗矣。(《古诗评选》卷四潘岳《哀诗》评语)

诗人由直接的审美感受而引发瞬间的灵感("天籁之发,因于俄顷"),从而产生审美意象。这样的意象必然是新鲜的、独创的,所谓"攀援之径绝而独至之用弘矣"。如果攀援他人,死守成法,则当事必怠,真感无存,不可能有真正的审美感兴,也就不可能产生审美意象,"情惝感亡,无言诗矣"。

就这样,王夫之依据他的现量说,对于艺术的独创性进行了论证。审美意象的无限多样性,超出陈旧公式的独创性,都是由"现量"的性质所决定的,也就是由审美感兴的独特性和不可重复性所决定的。正是现量说,使得他对于诗歌意象特点的分析,达到了前人所不曾达到的深度。

总之,王夫之的美学思想是一个连贯的整体。王夫之选诗评诗,以情景交融的审美意象为核心,兼顾诗歌的形式和体裁,最终归于人生境界的提升。这种理论与审美实际相结合的做法,反映了中国美学的思维特点。

---

① 《唐诗评选》卷二杜牧《闻庆州赵纵使君与党项战中箭身死》评语。

第二章　叶燮的美学思想

第一节　叶燮的生平及其时代问题

叶燮是一位在中国美学史上作出卓越贡献的人物。叶燮的《原诗》是中国美学史上最重要的美学著作之一。叶燮在《原诗》中建立了一个以"理""事""情"——"才""胆""识""力"为中心的美学体系。这是一个相当全面和严密的美学体系,包括了艺术意象论、艺术境界论和艺术演变论几个方面。和王夫之的美学体系一样,叶燮的美学体系也是中国古典美学的一种总结形态。

叶燮美学体系以艺术意象论为核心,包含有艺术本源论和美论(关于现实美的理论)两方面的内容。叶燮认为,宇宙万物的本体是"气"。"气"的流动,就有了"理""事""情"。"气"的流动,也就是美。任何艺术作品都是"理"、"事"、"情"在人心中的自然呈现。

叶燮特别强调"诗为心声",指出诗歌艺术的本体是诗人心灵创造的审美意象。审美意象是从对于"至理实事"的"妙悟"(即直接审美感兴)中产生的,它的特点是"虚实相成,有无互立,取之当前而自得","幽渺以为理,想象以为事,惝恍以为情"。

叶燮提出了一个系统的艺术创造力的理论。在叶燮看来,艺术家的审美创造力包括"才""胆""识""力"四种因素。这四种因素以通达于"理""事""情"的"识"为首,所以,在叶燮的美学理论中不存在主体和客体的对立和分离。

叶燮的艺术境界论主张"文"与"质"的统一,诗品与人品的统一。他对这两个传统的儒学命题作了补充和发挥,提出了"处异则志不能不异"、"作诗有性情必有面目"等命题。叶燮以"胸襟"、"面目"等概念来概括其审美人生境界思想,并以此阐释诗歌作品的深层意蕴。

叶燮的艺术演变论对诗歌史上"正"、"变"、"盛"、"衰"的关系作了详细的分析。他站在儒家主流价值观的立场上维护"温柔敦厚"的宗旨,又基于艺术的发展规律而肯定风格变化的合理性。叶燮主张艺术意象、艺术风格的多样化,反对单一化、标准化。"正"与"变"相统一的艺术演变观是叶燮美学体系的重要内容。

当代有学者认为,叶燮的《原诗》"几乎可以说是前无古人","它不但全面,系统,深刻,而且将文学观和宇宙观合一","组成了完整的思想体系","很有近代、现代意味"。① 这是十分精当的评价。叶燮被称为中国17世纪的伟大思想家确实毫无愧色。在中国古典美学的银河系中,王夫之美学体系和叶燮美学体系这两颗巨大的恒星构成了光辉灿烂的双子星座。它们将永远为中华民族的后代所敬仰。②

一、叶燮的生平和时代环境

叶燮(1627—1703)③,江苏吴江人,字星期,号已畦。叶燮的名字不像刘勰、严羽、王国维那样为人们所熟知,所以这里先对他的生平及时代环境作一些简略的介绍,然后再谈他的美学思想。

---

① 金克木:《谈清诗》,《读书》,1984年第9期。
② 本节有关叶燮美学思想的论述参考了叶朗的有关著作,参看叶朗《中国美学史大纲》,第488—528页。
③ 见《已畦文集》卷一三《与吴汉槎书》(吴汉槎,即吴兆骞)。

　　叶燮年少时逢明清易代之乱,早年在颠沛流离中度过,48岁(康熙九年)进士及第,53岁选为宝应知县,在任不久因忤逆上司受劾落职,告别官场。叶燮对当时的政治现实本来有比较清醒的认识,对自己的仕宦前途也并不抱什么幻想①,一旦罢官,他便"浩歌"归去了。② 他在吴县横山中简单营建了茅屋和一小园,名"独立苍茫处"。他就在一种隐居的生活状态中从事著述。他自称为"不合时宜人"、"举世之所谓怪物者"、"怪物之首",并且对当时的"名者"、"利者"、"势者"、"外饰者"、"役役者"、"浮夸者"、"托于狂者"、"媚于世者",加以猛烈抨击。③ 和当时北方的傅山一样,他拒绝了"博学鸿词"的举荐。④ 在《已畦琐语》中,他对"庸人"和"射利之夫"表示了蔑视。他说:"人有一番大作用及稍有节概者,必有一番磊磊落落不可一世之意,决不肯随声附和,唯唯诺诺。若人云亦云,庸人而已。亦有不置可否,漫无评论,似甚深沉,实亦不足与有为者也。"他在诗中高唱:"破胆不辞履虎凶,拍肩讵怕骑鲸跌"⑤,"近市何妨鸟雀喧,凌空不怕雷霆怒"⑥,"高论何妨天地宽,闲评宁怕蛟龙怒"⑦,"何妨向空发大叫,不与俗伧耳语谪"⑧……当然,他的这种"节概",他的这种"大作用",没有可能在政治上结出果实,而是表现在他的美学理论中了。

　　与对现实环境的激切话语相对照,叶燮的美学主张却坚守着儒家的

---

① 参看《已畦诗集残余》载《被黜后叠前韵六首》之一:"自分清狂干太和,冥鸿到处弋偏多。那能鹿性驯金勒,长谢鹓行听玉珂。入世惯从危处熟,半生错向醒中过。依然初服荒三径,一任风前发浩歌。"
② 参看《已畦文集》卷五《听松堂姓氏记》。
③ 见《已畦诗集》卷六附录乔石林赠叶燮诗中的夹注。
④《已畦诗集》卷三《秋岳先生再作长歌以慰复赋呈》。
⑤《已畦诗集残余·古松歌》。
⑥《已畦诗集》卷三《放歌行》。
⑦《已畦诗集》卷二《答魏交让》。
⑧ 林云铭在《原诗叙》中说他在丙寅(1686年)九月被叶燮请到家里看《原诗》。另一沈珩的《原诗叙》也写丙寅十月。那么,我们可以推断,叶燮的《原诗》是在1686年,也就是他59岁时定稿的。

中正敦厚的传统。一个明显的表现是,在叶燮的美学理论著述中有各种形成"对待"关系的概念,如源与流、本与末、正与变、盛与衰、近与远、因与革、死法与活法、陈熟与生新、虚名与定位、才人之诗与志士之诗,等等。叶燮用了这样许多成对的概念,就是为了在极端之间探求中道。这体现了儒家思想一以贯之的精神。从学术发展的角度看,这些概念的对子一方面表明了理论思维的发达,另一方面也表明了当时的理论思维需要面对复杂的环境。

清初的美学建设面对两个挑战。一个挑战是当时的政治环境和思想学术之间的紧张局面,其中影响最大的当属"尊经复古"的思潮。

明代中期以来,政教倾颓,社会混乱,终于导致政权覆亡和随后的清朝统治。明清之际,经历世变的士人们痛定思痛,把晚明以来的社会和文化乱象归结为王学末流对于学术思想的破坏。早在明朝灭亡之前,就已经有一批士人立志要扭转文化界盛行的狂傲风气,重新树立儒家经典的权威。他们打出了"尊经复古"的口号,希望拨乱反正,正本清源。应社(复社的前身)的领袖张溥说:"应社之始立也,所以志于尊经复古者,盖其至也。"钱谦益说:"诚欲正人心,必自反经始。诚欲反经,必欲正经学始。"几社的领袖陈子龙、顾炎武、王夫之、黄宗羲等,都参与了这场儒家经学的复兴运动。

"尊经复古"既成为思潮,学术、艺术的各个领域都受其影响。在艺术和美学领域,人们重新开始肯定儒家"温柔敦厚"的诗教传统。这个可以溯至孔子的传统,要求诗歌要表现现实,关心政治,弘扬王道。诗歌参与现实政治有两个方面,一是从正面来歌颂、赞美,这被称为"美";一是从负面来批评、讥谏,被称作"刺"。"美"和"刺"的关系以及"刺"的尺度,都是儒家美学的重大问题。孔子说过"诗可以怨",传统的儒家诗教承认"刺"的价值,但对"刺"的力度却有严格的限制,其主流的态度是"发乎情,止乎礼义","主文而谲谏",不可越雷池一步。在明清之际这种社会大动荡和大灾难的社会历史条件下,许多诗人不能不在诗歌中表达悲时悯乱之意,抒发哀怨激愤之情,从而形成了明清之际的哀怨诗风。这些诗歌广泛而深刻地表现了社会政治生活,但由于它们已经远远超越了"美""刺"所要求的"止乎礼义"的限度,所以受到了一些人的非难。针对此种诗歌创作,在明清之际的诗学界,引发了一场关于在儒家温柔敦厚的诗教传统中,怨愤的变风变雅之音的存在是否具有合理性的大讨论。

对"变风变雅"持肯定态度的一方有钱谦益、黄宗羲等人,他们认为情感上的温厚和平并非温柔敦厚的诗教在形式表现上的全部内涵,哀怨的变风变雅之音同时也是温柔敦厚诗教原则的一个重要组成部分。与之相反,持否定态度的一方以汪琬、陈维崧为代表,这些清初诗人认为,变风变雅的诗歌由于在情感的表达上过于激切,完全违背了温厚和平的温柔敦厚的诗教传统;而且这种哀怨的变风变雅之音与清初的开国气象也是极不和谐的。这样,讨论的焦点就转变为对温柔敦厚的儒家诗教如何认识和理解的问题。于是,双方都针对这一问题对温柔敦厚的内涵作出了自己独到的阐释和理解,这也构成了叶燮诗学和美学理论的背景。

清初的美学建设面对的另一个挑战是普遍风行的功利态度和市井趣味对艺术创作的侵袭。明中叶以降,随着商品经济的发达和市井风尚的兴起,人们对一些美学问题的思考也受到市井社会的价值追求和审美趣味的影响。在现实的艺术创作和品评更脱离了艺术、审美本身的标准,而受制于两种非审美的因素:一是新富群体的恶俗趣味,二是创作和鉴赏圈子的门派家法。鄙俗的趣味和僵化的家法套路不仅误导了社会的审美风气,更为严重的是扭曲了评判标准,让符合审美规律的那些观念被遮蔽了。叶燮有一篇《假山说》,围绕着自家小园的营造风格和审美趣味,与一个代表着世俗趣味的点评者展开论辩,抨击低俗趣味对于园林艺术的侵蚀。

叶燮的美学思想的主体是儒家的。他对诗教与现实政治之间关系的认识,对中正敦厚的艺术品鉴标准的坚持以及对市井功利风气的抵制等等都体现出鲜明的儒家特点。他也有来自道家(主要是庄子)和佛家的思想资源。叶燮自称十五六岁即诵《楞严经》①，成年后与僧人交游密切，还曾寄住在寺院当中。他对语言局限性的认识或受到禅宗思想的影响，他也直接引用庄子的"其成也毁，其毁也成"来说明雅正递变的规律。这反映出中国古代美学到达总结阶段时所具有的思想融合的倾向。

二、叶燮的《原诗》

叶燮一生写了许多有独创见解的美学论文，这些论文后来收集在《已畦文集》中。此外，他还写了一部光辉的美学理论专著——《原诗》。《原诗》分内外篇。概括说来，"内篇标宗旨也，外篇肆博辨也"②。内外篇构成了一个统一的整体。

《原诗》最显著的特色是它的理论性和系统性。叶燮十分重视理论思维。他在《原诗》中不止一次对明清学术界轻视理论思维的倾向进行批评。这种轻视理论思维的倾向有各种表现。一种表现，就是用空泛的比喻代替理论的分析。叶燮批评说：

> 夫自汤惠休以"初日芙蓉"拟谢诗，后世评诗者，祖其语意，动以某人之诗如某某：或人、或神仙、或事、或动植物，造为工丽之辞，而以某某人之诗一一分而如之。……泛而不附，缛而不切，未尝会于心、格于物，徒取以为谈资，与某某之诗何与？明人递习成风，其流愈盛。自以为兼总诸家，而以要言评次之，不亦可哂乎！我故曰：历来之评诗者，杂而无章，纷而不一，诗道之不能常振于古今者，其以是故欤！（《原诗·外篇》）

叶燮认为这种轻视理论思维的倾向，是"诗道之不能常振"的一个重

---

① "忆时十五六，庄诵《首楞严》。妙奢三摩他，错向三字诠。"（《山居杂诗·其二十四》）
② 如宋人敖陶孙《臞翁诗评》："魏武帝如幽燕老将，气韵沉雄。曹子建如三河少年，风流自赏。鲍明远如饥鹰独出，奇矫无前。谢康乐如东海扬帆，风日流丽……"又如明人王世贞《艺苑卮言》："何仲默如朝霞点水，芙蕖试风"，"李献吉如金摩天，神龙戏海"，"李于鳞如峨眉积雪，阆风蒸霞"……

要原因。

轻视理论思维的又一种表现,就是"遁于考订证据之学,骄人以所不知,而矜其博"(《原诗·外篇》)。这种人把烦琐的考据说成是最高的学问或唯一的学问,借以掩盖自己缺乏理论思维能力这个致命弱点。叶燮批评说:"此乃学究所为耳;千古作者心胸,岂容有此等铢两琐屑哉!"(《原诗·内篇》)他认为这种烦琐考据的学风祸害很大,所以专门写了一篇《考征说》对这种学风进行批评。他在文章中说:

其事无关于劝惩,其说无与乎义理,若必多其考索,以求是非,此近于群居言不及义行小慧矣。故古之君子以为不必论也。尤不足道者,近时笺注训诂之家,每于地之道里、年之日月先后毫末之差,反复辨论,引证群书,众说繁多,无所取裁,而强加之臆断。此非于无用之地而用其心也哉!(《已畦文集》卷三《考征说》)

我们回顾一下明清学术界的风气,就可以看出叶燮的这种见解是卓越的。

叶燮本人所著的《原诗》,理论性和系统性都很强,显示出作者有很高的理论思维能力。《原诗》的这个特点,在浩如烟海的中国古典美学著作中,显得十分突出。沈珩《原诗叙》指出:"自古宗工宿匠所以称诗之说,仅散见评隙间,一支一节之常者耳,未尝有创辟其识,综贯成一家言,出以砭其迷,开其悟。"叶燮的《原诗》和历史上常见的这种缺乏理论思维的"诗话""诗品"一类著作不同,它不是局限在对作家、作品的枝枝节节的评论,而是始终把艺术问题提到哲学高度来进行研究和讨论的。它对于艺术的基本问题,即叶燮所谓"源流、正变、本末、盛衰"的问题,进行了系统的考察,建立了一个以"理"、"事"、"情"——"才"、"胆"、"识"、"力"为中心的相当严密完整的理论体系。所以我们说,《原诗》不是一部文学批评著作,而是一部理论性和系统性很强的美学著作。也正是这种理论性和系统性,使得《原诗》在批评当时盛行的教条主义、复古主义美学时,拥有了不同凡响的力度。

第二节　叶燮诗学的意象生成论

叶燮美学的核心是他的意象本体学说，也就是从意象生成的角度概括诗歌创作的"七因素说"：

> 曰理、曰事、曰情，此三言者足以穷尽万有之变态。凡形形色色，音声状貌，举不能越乎此。此举在物者而为言，而无一物之或能去此者也。曰才、曰胆、曰识、曰力，此四言者所以穷尽此心之神明。凡形形色色，音声状貌，无不待于此而为之发宣昭著。此举在我者而为言，而无一不如此心以出之者也。以在我之四，衡在物之三，合而为作者之文章。大之经纬天地，细而一动一植，咏叹讴吟，俱不能离是而为言者也。（《原诗内篇》）

叶燮的意象生成理论包含了两个方面，一个是"在物"的"理"、"事"、"情"，另一个是"在我"的"才、胆、识、力"。在叶燮的思想里，"在物"和"在我"的两方面并不是割裂的。叶燮将艺术中"物"的因素和"我"的因素都归结为审美意象。他把艺术活动、艺术作品最终归为艺术家心灵的创造，提出了"诗是心声"的命题。

一、"理、事、情"

南宋思想家叶适（1150—1223）曾提出用"情"和"理"这一对范畴来规定"物"①。叶燮继承了叶适的思想，在美学领域内把它加以发展，形成了"理"、"事"、"情"这样一组范畴，提出了他的著名的"理、事、情"说。

叶燮把"理"作为他的美学理论的起始点。他说：

> 仆尝有《原诗》一编，以为盈天地间万有不齐之物之数，总不出

---

① "夫形于天地之间者，物也；皆一而有不同者，物之情也；因其不同而听之，不失其所以一者，物之理也；坚凝纷错，逃遁谲伏，无不释然而解、油然而遇者，由其理之不可乱也。"（《水心别集》卷五《进卷诗》）

乎"理""事""情"三者。故圣人之道自格物始,盖格夫凡物之无不有"理""事""情"也。(《已畦文集》卷十三《与友人论文书》)

天地之浩邈,日月星辰之辽远,疑其事之绝难凭者,然天官家以一定之数测之,而无毫末之或爽。四时之荣枯,百物之生谢,疑其事之难豫知,然观物者以自然之理推之,遂如操券之必信。(《已畦文集》卷三《考征说》)

凡文章之道,当内求之察识之心,而专征之自然之理。(《已畦文集自序》)

今乃晓然于凡文章之道,当内求之察识之心而专之自然之理,于是而为言,庶几无负读书以识字乎。(《已畦文集自序》)

这几段材料都可以看作是叶燮构建他的学理体系的自述。在这里,他把"理"放在首要的位置上。这有时代的原因。在清代,宋明理学是一种普遍的学术语境。一个思想家要展开他的思想,不可能完全无视他所处的学术语境。叶燮的美学将"理"作为首要位置,宋明理学的学术语境是一个重要的因素。另一个因素则是清代学者对晚明学风的反拨。王学末流将"心"的地位无限地推高,造成了一种空疏狂妄的风气。这条道路在清代走到了尽头,人们越来越有意识地开始把注意力放到实在的世界和现实的事务上面去。正如梁启超概括的,"这个时代的学术主潮是厌倦主观的冥想,而倾向于客观的考察"①。这个客观的考察,反映在哲学讨论中,就是更加强调面向外在世界的实理实事。

叶燮对于"理"有自己的一套解释,他用"理"、"事"、"情"这一组范畴来概括"天地之大,古今之变,万汇之赜,日星河岳,赋物象形,兵刑礼乐,饮食男女"。他说:

曰理、曰事、曰情三语,大而乾坤以之定位,日月以之运行,以

---

① 梁启超:《中国近三百年学术史》,第 1 页,上海三联书店,2006 年。

至一草一木一飞一走，三者缺一则不成物。文章者，所以表天地万物之情状也。然具是三者，又有总而持之，条而贯之者，曰气。事、理、情之所为用，气为之用也。譬之一木一草，其能发生者，理也；其既发生，则事也；既发生之后，天乔滋植，情状万千，咸有自得之趣，则情也。苟无气以行之，能若是乎？……吾故曰，三者藉气而行者也。得是三者，而气鼓行于其间，缊缊磅礴，随其自然所至即为法，此天地万象之至文也。（《原诗·内篇》）

叶燮的"理"、"事"、"情"学说是他的哲学和美学思想的基础。从这段话看，"理"，就是事物发生发展的原理；"事"，就是事物发生发展的现实状态、过程；"情"，就是现实事物的丰富面貌、情态和"自得之趣"。叶燮又用"气"的概念把"理"、"事"、"情"统一起来。"气"意指天地万物的生命力。"气"的特点就是永恒的流动变化，所以用"鼓行"、"缊缊磅礴"来描述。这种对"气"的认识和王夫之对美的看法（"两间之固有者，自然之华，因流动生变而成其绮丽"）是相通的。

叶燮的哲学之所以能够与美学理论融合无间，是因为他在"理"和"事"之外特别突出了"情"。

天地之大文，风云雨雷是也。变化不测，不可端倪，天地之至神也，即至文也。……吾尝居泰山之下者半载，熟悉云之情状：或起于肤寸，沦六合；或诸峰竞出，升顶即灭；或连阴数月；或食时即散；或黑如漆；或白如雪；或大如鹏翼；或乱如散鬐；或块然垂天，后无继者；或联绵纤微，相续不绝；又忽而黑云兴，土人以法占之曰"将雨"，竟不雨；又晴云出，法占之曰"将晴"，乃竟雨。云之态以万计，无一同也。以至云之色相、云之性情，无一同也。云或有时归；或有时竟一去不归；或有时全归；或有时半归：无一同也。此天地自然之文，至工也。（《原诗·内篇》）

自然万象变化万端，没有一个固定的模式，具有无限的多样性和丰富性。有了这种多样性、丰富性，构成了"美"的前提。当然，这还不能算是真正意义上的美,因为这种"情",是一种外在的情态,并不是属于人心的情感,但另一方面,万物的情态却最能够跟人的生命活动取得感应,尤其能够引动人们的审美心境。所以,与"理"、"事"并列的"情"就成了打通外在天地自然与人的内心空间的关键因素。

叶燮在《原诗》内篇对艺术下了一个定义:文章者,所以表天地万物之情状也。

叶燮在《赤霞楼诗集序》中又从艺术中抽出诗和画两大类,对这个基本观点作了细致的说明。他说:

> 吾尝谓凡艺之类多端,而能尽天地万事万物之情状者,莫如画。彼其山水、云霞、林木、鸟兽、城郭、宫室,以及人士男女、老少妍媸、器具服玩,甚至状貌之忧离欢乐,凡遇于目,感于心,传之于手而为象,惟画则然,大可笼万有,小可析毫末,而为有形者所不能遁。吾又以谓尽天地万事万物之情状者,又莫如诗。彼其山水云霞、人士男女、忧离欢乐等类而外,更有雷鸣风动、鸟啼虫吟、歌哭言笑,凡触于目,入于耳,会于心,宣之于口而为言,惟诗则然,其笼万有,析毫末,而为有情者所不能遁。昔人评王维之画曰'画中有诗',又评王维之诗曰'诗中有画',由是言之,则画与诗初无二道也。……故画者天地无声之诗,诗者天地无色之画。……乃知画者形也,形依情则深;诗者情也,情附形则显。(《已畦文集》卷八《赤霞楼诗集序》)

这段话意思是说,诗和画都是情景交融的审美意象,它们在本质上是相同的,所以说:"画者天地无声之诗,诗者天地无色之画","画与诗初无二道也"。另方面,诗和画所反映的对象和方式有所不同,所以应该互相渗透、互相补充:"画者形也,形依情则深,诗者情也,情附形则显。"诗和画的统一,"情"和"形"的统一,就能产生出鲜明生动的艺术意象来。这个意象生成的过程,就是叶燮的艺术定义所提到的"表",其前提条件是有天地自然与人心相统一的"气"的流动,所以,叶燮的

"理"、"事"、"情"学说不能不被看作是近代哲学意义上的主观反映客观的认识论。

叶燮还依据"理"、"事"、"情"学说论证了关于艺术意象、艺术风格多样化的主张。这个论证有三个不同的角度。

首先,他指出,自然现实之美是变化万端、丰富多彩的,呈现自然现实之美的艺术意象、艺术风格也应该是多样化的。这是第一个角度。

其次,他指出,诗人的"性情"各各不同,"胸襟"各各不同,即便对于同一景物,也会有不同的感兴,从这种感兴中产生的审美意象,就必然会有不同的"面目",必然是多样化的。这是第二个角度。

最后,他指出,既然自然的情状万千和人情各各不同都是合乎规律的,那么,在艺术发展过程中出现多种多样的艺术风格也就同样是合乎规律的。事实上,艺术的"日新而不病"①,艺术的创新和发展,也只有通过多种多样的艺术意境和艺术风格才能实现。这是第三个角度。

叶燮常将此三方面统一起来谈艺术风格的多样化,如他在谈到所谓"晚唐之诗,其音衰飒"时说:

> 夫天有四时,四时有春秋。春气滋生,秋气肃杀。滋生则敷荣,肃杀则衰飒。气之候不同,非气有优劣也。使气有优劣,春与秋亦有优劣乎?故衰飒以为气,秋气也;衰飒以为声,商声也。俱天地之出于自然者,不可以为贬也。又盛唐之诗,春花也。桃李之秾华,牡丹芍药之妍艳,其品华美贵重,略无寒瘦俭薄之态,固足美也。晚唐之诗,秋花也。江上之芙蓉,篱边之丛菊,极幽艳晚香之韵,可不为美乎?(《原诗·外篇》)

自然界有各种各样的花朵,"俱天地之出于自然者",都是美的。如

---

① "今夫天地之有风雨、阴晴、寒暑,皆气候之自然,无一不为功于世,然各因时为用而不相仍。使仍于一,则恒风、恒雨、恒阴、恒晴、恒寒、恒暑,其为病大矣。诗自《三百篇》及汉魏、六朝、唐、宋、元、明,惟不相仍,能因时而善变,如风雨、阴晴、寒暑,故日新而不病。"(《已畦文集》卷八《黄叶村庄诗序》)

果只许可开一种花,世界不就要失去它现有的光彩,变得异常单调无味了吗? 艺术的意象和风格也是这样,不应该单一化、标准化,而应该多样化。只要合乎客观的"理""事""情",只要能使人获得美感,所谓"抒写胸襟,发挥景物,境皆独得,意自天成,能令人永言三叹,寻味不穷",就不应该因为它不符合某个单一的规格或公认的标准而加以排斥。

总之,叶燮的"理、事、情"学说以及与之相关的艺术演变观,不但在美学史上占有重要的地位,就是在一般思想史上也是不应该忽视的。我们在后面会详细展开。

二、"诗是心声"

即便在十分强调外在事物之"理"的方面,叶燮的理学思想仍然贯穿着对于"心"的重视。[①] 在他的美学思想里,但凡涉及诗歌的创作、本质,"心"就成为一个核心的概念。例如他说:

> 诗是心声,不可违心而出,亦不能违心而出。(《原诗·外篇》)
>
> 凡物之美者,盈天地间皆是也,然必待人之神明才慧而见。(《已畦文集》卷九《集唐诗序》)
>
> 天地无心,而赋万事万物之形,朱君以有心赴之,而天地万事万物之情状皆随其手腕以出,无有不得者。(《已畦文集》卷八《赤霞楼诗集序》)

叶燮在这里强调了艺术意象是直接由艺术家的"心"产生的。离开了"心"的发现和创作,世界万象的美就没有了意义。这种思想在中国美学史上十分具有代表性。唐代的柳宗元说的"美不自美,因人而彰",明代的王阳明关于"岩间花树"的著名分析,都揭示了"美"有待于人心照亮的道理。

与此相关,叶燮还提出了一个"遇合"的说法:

[①] 其实,"理学"与"心学"并不是截然对立的两种学说体系。陈来说:"后人把理学叫做性理之学,但就朱学本身而言,一切对性与理的认识和工夫都依赖于心,对心具有格外的重视,因此,性理之学也就是心学。"陈来:《中国近世思想史研究》,第 223 页,北京:商务印书馆,2003 年。

名山者造物之文章也。造物之文章必藉乎人以为遇合。而人之与为遇合也,亦藉乎其人之文章而已矣。(《已畦文集》卷八《黄山倡和诗序》)

天地之生是山水也,其幽远奇险,天地亦不能一一自剖其妙,自有此人之耳目手足一历之;而山水之妙始泄,如此方无愧于游览,方无愧乎游览之诗。(《原诗·外篇》)

必有不可言之理,不可述之事,遇之于默会意象之表,而理与事无不灿然于前者也。(《原诗·内篇》)

这些话把审美意象的生成过程说得很精彩。叶燮在这些话中指出,世界上到处都存在着美,这是"造物之文章",是"无心"的天地所产生的。但是它们只有对具有一定的审美心胸和审美能力的人才有意义,才能成为现实的审美对象。而且它们也只有通过"有心"人的能动的审美活动(艺术创造活动)才能得到"剖泄",并为之"发宣昭著",成为可供人欣赏的作品。换句话说,天地万物的美只有通过人的审美活动才能真正地显现出来。这个显现的过程就是审美意象对于世界的"照亮",就是柳宗元所说的"彰",也就是叶燮所说的"表天地万物之情状"和"灿然于前"。

意象的生成有待于人心的创造力。叶燮认为,审美意象是在诗人对外在景象的直接审美感兴中产生的,或者说,是在"妙悟"中产生的。在这一点上,叶燮与王夫之也是一致的。因此,叶燮很重视诗人的审美感兴能力,也就是在客观景物直接触发下产生审美情趣的敏感能力。他有两段话着重谈到这种审美感兴能力:

原夫作诗者之肇端而有事乎此也,必先有所触以兴起其意,而后措诸辞、属为句、敷之而成章。当其有所触而兴起也,其意、其辞、其句,劈空而起,皆自无而有,随在取之于心,出而为情、为景、为事。人未尝言之,而自我始言之,故言者与闻其言者,诚可悦而永也。(《原诗·内篇》)

审美感兴能力，实质上就是艺术创造力，因为审美意象就是在审美感兴中产生的。严羽把这种审美感兴能力称为"别材"。换句话说，这种审美感兴能力，是艺术家所应该具有的特殊的才能。

叶燮把艺术意象的来源归为具有创造力的人心，所以他特别强调艺术意象的独创性。在叶燮看来，艺术作品之所以能够打动人心，就是因为它是从人心当中生发（"兴起"）的。如果一个作品不是出于情景交融的感兴，而是出于某种固定的成规，或者是出于对前人成功作品的陈陈相因，那么它就不复是一个审美意象，也就失去了作为一种艺术品的资格。经典是美的，但对于经典的因袭却不美，甚至是丑的。叶燮的这种思想是对当时艺术界、思想界因袭风气的有力批判。

三、"才、胆、识、力"

叶燮的意象本体论主张"以在我之四，衡在物之三，合而为作者之文章"。就意象的生成而言，与"在物"的"理"、"事"、"情"同样重要的是"在我"的"才"、"胆"、"识"、"力"。叶燮的"才"、"胆"、"识"、"力"也是他艺术创造力学说的展开。

叶燮认为，艺术家的创造力可以分析为"才"、"胆"、"识"、"力"四种因素。他说："大凡人无才则心思不出，无胆则笔墨畏缩，无识则不能取舍，无力则不能自成一家。"（《原诗·内篇》）这四种因素都是不能偏废的。但是，叶燮认为，四者之中"识"又是首要的、决定性的。他说：

> 大约才、胆、识、力四者，交相为济，苟一有所歉，则不可登作者之坛。四者无缓急，而要在先之以识。使无识，则三者俱无所托。……惟有识，则能知所从、知所奋、知所决，而后才与胆力皆确然有以自信。举世非之，举世誉之，而不为其所摇。安有随人之是非以为是非者哉！（《原诗·内篇》）

叶燮的这个思想无疑是受了李贽的启发。李贽在《焚书》的一篇文章中,曾经提出"才、胆实由识而济"的论点。① 叶燮把李贽这一思想应用于艺术创造活动领域,并使它带上了新的特点,内容更为丰富,更为深化了。

首先,叶燮认为,"才"要依赖于"识"。他说:

> 其歉乎天者,才见不足,人皆曰才之歉也,不可勉强也。不知有识以居乎才之先,识为体而才为用,若不足于才,当先研精推求乎其识。人惟中藏无识,则理、事、情错陈于前,而浑然茫然,是非可否,妍媸黑白,悉眩惑而不能辨,安望其敷而出之为才乎? 文章之能事,实始乎此。(《原诗·内篇》)

这就是说,分别善恶美丑的"识"是艺术创造力诸因素中首要的因素。在某种意义上,"才"不过是"识"的表现。一个艺术家如果"中藏无识",缺乏分辨是非、可否、黑白、美丑的能力,就不可能真实地认识"理""事""情"。那样也就根本谈不上是有"才"。因为,艺术家的"才"包括审美感兴能力(由"眼中之竹"到"胸中之竹")和审美传达能力(由"胸中之竹"到"手中之竹")。而照叶燮的看法,艺术家这种"才"(审美感兴能力和审美传达能力)的实质,就是对于"理""事""情"的创造性的真实呈现:

> 夫于人之所不能知,而惟我有"才"能知之,于人之所不能言,而惟我有"才"能言之,纵其心思之絪缊磅礴,上下纵横,凡六合以内外,皆不得而囿之。以是措而为文辞,而至理存焉,万事准焉,深情托焉,是之谓有才。(《原诗·内篇》)
>
> 吾故告善学诗者,必先从事于"格物",而以"识"充其"才",则质

---

① 参看《焚书》卷四《二十分识》。对于"识"和"胆"的强调,带有时代的特点。李贽之后,不少人重复他的这种思想。如袁中道曾经在《妙高山法寺碑》一文中把"识"、"才"、"学"、"胆"、"趣"五个范畴并提,又在《花云赋引》一文中强调"胆"在文学变革中的重要作用(参看本书第十六章)。又如魏禧也曾把"识"、"力"、"才"并提,并强调"识"的重要:"做大事人要三资具备,曰识,曰力,曰才。无识不足料变,无力不足持久,无才不足御劳。……'识'字尤是第一紧要。或曰:识可造乎? 曰:可。造识之道有三:曰见闻,曰揣摩,曰阅历。……见闻、揣摩之功五,阅历之功十。"(《魏叔子日录》卷一《里言》)

具而骨立……而免于皮相之讥矣。(《原诗·外篇》)

按照这样的理解,艺术家的"才",归根到底是属于"知"的范围,因此和"识"有着密切的关系。一个艺术家如果缺乏"识",不能洞察世界的事物和道理,也就不可能很好地发挥他的"才"。反过来说,一个艺术家要想发挥自己的"才",一条重要的途径就是努力增强自己的"识"。

其次,叶燮认为,"才"还要依赖于"胆"。他说:

无胆则笔墨畏缩。胆既诎矣,才何由而得伸乎? 惟胆能生才。但知才受于天,而抑知必待扩充于胆邪!(《原诗·内篇》)

"胆"是艺术家自由创造的勇气。艺术创造势必要打破各种成规,也因此存在着被人非议的风险。这种风险的存在,就是对艺术家创造活动的挑战和考验。一个艺术家如果缺乏自由创造的勇气,"欲言而不能言,或能言而不敢言,矜持于铢两尺镬之中,既恐不合于古人,又恐贻讥于今人,如三日新妇,动恐失礼,又如跛者登临,举恐失足",那怎么还能充分发挥自己的创造才能呢?

艺术家自由创造的勇气从哪里来呢? 叶燮认为,这种自由创造的勇气也来源于"识"。他说:

惟有识则是非明,是非明则取舍定,不但不随世人脚跟,并亦不随古人脚跟。非薄古人为不足学也,盖天地有自然之文章,随我之所触而发宣之,必有克肖其自然者,为至文以立极,我之命意发言自当求其至极者。……惟如是,我之命意发言,一一皆从识见中流布。识明则胆张,任其发宣而无所于怯,横说竖说,左宜而右有,直造化在手,无有一之不肖乎物也。……无识故无胆,使笔墨不能自由,是为操觚家之苦趣,不可不察也。(《原诗·内篇》)

这段话讲了两层意思。第一层意思是说,艺术家所以要有自由创造的勇气,就是为了真实地呈现世界在自己心中的面貌。反过来就是说,艺术家要想真实地呈现世界,就必须要有自由创造的勇气。这层意思是强调"胆"的重要性;第二层意思是说"胆"要依赖于"识":"识明则胆张。"也就是说,艺术家自由创造的勇气,并不是主观的任性,也不是单纯依靠超越利害得失的考虑,而是以对客观现实的独立思考和正确认识为基础的,所以最后就能达到真实性的要求("无有一之不肖乎物也")。

最后,叶燮认为,"才"还要依赖于"力"。他说:

> 吾尝观古之才人,合诗与文而论之,如左丘明、司马迁、贾谊、李白、杜甫、韩愈、苏轼之徒,天地万物皆递开辟于其笔端,无有不可举,无有不可能,前不必有所承,后不必有所继,而各有其愉快。如是之"才",必有其"力"以载之。惟"力"大而"才"能坚,故至坚而不可摧也。历千百代而不朽者以此。(《原诗·内篇》)

这段话的意思是说,"才"大者必声"力"大,因为"力"是"才"的载体。那么什么是"力"呢? 叶燮说,有力者"神旺而气足,径往直前,不待有所攀援假借,奋然投足,反趋弱者扶掖之前"(《原诗·内篇》)。又说,"立言者无力则不能自成一家"(《原诗·内篇》)。从这些话看,"力"就是艺术家的生命力,当然不是一般的生命力,而是艺术独创的生命力。叶燮认为,艺术家的创造才能,必须要有这种生命力来支撑。所以他说:"吾又观古之才人,力足以盖一乡,则为一乡之才;力足以盖一国,则为一国之才;力足以盖天下,则为天下之才。更进乎此,其力足以十世,足以百世,足以终古,则其立言不朽之业,亦垂十世,垂百世,垂终古,悉如其力以报之。试合古今之才,一一较其所就,视其力之大小远近,如分寸铢两之悉称焉。"(《原诗·内篇》)

叶燮关于艺术家创造力的学说,有几个显著的优点:

第一,他不是把艺术家的"才"(审美感兴能力和审美传达能力)孤立出来,加以绝对化,等同于艺术家的创造力。他认为,艺术家的"才"要依赖于"识"、"胆"、"力"等多种因素:"夫内得之于识而出之为才,惟胆以张其才,惟力以克荷之。"(《原诗·内篇》)因此,艺术家的创造力不仅包括审美感兴能力和审美传达能力,而且包括分辨是非、可否、黑白、美丑的能力,包括自由创造的勇气,包括艺术独创的生命力。只有"才"、"胆"、"识"、"力"四者统一,才构成艺术创造力的完整概念。

第二,叶燮承认人的天赋有差异。但他认为,既然艺术家的"才"要依赖于"识"、"胆"、"力",既然艺术创造力是"才"、"胆"、"识"、"力"四者的统一,那么艺术家的创造力就不能完全归结为天赋。他明确说:"在我者(按指"才""胆""识""力"四者,即艺术创造力)虽有天分之不齐,要无不可以人力充之。"(《原诗·内篇》)他反对把艺术家的创造力神秘化,不能把艺术创造力的概念和"妙悟"的概念等同起来。

第三,叶燮的"才胆识力说",同他的"理事情说"一样,处处贯穿着对于自由创造的肯定,贯穿着对于教条主义、蒙昧主义的批判。这种批判精神,也就是明末清初的学者所共同分享的那种独立思考的精神、理性主义的精神。

第三节　胸襟以为基:叶燮的艺术境界论

儒家的艺术观念一贯把审美活动和人生的整体联系在一起,认为艺术作品的美与艺术创作者的内心世界是联系在一起的,即所谓"文如其人"、"诗品即人品"。也出于这种文品和人品相统一的观念,儒家美学认为审美欣赏和艺术创作也是一种教化活动,审美活动、艺术创作的最终目的是提高人(包括创作者和欣赏者)的精神境界。叶燮的艺术境界论继承和发挥了这种观念,并提出了一系列新颖的观点,是他的"诗是心声"的基本观点的充分展开。

一、叶燮论诗品与人品的统一

在中国古代的美学和艺术思想里,意象生成的诸多因素之间具有密切的联系。在叶燮的诗学理论中,这些联系主要体现在两个层面。就诗内部因素的关系而言,是"文"与"质"的关系。就诗与人生整体的关系而言,则是诗品与人品的关系。叶燮指出,在审美意象当中,这些方面都是统一的。

诗的"文"与"质"的关系，主要反映着艺术的形式美与思想情感内容的关系。叶燮反对脱离艺术的思想情感内容，单纯地追求形式美。他指出，当时一些人所强调的诗的"体格"、"声调"、"苍老"、"波澜"，都属于艺术的形式，它们离开充实的思想情感内容，是不可能单独具有审美价值和审美意义的。例如波澜之美，他说，只有当水的"质"空虚明净，微风鼓动，生出的波澜才是美观的。如果换成一条臭水沟，遇风而动，虽然也会出现波澜，但是只能扬起恶味，哪里有什么美呢？所以说，"波澜非能自为美也，有江湖池沼之水以为之地，而后波澜为美也"（《原诗·内篇》）。再如苍老之美也一样。"苟无松柏之劲质，而百卉凡材，彼苍老何所凭藉以见乎？必不然矣！"（《原诗·内篇》）拿诗歌来说，什么是它的"质"呢？那就是"诗之性情，诗之才调，诗之胸怀，诗之见解"，也就是诗歌的思想情感内容。所以他的结论是：

> 彼诗家之体格、声调、苍老、波澜，为规则，为能事，固然矣。然必其人具有诗之性情，诗之才调，诗之胸怀，诗之见解，以为其质，如赋形之有骨焉。而以诸法傅而出之，犹素之受绘，有所受之地，而后可一一增加焉。故体格、声调、苍老、波澜，不可谓为文也，有待于质焉，则不得不谓之文也；不可谓为皮之相也，有待于骨焉，则不得不谓之皮相也。（《原诗·外篇》）

"文"要依赖于"质"，诗之"体格"、"声调"、"苍老"、"波澜"要依赖于"诗之性情，诗之才调，诗之胸怀，诗之见解"，这就是叶燮所主张的"文"与"质"的统一。

"文质彬彬"是儒家思想对于"君子"的要求，指向着整体的人的修养问题。艺术意象当中涉及的"文"与"质"的关系，是对于人生整体修养的一个反映，所以，论艺术中的"文"与"质"，也势必会联系到艺术与人生的关系。在叶燮这里，就是"人品"与"诗品"的统一。

> 诗是心声，不可违心而出，亦不能违心而出。功名之士，决不能

为泉石淡泊之音；轻浮之子，必不能为敦庞大雅之响。故陶潜多素心之语，李白有遗世之句，杜甫兴广厦万间之愿，苏轼师四海弟昆之言。凡如此类，皆应声而出。其心如日月，其诗如日月之光，随其光之所至，即日月见焉。故每诗以人见，人又以诗见。（《原诗·外篇》）

在叶燮看来，艺术意象是人的心灵的发露，人的品格高下和艺术的品格高下是一致的。叶燮的学生薛雪也指出，"人高则诗亦高，人俗则诗亦俗，一字不可掩饰"；"人品既高，其一謦一欬、一挥一洒，必有过人处"（《一瓢诗话》）。读诗当知其人，观人亦当读其诗，这跟孟子的"知人论世"说有相似处。

文与质的统一，诗品与人品的统一，这是中国古典美学的传统思想，原不是叶燮的创见。但是叶燮对这两个传统命题作了重要的补充和发挥。叶燮的补充和发挥，比较他对这两个命题本身的论述，似乎更值得我们重视。

首先看叶燮对"诗言志"的发挥。

虞书称"诗言志"。志也者，训诂为"心之所之"，在释氏，所谓"种子也"。（《原诗·内篇》）

在这种解释里，"志"被视作一种人的心志的趋向。人心的追求不同，艺术的创作也就有了不同的倾向、风格、类型。"志"的多样性体现了人的境界的多样性，也决定了艺术意象的多样性。叶燮认为，只要艺术作品完整而真实地体现了作者的"心之所之"或者"种子"，就是有价值的。

叶燮还把"人品"与"诗品"统一于"志"。

有是"志"，而以我所云"才"、"胆"、"识"、"力"四语充之，则其仰观俯察、遇物触景之会，勃然而兴，旁见侧出，才气心思溢于笔墨之外。志高则其言洁，志大则其辞弘，志远则其旨永。如是者其诗必传，正不必斤斤争工拙于一字一句之间。（《原诗·外篇》）

这就是说,作品的审美价值在很大程度上是由作家的"志"决定的。既然这样,艺术作品的审美价值与作家本人的道德品质、思想修养就有极其密切的关系。所以叶燮一再说:"盖是其人斯能为其言,为其言斯能有其品。"(《已畦文集》卷八《南游诗集序》)"诗以人见,人以诗见。"(《原诗·外篇》)"为能造极乎其诗,实其能造极乎其志。"(《已畦文集》卷八《密游集序》)

这里的"志"还联系到儒家的"诚"的主张。"诚"在先秦就已成为一个重要的观念。"诚"是道德上的"真"。儒家思想以"诚"来防止礼的形式化和虚伪化。在叶燮这里,"诚"也是艺术上"真"的要求。他反对"不取诸中而浮慕著作",反对"勉强造作"和"欺人欺世之语"。叶燮指出,"假诗"没有价值,因为它们"能欺一人一世,决不能欺天下后世"。(《原诗·外篇》)

叶燮还举了一个很好的例子:

> 应酬诗有时亦不得不作,虽是客料生活,然须是我去应酬他,不是人人可将去应酬他者。如此,便于客中见主,不失自家体段,自然有性有情,非幕下客及捉刀人所得代为也……须知题是应酬,诗自我作。(《原诗·外篇》)

当一个人把"诚"的原则贯彻到底的时候,即便是应酬性的文字也能成为此人思想情感的真实写照,叶燮将之称为"自家体段"。只要"诗自我作",不论任何场合、题目,都是有价值的。

其次,叶燮还把"志"同创作者的人生经历联系在一起。

唐代的孔颖达对"诗言志"的解释强调外物对人心的感动。按照他的解释,"志"并不是人心中固有的、静止的东西,而是心"感物而动,乃呼为志",或者说"情动为志"。叶燮进一步发展了孔颖达的思想,把一个人的"志"和他的生活经历密切地联系了起来。他说:

> "诗言志。"人各有志,则各自为言。故达者有达者之志,穷者有穷者之志。所处异则志不能不异,志异则言不能不异。(《已畦文

集》卷九《半园倡和诗序》）

这里的"志"可以看作是叶燮对"心"的一种阐释。"志"既然是与人生的阅历、境遇联系在一起的，"心"也就不再是完全主观的、随意的。心性的多样性也不再是完全偶然的，而都具有了坚实的社会内涵。

最后，叶燮还对诗歌言志的特点作了说明。他指出，诗歌对于"志"的传达和呈现（"言"）不能诉诸理性的言辞，而是要呈露于审美意象。叶燮将这样的审美意象称作"面目"。

> "作诗者在抒写性情。"此语夫人能知之，夫人能言之，而未尽夫人能然之者矣。"作诗有性情必有面目。"此不但未尽夫人能然之，并未尽夫人能知之而言之者也。如杜甫之诗，随举其一篇，篇举其一句，无处不可见其忧国爱君，悯时伤乱，遭颠沛而不苟，处穷约而不滥，崎岖兵戈盗贼之地，而以山川景物友朋杯酒抒愤陶情：此杜甫之面目也。我一读之，甫之面目跃然于前。读其诗一日，一日与之对；读其诗终身，日日与之对也。故可慕可乐而可敬也。举韩愈之一篇一句，无处不可见其骨相棱嶒，俯视一切，进则不能容于朝，退又不肯独善于野，疾恶甚严，爱才若渴：此韩愈之面目也。举苏轼之一篇一句，无处不可见其凌空如天马，游戏如飞仙，风流儒雅，无入不得，好善而乐与，嬉笑怒骂，四时之气皆备：此苏轼之面目也。此外诸大家，虽所就各有差别，而面目无不予诗见之。其中有全见者，有半见者。……余尝于近代一二闻人，展其诗卷，自始至终，亦未尝不工，乃读之数过，卒未能睹其面目若何，窃不敢谓作者如是也。

（《原诗·外篇》）

叶燮在这段话中强调，一个成功的作品，必会通过意象呈现其作者的面目，如果能够完满地呈现，就是"全见"，如果呈现得不够，就是稍逊一筹的"半见"，如果呈现不出来，就是失败的作品。凡是真正称得上"大家"的诗人，他的每篇作品都必然完满地呈现他的真面目。这样的作品，既不能模仿他人，也不能被他人模仿。而拿来当时一些名家的作品，就看不出作者的"面目",这就是艺术上的失败。

叶燮提出的这个"作诗有性情必有面目"的命题,既反映了他关于诗品与人品关系的思考,也可以看作是从又一个角度对诗歌意象、风格多样化的论证。

二、"胸襟"与人生境界

儒家美学把艺术创作和欣赏指向人生境界的提升。儒家思想家常把人生境界称作"胸襟"、"格局"。叶燮继承了这个传统思想。他提出"诗是心声"的意思,就是为了阐明艺术意象"不可违心而出,亦不能违心而出"。他指出,具有审美创造力的"诗心"与诗人的整体人格和心灵是统一的。他用一句"胸襟以为基"明确地概括人的整体境界与艺术创作之间的关系:

> 有是胸襟以为基,而后可以为诗文。不然,虽日诵万言,吟千首,浮响肤辞,不从中出,如剪彩之花,根蒂既无,生意自绝,何异乎凭虚而作室也?(《原诗·内篇》)

> 我谓作诗者,亦必先有诗之基焉。诗之基,其人之胸襟是也。有胸襟,然后能载其性情、智慧、聪明、才辨以出,随遇发生,随生即盛。千古诗人推杜甫。其诗随所遇之人之境之事之物,无处不发其思君王、忧祸乱、悲时日、念友朋、吊古人、怀远道,凡欢愉、幽愁、离合、今昔之感,一一触类而起,因遇得题,因题达情,因情敷句,皆因甫有其胸襟以为基。如星宿之海,万源从出;如钻燧之火,无处不发;如肥土沃壤,时雨一过,夭矫百物,随类而兴,生意各别,而无不具足。(《原诗·内篇》)

叶燮在这里指出,人生境界("胸襟")是艺术创作最重要的条件,没有胸襟,就一定不可能创作出具有生命力的作品来。一个有"胸襟"的人,对世界有一个廓大而整体的理解,对世界上的理、事、情有深刻的把握和体察。有了大的"胸襟",一个人对世界就有一种深邃的体验能力,就可以"随所遇之人、之境、之事、之物,无处不发其思君王、忧祸乱、悲时日、念友朋、吊古人、怀远道,凡欢愉、幽愁、离合、今昔之感,一一触类而起"。有了这样的"胸襟",配合以"性情、智慧、聪明、才辨",就可以"随遇发生、随生即盛",可以"因遇得题,因题达情,因情敷句"。没有承载艺术才情的人生境界,无论如何努力地吟诵、推敲,都不会作出好诗,即便勉强有了一点华美的文字,也不过都是华而不实的泡影而已。这就是叶燮所谓的"日诵万言,吟千首,浮响肤辞,不从中出,如剪彩之花根蒂既无,生意自绝,何异乎凭虚而作室也"。

叶燮提出"胸襟以为基",从根本上批判了以"复古"或者"新奇"为圭臬的审美标准。无论复古主义和公安竟陵派的主张看似多么针锋相对,到了它们的末流,却分享着一个共同点,就是都失去了"胸襟"这一创造力的根基,只好"内既无具,援一古人为门户,藉以压倒众口",或者"五内空如,毫无寄托,以剿袭浮辞为熟,搜寻险怪为生"。

"胸襟"属于"心"的范畴。它包括在"志"之中,但"志"不等于"胸襟"。如果说,"志"是泛指一个人的思想情感,那么"胸襟"就是指一个人的世界观、人生观,属于更高的层次。叶燮认为,诗人的"胸襟"是审美感兴的基础,它决定着审美意象的深层意蕴。

为了说明问题,叶燮举了两个例子进行分析。一个例子是杜甫的《乐游园》七古。叶燮说:"时甫年才三十余,当开宝盛世。使今人为此,必铺陈飏颂,藻丽雕缋,无所不极。身在少年场中,功名事业,来日未苦短也,何有乎身世之感?乃甫此诗,前半即景事无多排场,忽转'年年人醉'一段,悲白发,荷皇天,而终之以'独立苍茫',此其胸襟之所寄托何如也!"(《原诗·内篇》)叶燮非常推崇杜甫的这首诗,以至于把自己的住所命名为"独立苍茫"室。他之所以推崇杜诗,首先是因为推崇杜甫的为人和胸襟。再一个例子是王羲之《兰亭集序》。叶燮说:"兰亭之集,时贵名流毕会。使时手为序,必极力铺写,谀美万端,决无一语稍涉荒凉者。而羲之此序,寥寥数语,托意于仰观俯察,宇宙万汇,系之感忆,而极于死生之痛。则羲之之胸襟,又何如也!"(《原诗·内篇》)叶燮对这两个例子的分析表明,他十分重视作品所体现的人生感与历史感。像杜甫《乐游园》和王羲之《兰亭集序》这样的作品,不仅限于描写一个有限的对象或事件,而是由这一有限的对象或事件触发对于整个人生,对于整个人类历史的感受和领悟。这种人生感和历史感,就是作品的深层意蕴,也就是审美意象的哲理性。他认为这是作品的"生意"所在。而这种人生感与历史感,正是由作者的"胸襟"决定的。我们可以这样说,叶燮所以这样强调"胸襟",正是为了强调作品的人生感和历史感,即作品的深层意蕴。

叶燮还把"胸襟"之有无和大小作为评价作品价值的最终依据。如他在《密游集序》中把历来的诗歌分为两种:"志士之诗"和"才人之诗":

> 古今有才人之诗,有志士之诗。事雕绘,工镂刻,以驰骋乎风花月露之场,不必择人择境而能为之,随乎其人与境而无不可以为之,而极乎谐声状物之能事,此才人之诗也。处乎其常,而备天地四时之气,历乎其变,而深古今身世之怀,必其人而后能为之,必遭其境而后能出之,即其片语只字,能令人永怀三叹而不能置者,此志士之诗也。才人之诗,可以作,亦可以无作;志士之诗,即欲不作,而必不能不作。才人之诗,古今不可指数;志士之诗,虽代不乏人,然推其至如晋之陶潜、唐之杜甫、韩愈、宋之苏轼,为能造极乎其诗,实其能造极乎其志。盖其本乎性之高明以为其质,历乎事之常变以坚其学,遭乎境之坎郁怫以老其识,而后以无所不可之才出之,此固非号称才人之所可得而几。如是乃为传诗即为传人矣。(《已畦文集》卷八《密游集序》)

在这里,叶燮将诗作区分为两个不同的层面。"才人之诗"是建立在一般的才情之上的作品,而"志士之诗"则除了一般的才情之外,还要求作者具有丰富的人生阅历和深刻的人生体验,尤其是那种"历乎其变"的经历,并且最终还要把这种阅历和体验形诸审美意象呈现于人。有学者将叶燮"志士之诗"的特点概括如下:"一是所遭之世是天下之变态;二是所处之境皆悒郁不得志;三是具有洞察古今常变的器识;四是意志横亘于心而不吐不快,因此一旦发而为诗便成慷慨之唱,惊挺之吟。"①叶燮认为,只有兼具高明之"质"、坚忍之"学"、成熟之"识"、旷世之"才"的人的作品才能在最深的层面打动读者,流传百世。

总之,不同的人对境遇遭际的体察不同,关怀的范围不同,人生的追求和境界不同,艺术的成就也就不同。这些不同,总结起来,归为"胸襟"的不同。

一个人胸襟的大小,除了跟他关怀的范围和层次有关,更取决于他能够在多大的程度上排除非审美因素的干扰,尤其是功利心的干扰。叶燮尤其指出文人相轻、争名逐利的习气对创作的障碍,他说:

> 窃怪夫好名者,非好垂后之名,而好目前之名。目前之名,必先工邀誉之学,得居高而呼者倡誉之,而后从风者群和之,以为得风气……其为诗也,连卷累帙,不过等之揖让周旋、羔雁筐筐之具而已矣!(《原诗·外篇》)

> 自炫一长,自矜一得,而惟恐有一人出之其上,又惟恐人之议己,日以攻击诋毁其类为事,此其中怀狭隘,即有著作,如其心术,尚堪垂后乎!(《原诗·外篇》)

执着于眼前名利的人,只会把关注的重点放在眼前身边的其他人对自己的评价上,没有心思去追求更大和更高的东西。叶燮指出,诗人应以杜甫、韩愈、苏轼等胸襟廓大的人为典范。"其诗百代者,品量亦百代。古人之品量,见之古人之居心;其所居之心,即古盛世贤宰相之心也……必以乐善、爱才为首务,无毫发冒嫉忌忮之心,方为真宰相。百代之诗人亦然。"(《原诗·外篇》)

理学家常用"格局"、"怀抱"、"气度"等词语来概括那种非凡的关怀,在叶燮这里用的是"品量"。叶燮认为,高超的品量可以让一个人的事业和作品具有百世可传的价值。

---

① 萧华荣:《中国古典诗学理论史》,第 28 页,上海:华东师范大学出版社,2005 年。

　　　　余以为诗之工固不在乎遇之穷,而在乎品之淡。世有趋炎逐膻之徒以诗求知于世,世即知之而诗决不传,并其人亦决不传。若夫淡泊素心之人,发于言而为诗,必不窃诗之形貌,冒诗之党援以求知于世。世即不尽知,而其诗乃可传,其人亦可传也矣。(《已畦文集》卷九《涧庵诗草序》)

　　这段话指出了"品量"的条件是"淡泊素心"。只有不牵挂名誉,才会拥有千古之名。这是对《论语》中"人不知而不愠"的品质给出了一种美学上的发挥。这样,审美的修养最终也指向人的整体修养,这也符合儒家的一贯主张。

第四节　正变系乎时:叶燮的艺术演变观

　　叶燮的理事情说和才胆识力说是他的美学理论的核心。结合具体的艺术现象和问题,这个理论核心可以生发出许多创造性的观点。叶燮有关"正"与"变"的艺术演变观就是体现这个理论核心的重要观点。

一、叶燮论"正"、"变"、"盛"、"衰"

　　"正"与"变"的对举是中国哲学的独特角度,在美学、诗学中也是一个由来已久的观念。在诗学领域,"正变"的观念源于汉儒对《诗经》的解读。《诗大序》提出"变风变雅",《诗谱序》又进一步明确了"风雅正经"与"变风变雅"之分,并落实到《诗经》中的具体篇目。这是诗学中最早的"风雅正变"学说,其内容包括三个方面:一是以"时与诗"定正变,即以世之"盛衰"决定诗之正变,盛世之诗为正,衰世之诗为变;二是以"诗教"定正变,即以"美刺"论诗之正变,美者为正,刺者为变;三是以"志情"定正变,即言志为正,言情为变。尔后,历代的阐发者虽各持不同的立场、观念和目的,但大多都回到汉儒这一源头,并通过重新注释经典,表达对正变思想的看法。对"风雅正变"的阐释成为历代论诗家们自觉的行为。

　　对汉儒"风雅正变"的继承是历代诗学的主导倾向。汉代班固的《汉书·礼乐志》有"周道始缺,怨刺之诗起"的记载,提出"道缺"与"怨刺"的关系。唐代的孔颖达说:"变风变雅必王道衰乃作者……变风变雅之作,皆王道始衰,政教初失,尚可匡而革之,追而复之,故执彼旧章,乘此新失,凯望自悔其心,更遵正道,所以变诗作也。"(《毛诗正义》卷一之一)"变风变雅"生于"王道衰",目的是"自悔其心,更遵正道"。宋代朱熹《诗集传序》云:"《周南》、《召南》,亲被文王之化以成德,而人皆有以得其性情之正,故其发于言而有信者,乐而不过于淫,哀而不及于伤,是以二篇独为风诗之正经……至于《雅》之变者,亦皆一时贤人君子,闵时病俗之所为。""变"在艺术上并没有自身的地位。明代的李梦阳也沿袭了这种说法:"常则正,迁则变;正则典,变则激;典则和,激则愤;故正之世,二《南》铿于房中,《雅》、《颂》铿于庙庭。而其变也,讽刺忧惧之音作,而来仪率舞之奏亡矣。"(《空同先生集》卷五十)李梦阳也将正与常,变与激对应起来,主张"伸正黜变"。被誉为正变之集大成者的清代学者马瑞辰说,"盖变化下之名为刺上之什,变乎《风》之正体,是谓《变风》。……盖《雅》以述其政之美者为正,以刺其政之恶者为变也。文、武之世,不得有《变风》、《变雅》。……风、雅之正变,惟以政教之得失为分。政教诚失,虽作于盛时,非正也。政教诚得,虽作于衰时,非变也。论诗者但即诗之美刺观之,而不必计其时焉可也。"可以说,在阐释"风雅正变"之时,几乎每朝每代都有继承汉儒学说的代表人物。[1]

　　清代的文坛和批评界一方面延续了传统,另一方面又具有其独有的时代特点。一方面,晚明崇尚自由、人性的思想解放思潮在清初仍有余波;另一方面,正如我们在本卷第一章提到的,清初美学的思潮因为受到清朝政权的政治高压的影响,出现了一股教条主义、保守主义的势力。这种压力反而成为思想创造的契机。有气节的思想家从各个角度为自由的人格和真诚的艺术创作张目。叶燮的美学就是这一潮流的反映。

---

[1] 以上关于"风雅正变"源流和内涵的梳理引自杨晖的《"正变系乎诗"——论叶燮对汉儒"风雅正变"的原创性阐释》,《上海师范大学学报(哲学社会科学版)》,2008 年 5 月第 37 卷第 3 期。

日本汉学家青木正儿曾经评价说："希望发挥各自个性的思想蓬勃兴起。溯本求源，这可以从明万历年间公安三袁反抗王、李拟古派而提倡性灵说得其端绪。至康熙中叶，王、李的余波已完全绝迹，尊崇盛唐者也已不再有去做那种大谈王、李而遭到宋元派攻击的蠢事的人，人们都怀着一种非常自由的心情。主张不将目标特别拘泥于或唐或宋或元，一切按照个人所好，形成各自风格，以吟咏个人性情为宜的人逐渐出现。首先发出这一呼声的，是苏州的叶燮。"①

叶燮以《诗》和孔夫子为标榜，创造性地运用正统话语来论证"变"的理论合法性。

叶燮以《诗》为据，指出"变"具有存在的合理性和必要性：

> 今就《三百篇》言之，《风》有正风，有变风，《雅》有正雅，有变雅。《风》、《雅》已不能不由正而变，吾夫子也不能存正而删变也；则此后为风雅之流者，其不能伸正而离变也明矣。（《原诗·内篇》）

针对汪琬的《唐诗正序》，叶燮说：

> 夫子曰，诗三百，一言以蔽之，曰思无邪，夫子言正变无明文，而言无邪有定断，选诗者存正而黜邪，何其意大而旨远。奈何夫子之言，而更宗无凭正变之论乎。就正变以为言，今合风雅而观变之多于正之数，然者夫子何尝存正而黜变也。后之人翻欲尽变而黜之，其不然也明矣。（《汪文摘谬》）

叶燮依据儒者论证习惯指出，既然儒家的经典文献和经典思想家都能为"变"保存了一席之地，"变"就一定具有其内在的价值。这种论证毕竟力度有限，叶燮还从理论上进行了分疏，他说：

> 若以诗之正为温柔敦厚，而变则不然，圣人删诗尽去其变者而可矣。圣人以变者无害其温柔敦厚而并存之，即诗分正变之名，未

---

① 青木正儿：《清代文学评论史》，第 89 页，北京：中国社会科学出版社，1988 年。

尝分正变之实也。温柔敦厚者,正变之实也,以正变之名归之时,以温柔敦厚之实归之诗。(《汪文摘谬》)

在中国古人看来,社会的道德面貌具有时代性,有的时代道德环境好,有的时代道德风气败坏,个人品格和社会政治都受到风气的影响。这就是儒家的"时"的思想。叶燮继承了这个思想,但他把道德、政治的"时"与艺术的"时"作了一定的区分。他指出,无论在好的社会风气之中,还是不好的社会风气之中,都有优秀的艺术作品出现。不能因为社会风气不好,就把这种社会中出现的反映这个时代面貌的艺术作品统统否定。这就区分了艺术的标准和道德政教的标准,体现了叶燮的美学和艺术学的理论自觉。

据此思想,叶燮还对诗歌史上"正"、"变"、"盛"、"衰"的关系作了具体的分析:

且夫风雅之有正有变,其正变系乎时,谓政治风俗之由得而失,由隆而污。此以时言诗,时有变而诗因之。时变而失正,诗变而仍不失其正。故有盛无衰,诗之源也。吾言后代之诗,有正有变,其正变系乎诗,谓体格、声调、命意、措辞新故升降之不同。此以诗言时,诗递变而时随之。故有汉、魏、六朝、唐、宋、元、明之互为盛衰,惟变以救正之衰,故递变递盛,诗之流也。(《原诗·内篇》)

譬诸地之生木然:《三百篇》,则其根,苏李诗,则其萌芽由蘗;建安诗,则生长至于拱把;六朝诗,则有枝叶;唐诗,则枝叶垂荫;宋诗则能开花,而木之能事方毕。自宋以后之诗,不过花开花谢,花谢又复开。其节次虽层层积累,变换而出;而必不能不从根柢而生者也。故无根,则由蘗何由生?无由蘗,则拱把何由长?不由拱把,则何至而有枝叶垂荫、而花开花谢乎?(《原诗·内篇》)

在这两段话中,叶燮把中国古典诗歌的发展变化区分为两种情况。一种情况是《诗经》。《诗经》中有"变风"、"变雅"。为什么会"变"?叶燮认为,这是因为诗要反映政治风俗、时代面貌。政治风俗、时代面貌变了,诗当然也要跟着变。这叫作"以时言诗"。"时"是决定者,"诗"是被决定者,"时"有变而"诗"因之。在这种情况下,"诗"的变,是为了与政治风俗的变相适应,是为了真实地反映变化了的时代面貌,是完全正常和合理的,所以说"诗变而仍不失其正"。在这个意义上,可以说,诗的发展,是"有盛无衰"的。另一种情况是后代的诗歌。从后代诗歌的发展来看,有内容、形式、意象、风格的"新故升降"的不同,从而形成了发展的阶段性。这叫作"以诗言时"。这里的"时"不再指政治风俗、社会面貌,而是艺术的时代特征。在这种情况下,因为"诗"的形式或风格逐渐陈旧,使得"诗"本身衰落,需要有一番变革,才能使"诗"重新兴盛起来,所以有了汉、魏、六朝、唐、宋、元、明等时代特征的盛衰演变。总之,叶燮认为,无论从《诗经》来看,或是从后代诗歌的发展来看,"变"都是合理的、必然的、有利于诗的兴盛的:或变而不失其正(《诗经》),或变以救正之衰(后代的诗歌)。整个文学史就是一个"正有渐衰,变能启盛"的演变过程。他主张"察其源流,识其升降",反对"执其源而遗其流"和"得其流而弃其源"。

艺术领域的保守主义对所谓"正"的强调,对"变"的拒斥,原本是一种针对艺术风格的主张。这种主张是违背艺术创作基本规律的,因而必然受到各种挑战和质疑。保守主义对挑战的回应策略是把他们所谓的"正"拔高到政治正确的层面上,让自己站立在一个凛然不可侵犯的话语制高点上。叶燮的高明之处,是用"源"与"流"的区分,搁置了意识形态的问题,把"正"与"变"的争论还原为一个艺术创作的问题。

就艺术创作和批评的实际而言,"正"与"变"还涉及继承与创新的关系,用叶燮的理论表述就是"古人"和"今人"的关系。叶燮认为创作要尊重传统,不能完全脱离古人,诗人应"多读古人书,多见古人",其诗"必取材于古人"。但这并不意味着复古,他又提倡"未尝模拟古人,而古人为我所役",就是说,把"古人"融化在"今人"之中,继承是为了创新服务。叶燮提出"学诗者,不可忽略古人,亦不可附会古人"的口号,既避免七子的复古,也避免公安竟陵的尖新。后来的刘熙载继承了这种观点,提出"诗不可有我而无古,更不可有古而无我"(《艺概·诗概》)。

与此相关，叶燮还提出了"陈熟"与"生新"一对概念：

> 陈熟、生新，二者于义为对峙。夫厌陈熟者，必趋生
> 新；而厌生新者，则又反趋陈熟。以愚论之：陈熟、生新，不可一偏，必二者相
> 济，于陈中见新，生中得熟，方其全美。若主于一，而彼此交讥，则二
> 俱有过（《原诗·外篇》）。

叶燮在这里指出，"陈熟"与"生新"是艺术创作的两个不可缺少的、对立统一的维度，更为重要的是，他是在动态的演变过程中来看待两者关系的。"陈熟"与"生新"相互补充，相互转化，不可偏废。单单崇尚"陈熟"会流于陈腐，而反过来过度提倡"生新"也会走向另一个极端，两个极端都应该避免。从这里，我们可以看到叶燮思想的中正平允之处。

叶燮长于把审美活动和艺术创作的一般规律和正统政治话语的要求结合起来。这是叶燮的机敏之处，也是他的局限之处。但这个局限，并不是叶燮个人的局限，而是当时时代环境的局限。

二、"雅无一格"的艺术演变观

叶燮艺术演变观的根本主张，仍是儒家的雅正观念。他以《诗》作为最高的典范，对其典范地位的解释也是完全儒家的，即孔夫子曾经归纳概括的"雅"和"温柔敦厚"。叶燮思想的贡献，是指出了"雅"、"温柔敦厚"是一种根本的原则，而不是具体的艺术标准，由此为艺术风格的多样性和发展性提供了理论上的依据。

在《汪秋原浪齐二集诗序》中，叶燮说：

> 诗道之不能不变于古今而日趋于异也，日趋于异，而变之中不
> 变者存，请得一言以蔽之，曰：雅。雅也者，作诗之原，而可以尽乎诗
> 之流者也。自《三百篇》以温柔和平之旨肇其端，其流递变而递降。
> 温柔流而为激亢，和平流为刻削，遇刚则有桀骜诘聱之音，过柔则有
> 靡曼浮艳之响，乃至为寒、为瘦、为袭、为貌，其流之变，厥有百千，然
> 皆各得诗人之一体，一体者，不失其命意措辞之雅而已。所以平、

> 奇、浓、淡、巧、拙、清、浊，无不可为诗，而无不可以为雅。诗无一格，而雅也为无一格。(《已畦文集》卷九)

叶燮提出的"雅无一格"强调了两个方面，一个是艺术风格的多样性，另一个是品评原则的一贯性。

叶燮强调艺术风格多样性所运用的思路和诗学保守主义者的思路正好相反。保守主义者的思路是用概念来规范事实，即用"雅"这个概念来否定多种意象、多种风格的"诗"，以维护正统风格的权威地位。叶燮的思路则是用事实来改造概念，即用诗歌史上实际存在的多种意象和风格的事实("诗无一格")，来对传统诗学的范畴"雅"作新的规定("雅无一格")。于是"雅"这个常被保守主义者用来限制和束缚艺术创造的范畴，被他改造成为一个尺度极宽、鼓励自由独创的范畴，实际上已突破正统诗学原有的规范了。

叶燮的这个思想，在当时产生了很大影响。他的学生薛雪以及袁枚等人都继承了他的思想，并加以发挥。袁枚在《随园诗话》(卷三)及《再与沈大宗伯书》中就提出"诗境最宽"、"诗之奇、平、艳、朴，皆可采取"等主张。薛雪在《一瓢诗话》中也强调艺术风格的多样化，说："从来偏嗜，最为小见。如喜清幽者，则绌痛快淋漓之作为愤激、为叫嚣；喜苍劲者，必恶宛转悠扬之音为纤巧、为卑靡。殊不知天地赋物，飞潜动植，各有一性，何莫非两间生气以成？此理有固然，无容执一。"又说："人之诗犹物之鸣。莺鸣于春，蛩鸣于秋。必曰莺声佳可学，使四季万物皆作莺声；又曰蛩声佳当学，使四季万物皆作蛩声：是因人之偏嗜，而使天地四时皆废，岂不大怪乎？"

与此相似，叶燮也重新阐释了儒家"温柔敦厚"的艺术主张：

> 不知"温柔敦厚"，其意也，所以为体也，措之为用，则不同；辞者，其文也，所以为用也，返之为体，则不异。汉魏之辞，有汉魏之"温柔敦厚"，唐、宋、元之辞，有唐、宋、元之"温柔敦厚"。譬之一草一木，无不得天地之阳春以发生。草木以亿万计，其发生之情状，亦

以亿万计,而未尝有相同一定之形,无不盎然而具阳春之意。岂得曰若者得天地之阳春,而若者为不得者哉!且"温柔敦厚"之旨,亦在作者神而明之。如必执而泥之,则《巷伯》"投畀"之章,亦难合于斯言矣。(《原诗·内篇》)

叶燮用自然界的生命活动为譬喻指出,"温柔敦厚"作为根本原则应该是一贯的,但体现这种原则的品评标准却是多样的,是与时变化的。如果泥于表面上的"温柔敦厚",那么《诗经·巷伯》中的"取彼谮人,投畀豺虎;豺虎不食,投畀有北;有北不受,投畀有昊"这样的激烈表达就不应该被孔子保留下来了。清初的理论家就是这样通过诉诸经典的权威来抗衡当时意识形态的权威。

既然"雅无一格",既然各个时代都有各自的"温柔敦厚",正统诗学的一些主张就显得十分荒谬。叶燮指出,那种以"有数之则","而欲以限天地景物无尽之藏,并限人耳目心思无穷之取"(《原诗·外篇》),是十分荒唐,十分有害的。这种教条主义统治的结果,便是"熟调肤辞,陈陈相因"(《原诗·外篇》),使天下人之心思智慧,日腐烂埋没于陈言中'(《原诗·外篇》),哪里还能产生艺术的天才? 他还说:

夫人之心思,本无涯涘可穷尽、可方体,每患于局而不能摅、局而不能发,乃故囿之而不使之摅、键之而不使之发,则萎然疲苶,安能见其长乎!故百年之间,守其高曾,不敢改物,熟调肤辞,陈陈相因,而求一轶群之步,弛骤之材,盖未易遇矣!(《原诗·外篇》)

所谓"夫人之心思,本无涯涘可穷尽、可方体",就是说,人的艺术想象和创造按其本性来说是无限的。而艺术上的教条主义,艺术上的单一化、标准化、一体化、模式化的要求,却把人的心思智慧封闭起来。所以,艺术上的教条主义,艺术上的单一化、标准化、一体化、模式化的主张,必然扼杀艺术的天才。这是一条重要的规律。叶燮通过总结历史经验,揭示了这条规律,这是他的一大贡献,也可以看作是儒家美学的一种创造性发展。

"雅无一格"也没有否认"雅"的评判原则,这是其美学思想中一贯性的方面。"雅"与"温柔敦厚"体现着中正平和的趣味,是儒家美学最高的评判标准。儒家思想认为,"中庸"是在动态中实现的一种恰到好处的状态,而在实现的过程中又随时有可能流于偏颇,从而背离中庸。叶燮指出,"雅"在实现的过程当中也存在这种情况,偏于激亢、刻削、诘聱、浮艳,以至于寒、瘦、袭、貌等等都是所谓的"流"和"过"。如果能回复到中正的本原,这些独特的风格也仍不失为"雅"。

叶燮对"雅"与"过"有一个概括性的说法:

> 大凡物之踵事增华,以渐而进,以至于极。故人之智慧心思,在古人始用之,又渐出之;而未穷未尽者,得后人精而求之,而益用之出之。乾坤一日不息,则人之智慧心思,必无尽与穷之日。(《原诗·内篇》)

叶燮认为,"踵事增华"是事物发展的普遍原理,这个原理体现在艺术发展演变过程中,就是这样:

> 汉魏之诗,如画家之落墨于太虚之中,初见形象。……远近浓淡,层次脱卸,俱未分明。六朝之诗,始知烘染设色,微分浓淡;而远近层次,尚在形似意想间,犹未显然分明也。盛唐之诗,浓淡远近层次,方一一分明,能事大备。宋诗则能事益精,诸法变化,非浓淡、远近、层次所得而该,刻画掉换,无所不极。(《原诗·外篇》)

这里描述了在诗歌领域的"踵事增华"。艺术演变的结果,一方面是艺术形式渐趋丰富,另一方面则是更容易流于细碎矫饰。叶燮在肯定艺术形式多样发展的同时,着重指出要警惕发展引起的流弊。针对公安、竟陵在当时的理论界和艺术界造成的影响,叶燮说:"自若辈之论出,天下从而和之,推为诗家正宗,家弦而户习。习之既久,乃有起而掊之,矫而反之者,诚是也;然又往往溺于偏畸之私说。其说胜,则出乎陈腐而入乎颇僻;不胜,则两敝,而诗道遂沦而不可救。"(《原诗·外篇》)

不过,叶燮也认为,"积弊"有其正面意义,就是激发新的创造。他分析诗歌演变的实例指出，"唐初沿其卑靡浮艳之习，句栉字比，非古非律，诗之极衰也。""繁辞缛节，随波日下，历梁、陈、隋以迄唐之垂拱踵其习而益甚，势不能不变。"(《原诗·外篇下》)"物极必反"的思想是中国古人的共识，将之应用到艺术领域也并非叶燮的独创。明代吴宽说"敝既极，极必变"①，清初的施闰章也说"敝极则变，变极则返其本"②。后来的纪昀论文章格律时也说"弊极而变又生"③。清末的王国维指出，"文体通行既久，染指遂多，自成习套"，所以，"一代有一代之文学"，还以文体的时代演变为例，"四言敝而有楚辞，楚辞敝而有五言，五言敝而有七言，古诗敝而有律绝，律绝敝而有词"(《人间词话》)。叶燮的相关思想与它们处于同等层面，而"惟正有渐衰，故变能启盛"、"因正之至衰变而为至盛"等说法则更有理论上的概括力。

三、"自我作诗"的创作论

叶燮的艺术演变观是其美学思想体系的重要组成部分。由此出发，他还十分强调艺术原创的重要性。叶燮认为，整整一部中国诗歌史，都说明"变"必须依赖于"创"，"变"是合理的，所以"创"也是完全合理的。他极力强调艺术的独创性，在指出天地气运的变动常理以及孔子对于《诗》的正变的态度之后，叶燮还从"创"的角度梳理了文学发展的"变"的历史。他说：

> 汉苏、李创为五言，其时又有亡名氏之《十九首》，皆因乎《三百篇》者也，然不可谓即无异于《三百篇》，而实苏、李创之也。建安、黄初之诗，因于苏、李与《十九首》者也。然《十九首》止自言其情，建安、黄初之诗，乃有献酬、纪行、颂德诸体，遂开后世种种应酬等类，则因而实为创，此变之始也。《三百篇》一变而为苏、李，再变而为建

① 吴宽：《送周仲瞻应举诗序》，《匏翁家藏集》卷三九。
② 施闰章：《房枢部文集序》，《施愚山文集》卷五。
③ 纪昀：《冶亭诗介序》，《纪文达公遗集》卷九。

安、黄初。建安、黄初之诗,大约敦厚而浑朴,中正而达情。一变而为晋,如陆机之缠绵铺丽,左思之卓荦磅礴,各不同也。其间屡变而为鲍照之逸俊,谢灵运之警秀,陶潜之淡远。又如颜延之之藻缋,谢朓之高华,江淹之韶妩,庾信之清新。此数子者,各不相师,咸矫然自成一家,不肯沿袭前人以为依傍,盖自六朝而已然矣。其间健者如何逊、如阴铿、如沈炯、如薛道衡,差能自立。此外繁辞缛节,随波日下,历梁、陈、隋以迄唐之垂拱,踵其习而益甚,势不能不变。小变于沈、宋、云、龙之间,而大变于开元、天宝。高、岑、王、孟、李,此数人者,虽各有所因,而实一一能为创。……(《原诗·内篇》)

叶燮引用文学史上不断创新的事实,反复论述了诗(艺术)的"正"、"变"、"盛"、"衰"的关系。叶燮强调指出,如果只肯定"正"不允许"变",如果"伸正而诎变",那么诗歌就不能保持"盛"的局面,必然衰落。要想由"衰"而"盛",就必须"变",必须"创"。直到今天,叶燮的这个思想仍能给我们很深的启发和教益。

根据这个思想,叶燮在《与友人论文书》中大声疾呼,要求"以创辟之人为创辟之文":

> 仆尝论古今作者,其作一文,必为古今不可不作之文,其言有关于天下古今者,虽欲不作而不得不作。或前人未曾言之,而我始言之,后人不知言之,而我能开发言之,故贵乎其有是言也。若前人已言之,而我摹仿言之,今人皆能言之,而我随声附和言之,则不如不言之为愈也。所以古来作者有言谓之立言,以此言自我而立,且非我不能立,傍无依附之谓立,独行其是之谓立,故与功与德共立而不朽也。(《已畦文集》卷十三《与友人论文书》)

他在《原诗·内篇》又号召作诗者要有"自我作诗"的勇气和胆量,要创作真正的新诗:

> 若夫诗,古人作之,我亦作之,自我作诗而非述诗也。故凡有诗谓之新诗。……必言前人所未言,发前人所未发,而后为我之诗。

（《原诗·内篇》）

这些话，就是在我们今天听来，也是很能振奋人心的。

当然，叶燮也指出，反对保守主义和教条主义，主张艺术的"变"和"创"，并非割断历史，抛弃传统。艺术家学习传统，了解和掌握艺术演变的"源流""升降"，是必要的。但是这种对于传统的学习，只是为了创新，为了发展，而不是为了复古倒退。读古诗可知古诗之"尽美""尽善"，"然非今之人所能为，即今之人能为之，而亦无为之之理，终亦不必为之矣"（《原诗·内篇》）。这好像人行千里之路，唐虞之诗是第一步，三代之诗是第二步，汉魏之诗及以后之诗，是第三步第四步……"作诗者知此数步为道途发始之必经，而不可谓行路者之必于此数步焉为归宿，遂弃前途而弗迈也。"（《原诗·内篇》）他在《原诗·内篇》有一段话，精辟地论述了诗歌发展中相续相禅、相承相成的关系：

> 自《三百篇》而下，三千余年之作者，其间节节相生，如环之不断……夫惟前者启之，而后者承之而益之：前者创之，而后者因之而广大之。使前者未有是言，则后者亦能如前者之初有是言；前者已有是言，则后者乃能因前者之言而另为他言。总之，后人无前人，何以有其端绪；前人无后人，何以竟其引伸乎？（《原诗·内篇》）

就是这样，叶燮把古人和今人、继承和创新统一起来了。"学诗者不可忽略古人，亦不可附会古人。"（《原诗·外篇》）这是比较全面的观点。换句话说，叶燮的美学，一方面并不忽略对于传统的继承；而另一方面，其着重点则在于鼓舞人们突破那些陈腐教条法规束缚的勇气，在于激励人们向上的创造力，在于号召人们超越"前人"而迈向诗歌发展的千里"前途"。

叶燮之所以积极肯定创造的价值，得自一种对于天道轮转的信念。其背后的哲学依据，就是关于"气"的思想。他说：

> 盖自有天地以来，古今世运气数，递变迁以相禅。古云：天道十年一变，此理也，亦势也。无事无物不然，宁独诗之一道，胶固而不

变乎?(《原诗·内篇》)

他的"理、事、情"也由"气"统而贯之:

> 草木气断则立衰,理事情俱随之而尽,固也。虽然,气断则气无矣,而理事情依然在也。何也,草木气断则立衰,是理也;萎则成枯木,其事也;枯木岂无形状,向背高低上下,则其情也。由是言之,气有时而或离,理事情无之而不在。(《原诗·内篇》)

"气"就是事物演变的内在动力。只要有"气"存在,事物就会生生不息地发展下去。由此更推进一步,没有任何一种具体的事物是永恒不变的,甚至连标准也时时经历着更替。叶燮说:

> 对待之义,自太极生两仪以后,无事无物不然:日月、寒暑、昼夜,以及人事之万有:生死、贵贱、贫富、高卑、上下、长短、远近、新旧、大小、香臭、深浅、明暗,种种两端,不可枚举。大约对待之两端,各有美有恶,非美恶有所偏于一也。其间惟生死、贵贱、贫富、香臭,人皆美生而恶死,美香而恶臭,美富贵而恶贫贱。然逢、比之尽忠,死何尝不美;江总之白首,生何尝不恶;幽兰得粪而肥,臭以成美;海木生香则萎,香反为恶。富贵有时而可恶,贫贱有时而见美,尤易以明。即庄生所云"其成也毁,其毁也成"之义。对待之美恶,果有常主乎?(《原诗·外篇》)

正如叶燮自己点明的,这段话源自庄子的"齐是非"的思想。庄子否认世间有任何确定不变的是非善恶美丑的标准,叶燮借此来破除人们对于确定标准的执着。但叶燮作为一个儒家美学的维护者,并没有因此走向庄子否定一切是非的方向上去。在叶燮看来,艺术虽然没有一个固定的美恶标准,但正变交替运动仍然是一个补偏救弊、回归中正的运动过程。在这一点上,叶燮没有偏离儒家的美学传统。

叶燮的艺术演变观,除了根源于他的有关"气"的哲学观念,在他的美学思想当中也有一个坚实的理论基础。这理论基础不是别的,就是他全部美学的基础——他的艺术意象论，或者说，艺术本源论。

叶燮对于保守主义的批判，区别于他以前所曾经有过的批判的一个最大特点，就在于他不是经验主义地罗列一些今诗优于古诗的事例来证明保守主义的谬误（他并不否认古代诗歌的卓越成就），而是从根本上，即从艺术的本源来立论的。他有一段话可以表明这一点：

> 今人偶用一字，必曰本之昔人。昔人又推而上之，必有作始之人。彼作始之人，复何所本乎？不过揆之"理""事""情"，切而可通而无碍，斯用之矣！昔人可创之于前，我独不可创于后乎？……苟乖于"理""事""情"是谓不通。不通则杜撰。杜撰则断然不可。苟不然者，自我作古，何不可之有？若腐儒区区之见，句束而字缚之，援引以附会古人，反失古人之真矣。（《原诗·外篇》）

叶燮把这段话作为全部《原诗》的结束。从这一段话以及我们前面引过的关于"克肖自然"的那段话（"非薄古人为不足学也，盖天地有自然之文章……"），可以看出，叶燮的艺术演变论、艺术创新论正是以他的艺术意象论为基础的。艺术家为什么要独创？为什么应该"自我作诗"、"自我作古"？为什么不能随古人的脚跟跑？为什么要甩掉陈腐教条模式的束缚？最主要的根据，就在于"天地有自然之文章"，有待诗人之心去照亮，使之"灿然于前"。这是艺术的本源。艺术家的"命意发言"所应该追求的，正是"克肖自然"，而不是学古人学得惟妙惟肖。所以他又说："相似而伪，无宁相异而真。"（《原诗·内篇》）提倡艺术的创新，正是为了求得这个"真"字。独创性是和真实性相统一的，反过来说，也只有以真实性为基础，才能有真正的独创性。

朱自清曾指出："历来倡复古的都有现成的根据；主求新的却或默而不言，或言而不备。叶氏论诗体正变，第一次给'新变'以系统的理论的基础，值得大书特书。"[1]朱自清所说的这个"系统的理论的基础"，照我们

---

[1] 朱自清：《诗言志辨》。《朱自清古典文学论文集》上册，第 352 页，上海古籍出版社，1981 年。

的分析,就是叶燮的以"理、事、情"说和"诗是心声"为基础的艺术意象论。这就是或前或后的其他一些强调艺术独创、强调"作诗不可以无我"、强调"诗之中须有人在"的诗学家不及叶燮的地方,这也就是叶燮的艺术演变论要高出于历史上所曾经有过的艺术演变论的地方。

第五节　叶燮的艺术批评

一、艺术批评的基本原则

叶燮的艺术批评理论根基于他的意象本体学说。为了在意象生成的过程中实现真正的创造,叶燮提出了两个基本原则:一个原则是意象生成要突破推理和写实的局限。

叶燮强调,艺术创造要直接面对天地自然和社会生活,不能局限在古人的成法里。这为艺术意象立定了一个"真"的要求。但这种"真"又是有特点的。艺术的本体是审美意象,它要呈现事物固有之"理"与"事",但又不能像哲学政治著作那样运用概念直接剖析原理,也不能像历史著作那样记录实事。艺术真实的本质是什么?艺术如何呈现真实?这是美学、艺术学中的一个大问题。从严羽以来,这个问题一直没有得到很好的解答。有的人因为这个问题不能解决,就对艺术(审美意象)的真实与否表示怀疑。叶燮估计到他的理事情说必然会受到这些人的反对。他在《原诗》中把反对者的意见概括为如下一段话:

> 诗之至处,妙在含蓄无垠,思致微渺,其寄托在可言不可言之间,其指归在可解不可解之会,言在此而意在彼,泯端倪而离形象,绝议论而穷思维,引人于冥漠恍惚之境,所以为至也。若一切以"理"概之,"理"者一定之衡,则能实而不能虚,为执而不为化,非板则腐,如学究之说书,闾师之读律,又如禅家之参死句,不参活句,窃恐有乖于风人之旨。以言乎"事",天下固有其"理"而不可见诸"事"者,若夫诗,则"理"尚不可执,又焉能一一征之实事乎? 而先生断断

焉必以"理""事"二者与"情"同律乎诗,不使有毫发之或离,愚窃惑焉!(《原诗·内篇》)

这是一段很有代表性的话。所谓"含蓄无垠,思致微渺,其寄托在可言不可言之间,其指归在可解不可解之会,言在此而意在彼"等等,确是审美意象的特点。很多人认为,既然艺术(审美意象)具有这样的特点,那就不能对它提出真实性的要求,不能要求它真实地摹写客观现实及其规律("事""理")。他们的论据,就是认为"理"只能是抽象逻辑概念的"理","事"也只能是普通日常生活中的"实事",因此若用"理"和"事"来要求艺术,就会"能实而不能虚,为执而不为化","非板则腐",就会破坏审美意象。

叶燮抓住了反对者的这个论据,他就抓住了理论上的关键。他针对反对者的这个论据,着重指出,艺术虽然必须真实地摹写客观"理""事""情",但又并不是"实写理事情"。他说:

可言之理,人人能言之,又安在诗人之言之!可征之事,人人能述之,又安在诗人之述之!必有不可言之理,不可述之事,遇之于默会意象之表,而理与事无不灿然于前者也。(《原诗·内篇》)

叶燮在这里作了很重要的区分,也就是我们今天所说的艺术想象与逻辑思维的区分。艺术要写"理",但并不是"名言之理",即不是以抽象概念所把握的"理",而是通过审美意象所呈现的"理";艺术要写"事",也并不是"可征之事",即不是像历史实录那样照抄普通生活中的实事,而是通过审美感兴,创造审美意象,从而达到另一个层面的真实。

叶燮说:"惟不可名言之理,不可施见之事,不可径达之情,则幽渺以为理,想象以为事,惝恍以为情,方为理至、事至、情至之语。"①所谓"幽渺以为理,想象以为事,惝恍以为情",就是说,艺术反映的"理",微妙精深,艺术反映的"事",带有某种想象性,艺术反映的"情",则带有某种模糊

①《原诗·内篇》。

性。这正是艺术达到真实性的特殊道路,也正是艺术想象区别于逻辑思维的特殊规律。

叶燮就意象创造提出的另一个原则是灵活地运用艺术规范。

叶燮的艺术批评以"活法"为基本原则,这个原则也根基于以"理、事、情"为核心的意象本体学说。叶燮认为,既然意象的生成是诗人之心直接契合天地之理、事、情的结果,那么艺术家就应该直接面向天地自有之美,将其真实而完善地呈现于美的意象,而不应该以模拟抄袭、拾古人余唾为能事。他曾经对那种只知有"画家之山",而忘其有"天地之山"的画家表示不满。他说:

> ……如周昉之画美人。画美人者必仿昉为极则,固也。使有一西子在前,而学画美人者舍在前声音笑貌之西子不仿,而必仿昉纸上之美人,不又惑之甚者乎?(《已畦文集》卷三《假山说》)

叶燮还将直接面向真实世界的创作称为"自然之法"或"活法",他说:

> 惟有识则是非明,是非明则取舍定,不但不随世人脚跟,并亦不随古人脚跟。非薄古人为不足学也,盖天地有自然之文章,随我之所触而发宣之,必有克肖其自然者,为至文以立极。我之命意发言,自当求其至极者。(《原诗·内篇》)

艺术家应该追求"克肖自然",把"天地自然之文章"发宣昭著,所以应该从僵死的模式、样板、法规的束缚中解脱出来,"不但不随世人脚跟,并亦不随古人脚跟"。

> 诗文一道岂有定法哉!先揆乎其理,揆之于理而不谬,则理得;次征诸事,征之于事而不悖,则事得;终絜诸情,絜之于情而可通,则情得。三者得而不可易,则自然之法立。故法者,当乎理,确乎事,酌乎情,为三者之平准而无所自为法也。故谓之曰虚名。(《原诗·内篇》)

惟理、事、情三语,无处不然。三者得,则胸中通达无阻,出而敷为辞,则夫子所云"辞达"。"达"者,通也,通乎理,通乎事,通乎情之谓。而必泥乎法,则反有所不通矣。辞且不通,法更于何有乎?(《原诗·内篇》)

原夫创始作者之人,其兴会所至,每无意而出之,即为可法可则。如《三百篇》中,里巷歌谣、思妇劳人之吟咏居其半。彼其人非素所诵读讲肄推求而为此也,又非有所研精极思、腐毫辍翰而始得也。情偶至而感,有所感而鸣,斯以为风人之旨,遂适合于圣人之旨而删之为经以垂教。(《原诗·内篇》)

叶燮指出,任何艺术方法(包括模式、样板、法规等等),如果加以绝对化,脱离了"理""事""情",那就会变成束缚艺术家心思才智的僵死的东西,变成它们自身的对立面,变成"死法",不但无益于艺术的创造,而且大大有害于真正独创性艺术的出现。应该说,叶燮的这一思想,对当时的艺术和美学流弊作出了有力的针砭,就是对我们今天来说,也是很有启发的。

二、对杜诗意象世界的分析

为了具体地说明意象思维的特殊作用,叶燮对杜甫的四句诗作了极其精彩的分析。

第一句:"碧瓦初寒外"(《玄元皇帝庙作》)。叶燮分析道:

逐字论之:言乎"外",与内为界也。"初寒"何物,可以内外界乎?将"碧瓦"之外,无"初寒"乎?"寒"者,天地之气也。是气也,尽宇宙之内,无处不充塞,而"碧瓦"独居其"外","寒"气独盘踞于"碧瓦"之内乎?"寒"而曰"初",将严寒或不如是乎?"初寒"无象无形,"碧瓦"有物有质,合虚实而分内外,吾不知其写"碧瓦"乎?写"初寒"乎?写近乎?写远乎?使必以理而实诸事以解之,虽稷下谈天之辩,恐至此亦穷矣!然设身而处当时之境会,觉此五字之情景,恍

> 如天造地设,呈于象,感于目,会于心。意中之言,而口不能言,口能言之,而意又不可解,划然示我以默会想象之表,竟若有内有外,有寒有初寒,特借"碧瓦"一实相发之,有中间,有边际,虚实相成,有无互立,取之当前而自得,其理昭然,其事的然也。(《原诗·内篇》)

所谓"意中之言,而口不能言,口能言之,而意又不可解,划然示我以默会想象之表",所谓"虚实相成,有无互立",就是审美感兴和审美意象不同于逻辑思维的特点。所谓"呈于象,感于目,会于心",所谓"取之当前而自得",相当于王夫之现量说中的"现在"义和"现成"义。所谓"其理昭然,其事的然",相当于王夫之现量说中的"显现真实"义。这段话的意思是说,审美意象是从直接审美感兴中产生的,因此具有真实性。但是这种真实性并不是逻辑的真实性,不是实写"理""事""情",而是"幽渺以为理,想象以为事,惝恍以为情",可以说是一种想象的真实性。因此,对于一首诗,就不能像对理论文章那样作纯粹概念的逻辑分析,不能把完整的审美意象肢解为几条抽象的逻辑判断或推理,而应该像朱熹说的那样反复"涵泳",从直接的美感经验中领悟它的"理""事""情"。例如杜甫的这句诗,如果一个字一个字对它作逻辑分析,就会觉得它根本不通。但如果"设身而处当时之境会",就会"觉此五字之情景,恍如天造地设",不但"其理昭然,其事的然",而且简直可以说是"理""事"之入于"神境"者。

第二句:"月傍九霄多"(《宿左省作》)。叶燮分析道:

> 从来言月者,只有言圆缺,言明暗,言升沉,言高下,未有言多少者,若俗儒不曰"月傍九霄明",则曰"月傍九霄高",以为景象真而使字切矣。今曰"多",不知月本来多乎?抑傍九霄而始多乎?不知月多乎?月所照之境多乎?有不可名言者。试想当时之情景,非言"明"、言"高"、言"升"可得,而惟此"多"字可尽括此夜宫殿当前之景象。他人共见之,而不能知、不能言;惟甫见而知之,而能言之。其事如是,其理不能不如是也。(《原诗·内篇》)

这段话着重指出了诗歌审美意象的两个特性:第一,审美意象是不能用抽象概念来作逻辑分析的,即所谓"有不可名言者";第二,审美意象是把客观景象作为一个完整的存在来加以反映的,即所谓"可尽括此夜宫殿当前之景象"。我们在上一章讲过,诗歌审美意象的这两个特性,也是王夫之所强调的。

第三句:"晨钟云外湿"(《夔州雨湿不得上岸作》)。叶燮分析道:

> 以"晨钟"为物而"湿"乎?"云外"之物,何啻以万万计,且钟必于寺观,即寺观中,钟之外,物亦无算,何独湿钟乎? 然为此语者,因闻钟声有触而云然也。声无形,安能湿? 钟声入耳而有闻,闻在耳,止能辨其声,安能辨其湿? 曰"云外",是又以目始见云,不见钟,故云"云外"。然此诗为雨湿而作,有云然后有雨,钟为雨湿,则钟在云内,不应云"外"也。斯语也,吾不知其为耳闻耶? 为目见耶? 为意揣耶? 俗儒于此,必曰:"晨钟云外度。"又必曰:"晨钟云外发。"决无下"湿"字者。不知其于隔云见钟,声中闻湿,妙悟天开,从至理实事中领悟,乃得此境界也。(《原诗·内篇》)

这段分析更有意思。叶燮在这里指出了审美感兴中的一种现象,即西方学者称为"通感"(synaesthesia)的现象。[①] 所谓"隔云见钟,声中闻湿",就是视觉向听觉里的挪移,也就是"通感"。逻辑思维不能有"通感",审美感兴却往往包含"通感"。叶燮这段话用了"妙悟"这个词。"妙悟"就是审美感兴、审美直觉。"妙悟"往往包含"通感"。或者说,"通感"也是一种"妙悟"。叶燮强调的是,"妙悟"不能脱离"至理实事"。从"妙悟"中产生的"境界",尽管不同于逻辑思维的产物,却仍然是客观"理""事""情"的真实反映。

第四句:"高城秋自落"(《摩诃池泛舟作》)。叶燮也作了类似的分析,我们就不引用了。

总起来,叶燮说,像这样的诗句,"若以俗儒之眼观之,以言乎理,理

---

① 钱钟书《通感》一文引用中国诗文中大量资料,对"通感"作了精彩的论述。见《旧文四篇》,上海古籍出版社 1979 年。

于何通？以言乎事，事于何有？所谓言语道断，思维路绝。然其中之理，至虚而实，至渺而近，灼然心目之间，殆如鸢飞鱼跃之昭著也"（《原诗·内篇》）。

叶燮提出的"幽渺以为理，想象以为事，惝恍以为情"的命题，同王夫之的现量说一样，把审美意象和艺术的真实性统一了起来，在美学史上作出了重大的理论贡献。

叶燮还从"文"与"质"的统一、诗品与人品统一，从"胸襟"的重要性，引出了艺术批评的一条原则，就是要着眼于审美意象的整体和真实性，要着眼于作品所体现的人生感与历史感，反对那种抓住片语只字"攻瑕索疵"的庸俗的批评。他指出，如果用这种庸俗的批评方法，那么"诗圣"杜甫的诗，毛病也多得很。为此他摘录了几十句杜诗，代俗儒一一为之评驳。如："自是秦楼压郑谷。"俗儒必定说："'秦楼'与'郑谷'不相属，'压郑谷'何出？"如："第五桥边流恨水，皇陂亭北结愁亭。"俗儒必定说："'恨水'、'愁亭'何出？牵'桥'、'陂'，尤杜撰。"如："泾、渭开愁容。"俗儒必定说："泾渭亦有愁容耶？"如此等等。叶燮说，像这样一些诗句，本来并没有毛病，因为俗儒根本不懂艺术，所以才认为有毛病。有人写的诗，可以没有这种"毛病"，但是"通体庸俗浅薄"，又有什么意思？所以，这种批评方法是荒唐的，而且是过分有害的；"不观其高者、大者、远者，动摘字句，刻画评驳，将使从事风雅者，惟谨守老生常谈为不刊之律，但求免于过斯足矣，使人展卷有何意味乎？"（《原诗·外篇》）

叶燮对杜甫的推崇达到无以复加的地步，如他说："杜甫，诗之神者也"（《原诗·内篇》），"杜甫之诗，独冠古今，此外上下三千年，作者代有，惟韩愈、苏轼，其才能与之抗衡，鼎立为三。"（《原诗·外篇》）对杜诗的艺术成就评价说："杜甫之诗，包源流，综正变。自甫以前，如汉魏之浑朴古雅，六朝之藻丽浓纤、淡远韶秀，甫诗无一不备，然出于甫，皆甫之诗，无一字句为前人之诗也。"（《原诗·内篇》）叶燮在如此赞美杜诗的同时，又对宋以后诗歌采取了基本否定的态度。这在一方面以经典作品的分析强化了他的理论的特点，而过于绝对化的说法却又损害了立论的公允性和客观性,也不符合其美学的基本主张。这是叶燮诗歌评论当中存在的一个不足。

三、山石世界求之自然之真

在叶燮生活的时代,造园艺术方兴未艾。上至皇家贵胄,下至富裕市民都热衷于园林,尤其是江南私家园林正处于它的鼎盛时期。相应的,关于私家造园的理论也逐渐成为当时美学思考的一个组成部分。

中国古代的私家园林最初是失意仕宦或隐逸高士遣兴抒怀的寄托之处。苏舜钦云:"予以获罪,无所归,扁舟南游,旅于吴中。……思得高爽虚辟之地,以舒所怀。"(《苏学士集·沧浪亭记》)沈括云:"居在城邑而荒芜古木与鹿豕杂处,客有至者,皆频额而去,而翁独乐焉。"(《梦溪自记》)到了商品经济逐渐发达的明清时代,私家园林的主人更多地是富商巨宦。相应地,园林的选址从山野移至闹市,空间由开阔变为狭小,设计建造也由个人的率意而转为专业工匠的标准化制作。私家园林在走向成熟、精致的同时也流于世俗,陷于陈规。如李渔曾批评当时的一些流弊说:"常见通侯贵戚,掷盈千累万之资以治园圃,必先论大匠曰:亭则法某人之制,榭则遵谁氏之规,勿使稍易。"(《闲情偶记·居室部》)

叶燮有一篇题为《假山说》的文章,在其中,他以一"过客"之口道出了当时盛行的那些流俗见解。通过与"过客"的对话,叶燮展开了对这些流俗见解的批评,集中阐述了他的造园观念。这种造园观念与诗歌品评理论一样,都是其美学思想的组成部分。

在《假山说》的开头,叶燮先介绍了他在自家的"独立苍茫室"前置山石赏玩的情形:

> 余家横山之阳,面九龙诸山,去山趾仅里许。山多石,石磊磊然异于世所称太湖石者,盖质中有文,藓蚀斑驳可喜也。余于暇日,命山中人舁至家中。石大小高下不等,于草堂后,独立苍茫室前。盖十余年积垒之而为山,趾可亩有半,高逾三寻,大峰五六,小峰三,信

> 之有径、有坡、有台、有岩、有壑、有磐，俯有溪。余旦暮晞发濯足其间，足乐也。

这一段写出了叶燮家中的园林山石的意象世界。他选取的材料是居所附件的"磊磊然"的山石，"质中有文"、"藓蚀斑驳可喜"，而且特别点出是"异于世所称太湖石者"。接下来，叶燮通过峰、径、坡、台、岩、壑、磐、溪等等的设计，形成了反映着作者本人情趣的园林意象。最后，"濯足其间"写出了作者对于自己作品的欣赏。

这个意象世界却被一种外来的品评打破了。《假山说》接着写道：

> 有客过而诮余曰："甚矣，先生之为此山，徒任其意而为，无师之智不能无讥于大匠也。今夫垒石为山者，必有其道矣，其称能乎之最者，曰某某；次者，曰某某。其为山也，必曰若者仿倪云林；若者仿黄子久；若者仿黄鹤山樵；若者仿梅花道人。然后为有原本，为有法则，非是，则失之矣。今先生之为此山也，率其胸臆于古人无所仿，于今人无所师，无乃为方家所笑乎？"

与当时诗歌、书画等艺术领域一样，园林艺术的创作和品鉴也有森严的门派家风。一切创作都要以"某某"为典范规矩，"任其意而为"、"于古人无所仿"、"于今人无所师"就只能收获到刻薄的讥诮。如果说园林艺术与文学、书画等典型的文人艺术相比有所不同的话，就是它的最高典范并不是园林作品本身，而是宋元以后的文人画。所以"客"会把"原本"、"法则"归为倪云林、黄子久。这也许跟园林建造更接近于"匠"，较书画显得身份低微的缘故。

叶燮造园并非为了邀名争誉，对这类评价完全可以置而不论，但为了在美学思想上澄清流弊，他对"过客"说一番话：

> 嘻！甚矣，子言之不察也。今乎山者，天地之山也，天地之为是山也，天地之前吾不知其何所仿。自有天地即有此山，为天地自然之真山而已。乃画家欲图之而为画，窃天地之貌而形之于笔，斯亦妄矣，然也各能肖天地之山之一体。盖自有画而后之人遂忘其有天

地之山，止知有画家之山，为倪、为王、为黄、为吴，门户各立，流派纷然。夫画既已假，而肖乎其美之者必曰逼真。逼真者，正所以假也。乃今之垒石为山者，不求之天地之真，而求之画家之假，固已惑矣，而又不能自然以吻合乎画之假也，于是斧之、凿之、胶之、鳌之、圬之、墁之，极其人工之力而止。（《假山说》）

叶燮在这里指出，任何艺术的创作，都必须直面自然，以求其真，而不是追求次一等的"逼真"。叶燮指出当时的造园流弊：面对的不是自然（"天地之山"），而是面对一些现成的法则（"画家之山"），是所谓"目不见天地，胸不知文章，不过守其成法，如梓匠轮舆，一工人之技而已矣"。目无天地自然，已经是流于虚假。而在具体的技巧运用方面又拘于斧凿，就是假上加假，与审美意象完全没有关系，已不能视作一种艺术作品了。在这里，叶燮对以"客"为代表的流俗品评者的批评，依据的仍是他的以"理、事、情"为基础的艺术本原论和"克肖自然"、"自我作诗"等核心的艺术创作论。

第三章　李渔的戏剧美学

清代戏剧美学的发展，承明代戏剧美学之绪，以李渔（1611—1680）的戏剧论为代表发展起来。李渔的《闲情偶寄》中"词曲部"和"演习部"是系统总结和提炼明清戏剧美学思想的专著，它们分别从剧本创作和戏剧表演两个层面，对戏剧美学作了体系性的建构和阐述。

第一节　金圣叹以文评戏的戏剧观

清代戏剧美学的前导，当推金圣叹，金圣叹的《第六才子书西厢记评点》，在清代影响很大，用李渔的评论说，"读金圣叹所评《西厢记》，能令千古才人心死"①。李渔所谓"心死"，意谓金圣叹的评论已经穷尽《西厢记》之妙，后来者虽自恃才高也不敢再置评。

金圣叹评《西厢记》，宗旨在于批示和推崇它作为一部戏剧的戏文之卓绝佳妙。他说：

> 有人来说，《西厢记》是淫书，此人后日定堕拔舌地狱。何也？《西厢记》不同小可，乃是天地妙文。自从有此天地，他中间便定然

---

① ［清］李渔：《闲情偶寄》，江巨荣、卢寿荣校注，第 84 页，上海古籍出版社，2005 年。

有此妙文，不是何人做得出来，是他天地直会自己劈空结撰而出。

若定要说是一个人做出来，圣叹便说，此一个即是天地现身。①

这则话是金圣叹评《西厢记》的总纲，它的要旨是指出作为戏剧文学，《西厢记》是超凡盖世的"天地妙文"。金圣叹说："世间妙文，原是天下万世人人心里公共之宝，决不是此一人自己文集"；"想来王字实甫此一人，亦安能造《西厢记》？ 他亦只是平心敛气，向天下人心里偷取出来"。② 据此而言，"天地妙文"的核心意义就是写出超越作家自我、表现人人共有的意愿情思（"天下万世人人心里公共之宝"）；因此，作家并非自抒胸臆，而是代天下万世人心立言（"此一个即是天地现身"）。金圣叹如此为戏剧创作立宗旨，就扩大了晚明汤显祖所代表的"戏剧主情论"主张。

金圣叹论戏剧创作，主张戏剧的文学品格是"雅驯"和"透脱"的统一。他说：

> 沉潜子弟，文必雅驯，苦不透脱；高明子弟，文必透脱，苦不雅驯。极似分道扬镳，然实同病别发。何为同病？ 只是不换笔。盖不换笔，便道其不透脱；不换笔，便道其不雅驯也。何谓别发？ 一是停而不换笔，一是走而不换笔。盖停而不换笔，便有似于雅驯而实非雅驯；走而不换笔，便有似于透脱而实非透脱也。夫真雅驯者，必定透脱；真透脱者，必定雅驯。③

所谓"雅驯"，是指中规中矩，追求高雅精致的格调；所谓"透脱"，是指率性自然，表现出豪放不羁的风格。金圣叹认为，这是文学创作的两种气质表现，它们看似不同，是"分道扬镳"的，但在根本上两者应当是统一的。具体讲，"雅驯"是作家对文章写作技巧规范高度娴熟掌握的表现，它的实现不是对作家自由的限制，而是使之达到"从心所欲而不逾矩"的

---

① ［清］金圣叹：《第六才子书西厢记评点》，叶朗总主编《中国历代美学文库·清代卷上》，第117页。

② 同上书，第125页。

③ 同上书，第119页。

自由,这就是"透脱"。金圣叹以"行笔"来论说这两者的统一性,认为"雅驯"行笔在于"停",即"知止"(规矩),"透脱"行笔在于"走",即"放任"(随性);正如完整的旅行是"停"与"走"的统一,规矩与放任也必须是统一的。拘束于规矩与放任而不约束都是文章之病,前者是"不透脱",后者是"不雅驯"。金圣叹主张创作要"换笔",主张"停"中要有"走"、"走"中要有"停"。这就是主张"规矩"与"放任"的统一——"夫真雅驯者,必定透脱;真透脱者,必定雅驯。"

在评《西厢记》中,金圣叹还提出文学创作的另一个辩证原理,就是灵感和表现的统一,即他所谓"灵眼觑见,灵手捉住"。他说:

> 仆今言灵眼觑见,灵手捉住,却思人家子弟,何曾不觑见,只是不捉住。盖觑见是天付,捉住须人工也。今《西厢记》实是又会觑见,又会捉住。然子弟读时,不必又学其觑见,一味只学其捉住。圣叹深恨前此万千年,无限妙文,已是觑见,却捉不住,遂成泥牛入海,永无消息。今刻此《西厢记》遍行天下,大家一齐学得捉住,仆实遥计一二百年后,世间必得平添无限妙文,真乃一大快事。[①]

"灵眼觑见",是指作家的"灵感发生",它是突然而至,不期然而然,金氏谓之"天付";"灵手捉住",是指作家理性地将突发的灵感把握住,并且用高超的文学手法将之艺术性地表现出来,金氏谓之"人工"。他认为"天地妙文"的创作,固然要以作家过人的天赋为前提,但是作家还必须在后天的修养培训中获得将其天赋展现为现实的文学创作能力。值得注意的是,他特别指出,在文学创作史中,是有天赋而富有灵感的人多,而有天赋又有写作技能("又会觑见,又会捉住")的人少。天赋是不可学的,而技能是可学的,所以他不主张学"觑见"(灵感),而主张学"捉住"(技能)。金圣叹此论对广义的文学创作的启发意义自不待言,其针对具有高度技艺性和规范性的戏剧文学创作的特别意义是应当重视的。

---

① [清]金圣叹:《第六才子书西厢记评点》,叶朗总主编《中国历代美学文库·清代卷上》,第120页。

在金圣叹评《西厢记》中，还有一点是应当重视的，就是他明确提出戏剧创作的"中心人物"概念。他说：

> 若更仔细算时，《西厢记》亦止为写得一个人。一个人者，双文是也。若使心头无有双文，为何笔下却有《西厢记》？《西厢记》不只为写双文，只为写谁？然则，写了双文，还要写谁？
>
> 《西厢记》只为要写此一个人，便不得不又写一个人。一个人者，红娘是也。若使不写红娘，却如何写双文？然则《西厢记》写红娘，当知正是出力写双文。
>
> 《西厢记》所以写此一个人者，为有一个人要写此一个人也。有一个人者，张生是也。若使张生不要写双文，又何故写双文？然则《西厢记》又有时写张生者，当知正是写其所以要写双文之故也。①

金圣叹明确指出，作为一出戏剧，《西厢记》是塑造人物为主题，表现人物是以崔莺莺（"双文"）为中心、将其他人物纳入到一个有机的表现结构中展开的。"《西厢记》亦止为写得一个人"，这是指出《西厢记》的主旨是塑造"一个人"（崔莺莺）；"只为要写此一个人，便不得不又写一个人"，是指为了写崔莺莺，不得不写红娘；"所以写此一个人者，为有一个人要写此一个人也"，是指为了写张生，必须写崔莺莺；"写其所以要写双文之故也"，写张生的目的还是要写崔莺莺。把金圣叹的话用现代戏剧理论说，在《西厢记》这出戏中，崔莺莺是中心人物，为了塑造这个中心人物，红娘则作为她的配角出现，而张生则作为她的对手角色出现。

金圣叹论"雅驯"和"透脱"的统一、论灵感和表现的辩证关系，还是在一般文学创作规律的框架下提出戏剧文学创作的原则性问题和规律。他提出戏剧中心人物论，明确指出戏剧（《西厢记》）是"写一个人"，而其他人物则作为这个人物的关系者被塑造，是戏剧美学从文学批评中独立出来的一个重要意识。准确讲，金圣叹评《西厢记》，着眼点就是以崔莺

---

① ［清］金圣叹：《第六才子书西厢记评点》，叶朗总主编《中国历代美学文库·清代卷上》，第123页。

莺这个人物为中心，对《西厢记》的剧本展开"晰毛辨发，穷幽极微"（李渔语）的文本分析。

金圣叹的戏剧中心人物论，对后世的影响，可在李渔的相关论述中见出。李渔说：

> 古人作文一篇，定有一篇之主脑。主脑非他，即作者立言之本意也。传奇亦然。一本戏中，有无数人名，究竟俱属陪宾。原其初心，止为一人而设，即此一人之身，自始至终，离合悲欢，中具无限情由，无穷关目，究竟俱属衍文，原其初心，又止为一事而设；此一人一事，即作传奇之主脑也然。必此一人一事果然奇特，实在可传而后传之，则不愧传奇之目，而其人其事与作者姓名皆千古矣。①

李渔所谓"原其初心，止为一人而设"是与金圣叹所谓"止为写得一个人"一致的，两者均指戏剧的主旨是塑造一个中心人物。李渔说"一本戏中，有无数人名，究竟俱属陪宾"，也与金圣叹所说"只为要写此一个人，便不得不又写一个人"等一致。但是，比金氏更进一步的是，李渔在金氏主张戏剧"止为写得一个人"的基础上，提出戏剧"又止为一事而设"，即一部戏剧只写"此一人一事"，并且以之为传奇的主旨（"主脑"）。李渔这个"此一人一事说"，就使戏剧与传统的话本传奇和章回小说区别开来，它对于戏剧创作的指导意义是强化了戏剧表现的集中性——使戏剧冲突更集中。

第二节　李渔对戏剧作为舞台表演艺术的自觉

一、戏剧是舞台表演艺术

对于金圣叹评《西厢记》，李渔一方面给予了极高评价，他指出："自有《西厢》以迄于今，四百余载，推《西厢》为填词第一者，不知几千万人，

---

① ［清］李渔：《闲情偶寄》，第23—24页。

而能历指其所以为第一之故者,独出一金圣叹。是作《西厢》者之心,四百余年未死,而今死矣。不特作《西厢》者心死,凡千古上下操觚立言者之心,无不死矣。人患不为王实甫,焉知数百年后,不复有金圣叹其人哉!"①李渔此言,是说金圣叹已经从填词的角度,将《西厢记》的妙处和价值都评说尽了,金氏之评说,不仅令《西厢记》作者王实甫因被解透心意而"心死",而且令后世文人欲评《西厢记》者无可复加。这就是说,李渔将金圣叹评《西厢记》推崇到这样极端的高度,认定金氏的评论是空前绝后的"王实甫知音"之论。

但是,作为一个戏剧创作家和评论家,李渔对金圣叹评《西厢记》并不满意,相反,他提出了两个方面的批评。其一,他认为,金圣叹评《西厢记》,细密过胜,因而失于拘泥。他说:

> 圣叹之评《西厢》,其长在密,其短在拘,拘即密之已甚者也。无一句一字,不逆溯其源,而求命意之所在,是则密矣。然亦知作者于此,有出于有心,有不必尽出于有心者乎?心之所至,笔亦至焉,是人之所能为也;若夫笔之所至,心亦至焉,则人不能尽主之矣。且有心不欲然,而笔使之然,若有鬼物主持其间者,此等文字尚可谓之有意乎哉?文章一道,实实通神,非欺人语。千古奇文,非人为之,神为之、鬼为之也,人则鬼神所附者耳。②

"无一句一字,不逆溯其源,而求命意之所在,是则密矣。"李渔对金圣叹如此指责,虽然不免夸张之论,但的确指出了金氏评《西厢记》的一个"过为之胜"的意图,就是金氏无批评地确证王实甫填写《西厢记》曲词"全剧的合理性和意向性"。金氏这个意图,旨在确证他之所谓《西厢记》乃是天地妙文"之论。金圣叹在无保留肯定《西厢记》填词的"合理性和意向性"的时候,显然忽视了文学创作的"超理性"和"非理性"层面,而且,他没有认识到,超群卓绝之作,其中所包含的"非人力所能为"的"超理性"

---

①②［清］李渔:《闲情偶寄》,第85页。

和"非理性"意蕴更为丰富和重要。确如李渔所言,金氏于《西厢记》全剧曲词"求命意之所在",就有悖于"有出于有心,有不必尽出于有心者"的文学创作规律。

上述李渔对金圣叹的批评中,很有启发意义的是,他对戏剧文学创作的"心—笔"关系,作了三个层次的区分。其一:"心之所至,笔亦至焉,是人之所能为也",这是戏剧创作的有意识层面,在这个层面,是意识("心")主导创作("笔"),是"人之所能为"的层次;其二,"若夫笔之所至,心亦至焉,则人不能尽主之矣",这是创作的自动随性层次,是意识被创作驱动("心随笔行"),这是"人不能尽主之"的层次;其三,"且有心不欲然,而笔使之然,若有鬼物主持其间者,此等文字尚可谓之有意乎哉",这是无意识与意识产生矛盾,无意识自主运行的层面,在这个层面,"文章一道,实实通神",是不可以用意识("有意为之")来解释的。李渔揭示戏剧创作这三个层面,超越了金圣叹评《西厢记》对作者创作心理的"有意为之"的单层面阐释,是对戏剧创作理论的深化。

其二,李渔批评金圣叹评《西厢记》仅从剧本的文学性着眼,没有从作为以剧场表演为创作目的的剧本的层面来评论《西厢记》。他说:

> 圣叹之评《西厢》,可谓晰毛辨发,穷幽极微,无复有遗议于其间矣。然以予论之,圣叹所评,乃文人把玩之《西厢》,非优人搬弄之《西厢》也。文字之三昧,圣叹已得之,优人搬弄之三昧,圣叹犹有待焉。如其至今不死,自撰新词几部,由浅及深,自生而熟,则又当自火其书,而别出一番诠解。甚矣,此道之难言也。①

李渔批评金圣叹只得《西厢记》"文字之三昧",而未得"优人搬弄之三昧",是指金氏未从戏剧表演的角度分析和评论《西厢记》。李渔这个批评的针对性,可以用金氏自己的言论作佐证。金氏说:

> 圣叹本有才子书六部,《西厢记》乃是其一。然其实六部书,圣

---

① 〔清〕李渔:《闲情偶寄》,第 85 页。

叹只是用一副手眼读得。如读《西厢记》，实是用读《庄子》、《史记》手眼读得；便读《庄子》、《史记》，亦只用读《西厢记》手眼读得。如信仆此语时，便可将《西厢记》与子弟作《庄子》、《史记》读。①

金氏此言表明，他将《西厢记》与《庄子》、《史记》、《水浒传》等书并作"六才子书"，"只是用一副手眼读"。尽管在具体评论中，金氏并非完全忽视这"六才子书"之间的文类差异，但是揭示这"六才子书"共同具有的六才子创作"天地妙文"的"锦绣文心"，才是其要旨所在。

通过对金圣叹评《西厢记》的批评，李渔明确主张在戏剧文学评论中，要将单纯的诗词评论与针对戏剧表演的"填词评论"区别开来。他认为，戏剧批评需要的是后者。"词曲一道，但有前书堪读，并无成法可宗，暗室无灯有眼，皆同瞽目。"②关于戏剧理论建构的困难，李渔指出了三点：

> 一则为此理甚难，非可言传，止堪意会，想入云霄之际，作者神魂飞越，如在梦中，不至终篇，不能返魂收魄。谈真则易，说梦为难，非不欲传不能传也。

> 一则为填词之理变幻不常，言当如是，又有不当如是者。如填生旦之词，贵于庄雅；制净丑之曲，务带诙谐：此理之常也。乃忽遇风流放佚之生旦，反觉庄雅为非；作迂腐不情之净丑，转以诙谐为忌。诸如此类，悉难胶柱。恐以一定之陈言，误泥古拘方之作者，是以宁为阙疑，不生蛇足。

> 一则为从来名士以诗赋见重者十之九，以词曲相传者犹不及什一，盖千百人一见者也。凡有能此者，悉皆剖腹藏珠，务求自秘，谓此法无人授我，我岂独肯传人。③

---

① ［清］金圣叹：《第六才子书西厢记评点》，叶朗总主编《中国历代美学文库·清代卷上》，第118页。
② ［清］李渔：《闲情偶寄》，第16页。
③ 同上书，第16—17页。

李渔所指出的戏剧理论建构三个层面的困难中，前两个层面在于指出戏剧创作是本于超意识的灵感想象，而且"常规之理"运用于具体创作时又变化无常；第三个层面则是考虑到戏剧创作与诗文创作的一个重要差别，即戏剧创作所具有的商业功利性。显然，作为戏剧创作家和批评家，他对戏剧文学"填词"的特殊性和复杂性，有着比金圣叹所代表的单纯的文学批评家更深刻的认知，因此更具有戏剧理论的自觉——他论戏剧的着眼点，根本在于戏剧是舞台表演艺术，因此主张戏剧理论的建构，必须从作为舞台表演艺术的戏剧的特征出发，即他所谓"优人搬弄之三昧"。这种理念自觉，使李渔成为中国古典戏剧美学的集大成者和终结者。

二、戏剧语言特征的自觉

李渔的戏剧美学自觉，主要表现在他对剧本创作和戏剧表演两个方面的相关联的整体把握，他在《闲情偶寄》的"填词部"和"演习部"详细论述了这两个方面所涉及的基本理论问题。但是，如果我们强调李渔戏剧理论是从传统诗词批评中自觉分离出来，首先就应当看到他的戏剧美学自觉是以其戏剧语言自觉为基础的。

李渔论戏剧创作，非常明确地将戏剧文学和阅读文学作区别，即他所谓"作传奇观"与"作文字观"的区别。他认为，诗文作为阅读文学，是以纯文字的形式呈现给读者的——"作文字观"，而戏剧文学是需要通过表演才能呈现给观众的——"作传奇观"。呈现媒介和形式的区别，还决定了诗文与戏剧的受众不同，因此也决定了对文字深浅的要求。李渔说：

> 传奇不比文章，文章作与读书人看，故不怪其深；戏文作与读书人与不读书人同看，又与不读书之妇人小儿同看，故贵浅不贵深。使文章之设，亦为与读书人、不读书人及妇人小儿同看，则古来圣贤所作之经传，亦只浅而不深，如今世之为小说矣。人曰：文人之作传奇与著书无别，假此以见其才也，浅则才于何见？予曰：能于浅处见

才，方是文章高手。①

诗文是写给识字、有文化的读书人看的，"读书人"是一个相对狭小的知识群体；戏剧（"传奇"）是表演艺术，它是表演给包括读书人与不读书人、男女长幼在内的大众同看的。戏剧因为要无选择地面向大众，所以它的文字就要求通俗易懂、人人明白——"贵浅不贵深"。诗文贵深刻，是针对知识群体表达思想学识的探索、创新；戏剧是普及性的艺术，它以文字浅显为贵，是要将深刻的思想义理通俗易懂地传达给观众，戏剧家的特殊才能就表现在深入浅出——"能于浅处见才，方是文章高手"。

从"贵浅不贵深"的戏剧语言主张出发，李渔明确指出戏剧语言和诗文语言具有截然相反的审美风格。他说：

> 曲文之词采，与诗文之词采非但不同，且要判然相反。何也？诗文之词采，贵典雅而贱粗俗，宜蕴藉而忌分明。词曲不然，话则本之街谈巷议，事则取其直说明言。凡读传奇而有令人费解，或初阅不见其佳，深思而后得其意之所在者，便非绝妙好词；不问而知为今曲，非元曲也。②

诗文以文字典雅含蓄为审美标准，以粗俗浅白为忌。诗文之所以持这样的审美标准，是因为诗文创作的目的是供知识群体（"文人"）欣赏的，他们的审美需要决定了诗文的审美标准。戏剧表演以大众为审美主体，大众的审美需要决定了戏剧语言（词曲）取自百姓日常话语（"街谈巷议"），而且简单明了（"直说明言"）。戏剧文字是以浅显明白为佳，凡"令人费解"，或"深思而后得其意之所在者"，都不是成功的佳作。

李渔以"典雅蕴藉"和"直说明言"分别作诗文与戏剧的语言特色（"词采"）。他认为，这两种语言特色也表现了明代戏剧（"今曲"）与元代戏剧（"元曲"）的风格区别。他反对明代戏剧文字追求诗文的"典雅蕴

① ［清］李渔：《闲情偶寄》，第39—40页。
② 同上书，第33—34页。

藉",以免令人费解;他推崇元代戏剧,认为元曲佳妙"则以其意深词浅,全无一毫书本气"。李渔认为,在戏剧创作中,戏剧家需要以"读书"为准备,但是不能有"书本气"。他说:

> 元人非不读书,而所制之曲绝无一毫书本气,以其有书而不用,非当用而无书也,后人之曲则满纸皆书矣。元人非不深心,而所填之词皆觉过于浅近,以其深而出之以浅,非借浅以文其不深也,后人之词则心口皆深矣。①

> 若论填词家宜用之书,则无论经传子史以及诗赋古文,无一不当熟读,即道家佛氏、九流百工之书,下至孩童所习《千字文》《百家姓》,无一不在所用之中。至于形之笔端,落于纸上,则宜洗濯殆尽。亦偶有用着成语之处,点出旧事之时,妙在信手拈来,无心巧合,竟似古人寻我,并非我觅古人。此等造诣,非可言传,只宜多购元曲,寝食其中,自能为其所化。②

元代戏剧家创作戏剧,"有书不用",即在词曲中不掉书袋,所以"无一毫书本气";但是,读书扩展他们的视野、开拓他们的心胸,所以他们有深厚的人生感识储备在胸中,作为他们创作的基础,他们的卓绝才能正表现在他们能够将深刻的思想以浅白的文字表达出来("直说明言"),使大众明白易懂,这就是"以其深而出之以浅"。李渔认为,要做一个好的戏剧家,应当读天下各种诗书,丰富自己的人生知识;但是,又当如元人一样,在创作中要革除书本气("洗濯殆尽"),用通俗明白的文字直说明言。他并不杜绝引用古人诗书,但主张只是在"信手拈来,无心巧合"之际的偶然运用,而且要达到高度自然贴切——"似古人寻我,并非我觅古人"。

李渔的戏剧语言观,概括讲就是"深心浅口"。他专门以汤显祖的《牡丹亭》为例,批评了明代戏剧"心口皆深"的语言误区。他说:

---

① [清]李渔:《闲情偶寄》,第34页。
② 同上书,第35页。

　　《惊梦》首句云:"袅晴丝,吹来闲庭院,摇漾春如线。"以游丝一缕,逗起情丝,发端一语,即费如许深心,可谓惨淡经营矣。然听歌《牡丹亭》者,百人之中有一二人解出此意否? 若谓制曲初心并不在此,不过因所见以起兴,则瞥见游丝,不妨直说,何须曲而又曲,由晴丝而说及春,由春与晴丝而悟其如线也? 若云作此原有深心,则恐索解人不易得矣。索解人既不易得,又何必奏之歌筵,俾雅人俗子同闻而共见乎?①

在这则文字中,李渔批评汤显祖"费如许深心"、"惨淡经营",并且认为对春景所见所感,"不妨直说,何须曲而又曲"。在这里,李渔特别提出,戏剧创作不是戏剧家寻求个人知音("解人")的适当途径。因为戏剧是大众共同观赏的艺术("雅人俗子同闻而共见"),必然不可作为高度个性化、圈子化的文人雅趣幽情的表现物。以戏论文,而不是就文论文,是李渔戏剧美学的重要特点,这个特点以他强调"戏文贵浅不贵深"明确表现出大众化的观众本位思想。

　　但是,李渔并不主张戏剧文字一味粗浅。他说:

　　词贵显浅之说,前已道之详矣。然一味显浅而不知分别,则将日流粗俗,求为文人之笔而不可得矣。元曲多犯此病,乃矫艰深隐晦之弊而过焉者也。极粗极俗之语,未尝不入填词,但宜从脚色起见。如在花面口中,则惟恐不粗不俗,一涉生旦之曲,便宜斟酌其词。无论生为衣冠仕宦,旦为小姐夫人,出言吐词当有隽雅春容之度;即使生为仆从,旦作梅香,亦须择言而发,不与净丑同声,以生旦有生旦之体,净丑有净丑之腔故也。元人不察,多混用之。②

李渔在这里指出,戏剧语言与日常的流俗语言,虽然都以浅显为要,但两者仍然是有分别的。他认为元代戏剧家对"艰深隐晦"矫枉过正,一味显

---

① ［清］李渔:《闲情偶寄》,第 34 页。
② 同上书,第 36—37 页。

浅,就流于粗俗,丧失了戏剧语言不缺少的文学性("求为文人之笔而不可得")。李渔既主张戏剧语言要从日常语言中获取滋养,要同样显浅明白,但又坚持戏剧语言的"文学性",这是辩证地看待戏剧语言的通俗性。他指出,语言的俗雅,须依角色而变化("宜从脚色起见"),生旦角色用语当雅,净丑角色用语当俗。李渔从角色层面论戏剧语言的深浅俗雅,不仅表现了他高度的戏剧自觉,而且深化了戏剧语言的美学理论建构。这就是说,他比明代前人如徐渭等单纯从自我表现的质朴自然论戏剧语言的通俗化和生活化,是一个理论推进。

第三节　李渔戏剧美学的三个核心命题

在《闲情偶寄》中,李渔分别从"填词部"和"演习部"论述剧本创作与剧场表演。通读李渔的戏剧论述,可以发现,他虽然是将创作与表演分论,但在分论中却贯穿了他一致的戏剧思想。

李渔的戏剧思想,是在以观众为本位的戏剧定位中,将创作与表演统一,系统阐述了戏剧的美学特征和表现形式。他很好地总结和深化了前人提出的戏剧创作与表演理论,特别注意到戏剧作为一个诗词、乐曲和表演综合的艺术所具有的独特审美规律,即我们第一节所引述的他所谓"优人搬弄之三昧"。

李渔的戏剧理论,在全面、系统地阐述戏剧创作、表演的审美特征基础上,集中在三个方面对戏剧的美学思想作了深刻阐述。这三个方面是:其一,戏剧与现实的关系,即虚构与事实的关系问题;其二,戏剧虚构的真实性(合理性)问题;其三,戏剧创新的美学特性。[1]

一、戏剧是虚实结合的综合艺术

李渔论戏剧表现的主题,是沿袭儒家道学教化说的传统,认为戏剧

---

[1] 参见叶朗《中国美学史大纲》,第411—413页。

主旨就在于"劝善诫恶"。他说：

> 窃怪传奇一书，昔人以代木铎，因愚夫愚妇识字知书者少，劝使为善，诫使勿恶，其道无由，故设此种文词，借优人说法与大众齐听，谓善者如此收场，不善者如此结果，使人知所趋避。是药人寿世之方，救苦弭灾之具也。①

在这种教化论的立场上，李渔明确反对将戏剧作为"报仇泄怨"的工具。他说：

> 后世刻薄之流，以此意倒行逆施，借此文报仇泄怨。心之所喜者，处以生旦之位；意之所怒者，以净丑之形。千百年未闻之丑行，设而加于一人之身，使梨园习而传之，几为定案，虽有孝子慈孙，不能改也。噫，岂千古文章，止为杀人而设？一生诵读，徒备行凶造孽之需乎？苍颉造字而鬼夜哭，造物之心，未必非逆料至此也。②

李渔对戏剧创作，主张"劝善诫恶"、反对"报仇泄怨"，因此反对以影射的笔法写戏剧。他说：

> 凡作传奇者，先要涤去此种肺肠，务存忠厚之心，勿为残毒之事。以之报恩则可，以之报怨则不可；以之劝善惩恶则可，以之欺善作恶则不可。人谓《琵琶》一书，为讥王四而设。因其不孝于亲，故加以入赘豪门，致亲饿死之事。何以知之？因"琵琶"二字，有四王字冒于其上，则其寓意可知也。噫，此非君子之言，齐东野人之语也。凡作传世之文者，必先有可以传世之心，而后鬼神效灵，予以生花之笔，撰为倒峡之词，使人人赞美，百世流芬。传非文字之传，一念之正气使传也。③

"涤去此种肺肠"，就是要消除以戏剧"报仇泄怨"的意图；"务存忠厚之心"，就是以"劝善诫恶"为创作戏剧的主旨；"勿为残毒之事"，不能借写

①②［清］李渔：《闲情偶寄》，第20页。
③同上书，第20—21页。

戏剧"以笔杀人"。他坚决反对用"影射"的眼光看待《琵琶》等戏剧主题，他认为搞拆字术等方法去寻找戏剧中"影射"的人物，不是正人君子应有的眼界，而是志怪小说的索隐读法（"此非君子之言，齐东野人之语"）。戏剧的主旨是立善，作者必须以善立意，将"一念之正气"作为写作的精神主导，惟其如此，他所写作的戏剧才能在社会立得住脚，也才可能传世。戏剧家以"一念之正气使传"，正人君子观戏剧，也应当以"一念之正气"领会。

根据李渔所论，戏剧的主旨是"劝善诫恶"、"传一念之正气"，是非针对现世中具体人和事而作的。那么，戏剧与现实的关系究竟如何呢？他提出了"虚实结合的寓言说"。他说：

> 传奇所用之事，或古或今，有虚有实，随人拈取。古者，书籍所载，古人现成之事也；今者，耳目传闻，当时仅见之事也。实者，就事敷陈，不假造作，有根有据之谓也；虚者，空中楼阁，随意构成，无影无形之谓也。人谓古事多实，近事多虚。予曰：不然。传奇无实，大半皆寓言耳。欲劝人为孝，则举一孝子出名，但有一行可纪，则不必尽有其事，凡属孝亲所应有者，悉取而加之。亦犹纣之不善，不如是之甚也，一居下流，天下之恶皆归焉。其余表忠表节，与种种劝人为善之剧，率同于此。若谓古事皆实，则《西厢》、《琵琶》推为曲中之祖，莺莺果嫁君瑞乎？蔡邕之饿莩其亲，五娘之干蛊其夫，见于何书？果有实据乎？①

李渔认为，戏剧的本质是虚构创作的产物。"传奇无实"，是因为戏剧不是依据事实做纪录，而是自由结合古今、虚实之事而成。"大半皆寓言"，是指传奇所述之事，是围绕作"劝善诫恶"这个主旨，对古今、虚实之事做了综合加工——如将孝道之事加在一个孝子身上，或将行恶之事加在一个恶人身上。在这里，李渔明确指出戏剧创作的虚构规律，即人物塑造

---

① ［清］李渔：《闲情偶寄》，第30—31页。

以古今、虚实结合所形成的综合性：正因为人物是综合的，无论所用之名是否来于古今，是否虚实，都不可能"所指何人"。用现代戏剧理念的术语说，戏剧人物是一个艺术典型，与现实中的具体个人没有针对性和一致性。

在虚实结合的原则下，李渔还进一步指出，戏剧创作中，对待古今之事，须以不同的态度。他说：

> 凡阅传奇而必考其事从何来、人居何地者，皆说梦之痴人，可以不答者也。然作者秉笔，又不宜尽作是观。若纪目前之事，无所考究，则非特事迹可以幻生，并其人之姓名亦可以凭空捏造，是谓虚则虚到底也。若用往事为题，以一古人出名，则满场脚色皆用古人，捏一姓名不得；其人所行之事，又必本于载籍，班班可考，创一事实不得。非用古人姓字为难，使与满场脚色同时共事之为难也；非查古人事实为难，使与本等情由贯串合一之为难也。①

李渔指出，认为一切戏剧所述之人和事都必有所根据、来源，是不懂戏剧创作规律的外行见解（"皆说梦之痴人"）。但是，他又指出，由于以古事和时事作创作素材的区别，剧作家要有不同的态度："纪目前之事"，因为没有文献典籍纪录（"无所考究"），则人和事均可以自由想象和虚构——虚则虚到底；"用往事为题"，因为有历史文献典籍可考，则不可凭空虚构，而是"必本于载籍"——"实则实到底"。

值得注意的是，在以古事为题材的戏剧中，李渔不仅主张要遵循历史真实原则（"捏一姓名不得""创一事实不得"），而且指出古事题材创作的困难不在于用古人、古事，而在于实现古人在戏剧中的协调性（"使与满场脚色同时共事"）和古事的统一性（"使与本等情由贯串合一"）。换言之，因为载于典籍的古人和古事，并非以戏剧原则产生、存在的，戏剧家以古事为题材，在"本于载籍"的同时，必须对古人和古事作艺术再

---

① ［清］李渔：《闲情偶寄》，第31页。

创——必不免于综合,甚至虚构。对于剧作家,难题就在于既不违背历史真实性,又实现戏剧创作的综合性和寓言化。所以,李渔要求历史题材戏剧"实则实到底",也不能理解为照本实录,而是要在历史的真实性和艺术的虚构性之间达到平衡。

"传奇无实,大半寓言"与"必本于载籍"、"实则实到底"是矛盾的。对于这个矛盾,李渔解释说:

> 予既谓传奇无实,大半寓言,何以又云姓名事实必须有本?要知古人填古事易,今人填古事难。古人填古事,犹之今人填今事,非其不虑人考,无可考也。传至于今,则其人其事,观者烂熟于胸中,欺之不得,罔之不能,所以必求可据,是谓实则实到底也。若用一二古人作主,因无陪客,幻设姓名以代之,则虚不似虚,实不成实,词家之丑态也,切忌犯之。①

在这里,李渔提出了一个在古今题材戏剧的对比中,观众心理对"戏剧真实性"的接受差异性问题。以当代生活为题材("今人填今事"),因为没有典籍可考,观众不会在历史记忆中去寻找对应的人物和事件,就不用担心面临虚假性的诘难("不虑人考"),所以可以"虚则虚到底"。相反,历史题材载于典籍,经历了漫长的历史传承,成为大众普遍了解的内容,戏剧家在创作中,如果不"本于载籍"、"实则实到底",任意虚构、改篡,将真实的历史人物与虚构的人物揉合在一起,就会在熟知历史的观众心中产生虚假混乱的感觉("虚不似虚,实不成实"),使戏剧丧失真实感。由此可见,李渔针对古今题材差异而提出这两种"虚—实"不同的创作原则,着眼点是观众的接受心理。

李渔不仅在理论上反对"泄怨"和"影射",他在戏剧创作中也坚持戏剧是"传正气之作",而非挟私带利之为。他说:

> 加生旦以美名,原非市恩于有托;抹净丑以花面,亦属调笑于无

---

① [清]李渔:《闲情偶寄》,第31页。

心；凡以点缀词场，使不岑寂而已。但虑七情以内，无境不生，六合之中，何所不有。幻设一事，即有一事之偶同；乔命一名，即有一名之巧合。焉知不以无基之楼阁，认为有样之葫芦？是用沥血鸣神，剖心告世，倘有一毫所指，甘为三世之喑，即漏显诛，难逭阴罚。此种血忱，业已沁入梨枣，印政裹中久矣。而好事之家，犹有不尽相谅者，每观一剧，必问所指何人。噫，如其尽有所指，则誓词之设，已经二十余年，上帝有赫，实式临之，胡不降之以罚？①

李渔坚决否定他的戏剧是谄媚讨好（"市恩于有托"）和蓄意泄怨（"调笑于无心"）之作。他声明自己的创作是想象虚构，但剧中之说难免与世间人事巧合。他认为，人们有这样的心态，即将凭空虚构的事，认作为必有所本的模仿之物（"焉知不以无基之楼阁，认为有样之葫芦"）。他不惜发毒誓否定自己的剧作对现实真人有所模仿和影射。"每观一剧，必问所指何人"这种观剧态度，是李渔绝不接受的，他视之为"好事之家"的"不体谅"。

二、戏剧的关键是表现生活的真实性

李渔认为，戏剧具有高度的想象自由，戏剧的"为所欲为"，是任何现实状态所不具备的。他说：

文字之最豪宕，最风雅，作之最健人脾胃者，莫过填词一种。若无此种，几于闷杀才人，困死豪杰。予生忧患之中，处落魄之境，自幼至长，自长至老，总无一刻舒眉，惟于制曲填词之顷，非但郁藉以舒，愠为之解，且尝僭作两间最乐之人，觉富贵荣华，其受用不过如此，未有真境之为所欲为，能出幻境纵横之上者。我欲做官，则顷刻之间便臻荣贵；我欲致仕，则转盼之际又入山林。我欲作人间才子，即为杜甫、李白之后身；我欲娶绝代佳人，即作王嫱、西施之元配；我

---

① ［清］李渔：《闲情偶寄》，第 21 页。

> 欲成仙作佛,则西天蓬岛即在砚池笔架之前;我欲尽孝输忠,则君治亲年,可跻尧、舜、彭篯之上。①

"未有真境之为所欲为,能出幻境纵横之上",这就是指戏剧具有的想象自由,是任何现实情意不能达到的。

李渔在揭示戏剧具有高度想象自由的前提下,将戏剧和其他文体作比较,指出戏剧的独特性在于"直说明言"。他说:"非若他种文字,欲作寓言,必须远引曲譬,蕴藉包含。十分牢骚,还须留住六七分,八斗才学止可使出二三升。稍欠和平,略施纵送,即谓失风人之旨,犯佻达之嫌,求为家弦户诵者难矣。填词一家,则惟恐其蓄而不言,言之不尽。"②但是,他又指出戏剧"直说明言"的特别困难。他说:

> 是则是矣,须知畅所欲言亦非易事。言者,心之声也,欲代此一人立言,先宜代此一人立心。若非梦往神游,何谓设身处地? 无论立心端正者,我当设身处地,代生端正之想;即遇立心邪辟者,我亦当舍经从权,暂为邪辟之思。务使心曲隐微,随口唾出。说一人,肖一人,勿使雷同,弗使浮泛。若《水浒传》之叙事,吴道子之写生,斯称此道中之绝技。果能若此,即欲不传,其可得乎?③

李渔在这里指出,戏剧创作要代人物立言,首先必须代人物立心。所谓代人物立心,就是要设身处地把握人物的思想情意,针对不同的人物,应当有不同的思想情意("立心端正者,代生端正之想";"立心邪辟者,暂为邪辟之思")。他认为,戏剧家代为人物立心,是一个非常自我超越的创作心态——"若非梦往神游,何谓设身处地"。在李渔看来,这种超越自我的"设身处地"为人物设想,"说一人,肖一人",是一切艺术得以传世的本质所在("若《水浒传》之叙事,吴道子之写生,斯称此道中之绝技")。

李渔不仅主张戏剧的想象要着眼于设身处地为人物着想,而且指出

---

① [清]李渔:《闲情偶寄》,第63—64页。
②③ 同上书,第64页。

戏剧想象要具有现实合理性,必须"戒荒唐"。他说:

> 昔人云:"画鬼魅易,画狗马难。"以鬼魅无形,画之不似,难于稽考;狗马为人所习见,一笔稍乖,是人得以指摘。可见事涉荒唐,即文人藏拙之具也。而近日传奇独工于为此。噫!活人见鬼,其兆不祥,矧有吉事之家,动出魑魅魍魉为寿乎?移风易俗,当自此始。吾谓剧本非他,即三代以后之《韶》、《濩》也。殷俗尚鬼,犹不闻以怪诞不经之事被诸声乐,奏于庙堂,矧辟谬崇真之盛世乎?王道本乎人情,凡作传奇,只当求于耳目之前,不当索诸闻见之外。无论词曲,古今文字皆然。凡说人情物理者,千古相传;凡涉荒唐怪异者,当日即朽。①

李渔反对"活人见鬼"式的荒唐剧情,认为这是"文人藏拙之具"。"王道本乎人情",这是李渔提出的一个戏剧创作的真实性原则,这个原则,不是反对戏剧创作中的想象和虚构,而是坚持将想象和虚构建立在符合生活真实性的基础上,而非以凭空虚构荒诞不经的奇人异事("魑魅魍魉")为能事。"凡作传奇,只当求于耳目之前,不当索诸闻见之外":其中所谓"耳目之前",就是指要具有现实生活的合理性,并且可以用生活经验去检验;所谓"闻见之外",就是荒唐不经的想象之物,不可以生活常理评判之物。李渔认为,戏剧要"说人情物理",而不是传播"荒唐怪异"。这个主张与他坚持戏剧的道学教化立场一致,但是,它揭示了戏剧的真实性的内含是生活的真实性("人情物理")。

李渔将戏剧的真实性问题,集中为处理情景关系的问题。他说:

> 填词义理无穷,说何人肖何人,议某事切某事,文章头绪之最繁者,莫填词若矣。予谓总其大纲,则不出"情景"二字。景书所睹,情发欲言,情自中生,景由外得,二者难易之分,判如霄壤。以情乃一人之情,说张三要像张三,难通融于李四;景乃众人之景,写春夏尽

---

① [清]李渔:《闲情偶寄》,第29页。

是春夏，止分别于秋冬。善填词者，当为所难，勿趋其易。批点传奇
者，每遇游山玩水、赏月观花等曲，见其止书所见，不及中情者，有十
分佳处，只好算得五分，以风云月露之词，工者尽多，不从此剧始也。
善咏物者，妙在即景生情。①

"说何人肖何人，议某事切某事"，就是要解决戏剧表现的真实性问题。
李渔认为，戏剧创作千头万绪，根本在于处理情景关系（"总其大纲，则不
出'情景'二字"）。他将情景分为自内而发和自外所见两类。在他看来，
景是人人共见的，因此，景是普遍化的，不以人的个性而分，只以自然地
理、时令而分——"景乃众人之景"；而情却是个人所有之心愿情意，是因
人而异的——"情乃一人之情"。因为有普遍化和个体性之分，李渔认为
诉景易，诉情难。他主张戏剧要着重于诉情而轻于诉景。"善咏物者，妙
在即景生情"，就是由景达情，情景交融，这是李渔主张的戏剧表现的理
想境界。

从"说人情物理"着眼，以"情景融合"为纲，这是李渔在论述戏剧创
作的方方面面时坚持不变的基本路线。在《窥词管见》，李渔将此原则讲
得更清楚。他说：

> 词虽不出情景二字，然二字亦分主客：情为主，景是客。说景即
> 是说情，非借物遣怀，即将人喻物，有全篇不露秋毫情意，而实句句
> 是情，字字关情者。切勿泥定即景咏物之说，为题字所误，认真做向
> 外面去。②

李渔明确指出，在戏剧表现的情景关系中，"情为主，景是客"，而不是重
申既往一般性地谈"情景交融"的诗词论，这是更进一步揭示人性、人情
表现在戏剧中的主体意义。"说景即是说情，非借物遣怀，即将人喻物"，
这就是指出，在戏剧表现中，"物"本身不因为是物而具有表现价值，而是

---

① ［清］李渔：《闲情偶寄》，第 38 页。
② ［清］李渔：《窥词管见》，叶朗总主编《中国历代美学文库·清代卷上》，第 247 页。

因为物成为人性、人情的寄托、寓意。"咏物"就是"抒情",这在中国戏剧表现中是一个规律性的特征,不懂得这个特征,并且自觉将之运用于戏剧创作,就会"为题字所误,认真做向外面去",即陷入见物不见人、为咏物而咏物的歧路,使戏剧缺少表现力和感染力。因此,李渔提出"情为主,景是客"的命题,是对中国传统戏剧精神的深刻揭示。

在传统戏剧中,宾白(对白)是不被重视的,只被作为唱腔之间串场或简单交代剧情发展的台词。李渔却对之非常重视。他说:

> 传奇中宾白之繁,实自予始。海内知我者与罪我者半。知我者曰:从来宾白作说话观,随口出之即是,笠翁宾白当文章做,字字俱费推敲。从来宾白只要纸上分明,不顾口中顺逆,常有观刻本极其透彻,奏之场上便觉胡涂者,岂一人之耳目,有聪明聋聩之分乎?因作者只顾挥毫,并未设身处地,既以口代优人,复以耳当听者,心口相维,询其好说不好说,中听不中听,此其所以判然之故也。笠翁手则握笔,口却登场,全以身代梨园,复以神魂四绕,考其关目,试其声音,好则直书,否则搁笔,此其所以观听咸宜也。罪我者曰:填词既曰"填词",即当以词为主;宾白既名"宾白",明言白乃其宾。奈何反主作客,而犯树大于根之弊乎?①

李渔强化戏剧中的宾白,以传统戏剧观来看是"反主作客"——用宾白压倒了词曲。他之所以要这样做,是对传统戏剧创作的两点修正。其一,传统戏剧家写宾白,只顾纸上文字通顺,不考虑戏剧表演时演员道白是否顺畅;其二,传统戏剧写宾白,因为随意为之,不能设身处地为人物着想,所以宾白缺少毕肖人物口吻的特色。李渔主张写宾白要如填词一样用心,即要考虑人物的性情,又要考虑表演的场景,"手则握笔,口却登场,全以身代梨园,复以神魂四绕,考其关目,试其声音,好则直书",这是通过想象虚拟,全身心投入人物角色和戏剧表演中进行对白写作的状

---

① [清]李渔:《闲情偶寄》,第 65 页。

态,只有在这种状态下完成的戏剧创作,才可能是"合人情物理"的戏剧佳作。

对于戏剧中"科诨"的撰写,李渔同样提出了要合乎人情物理的要求。他是从雅俗关系论述科诨写作原则的。他说:

> 科诨二字,不止为花面而设,通场脚色皆不可少。生旦有生旦之科诨,外末有外末之科诨,净丑之科诨则其分内事也。然为净丑之科诨易,为生旦外末之科诨难。雅中带俗,又于俗中见雅,活处寓板,即于板处证活。此等虽难,犹是词客优为之事。所难者,要有关系。关系为何?曰:于嬉笑诙谐之处,包含绝大文章;使忠孝节义之心,得此愈显。如老莱子之舞斑衣,简雍之说淫具,东方朔之笑彭祖面长,此皆古人中之善于插科打诨者也。作传奇者,苟能取法于此,则科诨非科诨,乃引人入道之方便法门耳。①

"科诨",即为活跃表演效果的"插科打诨",一般以粗俗话语写出。李渔认为,科诨的写作不能一味求俗,而是"妙在于近俗,而所忌者又在于太俗"。"不俗"是死板的"腐儒之谈","太俗"则是粗鄙的"非文人之笔"。佳妙的科诨是"雅中带俗,又于俗中见雅"。在适当处理雅俗关系的基础上,李渔还提出要从"关系"着眼写科诨。他所谓关系就是寓庄于谐,在科诨的讥笑戏谑中传达教化思想——"于嬉笑诙谐之处,包含绝大文章"。

对于科诨写作,李渔在提出"戒淫亵"、"忌俗恶"和"重关系"三原则下,特别提出"贵自然"的主张。他说:

> 科诨虽不可少,然非有意为之。如必欲于某折之中,插入某科诨一段,或预设某科诨一段,插入某折之中,则是觅妓追欢,寻人卖笑,其为笑也不真,其为乐也亦甚苦矣。妙在水到渠成,天机自露。

---

① [清]李渔:《闲情偶寄》,第75—76页。

"我本无心说笑话,谁知笑话逼人来。"斯为科诨之妙境耳。①

在科诨写作中,反对"觅妓追欢,寻人卖笑",主张"水到渠成,天机自露",就是倡导科诨写作要合乎情理,出乎情理之自然。

"合乎情理"(合于自然)是李渔戏剧美学评价戏剧的一个基本准则。当时人们选戏本表演,喜欢选"热闹"的戏本,冷落"不热闹"的"文戏"。李渔批评说:

> 予谓传奇无冷热,只怕不合人情。如其离合悲欢,皆为人情所必至,能使人哭,能使人笑,能使人怒发冲冠,能使人惊魂欲绝,即使鼓板不动,场上寂然,而观者叫绝之声,反能震天动地。是以人口代鼓乐,赞叹为战争,较之满场杀伐,钲鼓雷鸣,而人心不动,反欲掩耳避喧者为何如?岂非冷中之热,胜于热中之冷;俗中之雅,逊于雅中之俗乎哉?②

在李渔看来,戏剧的冷热,不能用表演的冷热而论,而要论戏本是否合于人情物理,是否深刻地表现了人情物理。如果能够达于人心的深处,舞蹈上的冷寂正好唤发观众的热情。李渔此说,实则是他戏剧美学核心思想的表达。

三、戏剧须以创新为要

李渔论戏剧创作,特别坚持填词要恪守词韵、谨遵曲谱。他认为,戏剧创作与他种文学之不同,戏剧家才艺的特殊表现,就在于谨守词律曲谱而出异翻新——在受束缚中觅得自由。他说:

> 曲谱者,填词之粉本,犹妇人刺绣之花样也。描一朵,刺一朵,画一叶,绣一叶,拙者不可稍减,巧者亦不能略增。然花样无定式,尽可日异月新,曲谱则愈旧愈佳,稍稍趋新,则以毫厘之差而成千里

---

① [清]李渔:《闲情偶寄》,第 76 页。
② 同上书,第 90 页。

之谬。情事新奇百出，文章变化无穷，总不出谱内刊成之定格。是束缚文人而使有才不得自展者，曲谱是也；私厚词人而使有才得以独展者，亦曲谱是也。①

在李渔看来，词韵、曲谱的限定，是作为历史形成的格式赋予词曲古雅庄严的品格（"曲谱则愈旧愈佳"），这样的形式，不是限制戏剧家的创作自由，而是提供其自由创新的前提（"情事新奇百出，文章变化无穷"）。曲谱对戏剧家的自由是一种限制，使其不能任意而为（"束缚文人而使有才不得自展"）；但是，曲谱又在其限制中给予戏剧家独特展示才能的空间（"私厚词人而使有才得以独展"）。李渔还认为，如果不遵守曲律，填词就失去了它独特的艺术规定和审美价值。他说：

> 使曲无定谱，亦可日异月新，则凡属淹通文艺者皆可填词，何元人、我辈之足重哉？"依样画葫芦"一语，竟似为填词而发。妙在依样之中，别出好歹，稍有一线之出入，则葫芦体样不圆，非近于方则类乎扁矣。葫芦岂易画者哉！明朝三百年，善画葫芦者止有汤临川一人，而犹有病其声韵偶乖，字句多寡之不合者。甚矣，画葫芦之难，而一定之成样不可擅改也。②

李渔在这里揭示了戏剧创作的"束缚"与"自由"的辩证关系。李渔这个思想是对明代汤显祖"词以立意为主"与沈璟"依腔守律"之争③的一个辩证解决。

在强调曲律对戏剧的规定性、主张戏剧家必须严遵曲律的前提下，李渔论戏剧的特别着眼点是戏剧家发挥"机趣"、独创"尖新"而"自然"的戏剧。

李渔认为，戏剧家在创作中，必须有"机趣"。他说："'机趣'二字，填词家必不可少。机者，传奇之精神；趣者，传奇之风致。少此二物，则如

---

①② ［清］李渔：《闲情偶寄》，第 49 页。
③ 参见［明］吕天成《曲品》卷上，清乾隆五十六年杨志鸿钞本。

泥人土马,有生形而无生气。"①所谓"机趣",就是戏剧家要在创作中灌注生气活跃的精神,使剧作具有有机整体性而且生气盎然。"机趣"是与道学气的"板腐"相对的。"有机趣"就是"不板腐"。他说:

> 填词之中,勿使有断续痕,勿使有道学气。所谓无断续痕者,非止一出接一出,一人顶一人,务使承上接下,血脉相连。即于情事截然绝不相关之处,亦有连环细笋伏于其中,看到后来方知其妙。如藕于未切之时,先长暗丝以待,丝于络成之后,才知作茧之精,此言机之不可少也。所谓无道学气者,非但风流跌宕之曲,花前月下之情,当以板腐为戒;即谈忠孝节义与说悲苦哀怨之情,亦当抑圣为狂,寓哭于笑,如王阳明之讲道学,则得词中三昧矣。②

"机趣"就是要解除道学气的束缚,以真切自然的心态,发挥自我本性中的真善情怀,因此而赋予戏剧新鲜真美的情致。李渔说:"予又谓填词种子,要在性中带来。性中无此,做杀不佳。"③因此,"机趣"就是戏剧家真性情的有机表现。

李渔认为,戏剧创作必须"求新"。他说:"古人呼剧本为'传奇'者,因其事甚奇特,未经人见而传之,是以得名,可见非奇不传。新即奇之别名也。若此等情节业已见之戏场,则千人共见,万人共见,绝无奇矣,焉用传之? 是以填词之家,务解'传奇'二字。"④他指出,戏剧创作之难就难在创新,盗袭模仿前人或既有剧作是戏剧创作的大忌,是戏剧创作之陋习("东施之貌未必丑于西施,止为效颦于人,遂蒙千古之诮")。戏剧家之要务,就是摆脱因袭模仿("洗涤窠臼"),走自我创新之路。因此,李渔特别为"纤巧"正名,并以"尖新"更名之。他说:

> "纤巧"二字,行文之大忌也,处处皆然,而独不戒于传奇一种。传奇之为道也,愈纤愈密,愈巧愈精。词人忌在老实,"老实"二字,

---

① ② [清]李渔:《闲情偶寄》,第 36 页。
③ [清]李渔:《闲情偶寄·词曲部》。
④ [清]李渔:《闲情偶寄》,第 24—25 页。

即纤巧之仇家敌国也。然"纤巧"二字，为文人鄙贱已久，言之似不中听，易以"尖新"二字，则似变瑕成瑜。其实尖新即是纤巧，犹之暮四朝三，未尝稍异。同一话也，以尖新出之，则令人眉扬目展，有如闻所未闻，以老实出之则令人意懒心灰，有如听所不必听。白有尖新之文，文有尖新之句，句有尖新之字，则列之案头，不观则已，观则欲罢不能；奏之场上，不听则已，听则求归不得。尤物足以移人，尖新二字即文中之尤物也。①

在中国文学批评传统中，以"朴质"、"自然"为贵，反对"雕琢"、"纤巧"之气。李渔认为，戏剧的独特品质即为"传奇"，就决定了它必须以"新奇"为传，因此，戏剧创作就不能"老实"，而要在"愈纤愈密，愈巧愈精"中别出心裁、创新立异，这就是"纤巧"，亦即"尖新"。"老实"之作，给人以道学气（"板腐"），使人精神郁闷不振；而"尖新"之作则生气灌注，振奋人心。"尖新"，就是要以新异展现戏剧家独特的个性和精神意气，以出人意外新鲜活泼的艺术境界激发受众的精神意气——"尤物移人"。

在文学批评中，"新奇"与"通俗"是两种相对的风格。李渔在戏剧论中，同时主张两者，是否矛盾呢？解读李渔的论述，我们可以看到，李渔在开拓生活丰富性的层面上，解决两者的冲突，并将之统一于生活真实性。他说：

> 世间奇事无多，常事为多；物理易尽，人情难尽。有一日之君臣父子，即有一日之忠孝节义。性之所发，愈出愈奇，尽有前人未作之事，留之以待后人，后人猛发之心，较之胜于先辈者……此言前人未见之事，后人见之，可备填词制曲之用者也。即前人已见之事，尽有摹写未尽之情，描画不全之态，若能设身处地，伐隐攻微，彼泉下之人，自能效灵于我，授以生花之笔，假以蕴绣之肠，制为杂剧，使人但

---

① ［清］李渔：《闲情偶寄》，第70页。

赏极新极艳之词,而竟忘其为极腐极陈之事者。[1]

李渔指出,人们在现实世间的生活是以常理、常情进行的,因此"奇事无多,常事为多"。但是,他又指出,在常事中,包含着丰富多变的人情内容,其复杂性和变化,是难以穷尽的。他举"妇女守节"一事为例,就见出"一种常事"却具有无限多样的表现形式。戏剧家的职能,不仅可就前人所未见之事进行创作,而且可以在前人已见之事的基础上进行创作。李渔如此立论的根据是:其一,就戏剧题材而言,世间可提供的题材是无穷尽的("物理易尽,人情难尽");其二,就戏剧家的创作要求而言,是发挥创作主体性,深入观察体验社会人生,见人之所未见("设身处地,伐隐攻微")。

李渔认为,戏剧的创新,根本在于对社会人生的深入认知和细微发现。他之所谓"尖新",归根到底是保持戏剧创作的生活真实性或新鲜感。他把剧作之新分为"意新"、"语新"、"字句之新",并且指出"不新可以不作,意新为上,语新次之,字句之新又次之"。关于"意新",他说:

> 所谓意新者,非于寻常闻见之外,别有所闻所见而后谓之新也。即在饮食居处之内,布帛菽粟之间,尽有事之极奇,情之极艳,询诸耳目,则为习见习闻;考诸诗词,实为罕听罕睹;以此为新,方是词内之新,非《齐谐》志怪、《南华》志诞之所谓新也。人皆谓眼前事、口头语都被前人说尽,焉能复有遗漏者?予独谓遗漏者多,说过者少。[2]

李渔主张戏剧的题材内容的创新("意新")要立足于现实的日常生活的发掘,于平常之中去发现"事之极奇,情之极艳"。他特别指出,戏剧题材创新的内容,当是人们日常"习见习闻",而又在诗书典籍中"罕听

---

① [清]李渔:《闲情偶寄》,第 29—30 页。
② [清]李渔:《窥词管见》,叶朗总主编《中国历代美学文库》,清代卷上,第 245 页。

罕睹"的。简单讲,李渔戏剧题材内容的创新,应当来源于日常生活,而不是来源于书籍传载。他明确反对仿袭《齐谐》志怪、《南华》志诞的"传奇"路子。这就是说,李渔主张戏剧创新,是以尊重生活真实性为前提的,这是本于人情、合乎人情的创新,而不是任凭臆想独撰的荒唐的创新。

关于戏剧语言的创新,李渔论述说:

> 词语字句之新亦复如是,同是一语,人人如此说,我之说法独异;或人正我反,人直我曲;或隐跃其词以出之,或颠倒字句而出之,为法不一。昔人点铁成金之说,我能悟之,不必铁果成金,但有惟铁是用之时,人以金试而不效,我投以铁,铁即金矣。彼持不龟手之药而往觅封侯者,岂非神于点铁者哉? 所最忌者,不能于浅近处求新,而于一切古冢秘笈之中搜其隐事僻句,及人所不经见之冷字,入于词中,以示新艳,高则高,贵则贵矣,其如人之不欲见何!①

李渔指出戏剧语言的创新,可以在同一句话(内容相同的语句)的具体表述上表现出来("同是一语,人人如此说,我之说法独异")。表述方法的差异、变化,自然可以见出作者的不同性情和旨趣,给观众以新异之感。但是,在更深刻的层面,语言创新,是发现更为贴切、也更为独到的表达方式(包括文字和语句的变换)。"但有惟铁是用之时,人以金试而不效,我投以铁,铁即金矣",这是一个非常精辟的戏剧语言观,它反对一味求新求奇、而失于本分贴切的语言表达(唯"金"是好,该用"铁"而投以"金")。李渔反对在古冢秘笈之中搜其隐事僻句而求文字之新的做法,因为这种"求新"所得是没有生命力的新艳和虚假的高贵。他主张"于浅近处求新",即文字创新要从日常生活中来。因此,对于李渔,戏剧求新无论从题材层面(意新),还是从文字层面(语新),

---

① [清]李渔:《窥词管见》,叶朗总主编《中国历代美学文库》,清代卷上,第245页。

不但不与"戏剧以浅俗为贵"相矛盾,"求新"反而是"浅俗"的应有之义。总而言之,"求新"的宗旨就是保证戏剧"浅俗"的生活真实性和新鲜感。

第四节 李渔的戏剧表演思想

一、戏剧表演要从剧情入手

李渔的戏剧表演思想,是与其戏剧创作思想一致的。他非常明确地将虚实结合、入情合理和创新为本的戏剧创作思想贯彻到了他的戏剧表演理论中。

首先,李渔不仅主张在戏剧创作中要"说人情物理",而且主张戏剧表演也必须入情合理。他认为培养优秀演员,必不可少的手段是要让演员"懂戏"。他说:

> 唱曲宜有曲情,曲情者,曲中之情节也。解明情节,知其意之所在,则唱出口时,俨然此种神情。问者是问,答者是答,悲者黯然魂消而不致反有喜色,欢者怡然自得而不见稍有瘁容。且其声音齿颊之间,各种俱有分别,此所谓曲情是也。吾观今世学曲者,始则诵读,继则歌咏,歌咏既成而事毕矣。至于"讲解"二字,非特废而不行,亦且从无此例。有终日唱此曲,终年唱此曲,甚至一生唱此曲,而不知此曲所言何事,所指何人。口唱而心不唱,口中有曲而面上身上无曲,此所谓无情之曲,与蒙童背书,同一勉强而非自然者也。虽腔板极正,喉舌齿牙极清,终是第二、第三等词曲,非登峰造极之技也。①

李渔主张学唱戏首先要学理解"曲情",即要懂得词曲的内容、意义,只有在真切理解戏剧人物及其行为意义的基础上,才能真正做到"口唱

---

① [清]李渔:《闲情偶寄》,第112页。

而心唱","口中有曲而面上身上有曲",表演才能自然而然,出神入化。"唱时以精神贯串其中,务求酷肖。若是,则同一唱也,同一曲也,其转腔换字之间,别有一种声口,举目回头之际,另是一副神情,较之时优,自然迥别。变死音为活曲,化歌者为文人,只在'能解'二字。解之时义大矣哉。"①

二、戏剧表演须设身处地

其次,基于虚实结合的原则,李渔对于场上表演,提出了"只作家内想,勿作场上观"的原则。他说:

> 闺中之态,全出自然。场上之态,不得不由勉强,虽由勉强,却又类乎自然,此演习之功之不可少也。生有生态,旦有旦态,外末有外末之态,净丑有净丑之态,此理人人皆晓;又与男优相同,可置弗论,但论女优之态而已。男优妆旦,势必加以扭捏,不扭捏不足以肖妇人;女优妆旦,妙在自然,切忌造作,一经造作,又类男优矣。人谓妇人扮妇人,焉有造作之理,此语属赘。不知妇人登场,定有一种矜持之态,自视为矜持,人视则为造作矣。须令于演剧之际,只作家内想,勿作场上观,始能免于矜持造作之病。此言旦脚之态也。然女态之难,不难于旦,而难于生;不难于生,而难于外末净丑;又不难于外末净丑之坐卧欢娱,而难于外末净丑之行走哭泣。总因脚小而不能跨大步,面娇而不肯妆瘁容故也。然妆龙像龙,妆虎像虎,妆此一物,而使人笑其不似,是求荣得辱,反不若设身处地,酷肖神情,使人赞美之为愈矣。②

李渔在这里是以女子习戏立论的。他认为女子在日常生活中的姿态应当出于性情自然("闺中之态,全出自然");但登场演戏的姿态,是依据角色和剧情程式化的表演而来,就不能不勉强("场上之态,不得不由

---

① 〔清〕李渔:《闲情偶寄》,第112页。
② 同上书,第178页。

勉强")。然而,戏剧表演又要求达到自然化("虽由勉强,却又类乎自然")。

戏剧表演如何从"勉强"达到"自然"呢?李渔认为根本原则就是"只作家内想,勿作场上观"。"作场上观",就是演员与角色分离,以表演为表演;"只作家内想",就是演员与角色同一,以表演作生活。"作场上观",根本的原因是演员放不下自我,因矜持而造作;"只作家内想",则是放弃自我,将自我认同于角色,因此能够在表演角色时"设身处地,酷肖神情"。李渔提出这个表演原则,就是要求演员完全入戏,将自我认同于角色,"设身处地,酷肖神情",从而使自己的表演符合角色特征("妆龙像龙,妆虎像虎")。

在其短篇小说《谭楚玉戏里传情,刘藐姑曲终死节》中,李渔借描写男主女人公两人在戏剧表演中交流爱情,提出了在戏剧表演中"把戏文当戏文做"和"把戏文当事实做"的区别问题。他说:

> 这一生一旦,立在场上竟是一对玉人,那一个男子不思,那一个妇人不想?又当不得他以做戏为乐,没有一出不尽情极致,同是一般的旧戏,经他两个一做,就会新鲜起来。做到风流的去处,那些偷香窃玉之状,偎红倚翠之情,竟像从他骨髓里面透露出来,都是戏中所未有的一般,使人看了无不动情。做到苦楚的去处,那些怨天恨地之词,伤心刻骨之语,竟像从他心窝里面发泄出来,都是刻本所未载的一般,使人听了无不堕泪。这是甚么原故?只因别的梨园做的都是戏文,他这两个做的都是实事。戏文当做戏文做,随你搬演得好,究竟生自生,而旦自旦,两下的精神联络不来,所以苦者不见其苦,乐者不见其乐。他当戏文做人,人也当戏文看也。若把戏文当了实事做,那做旦的精神注定在做生的身上,做生的命脉系定在做旦的手里,竟使两个身子合为一人,痛痒无不相关,所以苦者真觉其苦,乐者真觉其乐。他当实事做,人也当实事看。①

---

① [清]李渔:《连城璧》子集,清康熙写刻本。

李渔指出,演员表演,要热爱戏剧("以做戏为乐"),只要倾心投入("尽情极致"),就会产生新颖独特的戏剧效果("就会新鲜起来")。所谓倾心投入,就是表演要有真情实感,是演员对角色认同之后从内到外的真情表现("从他骨髓里面透露出来","从他心窝里面发泄出来")。李渔认为,演员在表演中倾心投入角色,不是依照戏文做表演,明确自我是在表演角色("戏文当做戏文做"),而是把自我认同于角色,认真做戏文中的事("把戏文当了实事做")。

"戏文当做戏文做",演员与角色是分离的,演员的意识仅在于努力把这个角色"表演"好,因此,也就做不到对戏剧角色的真切关心和交流——"究竟生自生,而旦自旦,两下的精神联络不来";"戏文当做实事做",演员与角色同一,他真心实意地做戏中角色的事,他的意识不是"表演角色",而是真切关注戏中角色,在相互精神关连中展开表演——"那做旦的精神注定在做生的身上,做生的命脉系定在做旦的手里,竟使两个身子合为一人,痛痒无不相关"。

李渔认为,只有在"戏文当做实事做"的意识下,演员才能真正做到"尽情极致"的表演,而这种表演将戏中人物(尤其是主要人物生、旦两角色)的情感和命运的深刻关连("痛痒无不相关")展示给观众。他指出,戏剧的深刻感染力正是来源于观众对剧中人物"痛痒无不相关"的关系的强烈感受——"所以苦者真觉其苦,乐者真觉其乐"。"他当实事做,人也当实事看",这就是说,演员在表演中是以"真实的"角色关系来进行表演,而观众从演员的表演中所感受到的是"真实的"角色关系。

李渔在"戏文当做实事做"的命题下,给演员表演提出了比单纯"酷肖角色"更高的要求,即表演表现出人物之间的真实关系(人物之间的情感和命运关连)。这就是说,一个演员表演的成败高低,不仅在于他对角色本身的把握和表现,而且在于他要生动而深刻地展现与戏中其他角色的真切关连——一出生旦相配的戏剧,成功之处就在于两个角色之间建立了深刻的关连性,"竟使两个身子合为一人,痛痒无不相关"。

三、表演古戏剧须与时俱进

李渔不仅主张戏剧创作要求新，而且主张戏剧表演也必须以变求新。他说：

> 变则新，不变则腐；变则活，不变则板。至于传奇一道，尤是新人耳目之事，与玩花赏月同一致也。使今日看此花，明日复看此花，昨夜对此月，今夜复对此月，则不特我厌其旧，而花与月亦自愧其不新矣。故桃陈则李代，月满即蓂生。花月无知，亦能自变其调，矧词曲出生人之口，独不能稍变其音，而百岁登场，乃为三万六千日雷同合掌之事乎？①

李渔认为，戏剧表演，对于同样的剧目，在表演中必须在细节上有适当的变化，常变常新，才能保持这个剧目的艺术生命力，如果表演时日复一日，千篇一律，没有变化，就沦为"板腐"之态，失去"天然生动之趣"。

李渔要求戏剧表演要以变求新，主旨是要使传统剧目在持续表演中保持"天然生动之趣"。这种"天然生动之趣"，有两层涵义。

其一，是要如古董在历史传承中留下岁月痕迹，旧剧翻演要给人以历史感。他说：

> 演新剧如看时文，妙在闻所未闻，见所未见；演旧剧如看古董，妙在身生后世，眼对前朝。然而古董之可爱者，以其体质愈陈愈古，色相愈变愈奇。如铜器玉器之在当年，不过一刮磨光莹之物耳，迨其历年既久，刮磨者浑全无迹，光莹者斑驳成文，是以人人相宝，非宝其本质如常，宝其能新而善变也。使其不异当年，犹然是一刮磨光莹之物，则与今时旋造者无别，何事十百其价而购之哉？旧剧之可珍，亦若是也。②

----

① ［清］李渔：《闲情偶寄》，第91页。
② 同上书，第93页。

李渔认为,古代器物经历漫长岁月的磨炼,一方面会失去新造时的晶莹光泽,另一方面会带上岁月的斑驳磨痕。古代器物的宝贵之处,正在于它们"能新而善变"。"能新而善变",就是说,古代器物经历了历史并且表现着历史。古代器物之真,是历史之真;古代器物之贵,以给人以历史感而贵。如果古代器物逾千年而毫无变化("本质如常"),与当下新造之器物无异,当然就不可因其古旧而被珍贵了。借古器物之喻,李渔指出,演古剧求变,就在于肯定古剧在历史存在中的变化性,保持古剧的"历史真实感"。

其二,古剧改演,"妙在身生后世,眼对前朝",这就是说,戏剧家在处理古剧表演时,要立足于现实,并且历史地对待古剧。李渔说:

> 曲文与大段关目不可改者,古人既费一片心血,自合常留天地之间,我与何仇,而必欲使之埋没?且时人是古非今,改之徒来讪笑,仍其大体,既慰作者之心,且杜时人之口。科诨与细微说白不可不变者,凡人作事,贵于见景生情。世道迁移,人心非旧,当日有当日之情态,今日有今日之情态。传奇妙在入情,即使作者至今未死,亦当与世迁移,自椟其舌,必不为胶柱鼓瑟之谈,以拂听者之耳。①

李渔认为,翻演古剧,在剧目整体上要尊重原作者(古人),只能在细微处作修改,他称此原则是"仍其体质,变其丰姿"。他说:"如同一美人,而稍更衣饰,便足令人改观,不俟变形易貌,而始知别一神情也。体质维何?曲文与大段关目是已。丰姿维何?科诨与细微说白是已。"②曲文与大段关目是戏剧的主体,如果更改,就是对原剧的破坏性改变,正如一个古铜器的部件不能毁损一样——"仍其体质";科诨与细微说白是戏剧的细微处,它们的变化不会从根本上改变戏剧的本体特征,正如一位女子更换衣饰不会更改她的容貌一样。

李渔指出,科诨与细微说白之所以必须变化,是本于戏剧表现的情

---

① [清]李渔:《闲情偶寄》,第94页。
② 同上书,第93—94页。

理性要求——"传奇妙在入情"。因为"世道迁移，人心非旧"，今日演古戏，有今古的时间错位，也就有今人不同于古人的"人心"，要使古戏"入情"今日"人心"，就必须做切合当下情理的适当改变，使观众"见景生情"。适当改变科诨与细微说白，就如给一位高龄女子以时新的装饰点缀一样，使之在观众眼中产生呼应同情。因此，李渔主张旧剧变新，要义仍然是以观众为本位的"入情合理"。

李渔认为戏剧表演既以独特出奇为生命，它就必须革除一切俗套的恶习——"脱套"，以"出奇变相"为要义。他说：

> 脱套戏场恶套，情事多端，不能枚纪。以极鄙极俗之关目，一人作之，千万人效之，以致一定不移，守为成格，殊可怪也。西子捧心尚不可效，况效东施之颦乎？且戏场关目，全在出奇变相，令人不能悬拟。若人人如是，事事皆然，则彼未演出而我先知之，忧者不觉其可忧，苦者不觉其为苦，即能令人发笑亦笑，其雷同他剧，不出范围，非有新奇莫测之可喜也。扫除恶习，拔去眼钉，亦高人造福之一事耳。①

李渔指出，一出戏剧的审美效果必须建立在出人意外的新异基础上（"戏场关目，全在出奇变相，令人不能悬拟"），如果戏剧表演是竞相模仿、陈陈相因（"人人如是，事事皆然"），戏剧表演对于观众就没有悬念，就不能产生"新奇莫测之可喜"的戏剧效果。

---

① [清]李渔：《闲情偶寄》，第124页。

第四章　金圣叹与清代小说美学

第一节　金圣叹论小说创作主旨

金圣叹(1608—1661),名采,字若采,明亡后改名人瑞,字圣叹,别号鲲鹏散士。明末清初文学家、文学批评家。顺治皇帝曾赞赏金圣叹"此事古文高手,莫以时文眼看他",金闻此讯"感而泣下,因向北叩首"。但顺治死后,金圣叹因参与声援民众反抗吴县县令横征暴敛的"百名秀才孔庙哭庙"活动,被作为核心人物"处斩立决"。

金圣叹对中国小说美学的贡献,是在明代冯梦龙等前人肯定小说艺术的独特价值和审美功能的基础上,建立了小说美学的理论体系。他对《水浒传》的评点,则是他的小说美学理论的表述和小说批评实践统一的产物。

一、小说家创作的初衷是表现文心和才气

小说美学的确立,一个首要的主题就是针对歧视和排斥小说的传统美学观念,为小说的社会功能和审美价值"正名"。这个工作,冯梦龙等明代前人已经开始做了。比如,冯梦龙指出:

　　大抵唐人选言，入于文心；宋人通俗，谐于里耳。天下之文心少而里耳多，则小说之资于选言者少，而资于通俗者多。试令说话人当场描写，可喜可愕，可悲可涕，可歌可舞；再欲捉刀，再欲下拜，再欲决脰，再欲捐金；怯者勇，淫者贞，薄者敦，顽钝者汗下。虽小诵《孝经》、《论语》，其感人未必如是之捷且深也。噫，不通俗而能之乎？①

冯梦龙此说，是申明小说因为通俗，所以对于大众的感染教化作用比高雅的文言之作远为广大，是《论语》等经典所不及的，理由是"天下之文心少而里耳多"。换句话说，冯梦龙主张从普及性的角度来看待作为通俗文学的小说。

　　金圣叹则接着冯梦龙往下讲，他认为小说艺术存在的价值，不仅在于它具有通俗流行的效果，而且在于它具有天子圣人之作的正史经书所不能替代的审美愉悦作用。他说：

　　作书，圣人而天子之事也。非天子而作书，其人可诛，其书可烧也。何也？非圣人而作书，其书破道；非天子而作书，其书破治。破道与治，是横议也。横议，则乌得不烧？横议之人，则乌得不诛？……如之何而至于叛圣人之教，犯天子之令，而亦公然自为其书也？原其由来，实惟上有好者，下必尤甚。父子兄弟，聚族撰著，经营既久，才思溢矣。夫应诏固须美言，自娱何所不可？刻画魑魅，诋讪圣贤，笔墨既酣，胡可忍也？是故乱民必诛，而"游侠"立传；市侩辱人，而"货殖"名篇。意在穷奇极变，遑惜刿心呕血，所谓上薄苍天，下彻黄泉，不尽不快，不快不止也。如是者，当其初时，犹尚私之于下，彼此传观而已，惟畏其上之禁者也。殆其既久，而上亦稍稍见之，稍稍见之而不免喜之，不惟不之禁也。夫叛教犯令之书，至于上

---

① ［明］冯梦龙：《古今小说序》，叶朗总主编《中国历代美学文库》，明代卷下，第 90 页，北京：高等教育出版社，2003 年。

不复禁而反喜之,而天下之人岂其复有忌惮乎哉!①

金圣叹以"作书是圣人天子事"立论,顺应道学正统观念,承认只有天子、圣人之书,才是符合道统和国治的,非天子、圣人之书,皆是破坏"道"、"治"的"横议",其书当烧,其人当诛。但是,他又诘问,为什么"叛圣人之教,犯天子之令"的小说"公然"出现而且流行呢? 他认为社会中人们对小说的爱好是超越年龄等级而上下一致共同的爱好。这就是他所言:"原其由来,实惟上有好者,下必尤甚。"

金圣叹特别指出,小说的创作,与"应诏"而作的"正史"不同,它是"自发"的"自娱"之作。"应诏之作",就必须"美言",而"自娱之作",则可任性而言,即所谓"刻画魑魅,诋讪圣贤,笔墨既酣,胡可忍也"。司马迁在《史记》中为"游侠"和"货殖"立传,而在现世社会中,这两种人物则分别被视作"乱民"和"市侩"受到排斥。金圣叹认为这是从"事"到"文"转化的一个效果。这个效果在小说创作中得到极大限度的发挥,即所谓"意在穷奇极变,遑惜刭心呕血,所谓上薄苍天,下彻黄泉,不尽不快,不快不止也"。正因为小说创作是摆脱了经史之作的桎梏格套而自发自娱的创作,"意在穷奇极变",因此,小说具有正统文学不能具备的艺术魅力,它虽为"犯治背教"之作,却成为上下共同喜欢,而且不可或缺的艺术。

对于小说艺术的"自娱性",金圣叹特别强调。他在《读第五才子书》一文中,指出:

> 大凡读书,先要晓得作书之人是何心胸。如《史记》须是太史公一肚皮宿怨发挥出来,所以他于"游侠"、"货殖"传,特地着精神。乃至其余诸记传中,凡遇挥金杀人之事,他便啧啧赏叹不置。一部《史记》,只是"缓急人所时有"六个字,是他一生蓬勃发展著书旨意。《水浒传》却不然。施耐庵本无一肚皮宿怨要发挥出来,只是饱暖无

---

① [清]金圣叹:《第五才子书水浒传评点(选录)》,叶朗总主编《中国历代美学文库·清代卷上》,第103—104页。

事，又值心闲，不免伸纸弄笔，寻个题目，写出自家许多锦心绣口，故其是非皆不谬于圣人。后来人不知，却于《水浒》上加"忠义"字，遂并比于史公发愤著书一例，正是使不得。①

金圣叹反对世人以"忠义"论说《水浒传》的主题，指出司马迁写《史记》是"一肚皮宿怨发挥出来"，而施耐庵"只是饱暖无事，又值心闲"，他的目的就是要明确小说作为"稗史"的"自娱—娱乐性"。金圣叹在具体评点《水浒传》中，有"发愤作书之故，其号耐庵不虚也"（第六回批语），"千古同悼之言，《水浒》之所以作也"（第十三回批语），"此回前半幅借阮氏口痛骂官吏，后半幅借林冲口痛骂秀才，其言愤激，殊伤雅道。然怨毒著书，史迁之免，于稗又奚责焉"（第十八回批语）。但是，在其小说美学批评整体中，金圣叹并没有发挥"怨毒著书"之说，而是将施耐庵写出"自家锦心绣口"之论发挥到极致。因此，在这个总论性的《读第五才子书法》中，金圣叹明确反对以"忠义"概括《水浒》的主题，反对将它"比于史公发愤著书一例"。显然，在晚明艺术经历世俗化、娱乐化洗礼之后，强化艺术的娱乐功能，是一个美学主流思想，而且充分表现在小说美学中。这是一个革命性的美学立场，而且只有在这个美学立场上，小说美学才从被排斥的"流俗"之境得到提升和正名。

二、小说佳作须小说家殚精竭虑发挥其才

金圣叹论小说创作，特别注重对小说家之"才"的论述。他在评《水浒传》中，不仅在对该书各章回的批点中反复称赞施耐庵杰出卓绝的小说家才能，而且在他为该书所作的《序一》、《序三》和《读第五才子书法》中都一再论述"才"对于小说创作的根本意义。

金圣叹认为，凡是天下一切杰出诗书文章作者，均有其独特不二的"才"。他说：

---

① [清]金圣叹：《读第五才子书法》，叶朗总主编《中国历代美学文库·清代卷上》，第110—111页。

夫古人之才也者，世不相延，人不相及。庄周有庄周之才，屈平有屈平之才，司马迁有司马迁之才，杜甫有杜甫之才，降而至于施耐庵有施耐庵之才，董解元有董解元之才。才之为言材也。凌云蔽日之姿，其初本于破核分荚；于破核分荚之时，具有凌云蔽日之势；于凌云蔽日之时，不出破核分荚之势，此所谓材之说也。又才之为言裁也。有全锦在手，无全锦在目；无全衣在目，有全衣在心；见其领，知其袖；见其襟，知其袯也。夫领则非袖，而襟则非袯，然左右相就，前后相合，离然各异而宛然共成者，此所谓裁之说也。①

庄子是哲人，屈原（屈平）、杜甫是诗人，司马迁是历史学家，董解元是戏剧家，施耐庵是小说家，诸人著述种类不同，但他们共同成为伟大作品的创造者，就在于他们都各有其才。"才"是各人独特的禀赋，因此"世不相延，人不相及"。但是，金圣叹又认为，"才"具有两个共同特点：其一，高度超越的把握能力，即所谓"具有凌云蔽日之势"；其二，高度的熔铸能力，即所谓"才即裁"之说。

在对"才"的论述中，金圣叹与其他论述者不同的是，他认为，"才"作为一种创作能力，不是一种存储于动笔之前、作为一种现成的能力而存在，而是要表现在具体创作的全过程中的。这就是他所谓"才绕乎前后"的说法。他说：

今天下之人，徒知有才者始能构思，而不知古人用才，乃绕乎构思以后；徒知有才者始能立局，而不知古人用才，乃绕乎立局以后；徒知有才者始能琢句，而不知古人用才，乃绕乎琢句以后；徒知有才者始能安字，而不知古人用才，乃绕乎安字以后。此苟且与慎重之辩也。言有才始能构思、立局、琢句而安字者，此其人，外未尝矜式于珠玉，内未尝经营于惨淡，隤然放笔，自以为是，而不知彼之所为才实非古人之所为才，正是无法于手而又无耻于心之事也。言其才

---

① ［清］金圣叹：《第五才子书水浒传评点（选录）》，叶朗总主编《中国历代美学文库·清代卷上》，第 105 页。

绕乎构思以前、构思以后,乃至绕乎布局、琢句、安字以前以后者,此其人,笔有左右,墨有正反;用左笔不安换右笔,用右笔不安换左笔;用正墨不现换反墨,用反黑不现换正墨。①

金圣叹在这里不厌其烦地叙述"才绕乎构思、立局、琢句、安字",旨在指明不应当将"才"局限为一种神秘短促的创作灵感或突如其来之想,而是一种掌握全局、通贯整体的写作技能。他认为不懂得"才"是一种伴随写作始终的创作能力的人,既不懂得作品的形式美的追求("外未尝矜式于珠玉"),又不懂得呕心沥血的艰苦酝酿("内未尝经营于惨淡"),只知使气任性而为。对于金圣叹,"才"的运用,是一个既有谋篇布局于前,又有苦心琢磨于后的"惨淡经营"过程。

关于"才",金圣叹还谈到"心—手"之间的多重关系。他说:

> 心之所至,手亦至焉;心之所不至,手亦至焉;心之所不至,手亦不至焉。心之所至,手亦至焉者,文章之圣境也。心之所不至,手亦至焉者,文章之神境也。心之所不至,手亦不至焉者,文章之化境也。夫文章至于心手皆不至,则是其纸上无字、无句、无局、无思者也。而独能令千万世下人读吾文者,其心头眼底乃窅窅有思,乃铿铿有句,乃烨烨有字,则是其提笔临纸之时,才以绕其前,才以绕其后,而非徒然卒然之事也。②

在这里,金圣叹揭示了"心—手"之间的三种状态和文学作品的三种境界:其一,心手皆至,圣境;其二,心不至手至,神境;其三,心手皆不至,化境。"心至",即是有意识为之;"手至",则是写下的具体文字语句。金圣叹以"心手皆不至"为"化境",即"纸上无字、无句、无思者也",认为这是文章的最高境界;与之相比,"心手皆至"的"圣境"和"心不至手至"的"神境"都还是较低的境界。金氏这个论断,初看似乎与他所主张的"尝矜式

---

① [清]金圣叹:《第五才子书水浒传评点(选录)》,叶朗总主编《中国历代美学文库·清代卷上》,第 105 页。
② 同上书,第 105—106 页。

于珠玉,经营于惨淡"的"用才"观念相矛盾。但是,他接着指出"而独能令千万世下人读吾文者,其心头眼底乃睿睿有思,乃铿铿有句,乃烨烨有字",这表明,他并没有否定自己主张艰苦运思、胸有成篇的前提要求,而是说在此前提成熟之下,因为成篇在胸,无须有意于心思、笔墨,而自成佳句名篇。他关于"才"的基本原则是"其提笔临纸之时,才以绕其前,才以绕其后,而非徒然卒然之事也"。

金圣叹以"古人"和"世人"为对比,指出了"文成于易"与"文成于难"两种"才子观"。他说:

> 故依世人之所谓才,则是文成于易者,才子也;依古人之所谓才,则必文成于难者,才子也。依文成于易之说,则是迅疾挥扫,神气扬扬者,才子也。依文成于难之说,则必心绝气尽,而犹死人者,才子也。故若庄周、屈平、司马迁、杜甫及施耐庵、董解元之书,是皆所谓心绝气尽,面犹死人,然后其才前后缭绕,得成一书者也。庄周、屈平、司马迁、杜甫,其妙如彼,不复具论。若夫施耐庵之书,而亦必至于心尽气绝,面犹死人,而后其才前后缭绕,始得成书,夫而后知古人作书,真非苟且也者。而世之人犹尚不肯审己量力,废然歇笔,然则其人真不足诛,其书真不足烧也。[1]

按世人的看法,才子作文,当"文成于易",即"迅疾挥扫,神气扬扬者";按古人的看法,才子作文,当"文成于难",即"必心绝气尽,而犹死人者"。金圣叹是主张"文成于难"的——"古人作书,真非苟且",他认为庄周、屈平、司马迁、杜甫及施耐庵、董解元之书皆是"心绝气尽,而犹死人"之后而成。金圣叹"文成于难"之论,是将传统的"天才写作"与"心血写作"结合一体。这种结合,对于他所尊为"古今才子"之书,不仅要给予"天才之作"的定性,而且要确认其"生命之作"的品质,实际上是要在肯定其非凡才气的同时,肯定其伟大的生命精神内涵。这后一方面的价值肯定,无

---

[1] [清]金圣叹:《第五才子书水浒传评点(选录)》,叶朗总主编《中国历代美学文库·清代卷上》,第106页。

疑对于小说创作的"正名"来说,尤其需要!

三、小说的真实性来源于生活体验和化身为人物

金圣叹认为,塑造特具个性的人物,是小说艺术的核心价值。他说:

> 天下之文章,无有出《水浒》右者;天下之格物君子,无有出施耐
> 庵先生右者。学者诚能澄怀格物,发皇文章,岂不一代文物之林,然
> 但能善读《水浒》,而已为其人绰绰有余也。《水浒》所叙,叙一百八
> 人,人有其性情,人有其气质,人有其形状,人有其声口。夫以一手
> 而画数面,则将有兄弟之形;一口而吹数声,斯不免再映也。施耐庵
> 以一心所运,而一百八人各自入妙者,无他,十年格物而一朝物格,
> 斯以一笔而写百千万人,固不以为难也。①

"《水浒》所叙,叙一百八人,人有其性情,人有其气质,人有其形状,人有
其声口。"金圣叹此说就是肯定《水浒传》人物描写的个性化价值。值得
注意的是,他将人物的"性情"、"气质"、"形状"和"声口"明确分列出来,
这是由内("性情"、"气质")到外("形状"、"声口"),也是从有形到无形多
层面定义人物性格。但是,更加值得注意的是,他以"澄怀格物"作为作
者施耐庵塑造人物性格多样化的成功要领,即所谓"十年格物而一朝物
格,斯以一笔而写百千万人,固不以为难也"。

"格物致知"是中国儒家的传统认知理论,它的要旨是在认知事物
时,要正心、诚意,行忠恕之道。金圣叹引用"格物论"为小说创作认知原
理,也是从儒家此说出发的。他说:

> 格物亦有法,汝□[此原缺一字]应知之,格物之法,以忠恕为
> 门。何谓忠? 天下因缘生法,故忠不必学而至于忠,天下自然无法
> 不忠。火亦忠,眼亦忠,故吾之见忠;钟忠,耳忠,故闻无不忠。吾既

---

① [清]金圣叹:《第五才子书水浒传评点(选录)》,叶朗总主编《中国历代美学文库·清代卷
上》,第107页。

忠，则人亦忠，盗贼亦忠，犬鼠亦忠。盗贼犬鼠无不忠者，所谓恕也。
夫然后物格，夫然后能尽人之性，而可以赞化育，参天地……忠恕，
量万物之斗斛也。因缘生法，裁世界之刀尺也。施耐庵左手握如是
斗斛，右手持如是刀尺，而仅乃叙一百八人之性情、气质、形状、声口
者，是犹小试其端也。若其文章，字有字法，句有句法，章有章法，部
有部法，又何异哉！①

金圣叹以"忠恕"为"格物"之门，他又引用佛家的"因缘生法"之说与"忠
恕"并用。"因缘生法"主张事物是缘起缘灭（生法）。这样，对于金圣叹，
"忠恕"就没有一个先验的礼法前提，那么，它的指向就是内心对自身所
处世界事物的诚意对待。

金圣叹说："忠恕，量万物之斗斛也。因缘生法，裁世界之刀尺
也。"②他认为，小说家的才能就在于以真心诚意的胸怀（"忠恕"）去体认
生生不息、互为情理的人物世情。他说：

盖耐庵当时之才，吾直无以知其际也。其忽然写一豪杰，即居
然豪杰也。其忽然写一奸雄，即又居然奸雄也。甚至忽然写一淫
妇，即居然淫妇。今此篇写一偷儿，即又居然偷儿也。人亦有言，非
圣人不知圣人。然则非豪杰不知豪杰，非奸雄不知奸雄也。耐庵写
豪杰，居然豪杰，然则耐庵之为豪杰可疑也。独怪耐庵写奸雄，又居
然奸雄，则是耐庵之为奸雄又无疑也。虽然，吾疑之矣。夫豪杰必
有奸雄之才，奸雄必有豪杰之气。以豪杰兼奸雄，以奸雄兼豪杰，以
拟耐庵，容当有之。若夫耐庵之非淫妇、偷儿，断断然也。今观其写
淫妇居然淫妇，写偷儿居然偷儿，则又何也？②

金圣叹这段论述，揭示了小说作者与所描写人物的关系。作者描写人
物，不仅要对人物要有知识性的认知，而且要有性格、精神的同化。他在

---

① ［清］金圣叹：《第五才子书水浒传评点（选录）》，叶朗总主编《中国历代美学文库·清代卷
上》，第107—108页。
② 施耐庵、罗贯中（著），金圣叹、李卓吾（点评）：《水浒传》，第478页，中华书局，2011年。

《水浒》人物描写中,发现人物性格的多样性和差异性。他因此提出小说创作的一个基本心理问题,就是作家怎样以自我单一的性格去把握和塑造多样差异的人物性格?

金圣叹认为,小说家在进入创作之前,精神意识是属于现实中的自我的,但是,进入创作中,他的精神意识就会分别进入到所描写人物的生存状态,设身处地地想象和体验人物的精神意识及其发展变化——"因缘生法",从而实现丰富生动的人物塑造。金圣叹认为伟大的小说家(施耐庵)的杰出才能就在于,他以自我一人之心,可以分化体验百千不同类型的人物之心,是"真能格物致知者"。他说:

> 噫嘻,吾知之矣! 非淫妇定不知淫妇,非偷儿定不知偷儿也。谓耐庵非淫妇非偷儿者,此自是未临文之耐庵耳。夫当其未也,则岂惟耐庵非淫妇,即彼淫妇亦实非淫妇;岂惟耐庵非偷儿,即彼偷儿亦实非偷儿。经曰:"不见可欲,其心不乱。"群天下之族,莫非王者之民也。若夫既动心而为淫妇,既动心而为偷儿,则岂惟淫妇偷儿而已。惟耐庵于三寸之笔,一幅之纸之间,实亲动心而为淫妇,亲动心而为偷儿。既已动心,则均矣,又安辨泚笔点墨之非入马通奸,泚笔点墨之非飞檐走壁耶? 经曰:"因缘和合,无法不有。"自古淫妇无印板偷汉法,偷儿无印板做贼法,才子亦无印板做文字法也。因缘生法,一切具足,是故龙树著书,以破因缘品而弁其篇,盖深恶因缘;而施耐庵作《水浒》一传,直以因缘生活为其文字总持,是达因缘也。夫深达因缘之人,则岂惟非淫妇也,非偷儿也,亦复非奸雄也,非豪杰也。何也? 写豪杰、奸雄之时,其文亦随因缘而起,则是耐庵固无与也。或问曰:然则耐庵何如人也? 曰:才子也。何以谓之才子也? 曰:彼固宿讲于龙树之学者也。讲于龙树之学,则菩萨也。菩萨也者,真能格物致知者也。①

---

① 施耐庵、罗贯中(著),金圣叹、李卓吾(点评):《水浒传》,第 478 页。

在这段论述中,金圣叹引用"格物致知"和"因缘生法"论述小说家创作时的心理转换和人物塑造机制。在他看来,小说人物的成功塑造,前提是对人生世界的深刻认知("格物致知"),但是,仅有"认知"还是不够的;作家还必须进行自我心理向人物心理的转换,要想象性地进入人物的生活世界,设身处地,感知和体验人物性格和相应的心理活动——"实亲动心而为淫妇,亲动心而为偷儿"。这种设身处地的感知和体验人物性格,就是他所谓"因缘生法"。因此,对于金圣叹,小说人物性格表现的真实性,不仅来源于小说家对生活世界的正确认知,而且来源于作家能够依据他的生活认知而进行设身处地的想象和体验,而后一点,无疑是一个小说家不同于现实纪录者和历史学家的地方。通过金圣叹,我们就明白,小说人物的真实性是以生活真实为基础的、通过小说家想象和体验而获得的艺术的真实性。这个艺术的真实性,应当比生活真实性更集中、更概括,也就更有感染力和影响力。

四、《史记》是以文运事,《水浒》是因文生事

金圣叹小说美学的立足点,是将史书与小说作明确区分,认为史书是"以文运事",小说是"因文生事",并且认为基于这个区别,小说高于历史。他说:

> 某尝道《水浒》胜似《史记》,人都不肯信,殊不知某却不是乱说。其实《史记》是以文运事,《水浒》是因文生事。以文运事,是先有事生成如此如此,却要算计出一篇文字来,虽是史公高才,也毕竟是吃苦事。因文生事即不然,只是顺着笔性去,削高补低都由我。①

史书以文运事,即为记述史事而作文,因为史事在先,作文在后,因此受到限制——"毕竟是吃苦事";小说因文生事,即为作文作虚构,事件、人物都依作家自己的文学才情而自由设置——"只是顺着笔性去,削高补

---

① [清]金圣叹:《读第五才子书法》,叶朗总主编《中国历代美学文库·清代卷上》,第111页。

低都由我"。这就是说,金圣叹是在创作自由度大小的意义上,判断小说"高于"史书。古希腊亚里士多德曾将诗歌与历史区别,他认为诗比历史更哲学,因为诗歌是按照事物应有的样子(理想的原则)作描写的,而历史却是遵照事物既有的样子作描写的。金圣叹虽然与亚里士多德同样主张诗歌高于历史,但是,他不是从理想的原则,而是从虚构的原则出发肯定诗歌的优越性。

关于"以文运事"和"因文生事",金圣叹有一段细致论述。他说:

> 尝怪宋子京给椽烛修《新唐书》。嗟呼,岂不冤哉!夫修史者,国家之事也;下笔者,文人之事也。国家之事,止于叙事而止,文非其所务也。若文人之事,固当不止叙事而已,必且心以为经,手以为纬,踌躇变化,务撰而成绝世奇文焉……凡以当其有事,则君相之权也,非儒生之所得议也。若当其操笔而将书之,是文人之权矣,君相虽至尊,其又恶敢置一末喙乎哉!此无他,君相能为其事,而不能使其所为之事必寿于世。能使君相所为之事必寿于世,乃至百世千世以及万世,而犹歌咏不衰,起敬起爱者,是则绝世奇文之力,而君相之事反若附骥尾而显矣。是故司马迁之为文也,吾见其有事之巨者而概括焉,又见其有事之细者而张皇焉,或见其有事之阙者而附会焉,又见其有事之全者而轶去焉,无非为文计,不为事计也。[①]

金圣叹在这里,将"以文运事"和"因文生事"作了进一步的阐述,引申为"修史"和"作文"("下笔")的区别。"修史",是国家历史纪录的需要,"止于叙事";"作文"则是表现文人的才气、性情,"固当不止叙事而已,必且心以为经,手以为纬,踌躇变化,务撰而成绝世奇文"。"修史"就要"作文",所以司马迁的伟大就在于,他修史志不在于叙事,而是志在于作文——"务撰而成绝世奇文"。因为"志在于文",司马迁的历史叙事,就

---

① 施耐庵、罗贯中(著),金圣叹、李卓吾(点评):《水浒传》,第246页。

依据为文的需要对历史事件作主次、轻重、详略的调整——"为文计,不为事计"。

金圣叹特别"事以文传,而非文以事传"的命题。因此,他主张,即使是修史,也不能为事计,而要为文计。为事计,文心被事约束羁绊,文不能传,事亦不能传。为文计,文成绝世之文而得传,事则因文而传。金圣叹认为,修史之要,如司马迁所作,不能止于叙事,而要"出其珠玉锦绣之心,自成一篇绝世奇文";小说之作,更不能自束于事实——"必张定是张,李定是李",而是要有"纵横曲直,经营惨淡之志","欲成绝世奇文以自娱"。他说:

> 但使吾之文得成绝世奇文,斯吾之文传而事传矣。如必欲但传其事,又令纤悉不失,是吾之文先已拳曲不通,已不得为绝世奇文,将吾之文既已不传,而事又乌乎传耶?……呜呼!古之君子,受命载笔,为一代纪事,而犹能出其珠玉锦绣之心,自成一篇绝世奇文。岂有稗官之家,无事可纪,不过欲成绝世奇文以自娱乐,而必张定是张,李定是李,毫无纵横曲直,经营惨淡之志哉?则读稗官,其又何不读宋子京《新唐书》也![1]

金圣叹主张小说"因文生事","为文计,不为事计",是申明并强调小说创作的虚构自由,宗旨在于鼓励作家立志于"出其珠玉锦绣之心,自成一篇绝世奇文"。但是,正如他主张以"澄怀格物"为作家之才的内涵一样,他并不主张小说的虚构是臆想妄撰。对于金圣叹,小说创作的自由,来源于对人情世物的深切体认,他认为,拘束于实事和凭空妄想,都不是小说艺术的正确道路。他说:

> 或问:题目如《西游》、《三国》,如何?答曰:这个都不好。《三国》人物事体说话太多了,笔下拖不动,蜇不转,分明如官府传话奴才,只是把小人声口替得这句出来,其实何曾自敢添减一字。《西

---

[1] 施耐庵、罗贯中著,金圣叹、李卓吾点评:《水浒传》,第246页。

游》又太无脚地了,只是逐段捏捏撮撮,譬如大年夜放烟火,一阵一阵过,中间全没贯串,便使人读之,处处可住。①

《水浒传》不说鬼神怪异之事,是他气力过人处。《西游记》每到弄不来时,便是南海观音救了。②

在金圣叹看来,《三国》失于受历史事实的束缚——"分明如官府传话奴才";《西游》失于没有生活真实——"又太无脚地了,譬如大年夜放烟火";《水浒》胜于两书之处,就在于虽出于想象虚构,却尊重生活真实——"不说鬼神怪异之事"。这就是说,金圣叹的小说创作论对于艺术想象和生活真实,是主张辩证统一的。他评论武松打虎说:

> 天下莫易于说鬼,而莫难于说虎。无他,鬼无伦次,虎有性情也。说鬼到说不来处,可以意为补接,若说虎到说不来时,真是大段着力不得。所以《水浒》一书,断不肯以一字犯着鬼怪,而写虎则不惟一篇而已,至于再,至于三。盖亦易能之事薄之不为,而难能之事便乐此不疲也。③

在论及生活真实与小说创作的关系时,金圣叹指出了小说人物源于生活,却又深于生活,因此,小说人物反过来可以帮助读者进一步认知生活。他说:

> 或问:施耐庵寻题目写出自家锦心绣口,题目尽有,何苦定要写此一事? 答曰:只是贪他三十六个人,便有三十六样出身,三十六样面孔,三十六样性格,中间便结撰得来。

> 《宣和遗事》具载三十六人姓名,可见三十六人是实有。只是七十回中许多事迹,须知都是作书人凭空造谎出来。如今却因读此七十回,反把三十六个人物都认得了,任凭提起一个,都似旧时熟识,

---

① [清]金圣叹:《读第五才子书法》,叶朗总主编《中国历代美学文库·清代卷上》,第 111 页。
② 同上书,第 112 页。
③ 施耐庵、罗贯中著,金圣叹、李卓吾点评:《水浒传》,第 186 页。

文字有气力如此。①

金圣叹认为,施耐庵选择现实历史中实有的人物故事作小说题材,是看到了这些真实的人物性格鲜明、迥异("三十六个人,便有三十六样出身,三十六样面孔,三十六样性格")对于小说创作的价值;但是,施氏又非实录历史,而是在这三十六人物原型的基础上,进行了虚构再创("只是七十回中许多事迹,须知都是作书人凭空造出来"),因此,小说人物对于其历史原型,是艺术的再现,而不是历史复写,前者深化丰富了后者,读小说则成为读者进一步理解历史人物的桥梁——"如今却因读此七十回,反把三十六个人物都认得了"。

第二节　金圣叹论小说创作的艺术特征

一、在复杂差异的人物群像中刻画人物性格

金圣叹论小说创作的艺术特征,着眼处之一,是小说家对人物的描写。他说:"《水浒传》写一百八个人性格,真是一百八样。若别一部书,任他写一千个人,也只是一样;便只写得两个人,也只是一样。"②"写一百八个人性格,真是一百八样",这就是说,小说人物的塑造,成败与否,不在于是否写出众多人物及其事迹,而是要写出每个人物不同的性格,人物相互之间要有鲜明的个性差异。

依据金圣叹的论述,刻画人物性格的基本手法,是对比差异地描写性格相接近的人物。比如,鲁达和武松两个人物,在《水浒》中性格很接近,施耐庵就将他们对比起来描写。金圣叹说:

> 鲁达自然是上上人物,写得心地厚实,体格阔大。论粗卤处,他也有些粗卤;论精细处,他亦甚是精细。然不知何故,看来便有不及

---

① ② ［清］金圣叹:《读第五才子书法》,叶朗总主编《中国历代美学文库·清代卷上》,第112页。

武松处。想鲁达已是人中绝顶，若武松直是天神，有大段及不得处。①

　　鲁达、武松两传，作者意中却欲遥遥相对，故其叙事亦多仿佛相准。如鲁达救许多妇女，武松杀许多妇女；鲁达酒醉打金刚，武松酒醉打大虫；鲁达打死镇关西，武松杀死西门庆；鲁达瓦官寺前试禅杖，武松蜈蚣岭上试戒刀；鲁达打周通，越醉越有本事，武松打蒋门神，亦越醉越有本事；鲁达桃花山上，踏匾酒器，揣了滚下山去，武松鸳鸯楼上，踏匾酒器，揣了跳下城去。皆是相准而立，读者不可不知。②

　　鲁达、武松皆以孔武豪气著称，两人既有粗卤的一面，又有精细的一面。粗略看，两人禀性无异。而且，两人行事方式也大概一致，均为人侠义慷慨——鲁达救许多妇女为正义，武松杀许多妇女也为正义。但是，两人的卤直豪侠，却在细节处对比表现出来。两人醉酒偷走酒器，都是"踏匾酒器，揣了"，但鲁达是"滚下山去"，而武松是"跳下城去"。"一滚"与"一跳"，鲁达与武松的豪气差别就跃然而出，立见"想鲁达已是人中绝顶，若武松直是天神"。

　　金圣叹注意到，小说人物刻画，不仅可在对比中写出不同性格，而且同一种性格，也可写出不同人物之间的特殊表现。他说："《水浒传》只是写人粗卤处，便有许多写法。如鲁达粗卤是性急，史进粗卤是少年任气，李逵粗卤是蛮，武松粗卤是豪杰不受羁靮，阮小七粗卤是悲愤无说处，焦挺粗卤是气质不好。"③"粗卤"是一种性格，但是却可在不同人物身上表现为"性急"、"任气"、"蛮"、"豪杰不受羁靮"、"悲愤无说处"、"气质不好"。这表明，金圣叹对小说人物描写，关注的不只是性格类型，而是同类型性格中的多样性。同一"粗卤"，可以是"性急"、"任气"、"蛮"、"豪杰不受羁靮"等性情产生的，也可以是因为如"悲愤无说处"这样特殊的遭

---

① ③ ［清］金圣叹：《读第五才子书法》，叶朗总主编《中国历代美学文库·清代卷上》，第112页。
② 施耐庵、罗贯中著，金圣叹、李卓吾点评：《水浒传》，第43页。

遇处境导致的。

在人物性格的刻画中，从正面写一种性格，是直写；从相反的性格来反衬这种性格，是反写。《水浒》中的人物，性格最为明朗直白的，无疑是李逵。金圣叹说："李逵是上上人物，写得真是一片天真烂漫到底。看他意思，便是山泊中一百七人，无一个入得他眼。《孟子》'富贵不能淫，贫贱不能移，威武不能屈'，正是他好批语。"①李逵的朴至，确如金圣叹所言"真是一片天真烂漫到底"，可一眼看穿，一言以尽的。但是，施耐庵写李逵朴至，并不尽以其朴至行为着墨，反而写其与"朴至"相反的"奸猾"作反衬。金圣叹说：

> 李逵朴至人，虽极力写之，亦须写不出。乃此书但要写李逵朴至，便倒写其奸猾。写得李逵奸猾，便愈朴至，真奇事也。②

金圣叹指出性格反写的手法，不仅用于同一人物身上，也可以不同人物相互作反衬。他说：

> 只如写李逵，岂不段段都是绝妙文字，却不知正为段段都在宋江事后，故便妙不可言。盖作者只是痛恨宋江奸诈，故处处紧接出一段李逵朴诚来，做个形记。其意思自在显宋江之恶，却不料反成李逵之妙也。此譬如刺枪，本要杀人，反使出一身家数。③

李逵朴至，宋江奸诈，将两人相续而写，朴至与奸诈相反相衬，朴至更显朴至，奸诈更加奸诈，这即所谓"其意思自在显宋江之恶，却不料反成李逵之妙"。正因为意识到人物性格不仅具有个体自身内在的丰富性，而且其鲜明特征和微妙意味是在书中其他人物的相互陪衬和相反相成中表现出来的，所以，金圣叹反对把人物从全书人物的关系整体中抽离出来，作单独的观审把握。金圣叹说："近世不知何人，不晓此意，却节出李

逵事来，另作一册，题曰‘寿张文集’，可谓咬人屎橛，不是好狗。”①“节出李逵事来，另作一册”，就是把李逵故事从《水浒》小说整体节选出来，独立作书。这种抽离的效果，是把“李逵”孤立成为抽象的人物，将他与《水浒》中其他人物（尤其是宋江的）关联性割裂了，使之成为无源之水、无本之木，从而不能“因缘生法”。

金圣叹认为，一个人物性格的形成和彻底表现，是必须有一个相应完整的连续发展过程的，从最初的诱发因素到最终行为的发生，是环环相扣、因因相生的，牵一发而动全身，缺一丝不可。他论宋江说道：

> 昔者伯牙有流水高山之曲，子期既死，终不复弹。后之人述其事，悲其心，孰不为之嗟叹弥日，自云：我独不得与之同时，设复相遇，当能知之。呜呼，言何容易乎！我谓声音之道，通乎至微，是事甚难，请举易者，而易莫易于文笔。乃文笔中，有古人之辞章，其言雅驯，未便通晓，是事犹难，请更举其易之易者，而易之易莫若近代之稗官。今试开尔明月之目，运尔珠玉之心，展尔粲花之舌，为耐庵先生一解《水浒》，亦复何所见其闻弦赏音便知雅曲者乎？即如宋江杀婆惜一案，夫耐庵之繁笔累纸，千曲百折而必使宋江成于杀婆惜者，彼其文心，夫固独欲宋江离郓城而至沧州也。而张三必固欲捉之，而知县必固欲宽之。夫诚使当时更无张三主唆虔婆，而一凭知县迁罪唐牛，岂其真将前回无数笔墨，悉复付之唐案乎？夫张三之力唆虔婆，主于必捉宋江者，是此回之正文也。若知县乃至满县之人，其极力周全宋江，若惟恐其或至于捉者，是皆旁文蹋蹴，所谓波澜者也。张三不唆，虔婆不禀；虔婆不禀，知县不捉；知县不捉，宋江不走；宋江不走，武松不现。盖张三一唆之力，其筋节所系，至于如此。而世之读其文者，已莫不啧啧知县，而呶呶张三，而尚谓人我知伯牙。嗟呼，尔知何等伯牙哉！②

① [清]金圣叹：《读第五才子书法》，叶朗总主编《中国历代美学文库·清代卷上》，第113页。
② 施耐庵、罗贯中著，金圣叹、李卓吾点评：《水浒传》，第179页。

在上段论述中,金圣叹讲了两个方面的意思。其一,他认为,正如伯牙遇子期,知音是千载难逢之事,人们对于小说家文心独运之妙,也是非常难以领会、把握的;其二,他认为,人物的行为,固然受其性格主导,但是一定性格的最终表现,必须是一系列由相关人物进行的现实行为或事件提供推动力和实现条件的。"张三不唆,虔婆不禀;虔婆不禀,知县不捉;知县不捉,宋江不走;宋江不走,武松不现。盖张三一唆之力,其筋节所系,至于如此。"金圣叹此话揭示的就是一个环环相扣的事件逻辑,这个逻辑就行为而言,是把宋江逼上梁山,而就性格而言,则是非经历这些相扣系的环节,宋江不能成为宋江。所以金圣叹说:"若知县乃至满县之人,其极力周全宋江,若惟恐其或至于捉者,是皆旁文踢蹴,所谓波澜者也。"金圣叹此论,不仅已经表现了"典型环境中的典型人物说"的雏形,而且就其特别强调事物发生的逻辑对人物性格的推动而言,其小说人物性格塑造论是非常具有现代意义的。

金圣叹论小说人物性格塑造,最后落实在人物性格的复杂性和不可把握性。他关于宋江性格的论述,非常典型地表现了这一思想。他说:

> 一部书中写一百七人最易,写宋江最难,故读此一部书者,亦读一百七传最易,读宋江传最难也。盖此书写一百七人处,皆直笔也,好即是真好,劣亦即真劣。若写宋江则不然,骤读之而全好,再读之而好劣相半,又再读之而好不胜劣,又卒读之而全劣无好矣。夫读宋江一传,而至于再,而至于又再,而至于又卒,而诚有以知其全劣无好,可不为谓之善读书人哉!然吾又谓由全好之宋江而读至于全劣也犹易,由全劣之宋江而写至于全好也实难。乃今读其传,迹其言行,抑何寸寸而求之,莫不宛然忠信笃敬君子也?篇则无累于篇耳,节则无累于节耳,句则无累于句耳,字则无累于字耳。虽然,诚如是者,岂将以宋江真遂为仁人孝子之徒哉!《史》不然乎?记汉武初未尝有一字累汉武也,然而后之读者莫不洞然明汉武之非,是则是褒贬固在笔墨之外也。呜呼!稗官亦与正史同法,岂易作哉,岂

易作哉！①

金圣叹认为，《水浒》的一百零八人物中，一百零七人物是作者直笔写成，他们的性格品质明确可辨（"好即是真好，劣亦即真劣"），而读宋江却是一个反复变化的过程，这个过程向读者表现宋江的品格由"全好"开始而终于"全劣"——"骤读之而全好，再读之而好劣相半，又再读之而好不胜劣，又卒读之而全劣无好"。金圣叹论人物性格的复杂性的深刻在于，他不仅认识到人物性格的完成需要一个复杂的系列事件的逻辑展开作条件，而且认识到读者对复杂人物性格的领会、把握也是一个复杂反复的过程。他指出对宋江品格的理解从"全好"到"全劣"的曲折转换过程，揭示了小说披露"伪善"人格的复杂艺术与现实对同样人格的人的认知的相同逻辑。

二、小说的传奇性须以细节真实性为前提

小说叙事行文，金圣叹主张"自然成文"。他说：

> 今夫文章之为物也，岂不异哉！如在天而专云霞，何其起于肤寸，渐舒渐卷，倏忽万变，烂然为章也。在地而为山川，何其迤逦而入，千转百合，争流竞秀，窅冥无际也。在草木而为花萼，何其依枝安叶，依叶安蒂，依蒂安英，依英安瓣，依瓣安须，真有如神镂鬼簇、香团玉削也。在马兽而为翚尾，何其青渐入碧，碧渐入紫，紫渐入金，金渐入绿，绿渐入黑，黑又入青，内视之而成彩，外望之而成耀，不可一端指也。②

金圣叹此段所述，要旨可概括为"自然成文，文如自然"。但他因为坚持"因缘生法"的宇宙观，他的文章观比之于刘勰的"自然原道观"，更强调文章内容在有序结构中的相生相依，也就是说对于他，文章的自然属性，

---

① 施耐庵、罗贯中著，金圣叹、李卓吾点评：《水浒传》，第304页。
② 同上书，第74页。

归根结底不是自然而然，而是相生相依，即所谓"依枝安叶，依叶安蒂，依蒂安英，依英安瓣，依瓣安须"。对此，金圣叹有一段解释。他说：

> 吾之为此言者，何也？即如松林棍起，智深来救，大师此来，从天而降固也，乃今观其叙述之法，又何其诡谲变幻，一至于是乎！第一段先飞出禅杖，第二段方跳出胖大和尚，第三段再详其皂布直裰与禅杖戒刀，第四段始知其为智深。若以《公》、《穀》、《大戴》体释之，则曰：先言禅杖而后言和尚者，并未见有和尚，突然水火棍被物隔去，则一条禅杖早已飞到面前也；先言胖大而后言皂布直裰者，惊心骇目之中，但见其为胖大，未及详其脚色也；先写装束而后出姓名者，公人惊骇稍定，见其如此打扮，却不认为何人，而又不敢问也。盖如是手笔，实惟司马迁有之，而《水浒》乃独与之并驱也。①

施耐庵写鲁智深的出场，先写物而后写人，先写人物形体、装束而后写人物身份、姓名，这样的写法，不仅符合现场观者的观看经验，而且强化了读者对鲁智深的独特惊异的感受。这种既现实而又富有戏剧性的描述，就是金圣叹所谓"因缘生法"的"自然行文"。

金圣叹主张"自然行文"，但不认为作文之法，有确定之规，他认为"自然"，又必须是多样变化的。他说：

> 夫文章之法，岂一端而已乎？有先事而起波者，有事过而作波者，读者于此，则恶可混然以为一事也。夫文自在此而眼光在后，则当知此文之起，自为后文，非为此文也；文自在后而眼光在前，则当知此文未尽，自为前文，非为此文也。必如此，而后读者之胸中有针有线，始信作者之腕下有经有纬。不然者，几何其不见一事即以为一事，又见一事即又以为一事，于是遂取前先起之波，与事后未尽之

---

① 施耐庵、罗贯中著，金圣叹、李卓吾点评：《水浒传》，第74页。

波,累累然与正叙之事,并列而成三事耶?①

金圣叹认为作文,可以有多种多样的叙事秩序:就事件与情景的关系而言,可以先展开描写情景,而后揭示事件原委("有先事而起波者");又可以先简略提及事件,在后文再展开描写("有事过而作波者")。就前文与后文的关系而言,当下之文,可以是后文的铺垫、序导("文自在此而眼光在后"),又可以是前面未尽之意的展开("文自在后而眼光在前")。他认为,读者要自觉认识到作者作文的叙事逻辑("作者之腕下有经有纬"),阅读时做到胸中有数("胸中有针有线"),才能真正厘清文章层次和秩序,否则就会将文中所叙之事,前后混乱。金圣叹在此所述,归结起来,就是指出了叙事逻辑的多样性和相应的阅读思路的变化原则。

在"自然成文"的前提下,金圣叹认为人物的描写,必须基于细节的真实性,要在人与物的互动中揭示人物性格,展示人物生气。施耐庵写人物之妙,就在于他是在生动的场景中借人与物的冲突来写人物。金圣叹说:

> 吾尝论世人才不才之相去,真非十里、二十里之可计。即如写虎要写活虎,写活虎要写正搏人时,此即聚千人,运千心,伸千手,执千笔,而无一字是虎,则亦终无一字[不]是虎也。独今耐庵用以一人,一心,一手,一笔,而盈尺之幅,费墨无多,不惟写一虎,兼又写一人,不惟双写一虎一人,且又夹写许多风沙树石,而人是神人,虎是怒虎,风沙树石是真正虎林。此虽令我读之,尚犹目眩心乱,安望令我作之耶!②

"无一字是虎,则亦终无一字[不]是虎",这就是说,施耐庵描写老虎,不是具体写其静态的体形相貌——"无一字是虎",而是写"正搏人时"的动态(活虎)——"亦终无一字[不]是虎"。但施耐庵不是为写虎而写虎,写

---

① 施耐庵、罗贯中著,金圣叹、李卓吾点评:《水浒传》,第 83 页。
② 同上书,第 186 页。

虎同时就是写人,写"虎正搏人时",写出飞沙走石的虎林情景,终于展现的是"人是神人,虎是怒虎"的刻画。

但是,值得注意的是,金圣叹在赞赏施耐庵写出了"神人怒虎"的同时,指出了人物描写必须以生活真实为根本的原则,即"不说鬼神怪异之事"——他揭示出"神奇出于平实"的小说叙事原理。他论武松打虎一节,还说道:

> 读打虎一篇,而叹人是神人,虎是怒虎,固已妙不容说矣。乃其尤妙者,则又如读庙门榜文后,欲待转身回来一段;风过虎来,叫声"啊呀",翻下青石来一段;大虫第一扑,从半空里撺将下来时,被那一惊,酒都做冷汗出了一段;寻思要拖死虎下去,原来使尽气力,手脚都苏软了,正提不动一段;青石上又坐半歇一段;天色看看黑了,惟恐再跳一只出来,且挣扎下冈子去一段;下冈子走不到半路,枯草丛中钻出两只大虫,叫声"啊呀,今番罢了"一段。皆是写极骇人之事,却用极近人之笔,遂与后来沂岭杀虎一篇,更无一笔相犯也。①

在金圣叹看来,施耐庵笔下的武松是"神人"——"想鲁达已是人中绝顶,若武松直是天神"。但是,"神人"不是凭空臆想的"鬼怪",而是出于生活真实的超群出众的豪杰。"神人"有非凡的神气,因此就有凡人不敢为、不可为、不能为的事迹:景阳冈有虎,凡人三碗不过冈,武松偏大醉而行,不仅如此,还赤拳醉灭猛虎。这就是"神人"之"神"。但虽是"神人",武松终归是"人",不是"神"。因此,他在神气超人之下纵酒使气,故意醉过景阳冈,但真与猛虎突然遭遇,又自有人之为人的"惊"、"软"、"恐"、"骇"。施耐庵写武松"天神"一般的英雄豪气,却是从遭遇惊险恐怖之际人之常情的心理状态中来表现,这就是"写极骇人之事,却用极近人之笔"。这种"神奇出于平实"的笔法写人叙事,是极难写的,但又是极高妙的。金圣叹揭示了小说创作的一个深刻规律。这个规律是他的人物创

---

① 施耐庵、罗贯中著,金圣叹、李卓吾点评:《水浒传》,第186页。

作论的出发点。

三、小说叙事要"以险求妙"

金圣叹论小说创作的艺术特征,第二个着眼处是小说结构(布局)。他认为,小说艺术,除人物形象的生动真实、复杂深刻之外,最终要落实于小说叙事的结构层面。

在论叙事手法时,金圣叹关注和论述细致写实的评语很多,这是与他的"格物致知"和"因缘生法"的小说创作基本理论一致的。但是,他并不主张小说的叙事须是一以贯之的写实,而是主张虚实相当,巧运文心。他有这样一段说法:

> 景之奇幻者,镜中看镜。情之奇幻者,梦中圆梦。文之奇幻者,评话中说评话。如豫章城双渐赶苏卿,真对妙景,焚妙香,运妙心,伸妙腕,蘸妙墨,落妙纸,成此妙裁也……豫章城双渐赶苏卿,妙绝处正只标题目,便使后人读之,如水中花影,帘里美人,意中早已分明,眼底正自分明不出。若使当时真尽说出,亦复何味耶?[1]

"妙绝处正只标题目,便使后人读之,如水中花影,帘里美人",这是以点题激发读者联想,"有题无文",不着笔墨,却生无限遐思,是虚笔生空灵的叙事手法。金圣叹指出这种叙事手法的妙处在于产生"意中早已分明,眼底正自分明不出"的审美效果,因此令读者玩味无穷。这是"无胜于有,有却作无"("若使当时真尽说出,亦复何味耶?")的中国古典审美精神在小说创作中的传承,金圣叹特别揭示出这一点,为后世中西小说美学比较研究提供了一个非常好的生长点。

金圣叹论小说创作艺术,主张在前述尊重生活真实性写照和叙事手法多样性的基础上,特别主张以超常的手法达到小说高超的审美品格。避免重复性,回避相近者相犯,是叙事的常规原则。但金圣叹却主张:

---

[1] 施耐庵、罗贯中著,金圣叹、李卓吾点评:《水浒传》,第435页。

吾观今文章之家，每云我有避之一诀，固也，然而吾知其必非才子之文也。夫才子之文，则岂惟不避而已，又必于本不相犯之处，特特故自犯之，而后从而避之。此无他，亦以文章家之有避之一诀，非以教人避也，正以教人犯也。犯之而后避之，故避有所避也。若不能犯之而但欲避之，然则避何所避乎哉？是故行文非能避之难，实能犯之难也。譬诸弈棋者，非救劫之难，实留劫之难也。将欲避之，必先犯之。夫犯之而至于必不可避，而后天下之读吾文者，于是乎而观吾之才之笔矣。犯之而至于必不可避，而吾之才之笔，为之踌躇，为之回顾，砉然中寂，如土委地，则虽号于天下之人曰："吾才子也，吾文才子之文也。"彼天下之人，亦谁复敢争之乎哉？故此书于林冲买刀后，紧接杨志卖刀，是正所谓才子之文必先犯之，而吾于是始乐得而徐观其避也。①

施耐庵"写林冲买刀后，紧接杨志卖刀"，因为是写两个相近似的英雄做两件相近似的事，这就是"不避而犯"。因为人物相近似、事件相近似，而且紧接而写，就易给人重复雷同之感——"犯"，所以小说家的惯例是将两者避开——"避"。但是，施耐庵"不避而犯"，将两者紧接着写，却有"避而不犯"所不能产生的艺术效果。其一，就小说结构而言，小说家可以"避而不犯"，以避免"犯"的负面效果，但是，在现实生活中却有"犯之而至于必不可避"的人物和事件（如所谓"祸不单行"就是），因此，"不避而犯"是尊重了生活的复杂真实性；其二，"不避而犯"是小说家的自我挑战，在相犯而极易重复雷同之处，写出差异特色，是在更高程度上达到"不犯"。这种自我挑战，即所谓"必于本不相犯之处，特特故自犯之，而后从而避之"，展开的是小说家的文心笔才。"才子之文必先犯之，而吾于是始乐得而徐观其避"，金圣叹此语不仅指出了优秀小说家自我挑战的创作心理——自作难题，先犯后避，而且也揭示了读者欣赏小说情节的微妙心理——欣赏从"犯"转换为"避"的过程。

---

① 施耐庵、罗贯中著，金圣叹、李卓吾点评：《水浒传》，第97页。

在论述小说叙事手法时,金圣叹提出一个概念:奇恣笔法。他说:

> 此回多用奇恣笔法。如林冲娘子受辱,本应林冲气恣,他人劝回,今偏倒将鲁达写得声势,反用林冲来劝,一也。阅武坊卖刀,大汉自说宝刀,林冲、鲁达自说闲话,大汉又说可惜宝刀,林冲、鲁达只顾说闲话,此时譬如两峰对插,抗不相下,后忽突然合笋,虽惊蛇脱兔,无以为喻,二也。还过刀钱,便可去矣,却为要写林冲爱刀之至,却去问他祖上是谁,此时将答是谁为是耶,故便就林冲问处,借作收科云:"若说时辱没杀人。"此句虽极会看书人亦只知其余墨淋漓,岂能知其惜墨如金耶,三也。白虎节堂,是不可进去之处,今写林冲误入,则应出其不意,一气赚入矣,偏用厅前立住了脚,屏风后堂又立住了脚,然后曲曲折折来至节堂,四也。如此奇文,吾谓虽起史迁示之,亦复安能出手哉![1]

据金圣叹此段所述,所谓"奇恣笔法",是指不以常情常理写人物行为和事件发展,而是写出分岔穿插、节外生枝、曲折纠结的故事。比如林冲夫人受辱,本当林冲发怒报复,但却是鲁达仗义气恣,反要林冲相劝。这种有违常情常理的"奇恣笔法",初看不合情理,但细想却是深入到人情物理的更深层面,其所披示的是人物在非常情景中的非常心态轨迹——"奇恣",然而却又正是以此"奇恣"揭示了人物深层的品格和动机。比如,何以自己夫人受辱,林冲不怒,反而是新识的拜把兄弟鲁达怒呢?这是"八二万禁军教头"林冲隐忍人格的必然表现,是不可以常人的情理度之的。所以,"奇恣笔法"是以曲折穿插的手法写非常行为而揭示人物深层心理和品格的手法。它不合于常识逻辑,却符合人物深层心理。

与"奇恣笔法"相近的另一叙事手法,是"盘根错节"的写法。金圣叹说:

> 人亦有言:不遇盘根错节,不足以见利器。夫不遇难题,亦不足

---

[1] 施耐庵、罗贯中著,金圣叹、李卓吾点评:《水浒传》,第61页。

以见奇笔也。此回要写宋江打祝家庄。夫打祝家庄,亦寻常战斗之事耳,乌足以展耐庵之经纬? 故未制文,先制题,于祝家庄之东,先立一李家庄,于祝家庄之西,又立一扈家庄。三庄相连,势如翼虎,打东出中帅西救,打西则中帅东救,打中则东西合救,夫如是而题之难御,遂如六马乱驰非一缰所牵,伏箭乱发非一牌所隔,野火乱起非一手所扑矣。耐庵而后回锦心,舒绣手,弄柔翰,点妙墨,早于杨雄、石秀未至山泊之日,先按下东李,此之谓絷其右臂。入下回,十六虎将浴血苦战,生擒西扈,此之谓戗其左腋。东西定,而歼厥三祝,曾不如缚一鸡之易者,是皆耐庵相题有眼,捽题有法,捣题有力,故得至是。人徒就篇尾论长数短,谓亦犹夫能事,殊未向篇首一筹量其落笔之万难也。①

施耐庵将祝家庄、李家庄和扈家庄三地写成比邻而居、鼎立相护、存亡与共的交织生存关系。在这个关系条件下,以梁山泊的军事力量而言,打祝家庄就基本是自入陷阱的行为。与此相应,叙事也必陷入“盘根错节”的困境。但是,施耐庵自己设置这个难题,而又巧妙地破解了这个难题(“相题有眼,捽题有法,捣题有力”)。“盘根错节”的叙事手法,与“奇恣笔法”一样,是小说家基于生活的复杂性而设置复杂纽结的人物、情境关系,从而巧妙破解之。它们两者都既具有再现生活真实的现实性意义,又具有小说叙事的高度文学意义。

金圣叹论小说艺术,从文法层面讲,最后是将其目标落实在“险绝故妙绝”的文章布局和叙事手法的。他说:

尝观古学剑之家,其师必取弟子,先置之断崖绝壁之上,迫之疾驰,经月而后,授以竹枝,追刺猿猱,无不中者,夫而后归之室中,教以剑术,三月技成,称天下妙也。圣叹叹曰:嗟呼,行文亦犹是矣。夫天下险能生妙,非天下妙能生险也。险故妙,险绝故妙绝。不险

---

① 施耐庵、罗贯中著,金圣叹、李卓吾点评:《水浒传》,第 405 页。

不能妙,不险绝不能妙绝也。游山亦犹是矣。不梯而上,不缒而下,未见其能穷山川之窈窕,洞壑之隐秘也。梯而上,缒而下,而吾之所至,乃在飞鸟徘徊,蛇虎蹯躅之处,而吾之力绝,而吾之气尽,而吾之神色索然犹如死人,而吾之耳目乃一变换,而吾之胸襟乃一荡涤,而吾之识略乃得高者愈高,深者愈深,奋而为文笔,亦得愈极高深之变也。行文亦犹是矣。不阁笔,不卷纸,不停墨,未见其有穷奇尽变出妙入神之文也。笔欲下而仍阁,纸欲舒而仍卷,墨欲磨而仍停,而吾之才尽,而吾之髭断,而吾之目瞠,而吾之腹痛,而鬼神来助,而风云忽通,而后奇则真奇,变则真变,妙则真妙,神则真神也。吾以此法遍阅世间之文,未见其有合者。今读还道村一篇,而独赏其险妙绝伦。嗟呼! 支公畜马,爱其神骏,其言似谓自马以外都更无有神骏也者。今吾亦虽谓自《水浒》以外都更无有文章,亦岂诬哉![①]

金圣叹将小说写作,等同于剑术、探险,认为三者虽相互异类,却都是以"险"为"妙"的条件——"险能生妙";它们都是非到至为艰险之处,不能达到最高的境界——"险绝故妙绝"。金圣叹指出,历尽艰险,登临"飞鸟徘徊,蛇虎蹯躅"的绝顶,之所以成为探险之绝妙观感,是因为探险者自身精神在险绝之境的体验中获得震撼提升("吾之耳目乃一变换,而吾之胸襟乃一荡涤")。他认为,作文欲求绝妙,同样必须经历至深的心灵震撼荡涤,将自我逼迫于"才尽"、"气绝"之境,然后才识见到"高者愈高,深者愈深,奋而为文笔,亦得愈极高深之变",从而终于"而鬼神来助,而风云忽通,而后奇则真奇,变则真变,妙则真妙,神则真神"的境界。因此,金圣叹主张追求"穷奇尽变出妙入神之文",绝不止于从文法和文体的层面着眼,而是以小说家精神境界(胸襟气度)的本质性的突破和飞跃为主旨。换言之,金圣叹主张以"险绝"为小说叙事目标,其要旨在于倡导伟大小说的创作必以小说家自我精神的革命性提升为前提。无疑,这是金圣叹小说美学的深刻创见!

---

① 施耐庵、罗贯中著,金圣叹、李卓吾点评:《水浒传》,第 358 页。

第三节 毛宗岗、张竹坡和脂砚斋的小说美学

一、毛宗岗评点《三国演义》

接金圣叹之后，毛宗岗（1632—？）是一重要的小说美学家。他的小说美学理论，集中表现在他续接其父毛伦而著的"毛评本"《三国志演义》，而其核心思想则在刊于该书前页的《读三国志法》一文。①

毛宗岗评点《三国演义》，就小说美学的发展而言，有两个方面的突出表现。其一，他着眼于以历史学家的眼光、从历史的角度作小说批评；其二，受金圣叹小说美学的影响，他对小说叙事通过奇异的结构安排造成惊奇的审美效果作了细致探讨。

罗贯中的《三国演义》是一部历史小说，而且是以王朝更易、家国兴废为视角的。毛宗岗评此书，首先就着眼其历史叙事的价值。他说："《三国》一书，乃文章之最妙者。叙三国不自三国始也，三国必有所自始，则始之以汉帝；叙三国不自三国终也，三国必有所自终，则终之以晋国"；"《三国》一书，有追本穷源之妙。……使当时之君者，体天心之仁爱，纳良臣之谠论，断然举十常侍而进斥焉，则黄巾可以不作，草泽英雄可以不起，诸镇之兵革可以不修，而三国可以不分矣。故叙三国而追本于桓、灵，犹河源之有星宿海云。"②

毛宗岗从历史叙事的真实性角度肯定《三国演义》的小说价值。他说：

> 读《三国》胜读《西游记》。《西游》捏造妖魔之事，诞而不经，不若《三国》实叙帝王之事，真而可考也。且《西游》好处，《三国》已皆有之。如哑泉、黑泉之类，何异子母河、落胎泉之奇？朵思大王、木

---

① 世传"毛评本"《三国志演义》，本由毛宗岗之父毛伦开始，后因后者失明，由前者续写、修订，故后世一般将此书作者署名"毛宗岗"，本书依此惯例。
② 罗贯中著，毛伦、毛宗岗点评：《三国演义》，"读三国志法"，第2—3页，中华书局，2011年。

鹿大王之类,何异牛魔、鹿力、金角、银角之号? 伏波显圣、山神指迷之类,何异南海观音之救? 只一卷汉相南征记,便抵得一部《西游记》矣。

　　读《三国》胜读《水浒传》。《水浒》文字之真,虽较胜《西游》之幻,然无中生有,任意起灭,其匠心不难;终不若《三国》叙一定之事,无容改易,而卒能匠心之为难也。且三国人才之盛,写来各各出色,又有高出于吴用、公孙胜等万万者。吾谓才子书之目,宜以《三国演义》为第一。①

毛宗岗批评《西游记》"捏造妖魔之事,诞而不经",《水浒传》"无中生有,任意起灭",是从小说叙事的历史真实性出发的。在他看来,相比于《西游记》和《水浒传》,《三国演义》同样具有想象虚构,但是,前两者都缺少《三国演义》对历史真实的尊重("实叙帝王之事,真而可考")和历史真实的制约("叙一定之事,无容改易")。他认为,《三国演义》高于《西游记》和《水浒传》,正在于它的想象虚构是在尊重历史真实而受其限制的前提下实现的,是为"匠心之难为"。与《三国演义》相比,《水浒传》和《西游记》凭空虚构、任意想象,自然简单容易。

　　但是,毛宗岗对小说叙事,并不局限于历史真实这一维度。他同时认为,(历史)小说基于历史、并须尊重历史,但不能拘于历史。就叙事艺术而言,同样是以历史为本,他认为历史小说应当高于史书纪传。他说:

　　《三国》叙事之佳,直与《史记》仿佛,而其叙事之难,则有倍难于《史记》者。《史记》各国分书,各人分载,于是有《本纪》、《世家》、《列传》之别。今《三国》则不然,殆合《本纪》、《世家》、《列传》而总成一篇。分则文短而易工,合则文长而难好。

　　读《三国》胜读《列国志》。夫《左传》、《国语》诚文章之最佳者。

---

① 罗贯中著,毛伦、毛宗岗点评:《三国演义》,"读三国志法",第8页。

> 然左氏依经而立传,经既逐段各自成文,传亦逐段各自成文,不相联属也。《国语》则离经而自为一书,可以联属矣。究竟《国语》、《鲁语》、《晋语》、《郑语》、《齐语》、《楚语》、《吴语》、《越语》,八国分作八篇,亦不相连属也。今《三国演义》自首至尾,读之无一处可断,其书又在《列国志》之上。①

史书杰出之作如《史记》、《列国志》,都是很好的叙事文章。但是,它们因为以实叙史事为目的,不需要、也不能够将所叙历史事件和人物,纳入一个有机整体中作布局安排,使之"总成一篇"、"自首至尾,读之无一处可断"。然而,叙事的有机整体性,即纳历代为一线、容众国为一体,是历史小说如《三国演义》者的长处。就此观点而言,毛宗岗的小说美学思想又是超越其史家眼界而达到小说美学家的眼界。在金圣叹看来,历史家"以文运事"和小说家"因文生事",两者是对立的;毛宗岗则认为,一个优秀的历史小说家,是可以而且应当实现历史与虚构的统一的。就此而言,可以说,毛宗岗是继承并且推进了金圣叹小说美学关于小说叙事的历史真实性的论述。

毛宗岗对小说叙事艺术的论述,基本精神源自金圣叹的相关思想。在《读三国志法》中,毛宗岗总结了《三国演义》叙事技巧的"十四妙法",这些叙事技巧概括而言,均不出金圣叹评《水浒传》所概括的"不避而犯"、"奇恣笔法"、"盘根错节"、"虚实相生"、"险而生妙"诸法。相比于金圣叹对小说叙事艺术的论述着眼于"神奇出于平实"("写极骇人之事,却用极近人之笔"),毛宗岗更推崇小说叙事对悬念气氛的营造和相应的惊奇效果的激发。"文不险不奇,事不急不快。急绝险绝之际,忽翻出奇绝快绝之事,可惊可喜。"②他具体论述说:

> 此回文字曲处,妙在孔明一至东吴,鲁肃不即引见孙权,且歇馆驿,此一曲也。又妙在孙权不即请见,必待明日,此再曲也。及至明

---

① 罗贯中著,毛伦、毛宗岗点评:《三国演义》,"读三国志法",第8页。
② 同上书,第206页。

日,又不即见孙权,先见众谋士,此三曲也。及见众谋士,又彼此角辩、议论龃龉,此四曲也。孔明言语既触众谋士,又忤孙权,此五曲也。迫孙权作色而起,拂衣而入,读者至此,几疑玄德之与孙权终不相合,孔明之至东吴竟成虚往也者,然后下文峰回路转,词洽情投。将欲通之,忽若阻之;将欲近之,忽若远之,令人惊疑不定,真是文章妙境。①

文章之妙,妙在猜不着。如玄德本欲投襄阳,忽变而江陵;既欲投江陵,又忽变而汉津;此猜测之所不及也。刘表为孙权之仇,刘表未死,孙权欲攻之;刘表既死,权忽使人吊之;又猜测之所不及也。唯猜测不及,所以为妙。若观前事便知其有后事,则必非妙事;观前文便知其有后文,则必非妙文。

读书之乐,不大惊则不喜,不大疑则不大快,不大急则不大慰。当子龙杀出重围,人困马乏之后,又遇文聘追来,是一急;及见玄德之时,怀中阿斗不见声息,是一疑;至翼德断桥之后,玄德被曹操追至江边,更无去路,又一急;及云长旱路接应之后,忽见江上战船拦路,不知是刘琦,又一惊;及刘琦同载之后,忽又见战船拦路,不知是孔明,又一疑,一急。令读者眼中如猛电之一去一来,怒涛之一起一落。不意尺幅之内,乃有如此变幻也。②

毛宗岗认为,从叙事层面来看,小说艺术的高妙处,就在于小说家构思曲折难测("文字曲处")、令读者难以猜想("妙在猜不着")、从而产生令读者"惊疑不定"的效果,并且因此令读者获得小说阅读的快感。他认为,小说欣赏,惊疑效果是审美快感的基本前提,即所谓"不大惊则不喜,不大疑则不大快,不大急则不大慰"。可以说,毛宗岗比金圣叹更深刻认识到小说叙事的不可预测性对于小说审美的重要效果。他更深刻地揭示了"惊疑效果"的心理特征。

---

① 罗贯中著,毛伦、毛宗岗点评:《三国演义》,第 256 页。
② 同上书,第 251 页。

毛宗岗对小说叙事的不可预测性的强调,应当是受到小说雏形、作为说唱艺术的传奇评书艺术的影响。传奇评书艺术,因为是当下表演、一次而过的说唱艺术,为了吸引和控制听众,以不可预测性在听众心里产生"悬念效果",是一个必需的基本叙事手法。金圣叹已经认识到这一点,而毛宗岗则将之强化突出。问题是,小说艺术,不同于主要诉诸听觉的传奇评书艺术。小说是可以反复阅读的,高超的小说创作,必须是经得起反复琢磨玩味的。就此而言,单纯靠制造悬念,是很难令富有文章修养的小说读者信服的。金圣叹主张"险绝妙绝"的叙事艺术,其要旨并不限于提倡小说家创作"妙在猜不着"的"叙事悬念",而是要求小说家在高度的心胸意气提升的前提下,特别深刻地揭示叙事对象(人物和事件)的复杂性,这种复杂性,并非完全是"妙在猜不着"的"叙事悬念",而是读者在日常生活和既往经验中不能明确认知和深刻把握的人生真实。

毛宗岗评点《三国演义》,最具激发意义的论述是将历史偶然中的必然性和小说叙事的不可预测性结合起来。他说:

> 《三国》一书,有巧收幻结之妙。设令魏而为蜀所并,此人心之所甚愿也;设令蜀亡而魏得一统,此人心之所大不平也。乃彼苍之意,不从人心所甚愿,而亦不出于人心之所大不平。特假手于晋以一之,此造物者之幻也。然天既不祚汉,又不予魏,则何不假手于吴,而必假手于晋乎?曰:魏固汉贼也;吴尝害关公、夺荆州、助魏以攻蜀,则亦汉贼也;若晋之夺魏,有似乎为汉报仇也者,则与其一之以吴,无宁一之晋也。且吴为魏敌,而晋为魏臣;魏以臣弑君,而晋即如其事以报之,可以为戒于天下后世;则使魏而见于其敌,不若使之见并于其臣之为快也:是造物者之巧也。幻既出人意外,巧复在人意中,造物者可谓善于作文矣。今人下笔,必不能如此之幻、如此之巧。然则读造物自然之文,而又何必读今人臆造之文乎哉。①

---

① 罗贯中著,毛伦、毛宗岗点评:《三国演义》,"读三国志法",第3—4页。

汉被魏亡,魏亡汉而称雄,蜀承汉而遭灭,这是"乃彼苍之意,不从人心所甚愿"之事;但是,魏灭汉未成一统天下之朝,吴助魏灭蜀,亦未一统天下之朝,一统天下者,竟是出于魏而灭魏的晋室。晋灭魏,是魏灭汉的报应,而晋一统天下,则是"彼苍不出于人心之所大不平"之事。毛宗岗此处论述,当然不是完全本于历史真实逻辑,但是他表现了这样一个企图,这就是小说家在历史小说创作中,应当从确凿的史实中揭示出矛盾而又符合人们基本伦理观念的"历史逻辑"。这个"历史逻辑",转换为小说叙事,就是"幻即出人意外,巧复在人意中"的叙事艺术。毛宗岗认为,达到这样的叙事艺术的历史小说,就是"造物自然之文",而非"今人臆造之文"。

毛宗岗关于"幻即出人意外,巧复在人意中"的命题,虽然是针对以《三国演义》为代表的历史小说创作而提出的,但是对于小说艺术具有普遍意义。对于这个命题的美学内涵,叶朗作了精辟的阐释。他说:

> 出人意外是写出瞬息变化,写出偶然性;在人意中则是写因果性和必然性。出人意外是引起读者的惊奇感,在人意中则引起读者的真实感。美感的产生,既需要惊奇感,也需要真实感。如果只有出人意外而没有在人意中,读者看不到因果联系,看不到偶然性之中的必然性,就会感到不真实,不可信,那就不可能产生美感,就连那点惊奇感也会被赶跑。①

二、张竹坡评点《金瓶梅》

张竹坡(1670—1698)是继毛宗岗之后的一个特具才华的小说批评家,他 29 岁不幸暴病身亡,其小说评点著作《张竹坡批评金瓶梅》却成传世之著。

张竹坡的小说美学思想,与毛宗岗一样,都受金圣叹影响。张竹坡

---

① 叶朗:《中国小说美学》,第 152 页,北京大学出版社,1982 年。

评点《金瓶梅》，集中表现了两方面的小说美学思想。其一，他主张《金瓶梅》是一部"泄愤之作"，极力扭转世人将之视作"淫书"的观念，树立此书为"第一奇书而非淫书"的评判；其二，他将《金瓶梅》确定为"市井小说"（"一篇市井的文字"），在具体评点中，论述了市井小说不同于其他文学类型的写作特征。

张竹坡认为《金瓶梅》是一部"泄愤之作"，"《金瓶梅》到底有一种愤懑的气象。然则《金瓶梅》断断是龙门再世"①；"《金瓶梅》何为而有此书也哉？曰：此仁人志士、孝子悌弟，不得于时，上不能问诸天，下不能告诸人，悲愤呜唈，而作秽言以泄其愤也"②。他指出，《金瓶梅》作者所以"泄愤"，就在于世态因富贵贫贱而炎凉、而真假颠倒。他说：

> 闲常论之，天下最真者莫若伦常，最假者莫若财色。然而伦常之中如君臣、朋友、夫妇可合而成，若夫父子兄弟，如水同源，如木同本，流分枝引，莫不天成，乃竟有假父假子假兄弟之辈。噫，此而可假，孰不可假？将富贵而假者可真，贫贱而真者亦假。富贵，热也，热则无不真。贫贱，冷也，冷则无不假。不谓冷热二字，颠倒真假一至于此！然则冷热亦无定矣，今日冷而明日热，则今日真者假，而明日假者真矣；今日热而明日冷，则今日之真者，悉为明日之假者矣。悲夫！本以嗜欲故，遂迷财色；因财色故，遂成冷热；因冷热故，遂乱真假。因彼之假者，欲肆其趋承，使我之真者，皆遭其荼毒，所以此书独罪财色也。③

在张竹坡看来，"《金瓶梅》究竟是大彻悟的人做的"④，"作《金瓶梅》者，必曾于患难穷愁，人情世故，一一经历过。入世最深，方能为众脚色摹神也"⑤。

---

① 黄霖编：《金瓶梅资料汇编》卷二，"张竹坡"，第83页，中华书局，1987年。
② 同上书，第56页。
③ 同上书，第56—57页。
④ 同上书，第83页。
⑤ 同上书，第81页。

　　张竹坡明确指出并且强调《金瓶梅》是其作者深切悲痛的人生经历的"泄愤之作"（"必曾于患难穷愁，人情世故，一一经历过"），但是，他并不认为"经历"本身直接就可以成为小说的内容和主题。他提出"情理"和"天道"两个概念作为小说写作的主题内容。他说：

> 做文章不过是情理二字。今做此一篇百回长文，亦只是情理二字。于一个人心中，讨出一个人的情理，则一个人的传得矣。虽前后夹杂众人的话，而此一人开口，是此一人的情理。非其开口便得情理，由于讨出这一人的情理，方开口耳。是故写十百千人，皆如写一人，而遂洋洋乎有此一百回大书也。①

> 其各尽人情，莫不各得天道。即千古算来，天之祸淫福善，颠倒权奸处，确乎如此。读之似有一人亲曾执笔，在清河县前西门家里，大大小小、前前后后、碟儿碗儿，一一记之，似真有其事，不敢谓为操笔伸纸做出来的。吾故曰：得天道也。②

张竹坡所谓"情理"是指对人物性格的理解和阐释，而他所谓"天道"是指对人物所处的现实生活的理解和阐释。"情理"的要义是对人物性格的深刻把握和准确定位，即所谓"于一个人心中，讨出一个人的情理，则一个的传得矣"；"天道"的要义则是对生活真实性的深刻把握和准确定位，即所谓"似有一人亲曾执笔……一一记之，似真有其事"。"情理"针对人物个体层面而言，而"天道"针对生活社会层面而言。

　　但是，张竹坡又认为，"必曾于患难穷愁，人情世故，一一经历过"，不能被理解为作者将小说中各个人物所为种种事件全部亲身经历过——因为这是根本不可能的。他说：

> 作《金瓶梅》，若果必待色色历遍，才有此书，则《金瓶梅》又必做不成也。何则？即如诸淫妇偷汉，种种不同，若必待身亲历而后知

---

① 黄霖编：《金瓶梅资料汇编》卷二，"张竹坡"，第77页。
② 同上书，第81页。

之,将何以经历哉? 故知才子无所不通,专在一心也。(一心所通,实又真个现身一番,方说得一番。然则其写诸淫妇,真乃各现淫妇人身,为人说法者也。)①

一个男人不可能亲历女人才可经历的事件,这是一个基本限制。因此,《金瓶梅》的作者(张竹坡视之为男性)自然不可能亲历"淫妇偷汉"之事,他能在小说中为读者"现身说法",就不是源于他亲身经历了这种事件,而是他对这种事件有设身处地的想象和体验。这就是说,如《金瓶梅》的作者,小说家的创作是基于自己对社会人生的广泛而普遍的认知,在此基础上,他可以通过想象而体验到自己未必可能亲历的生活真实,写出超我的人物真实和生活真实——"才子无所不通,专在一心"。

张竹坡所谓"才子无所不通,专在一心",指的是小说创作的"心理真实"。在这种"心理真实"的基础上,他提出了"小说寓言说"。他说:

> 稗官者,寓言也。其假捏一人,幻造一事,虽为风影之谈,亦必依山点石,借海扬波。故《金瓶》一部有名人物,不下百数,为之寻端竟委,大半皆属寓言。庶因物有名,托名摭事,以成此一百回曲曲折折之书。②

> 作小说者,既不留名,以其各有寓意,或暗指某人而作。夫作者既用隐恶扬善之笔,不存其人之姓名,并不露自己之姓名,乃后人必欲为之寻端竟委,说出名姓何哉? 何其刻薄为怀也。且传闻之说,大都穿凿不可深信。③

从这两则话可见,张竹坡认为,小说创作的真实性,既非凭空独撰,又非完全据实录写。不是凭空独撰,因为要借助于现实的真实性作创作的基础("必依山点石,借海扬波");不是据实录写,因为小说家运用了虚构的手法处理现实资料,使之成为超越现实具体事件的"各有寓意"的寓言

---

① 黄霖编:《金瓶梅资料汇编》卷二,"张竹坡",第81页。
② 同上书,第58页。
③ 同上书,第75页。

（"传闻之说，大都穿凿不可深信"）。"看《金瓶》，把他当事实看，便被他
瞒过。必把他当自己的文章读，方不被他瞒过。"①张竹坡认为，小说的真
实性，不是具体事件的事实真实，而是借所叙之事来表现作者对人情世
故的体验感慨，即他所谓"寓言"。这"寓言"②，是文学性地表现出来，也
须从文学欣赏的层面来领会的，因此"必把他当自己的文章读，方不被他
瞒过"。

　　张竹坡继金圣叹、毛宗岗之后，对小说美学的贡献，主要在于他对以
描写世俗生活为主题的世情小说（"市井文字"）美学特征的论述。他主
要从文字风格、人物塑造和叙事结构三个层面论述世情小说的美学
特征。

　　首先，张竹坡认为，从文字风格而言，《金瓶梅》所代表的世情小说采
用日常白话语言，其特征是质朴、俚俗，与《西厢记》所代表的脱胎于诗词
的戏曲采用典雅文言不同。他说：

> 《金瓶梅》，倘他日发心，不做此一篇市井的文字，他必能另出韵
> 笔作花娇月媚，如《西厢》等文字也。③

但是，"市井文字"就是生活语言，因为写日常生活的世情，要写出人物的
"情理"和生活的"天道"的真实性，语言必须相应地使用生活语言。的
确，在中国小说史上，尽管《金瓶梅》并非白话小说的开山之作，但在叙事
描写（尤其是人物口语）中，它是第一部真正使小说语言日常生活化的小
说，它不仅抛弃了戏曲的诗词腔（"韵笔"），而且也摆脱了评传话本的演

---

① 黄霖编：《金瓶梅资料汇编》卷二，"张竹坡"，第76页。
② 张竹坡评《金瓶梅》，又指其寓意为作家自我生为人子的对人生苦难的"苦孝之感"。他说：
　　"苍苍高天，茫茫厚地，无可一安其身，必死乃庶几矣。然吾闻死而有有知之说，则奇痛尚在，
　　是死亦无益于酸也。然则必何如而可哉？必何如而可，意者生而无我，死而亦无我。夫生而
　　无我，死而亦无我，幻化之谓也。推幻化之谓，既不愿为人，又不愿为鬼，并不愿为水石，盖为
　　水为石，犹必流石人之泪矣。呜呼，苍苍高天，茫茫厚地，何故而有我一人，致令幻化之难也。
　　故作《金瓶梅》者，一曰含酸，再曰抱阮，结曰幻化，且必曰幻化孝哥儿，作者之心其有余痛乎！
　　则《金瓶梅》当名之曰奇酸志苦孝说。"黄霖编：《金瓶梅资料汇编》，卷二"张竹坡"，第63—
　　64页。
③ 黄霖编：《金瓶梅资料汇编》卷二，"张竹坡"，第83页。

说腔。

值得注意的是,张竹坡在主张世情小说语言生活化的同时,指出小说语言的风格要与所描写人物性格特征相统一、谐调。他说:

> 《金瓶梅》于西门庆不作一文笔,于月娘不作一显笔,于玉楼则纯用俏笔,于金莲不作一钝笔,于瓶儿不作一深笔,于春梅纯用傲笔,于敬济不作一韵笔,于大姐不作一秀笔,于伯爵不作一呆笔,于琇安儿不着一蠢笔,此所以各各皆到也。①

描写西门庆不用文雅语言("不作一文笔"),因为他是"混帐恶人";描写月娘不用正面描写("不作一显笔"),因为她是"奸险恶人";描写玉楼用乖巧文字("则纯用俏笔"),因为她是"乖人";描写金莲文笔犀利毒辣("不作一钝笔"),因为她"不是人";描写瓶儿只用浮泛文字("不作一深笔"),因为她是"痴人",等等。② 张竹坡指出,《金瓶梅》人物塑造的艺术成就之一,就是描写语言扣紧了人物性格,因此创造了鲜明生动、独具魅力的人物性格。

在小说描写中,张竹坡对金圣叹所提出的"白描手法",作了进一步论述。应当说,在金圣叹的小说美学中,因为他对《水浒传》所代表的传奇小说的传奇惊异效果的强调("险绝则妙绝"),尽管指出了"白描手法",却并没有予以足够的重视和在理论上作深入的探讨。张竹坡则基于对《金瓶梅》作为世情小说美学特征的深刻认识和推崇,因此特别重视并反复阐述"白描手法"。他说:

> 读《金瓶》,当看其白描处。子弟能看其白描处,必能自做出异样省力、巧妙文字也。③
>
> 描写伯爵处,纯是白描追魂摄影之笔,如向希大说:"何如?"我

---

① 黄霖编:《金瓶梅资料汇编》卷二,"张竹坡",第77—78页。
② 张竹坡在《批评第一奇书金瓶梅读法》中,对西门庆等《金瓶梅》主要人物性格定义,见黄霖编《金瓶梅资料汇编》卷二,"张竹坡",第74页。
③ 黄霖编:《金瓶梅资料汇编》卷二,"张竹坡",第81页。

说又如伸着舌头道:"爷……"俨然纸上活跳出来,如闻其声,如见其形。①

张竹坡在评点《金瓶梅》中,关于白描的评点非常多,除称之为"异样省力、巧妙文字"、"追魂摄影之笔"外,还有"白描勾挑"、"白描入化"、"白描入骨"、"骨相俱出"、"写得活现"等等说法。

白描手法的推广运用,是中国小说从传奇类型转向世情类型的一个重要特征,它是紧扣着世情小说描写现实的生活化和逼真性要求的。张竹坡深刻认识到这一点,因此特别注重《金瓶梅》中的白描手法。但是,从文学写作的历史传承来看,白描手法之所以成为中国小说的一个基本手法,是它具有深刻的中国古典美学根源。叶朗指出:"张竹坡的这些批评中,所谓'白描',就是指用最少的笔墨,勾勒出事物的动态和风貌,从而表现事物的生命,表现事物内在的性格和神韵。'白描'的概念和'传神'的概念是不可分的。在一定意义上可以说,'白描'的概念包含了'传神'的概念。"②"传神",就是要准确生动地表现描写对象(人或物)的性格和神韵。在中国古典美学精神体系中,"传神"就是要用简约精要的描写来实现,而非繁琐复杂的涂绘。"简约精要的描写",就是白描。叶朗指出"'白描'的概念包含了'传神'的概念",是很精辟的论述,因为"白描"的要义就是"传神",只有"传神"才成其为"白描"。

其次,张竹坡指出,世情小说的人物描写,要在小说叙事的生活环境中真实而自然地展开,每个人物都是生活在所处环境的人际关系中的,因此,写人物必须写人物间的关系,写一个人物必须写出与之相关的众多人物。他说:

> 《金瓶》内正经写六个妇人,而其实止写得四个:月娘、玉楼、金莲、瓶儿是也。然月娘则以大纲,故写之。玉楼虽写,则全以高才被屈,满肚牢骚,故又另出一机轴写之。然则以不得不写写月娘,以不

---

① 黄霖编:《金瓶梅资料汇编》卷二,"张竹坡",第96页。
② 叶朗:《中国小说美学》,第188—189页。

肯一样写写玉楼,是全非正写也。其正写者,惟瓶儿、金莲。然而写瓶儿,又每以不言写之。夫以不言写之,是以不写处写之。以不写处写之,是其写处单在金莲也。单写金莲,宜乎金莲之恶,冠于众人也。吁!文人之笔,可惧哉![1]

张竹坡上段论述指出,《金瓶梅》对四个主要女性人物的塑造,并不是如史书传记一样单独描写叙述的,而是在她们(以及其他人物)相互之间复杂纠缠的生活关系中来进行的。这四个女人,她们不同的性格决定了她们虽然同为西门庆的妻子,却在这个家庭中占据不同位置、扮演不同角色。在四人中,潘金莲、李瓶儿是出现在家庭生活前台的人物,而李月娘、孟玉楼确隐忍于后台,因此,《金瓶梅》直接写出金莲、瓶儿的为人处世(正写),而对月娘、玉楼则间接、兼带的笔法作描写("非正写")。但是,同是"正写",对瓶儿与金莲也有差别。对瓶儿是"以不写处写之",即笔墨相对简略,而对金莲是正面直写,原因在于瓶儿虽然与金莲同出前台,但以金莲之恶和瓶儿之痴,瓶儿所为,只不过是金莲奸毒的陪衬、映照——"写处单在金莲"。

对于《金瓶梅》中的众多人物,张竹坡都作如上的相互关系分析。金圣叹在评点《水浒传》时,对人物关系的分析,主要集中在"对照"、"陪衬"和"犯避"等等人物"两两对应"关系中,而且认为施耐庵写人物,犹如司马迁《史记》写历史人物列传,是次递而行的。张竹坡也注意到这些手法,故有《金瓶梅》描写的"冷热金针法"、"两对章法"、"加一倍写法"、"善于用犯笔而不犯"等说。但是,正如《水浒传》人物更趋向于传奇英雄的类型化塑造,所以"两两对应"的手法更为适用,而《金瓶梅》人物是现实生活中的寻常人物,他们的性格则是在现实网状化的生活关系中形成和展开的。

张竹坡对《金瓶梅》人物分析,着重揭示的就是这种网状化生活关系中的人物性格和描写手法。他特别分析小说中"韩爱姐"这个人物说:

---

[1] 黄霖编:《金瓶梅资料汇编》卷二,"张竹坡",第68页。

　　内中有最没正经、没要紧的一人,却是最有结果的人,如韩爱姐是也。一部中诸妇人,何可胜数,乃独以爱姐守志结,何哉? 作者盖有深意存于其间矣。言爱姐之母为娼,而爱姐自东京归,亦曾迎人献笑,乃一留心敬济,之死靡他,以视瓶儿之于子虚,春梅之于守备,二人固当愧死。若金莲之遇西门,亦可如爱姐之逢敬济。乃一之于琴童,再之于敬济,且下及王潮儿,何其比回心之娼妓亦不若哉! 此所以将爱姐作结,以愧诸妇。且言爱姐以娼女回头,还堪守节,奈之何身居金屋,而不改过悔非,一竟丧廉寡耻,于死路而不返哉?[①]

　　除韩爱姐外,他注意到在小说中,众多身份卑微、看似可有可无的人物。他认为,这些人物存在的必要性,关键不在于小说情节的推展,而在于全面塑造西门庆这个核心人物的需要。他说:"然则写桂姐、银儿、月儿诸妓何哉? 此则总写西门无厌,又见其为浮薄立品,市井为习。"[②]张竹坡说:"《金瓶梅》因西门一分人家,写好几分人家……大约清河县官员大户屈指已遍,而因一人写及一县。"[③]"因一人写及一县",这是一个非常重要的思想,用现代小说理论术语表述,它可以说是"典型环境中表现典型人物"理论的中国式表达。无疑,张竹坡此说深化了中国小说美学的人物塑造理论。

　　再次,张竹坡认为,就叙事的特殊性而言,世情小说的叙事,在整体上不应当是线性的、编年史的,而应当如现实生活中发生的事物一样,穿插交错,头绪纷繁。他说:

　　　　一部一百回,乃于第一回中,如一缕头发,千丝万丝,要在头上一根绳儿扎住;又如一喷壶水,要在一提起来,即一线一线同时喷出来。今看作者,惟西门庆一人是直说;他如应伯爵等九人,是带出;月娘三房是直叙;别的如桂姐、玳安、玉箫、子虚、瓶儿、吴道官、天

① 黄霖编:《金瓶梅资料汇编》卷二,"张竹坡",第 67 页。
② 同上书,第 70 页。
③ 同上书,第 85 页。

福、应宝、吴银儿、武松、武植、金莲、迎儿、敬济、来兴、来保、王婆诸色人等,一齐皆出,如喷壶倾水。然却是说话做事,一路有意无意,东拉西扯,便皆叙出,并非另起锅灶,重新下米,真正龙门能事。若夫叙一人而数人于不言中跃跃欲动,则又神工鬼斧,非人力之所能为者矣!何以见之?如教大丫头玉箫拿蒸酥是也。夫丫头则丫头已耳,何以必言大丫头哉?春梅故原在月娘房中做小丫头也,一言而春梅跃然矣,真正化工文字。①

"千丝万丝,要在头上一根绳儿扎住",是指小说叙事要纷繁而不失纲领;"如一喷壶水,一线一线同时喷出来",是指小说叙事要表现生活真实的共时状态。"不失纲领"和"共时状态",是作为在时间中线性展开的小说叙事面临的基本矛盾。张竹坡认为,解决好这对矛盾,是小说家叙事艺术的高超所在。在《金瓶梅》中呈现的这种叙事状态,即"说话做事,一路有意无意,东拉西扯,便皆叙出,并非另起锅灶,重新下米",就是解决了这对叙事矛盾,从而呈现出逼真于生活原生态的小说情景。

张竹坡论述小说叙事结构,不仅强调穿插交错的叙事手法("《金瓶》每于极忙时,偏夹叙他事入内"②),甚至赞赏小说叙事中的年代错乱"为神妙之笔"("[《金瓶梅》]故特特错乱其年谱,大约三五年间,其繁华如此"③)。张氏这样的理论见解,与金圣叹所主张的"奇恣笔法"、"盘根错节"的叙事手法相近,也可以说他受到了金氏的影响。但是,两人着眼点不同,金氏的着眼点是通过"奇恣笔法"、"盘根错节"的叙事手法使小说达到"险绝则妙绝"的审美效果,而张氏则认为,小说叙事的穿插曲折,要旨是实现小说叙事的生活真实感,即世情性。他们两人,一者求"险妙",一者求"真实"。

---

① 黄霖编:《金瓶梅资料汇编》卷二,"张竹坡",第93页。
② 同上书,第77页。
③ 同上书,第76页。

张竹坡以"曲折求真实"的小说叙事理论,是中国小说美学的深化。他说:

> 作者纯以神工鬼斧之笔,行文故曲曲折折,止令看者瞇目,而不令其窥彼金针之一度。吾故曰,纯是龙门文字。每于此等文字,使我悉心其中,曲曲折折,为之出入其起尽,何异入五岳三岛,尽览奇胜。①

所谓"龙门文字",即指司马迁("龙门")《史记》笔法,其特征是简约传神的真实。但是,他又主张世情小说叙事要给予读者难以条分缕析的纠结含混感("行文故曲曲折折,止令看者瞇目,而不令其窥彼金针之一度"),这是因为生活的真实性本身是复杂纠缠的,小说就是应当表现这种繁琐的复杂性,并且以之为绝妙("何异入五岳三岛,尽览奇胜")。

值得注意的是,张竹坡在将《金瓶梅》与《水浒传》和《史记》比较之后,从叙事学的角度提出了世情小说的叙事结构特征。他说:

> 《水浒传》是现成大段毕具的文字,如一百八人各有一传,虽有穿插,实次第分明,故圣叹止批其字句也。若《金瓶》乃隐大段精彩于琐碎之中,止分别字句,细心者皆可为,而反失其大段精采也。②

> 《金瓶梅》是一部《史记》。然而《史记》有独传,有合传,却是分开做的。《金瓶梅》却是一百回共成一传,而千百人总合一传,内却又断断续续,各人自有一传。固知作《金瓶》者,必能作《史记》也。何则? 既已为其难,又何难为其易。③

作为传奇小说,《水浒传》是"一百八人各有一传,虽有穿插,实次第分明",而《史记》是"有独传,有合传,却是分开做的"。与这两书相比,《金瓶梅》"乃隐大段精彩于琐碎之中","一百回共成一传,而千百人总合一

---

① 黄霖编:《金瓶梅资料汇编》卷二,"张竹坡",第 79 页。
② 同上书,第 55 页。
③ 同上书,第 75 页。

传,内却又断断续续,各人自有一传"。由此,张竹坡提出了世情小说的两个基本叙事特征:其一,非传奇性的琐碎叙事,而文章精彩就隐于其中;其二,人物描写的交错关系和总合性,写个人必写社会,写社会即写个人。

三、脂砚斋评点《红楼梦》

脂砚斋,身世不详,是公认的《红楼梦》(《石头记》)第一位评点者,第一位"红学家"。他对《红楼梦》的评点,透露了该书用曲笔暗写的许多"实情",为研究这部小说作者曹雪芹的家世和创作心路提供了重要启发和线索。但是,作为小说美学家,脂砚斋评点《红楼梦》的重要贡献,并不在"披露史实",而是他针对性地提出了一系列"言情小说"的创作规律和美学特征。[1]

曹雪芹撰写《红楼梦》,在该书第一回即借书中虚拟僧人口吻声明主旨说:"虽其中大旨谈情,亦不过实录其事,又非假拟妄称,一味淫邈艳约、私订偷盟可比。因毫不干涉时世,方从头至尾抄录回来问世传奇。因空见色,由色生情,传情入色,自色悟空,遂易名为情僧,改《石头记》为《情僧录》。至吴玉峰题曰《红楼梦》。"

脂砚斋是认同曹雪芹"大旨谈情"和"实录其事"之说的。脂砚斋在第八回就秦钟(情种)父亲秦业及其官职营缮郎,批点说:"妙名,业者,孽也,盖云情因孽而生也","官职更妙,设云因情孽而缮此一书之意";他指出作者"秉刀斧之笔,具菩萨之心,亦甚难矣。如此写出,可见来历亦甚苦矣。又知作者是欲天下人共来哭此情字";"为天下读书人一哭,寒素人一哭"[2]。脂氏如此评论,是突出《红楼梦》的情感主题。但同时,他也强调作者在该小说描写中"实录其事"——"皆系人意想不到、目所未见

---

① 参见叶朗《中国小说美学》,第 202 页。
② 曹雪芹、高鹗著,脂砚斋、王希廉点评:《红楼梦》,第 63 页,中华书局,2011 年。

之文,若云拟编虚想出来,焉能如此"①;"写得出。试思若非亲历其境者,如何摹写得如此!"②

对于"录事"(包括景物描写和人物叙述),脂砚斋特别强调的是准确、细致和真实。在评点《红楼梦》时,在第十七、十八回中,他用了"极精细文字","细极! 从头至尾,誓不作一逸安苟且之笔"等评语;在第二十回中,他用了"体贴的切,故形容的妙","何等现成,何等自然","好极,妙极,毕肖极"等评语。脂砚斋认为《红楼梦》描写之妙,在于它是"真正情理之文"③,"是平常言语,却是无限文章,无限情理"④。"精细"、"妙极"、"毕肖",都是以是否真正符合"情理"而论的。这就是说,脂砚斋要求小说描写得准确、生动、真实,核心就是要达到"真正情理之文"。

怎样才能写出"真正情理之文"呢? 脂砚斋提出了一个原则,就是"亲历"。他在评点中,多次指出《红楼梦》的场景细节描写是作者非亲历不能写出的。他说:

> 今阅《石头记》至"原非本角之戏","执意不作"二语,便见其特能压众、乔酸姣妒,淋漓满纸矣。复至"情悟梨香院"一回,更将和盘托出,与余三十年前目睹身亲之人,现形于纸上。便言《石头记》之为书,情之至极,言之至确,然非领略过乃事,迷陷过乃情,即观此茫然嚼蜡,亦不知其神妙也。⑤

但是,脂砚斋并不主张《红楼梦》只是一部"亲历实录"之书,而其价值就止于实录的真实性。在第二十五回中,他评点说:"《石头记》得力处全在如此,以幻作真,以真作幻,看官亦要如此看法为幸"⑥;在第一回中,

---

① 曹雪芹、高鹗(著),脂砚斋、王希廉(点评):《红楼梦》,第 117 页。
② 同上书,第 523 页。
③ 同上书,第 6 页。
④ 同上书,第 300 页。
⑤ 同上书,第 126 页。
⑥ 同上书,第 181 页。

他评点说："全用幻。情之至,莫如此。"①"以幻作真,以真作幻"是"情之至"的真实,不是现实的真实,而是情理的真实。

> 按理论之,则是"天下本无事,庸人自扰之"。若以儿女之情论之,则是必有之事,必有之理,又系今古小说中不能写到写得,谈情者亦不能说出讲出,真情痴之至文也。②

> 《石头记》一部中皆是近情近理必有之事,必有之言,又如此等荒唐不经之谈,间亦有之,是作者故意游戏之笔耶? 以破色取笑,非如别书认真说鬼话。③

按理论则"必无",按情论则"必有"。"必无"则"幻","必有"则"真","幻"是"情之至"的产物。因此,"真正情理之文",必是"以幻作真,以真作幻"。脂砚斋(和曹雪芹)将"情"与"理"相对,是受到汤显祖"有有情之天下,有有法之天下"说的影响,他们三人都坚持以"情"为真,以"情"为重。脂砚斋注意到《红楼梦》中时有"荒唐不经之谈",他认为只是作者的调侃游戏之笔,"非如别书认真说鬼话",这实际上是在坚持"真正情理之文"的原则下,主张"以情为理"的观点。为了"破色取笑",可允许间或"荒唐不经之谈",这既是现实生活的人之常情,也是小说叙事的审美愉悦的需要。

在论述人物描写时,脂砚斋特别反对人物描写的脸谱化、定型化。《红楼梦》第二十回,晴雯进屋撞见宝玉对麝月说"满屋里就只是他磨牙",认定说的是她自己。脂砚斋评论说:

> 写晴雯之疑忌,亦为下文跌扇角口等文伏脉,却又轻轻抹去。正见此时却在幼时,虽微露其疑忌,见得人各禀天真之性,善恶不一,往后渐大渐生心矣。但观者凡见晴雯诸人则恶之,何愚也! 要知自古及今,愈是尤物,其猜忌嫉妒愈甚。若一味浑厚大量涵养,则

---

① 曹雪芹、高鹗著,脂砚斋、王希廉点评:《红楼梦》,第4页。
② 同上书,第118页。
③ 同上书,第108页。

有何可令人怜爱护惜哉！然后知宝钗、袭人等行为，并非一味蠢拙古版，以女夫子自居。当绣幕灯前，绿窗月下，亦颇有或调或妒，轻俏艳丽等说。不过一时取乐买笑耳，非切切一味妒才嫉贤也，是以高诸人百倍。不然，宝玉何甘心受屈于二女夫子哉？看过后文则知矣。故观书诸君子不必恶晴雯，正该感谢晴雯金闺绣阁中生色方是。①

脂砚斋这段评论，注意到两点：其一，晴雯的反应，表现了她好猜疑的性格；其二，因为她尚是小女孩，这猜疑也是"天真之性"，非是成人的恶性可比。他进而还认为，可爱的女性，都有"猜忌嫉妒"（用今天话说"小心眼"），而非"一味浑厚大量涵养"。扩大地讲，总体上性格拘束矜持的宝钗、袭人等"并非一味蠢拙古版"，"亦颇有或调或妒，轻俏艳丽等说"。脂砚斋这样看待小说人物，注意到与其性格差异的"天真之性"、"生色"的行为表现，是对人物性格描写理论的丰富。

脂砚斋还注意到人物描写的一个审美规律："美人之陋。"他在评论第二十回史湘云口吃（"咬舌"）的情节时说：

> 可笑近之野史中，满纸羞花闭月，莺啼燕语，殊不知真正美人方有一陋处，如太真之肥，飞燕之瘦，西子之病，若施于别个不美矣。今见"咬舌"二字加之湘云，是何大法手眼，敢用此二字哉！不独不见其陋，且更觉轻俏娇媚，俨然一娇憨湘云立于纸上，掩卷合目思之，其"爱厄"娇音如入耳内。然后将满纸莺啼燕语之字样，填粪窖可也。②

"美人之陋"就是美人的缺陷。俗话说，"金无足赤，人无完人"，描写"美人之陋"，首先是忠实生活真实性，使描写不抽象、不刻板。更进一步，"美人之陋"也是人物个性特征的组成部分，甚至是代表性特征，通过描

---

① 曹雪芹、高鹗著，脂砚斋、王希廉点评：《红楼梦》，第 140 页。
② 同上书，第 143 页。

写"美人之陋",小说可以更鲜明生动地展示"美人"的个性——"不独不见其陋,且更觉轻俏娇媚"。

当然,在《红楼梦》中,脂砚斋最关注、评论最多的是贾宝玉这个人物。他给予贾宝玉的评论,下面两段话,值得关注。他说:

> 按警幻情榜,宝玉系"情不情",凡世间之无知无识,彼俱有一痴情去体贴。今加"大醉"二字于石兄,是因问包子问茶顺手掷杯,问茜雪撵李嬷,乃一部中未有第二次事也。袭人数语,无言而止,石兄真大醉也。余亦云实实大醉也。难辞醉闹,非薛蟠纨袴辈可比。①

> 云宝玉亦知医理,却只是在颦、钗等人前方露,亦如后回许多明理之语,只在闺前现露三分,越在雨村等经济人前如痴如呆,实令人可恨。但雨村等视宝玉不是人物,岂知宝玉视彼等更不是人物,故不与接谈也。宝玉之情痴,真乎,假乎?看官细评。②

脂砚斋这两段评语,前段是评论宝玉作为"绝世情痴"用情广博,而及于天地万物("凡世间之无知无视,彼俱有一痴情去体贴"),后段是评论宝玉的"如痴如呆"实为蔑视那些他视为"更不是人物"的角色。这两方面,"痴情体贴"与"如痴如呆",一正一反,都是宝玉之为宝玉独特的用情处。这两方面的结合,方才构成宝玉"情痴"性格的立体表现。值得注意的是,脂砚斋评论宝玉"痴情体贴"的情节,是宝玉因为他的奶娘李嬷将他特意送给晴雯的豆腐皮包子给她孙子吃了而借酒发怒的一系列表现。脂砚斋明确指出宝玉的发怒大闹,是"真大醉"的"醉闹"。这"醉闹"其实可看作宝玉对他特别珍爱的晴雯的"痴情体贴"与对奶娘李嬷仗势欺人的"如痴如呆"。

对于宝玉,脂砚斋有一段概括性的论述。他说:

> 按此书中写一宝玉,其宝玉之为人,是我辈于书中见而知有此

---

① 曹雪芹、高鹗著,脂砚斋、王希廉点评:《红楼梦》,第62页。
② 同上书,第138页。

人，实目未曾亲睹者。又写宝玉之发言，每每令人不解；宝玉之生性，件件令人可笑；不独于世上亲见这样的人不曾，即阅今古所有之小说传奇中，亦未见这样的文字。于颦儿处更为甚，其囫囵不解之中实可解，可解之中又说不出理路。合目思之，却如真见一宝玉，真闻此言者，移之第二人万不可，亦不成文字矣。余阅《石头记》中至奇至妙之文，全在宝玉、颦儿至痴至呆囫囵不解之语中，其诗词雅谜、酒令、奇衣奇食奇玩等类，固他书中未能，然在此书中评之，犹为二着。①

脂砚斋在此段评语中指出了宝玉如下特点：其一，宝玉是现实中没有，其他书本中也没有，独独在《红楼梦》中"见而知有此人"，这就是说，宝玉是小说家曹雪芹创造的一个独特的人物形象；其二，宝玉的言语行为，于常情而论，是怪异悖理的，常令人不解和可笑；其三，宝玉（包括黛玉）的怪异言行，具有"其囫囵不解之中实可解，可解之中又说不出理路"的矛盾性，而且正是这种矛盾性最传神精彩地刻画出宝玉（包括黛玉）的形象特征（"余阅《石头记》中至奇至妙之文，全在宝玉、颦儿至痴至呆囫囵不解之语中"）。

值得注意的是，脂砚斋不仅将宝玉看作一个现实中未有的小说形象，而且以之为"今古未有之一人"。他特别强调曹雪芹描写贾宝玉用了反常悖理的叙事和描写——"极不通极胡说中，写出绝代情痴，宜乎众人谓之'疯傻'"。在这里，脂砚斋揭示了宝玉作为人物形象的新异性和理想性——他之被众人视为"疯傻"，正在于其超脱旧俗，卓然独特。所以，宝玉（包括黛玉）形象的不可透解细说，既有小说描写的审美层面的原因——因为这是一个意蕴丰富的人物，又有曹雪芹将之作为个人情感解放理想的精神层面的原因——它是一个前后未有的理想人物。②

脂砚斋将曹雪芹"谈情"和"录事"两谈合二为一，称《红楼梦》为"随

---

① 曹雪芹、高鹗著，脂砚斋、王希廉点评：《红楼梦》，第 129 页。
② 参见叶朗《中国小说美学》，第 221—222 页。

事生情,因情得文"①。由此产生了《红楼梦》独特的叙事特征和审美意味。他说:

> 事则实事,然亦叙得有间架,有曲折,有顺逆,有映带,有隐有见,有正有闰,以至草蛇灰线、空谷传声、一击两鸣、明修栈道、暗度陈仓、云龙雾雨、两山对峙、烘云托月、背面傅粉、千皴万染诸奇。书中之秘法,亦复不少。②

脂砚斋这则论述,概括了《红楼梦》叙事和描写手法的多样性和综合性。如此多种手法的综合运用,营造的是一个既在细节上"细极"、"妙极",又在气氛上"真极幻极"的"情痴至文"。"随事生情",所以真;"因情得文",所以幻。因为情不离事,则幻不离真。而"文"则是亦真亦幻的情—事的造化,就是诗—艺术意境。脂砚斋评论说:

> 余所谓此书之妙,皆从诗词中翻出者,皆系此等笔墨也。试问观者,此非"隔花人远天涯近"乎?③

"皆从诗词中翻出",脂砚斋所指,不能简单理解为只是对既往诗词意境的翻写,而是创造了新的艺术意境。

进一步讲,在《红楼梦》中,艺术意境的创造与人物性格的塑造是分不开的,是互为手段的。对此,叶朗指出:

> 比如林黛玉这个人物,是一相当诗化的人物。她不单纯是封建末世的一个叛逆性的人物,不单纯是一个有某种个性自由的思想的人物,也不单纯是一个多愁多病的人物。她还是一个很有才华、很人诗意的人物,是一个美的形象。曹雪芹给了这个人物以多方面的、丰富的规定性。他在创造这个典型形象时,也运用了多方面的手段。意境就是他的一种手段。当然这些意境本身的创造,又离不

---

① 曹雪芹、高鹗著,脂砚斋、王希廉点评:《红楼梦》,第 56 页。
② 同上书,第 2 页。
③ 同上书,第 175 页。

开人物的性格。在《风雨夕闷制风雨词》一章中,正是林黛玉的伤感的心情,构成了那个秋灯秋夜、秋风秋雨意境的活的灵魂;反过来,这种凄凉的意境,又深一层地刻画了林黛玉的性格……在曹雪芹的这些描写中,我们可以看到,性格化入意境,意境又化入性格。如果没有这些意境的创造,林黛玉的形象就会失去诗意,林黛玉也就不成其为林黛玉了。①

---

① 叶朗:《中国小说美学》,第233—234页。

第五章　清代前期的诗歌流派与纪昀的诗歌评点

　　本章分为两部分,第一部分是清代前期四个诗学流派的美学思想,第二部分根据纪昀的《瀛奎律髓刊误》中的诗歌评点,讨论纪昀提出的诗歌审美范畴。

第一节　清代前期诗歌流派概说

一、清代前期诗歌流派的时代背景

　　清代是中国历史上最后一个王朝,在政治、经济、学术等多方面到达了农业社会的顶峰。

　　清代诗学理论的建设反映着清代思想文化的整体面貌。这有两个表现。其一,就整体面貌看,康、雍、乾三朝依次兴起的"神韵派"、"格调派"、"性灵派"和"肌理派"(或有一种说法是把"肌理"作为"格调"的一部分),各自都追求全面系统地总结历代诗文的演变规律,立论注重规范,引经据典,体现着相当成熟的学术面目。这些流派的出现,是清代艺术领域的重要现象,也是清代美学思想研究的一个重要领域。其二,各个流派都有各自的学术根底。如主张"性灵"的袁枚对主张"格调"的沈德潜有过激烈的批评,除了艺术见解的分歧,也有两人的学术取向不同。

沈德潜曾参与《浙江通志》的编撰,考据类著述有《古文易考》、《尚书古文今文考》、《周礼缺冬官考》、《新旧唐书考》、《史汉异同得失辨》等,是一位考据型学者,不讲求个人主张见解,以至于张舜徽评沈德潜别集《归愚文钞》时说:"若卷三群经纬书辨疑、历代逸史短长、东林理学气节等差诸篇,亦皆摭拾陈言,无甚心得,不足以语乎学术之末。"和沈德潜不同,袁枚则对"经典"持有另一种态度。他在《答定宇第二书》中声称:"三代上无'经'字,汉武帝与东方朔引《论语》称'传'不称'经',成帝与翟方进引《孝经》称'传'不称'经'。六经之名,始于庄周;经解之名,始于戴圣。庄周,异端也;戴圣,赃吏也。其命名未可为据矣。"①

根据历史时期和思想倾向的不同,有学者将清代诗学流派和思潮归为三条贯通始终的线索,即师古、师心、崇实。② 前两者承继明代而有所变化发展,后者接续明末,而主要是清人自己的创造,是对于明代师古、师心思潮的反拨,自然也便是清代诗学的特色所在。

清初的诗学流派以师法古人为主导风气,不同的流派区别在师法的对象不同。以陈子龙、李雯、宋征舆为代表的"云间派"和以陆圻为代表的西泠派,他们推尊汉魏,师法盛唐;钱谦益承"公安派"余绪,在学杜的同时,将师法对象从盛唐下推至宋元,黄宗羲等学人也开始推崇宋诗;朱彝尊古体初从汉魏入手,近体则师法初盛唐,完全是"前后七子"的路径;而王士禛为代表的"神韵"诗派则把取法的重心由师法格调转趋崇尚兴会神情,学习的对象也由推尊李杜的格套而转向王孟的清新。稍后,以沈德潜为代表的"格调"说,论诗推本源,明诗教,重胸襟,标诗法,高扬盛唐格调,作为典型的师古学说,在清盛期颇有影响。

与师古思潮并列,师心论在清初也有反映。钱谦益的诗学理论中即有师心倾向。继起的冯舒、冯班、贺裳、吴乔等人,论诗注重性灵,强调兴

---

① 引自王宏林《〈清诗别裁集〉选诗宗旨与格调性灵之争》,《南阳师范学院学报》(社会科学版),2009 年 2 期。

② 王贵顺:《清代:古典唐诗学的总结与终结》,《南京师大学报》(社会科学版),2008 年 2 期。以下有关师古、师心、崇实思潮的阐述亦见此文。

会、灵机的作用,并加强了对诗歌情景、意象、比兴、藻采等问题的探讨。他们倡导中晚唐诗,推重的是温李的辞采艳丽、情韵绵邈。乾隆年间,袁枚倡性灵说,是"性灵派"的代表人物。袁枚重视诗人真情的抒发,提倡"诗中著我",着力破除格调对于人的性灵的桎梏。清后期,师心的潮流呈现出多样化的态势。龚自珍的师心就是尊情,他发展了李贽的"童心"说,高扬人的自然情性,谴责腐朽社会对于个性的桎梏与扭曲,呈现出更鲜明的叛逆精神。

崇实思潮的兴起与学风转变息息相关。清代的学术思想,一反明人空谈心性、束书不观之习,推重学识和实践,强调读书的重要性。清初顾炎武即呼吁从事"实学",提倡经学和史学,注重考据,并关心世务,主张学术研究应用于实践。顾炎武的理论主张和实践开了有清一代崇实的思想路线。与顾炎武等同时而稍后的阎若璩、毛奇龄等人汲汲于名物的考究、文字的训诂、典章制度的钩稽,走上了朴学的路子。在清中期的文化高压态势下,有一些学者偏离了经世致用的轨道,选择了埋首故纸、远离时政的道路,以考据为实学。影响所及,在诗学方面便产生了以学问为诗、以考据为诗的观念,翁方纲便是这种观点的代表。

二、清代前期诗歌流派讨论中的几个关键美学问题

与明代相比,清代前期诗歌流派讨论总体来说是倾向复古的。诗学的复古有两个表现,一是对诗歌艺术的认同方面,宗唐尊宋是相当普遍的风气,二是在理论的建构方面,也要依傍古人的理论和概念。

我们不能简单地把"复古"等同于保守和倒退。"复古"反映了清人的一种意识:无论是思想还是艺术,所有的风格、类型都被古人穷尽了。所以,尊崇某一朝代或某一流派,其实意味着是对某一风格、类型的选择,至于创造活动,是在既有的类型之内谋求新颖的作品,去把这个类型当中的可能性充分地展开,而不是去开创一个新的类型。这也是清代思想文化的总体特征的一个体现。

在理论方面,宋代严羽《沧浪诗话》的影响很大,不同派别都援引其

中的观点作为自己的理论根据。

严羽《沧浪诗话》的重要内容之一也是推重汉魏和盛唐,以学古为号召。这个观点对明清诗论产生了深远的影响。明代前后七子主张崇唐抑宋,反映了严羽的影响。而后来公安派抨击他们的复古倾向时,却并不直接与严羽展开思想交锋,因为他们也受了严羽诗学的影响。袁宏道等性灵派的主张"独抒性灵,不拘格套"(《叙小修诗》),提出要跳出门派家法的拘束,直抒自己的真实性情;清代袁枚主张"著我",发露"自得之性情",都是从严羽诗论的"吟咏性情"、"诗有别趣"中来的。可以说,中国的诗学到了清代,进入了一个把以往的思想充分展开的阶段。

清代前期出现了四个影响巨大的诗学流派。这些流派各有自己的理论基础和选诗评诗的角度,互相之间也有很多辩难。在美学上总括其诗学辩难的要点,主要有以下几个互有关联的方面:

1."训练"与"天分"

作诗为文都属于基于技艺的创造性活动。作为创造性的活动,不能没有天赋。一个缺乏艺术天赋的诗人是可悲的,因为无论他如何努力,只能充当一个二流的作者。他的作品可能博得一时的嘉许,却绝不会流传久远。然而,仅有天资而缺少训练,也不能成就真正的佳作。这就在理论上要求阐明天资与训练之间的关系。对这个问题的不同认识,也体现在对作品的评价方面。总的来说,在清代的四家诗派中,主"神韵"与"性灵"的较倾向于"天分",而"格调"与"肌理"则侧重"训练"。

2."典范"与"真情"

如果说训练与天分是说明一个作者艺术创作的条件,"典范"与"真情"则涉及艺术创作的过程。

艺术的本质是审美意象,王夫之将诗歌艺术的意象概括为"情景交融"。一个情景交融的意象根源于诗人的内心,又外化为体裁、用字、典故、声律等等公共可感的形式。这两者理应统一,又不完全一致,正是郑板桥曾经说过的"胸中之竹"与"手中之竹"的区别。一个好的作品,自然是"胸中之竹"与"手中之竹"的完满结合,而当两者不能充分结合的时候,或是由于训练的不足,或是由于才情的缺乏,就提出了一个如何产生优秀作品的问题。一种认识是提倡人去模仿前代的典范作品,只要肖似古人,从临摹当中接受训练,寻求灵感;另一种认识则认为传达自己的真性情最可贵,只在这个目标之下才承认典范的意义。这一对矛盾的实质是艺术的后天技巧和外在形式与作者的真实性情之间的关系,是"手中之竹"与"胸中之竹"的关系。与前代鼓吹"性灵"的诗论家一样,袁枚特别重视真情,甚至归为男女恋慕之情,其他诸家则较为强调技巧和形式,在"情"的方面,则坚持儒家传统的"温柔敦厚"之说,将直露的男女之情斥为"淫"。

3. "不变(古)"与"变(今)"

艺术风格的时代变迁也是诗论家争论的焦点之一。对于艺术随时代而演变的事实,是每个人都承认的,但对这个事实的价值评价,则有相当的分歧。有的论者积极地肯定"变",认为"变"是"正"的一种表现和实现方式,这个思想来自于清初叶燮的"变能启正"的说法;而有的论者则只是消极地承认,认为诗歌的创作还是要以回到"盛唐"以至于先秦的《诗》作为目标。这在王士禛的"神韵"说里体现得比较明显。主张"性灵"的袁枚对"变"持有最积极的态度,主张打破以"唐""宋"作为典范模型的思维定式,把"我"从一切古人套路中解放出来,直接抒发真实的性情。其他诸家则仍以宗唐尊宋作为号召,只是具体的理由稍有区别。

4. "教化"与"表达"

这体现了艺术的社会性与艺术家个性之间的关系。就理想的状态而言,艺术的社会性与艺术家个性理应是统一的,也就是说,当艺术作品通过审美意象而很好地表达了艺术家的个人情感时,就会促进艺术家和欣赏者个人内心的健康和谐,而这个过程的进一步扩大,就实现为社会整体的和谐效果。这个理想体现着社会要求和个人要求的统一。而在社会与个人对立比较强烈的环境下,主张社会效果的"教化"需要与主张个人情感抒发的"表达"需要就会产生隔阂,以至于对立。表现在清代的诗歌创作和评鉴方面,就是儒家敦厚含蓄的审美标准与情感的自由抒发的要求之间的矛盾。主张"性灵"的袁枚以"表达"作为一切艺术价值的源头,反对一切压抑人性的并且必然流于虚伪的"教化"。"神韵"、"格调"、"肌理"诸说则基本坚持儒家的正统观念,尤其沈德潜的"格调",把"情之正"作为艺术情感表达的首要追求。

以上简单梳理了几家诗派争论的几个聚焦点,并就各家最突出的观点稍作概述。值得注意的是,就发言立论的实际情况而言,每一家都自有面貌,又自成体系,在具体观点上不会过于偏激。这里仅举一例,在学习古人典范的问题上,"性灵"派的袁枚也主张要学习古人,而且要博采众长,把学习古人与自我创造统一起来,做到"字字古有,言言古无"(《小仓山房诗集》卷二十,《续诗品三十二首》)。而主张学问、考据的翁方纲也说"凡所以求古者,师其意也,师其意,则其迹不必求肖之也。"(《复初斋文集》卷八,《格调论中》)把两人的说法放到一起,我们很难分辨其派别。进而言之,即便是最讲究表达自我性情的袁枚,在立论的时候,也要援引《诗》的经典名句作为自己的论据。这是我们在研究几个流派的特点时不能忽视的一点。

第二节　王士禛的神韵说

清初第一个比较大的诗学流派是王士禛开创的"神韵说"。

随着明清鼎革逐渐淡出人们的记忆,士大夫关心的主题也从向后反思转向向前瞻望。进入清代盛期的士大夫开始创作符合新朝要求的"盛世之音"。与王士禛的"神韵"说相应的,即是一种清幽淡远的文风和趣味。

王士禛(1634—1711),原名王士禛,字子真、贻上,号阮亭,又号渔洋山人,新城(今山东桓台县)人,进士出身,康熙年间官至刑部尚书,谥文简。王士禛精书画、诗文、金石,好为笔记,有《池北偶谈》、《古夫于亭杂录》、《香祖笔记》等。《四库全书总目提要》说:"当我朝开国之初,人皆厌明代王(世贞)、李(攀龙)之肤廓,钟(惺)、谭(元春)之纤仄,于是谈诗者竞尚宋元。既而宋诗质直,流为有韵之语录;元诗缛艳,流为对句之小词。于是士禛等以清新俊逸之才,范水模山,批风抹月,倡天下以'不著一字,尽得风流'之说,天下遂翕然应之。"王士禛没有给后人留下系统的艺术批评和美学著述,他的美学观点散见于其文章笔记之中。

王士禛在诗歌评点中特别提出"神韵",以致成了他的美学思想的一个标签。

早在明代,"神韵"就已经作为一个诗歌评点的用语出现了。例如,在陆时雍的《诗镜总论》中有:"诗之佳,拂拂如风,洋洋如水。一往神韵,行乎其间。""五言古非神韵绵绵,定当捉衿露肘。"胡应麟的《诗薮》有:"孟五言不甚拘偶者,自是六朝短古,加以声律,便觉神韵超然,此其占便宜处。英雄欺人,要领未易勘也。""盛唐气象浑成,神韵轩举,时有太实太繁处。""野旷天低树,江清月近人。'神韵无伦。"等等评语。这些地方对"神韵"一词的运用,主要是就诗歌作品的风格特点而言的。

王士禛对"神韵"的理解,也从诗歌的审美风格开始。他称引前人的说法:

> 汾阳孔文谷云:"诗以达性,然须清远为尚。"薛西原论诗,独取谢康乐、王摩诘、孟浩然、韦应物,言:"'白云抱幽石,绿筱媚清涟',清也;'表灵物莫赏,蕴真谁为传',远也;'何必丝与竹,山水有清音','景仄鸣禽集,水木湛清华',清远兼之也。总其妙在神韵矣。""神韵"二字,予向论诗,首为学人拈出,不知先见于此。(《池北偶谈》)

他说,虽然"神韵"是自己提炼出的一个用来概括诗歌审美属性的概念,但后来当他见到有人已把"清"、"远"等都归结为"神韵"的时候,也不得不叹服。究其原因,大概是他自己也认为"清"、"远"等概念可以充分展现"神韵"的内涵。把这些概念纳入到"神韵"当中,也就大大地充实了后者。

王士禛在美学上的贡献,是把"神韵"这样一个单独的诗歌批评的概念发挥成为较为系统的整体思想。

王士祯对于诗歌艺术的理解,宗奉盛唐为圭臬。他在诗歌评点方面的美学思想则以司空图的《诗品》和严羽的《沧浪诗话》为依据。王士祯特别赞赏严羽论诗"不涉理路,不落言诠",称之为"皆发前人未发之秘"(《带经堂诗话》卷二),而他的"神韵说"也主要是对严羽的"羚羊挂角,无迹可求"的发挥。他在不同的地方提出类似的说法:

> 严沧浪论诗云:"盛唐诸人,唯在兴趣,羚羊挂角,无迹可求,透彻玲珑,不可凑泊,如空中之音,相中之色,水中之月,镜中之象,言有尽而意无穷。"司空表圣论诗亦云:"味在酸咸之外。"康熙戊辰春抄,日取开元天宝诸公篇什读之,于二家之言,别有会心。录其尤隽永超诣者,自王右丞而下四十二人,为《唐贤三昧集》,厘为三卷。(《带经堂诗话》卷四)

> 夫诗之道,有根抵焉,有兴会焉,二者率不可得兼。镜中之象,水中之月,相中之色,羚羊挂角,无迹可求,此兴会也。本之《风雅》以导其源,溯之《楚骚》、《汉魏》乐府诗以达其流,博之《九经》、《三史》、诸子以穷其变,此根抵也。根抵源于学问,兴会发于性情。(《带经堂诗话》卷三)

我们在前面指出,知识、典故、义理,都属于"质实"的一面,而韵味、风神、兴会等则属于"灵秀"的一面,两者经常会形成矛盾,也是清代诗歌美学争论不休的问题。王士祯已经意识到"不可得兼"的问题。就他本人而言,虽然并不否认"根抵"的价值,但在诗学理论当中,却是明显倾向于"兴会"、"性情"的。

王士祯从诗歌鉴赏的角度举例说明了他对"不着一字"的认识:

> 或问"不着一字,尽得风流"之说。答曰:"太白诗'牛渚西江夜,青天无白云。登高望秋月,空忆谢将军。余亦能高咏,斯人不可闻。明朝挂帆去,枫叶落纷纷。'襄阳诗'挂席几千里,名山都未逢。泊舟浔阳郡,始见香炉峰。尝读远公传,永怀尘外踪。东林不可见,日暮

空闻钟。'诗至此,色相俱空,政如羚羊挂角,无迹可求。画家所谓逸品也。"(《分甘余话》)

> 宋景文云:左太冲"振衣千仞岗,濯足万里流",不减嵇叔夜"手挥五弦,目送飞鸿"。愚案:左语豪矣,然他人可到。嵇语妙在象外。六朝人诗,如"池塘生春草"、"清晖能娱人",及谢朓、何逊佳句多此类。读者当以神会,庶几遇之。(《古夫于亭杂录》)

这些例子都具体地例示了"不着一字"的内涵。在他举出的几个例子中,从我们今天的美学角度看,所谓"色相俱空"、"不着一字",也就是诗歌意象超越了文字本身的意蕴,而指向一个更大的时空或意义。从老子、庄子开始,中国美学即有"象外之象"的观念,并逐渐促成了中国美学的"意境"观念。[①] 王士禛的"神韵"即是对中国美学中意境观念的一种阐释。另外,王士禛在这里不仅总结了诗歌意境的特征,而且还指出了与这种"言有尽而意无穷"的意象相匹配的鉴赏方法。他把这个方法称作"神会"。这个思想也可以溯至庄子曾经提到的"官知止而神欲行"(《庄子·养生主》)。鉴赏论里的"神会"也是"神韵"思想的一个组成部分。

王士禛在论诗歌创作的时候,也展开了严羽的"无迹可求"的观念。他说:

> 肖子显云:"登高极目,临水送归。蚤雁初莺,花开叶落。有来斯应,每不能已。须其自来,不以力构。"王士源序孟浩然诗云:"每有制作,伫兴而就。"余生平服膺此言,故未尝为人强作,亦不耐为和韵诗也。(《渔洋诗话》)

这一段强调了艺术创作过程中"兴"的重要性。王士禛征引前人的论述指出,艺术创作需要灵感,灵感来的时候,势不可当,只要尽管去运用它。在没有灵感的时候,就不能勉强("不可凑泊")。艺术家要做的就是涵养那个灵感,等待它的到来,这就是所谓"伫兴"。以这个观点看,和

---

① 参见叶朗《中国美学史大纲》,第130—132页。

韵诗往往是应酬之作,不可能每次都恰好遇到灵感,所以不能保证艺术的品味,对真正的诗人来说,这种诗不做也罢。

由于灵感的内涵是不能用语言来描述的,所以人只能限于把这个"不能说"的现象给说出来。王士禛说:

> 越处女与勾践论剑术。曰:"妾非受于人也,而忽自有之"。司马相如答盛览曰:"赋家之心,得之于内,不可得而传"。云门禅师曰:"汝等不记己语,反记吾语,异日稗贩我耶?"数语皆得诗家三昧。(《渔洋诗话》)

"忽自有之"、"不可得而传"都说明,诗歌创作最重要的心法只能自己去体会,而不能形之于语言文字,无法传达给其他人。这诚然是中国美学自老庄以来一以贯之的认识。然而,就美学的理论反思和批评实践而言,这个认识却引出了一些问题,比如:诗歌创作的经验如何能够传达? 进而言之,有关诗歌的批评和讨论还有什么意义呢? 美学思考到了这个地步,看起来就必须止步了。

王士禛自己对这个问题也很清楚。他记录了他的学生跟他人讨论的一段对话:

> 洪升昉思(按:王士禛的学生)问诗法于施愚山,先述余凤昔言诗大指。愚山曰:"予师言诗,如华严楼阁,弹指即现,又如仙人五城十二楼,缥缈俱在天际。余即不然。譬作室者,瓴甓木石,一一须就平地筑起。"洪曰:"此禅宗顿、渐二义也。"(《渔洋诗话》)

王士禛的学生把"神韵"跟禅宗里的顿法相提并论。我们知道,禅宗有南顿北渐之分,"渐"重视修行次第,"顿"则强调当下即觉,不假外在法门路径。"顿悟"直取胜境,显得更高一筹。但是,这种法门仅限于上等根器之人。一旦"顿悟"成了众人竞相标榜的风尚,被好名取巧的人引来粉饰疏陋,就流为"狂禅"。顿悟的观念在明代被广泛推广到儒学思想和艺术创作领域,晚明思想界的疏狂风气也与此有关。

康熙年间,王士禛文名隆盛,其诗作和艺术观点影响极大。纪昀曾说王士禛"当康熙中,其声望奔走天下。凡刊刻诗集,无不称渔洋山人评点者,无不冠以渔洋山人序者。下至委巷小说,如《聊斋志异》之类,士禛偶批数语于行间,亦大书王阮亭先生鉴定一行,弁于卷首,刊诸梨枣以为荣"(《四库全书总目》卷一七三)。这固然可以很好地传播其文采和思想,但一世盛名有时也有其代价。王士禛的"神韵"广受推崇的同时,也逐渐空洞化,甚至扭曲成为空疏、空寂的代名词。

其实,王士禛本人的见解并不像后来人误解的那样凌空蹈虚。他一方面强调"不着一字",另一方面也有许多质实的思考。

王士禛指出,为诗要有严格的源流意识,如:

> 为诗要穷源溯流。先辨诸家之派,如何者为曹、刘,何者为沈、宋,何者为陶、谢,何者为王、孟,何者为高、岑,何者为李、杜,何者为钱、刘,何者为元、白,何者为昌黎,何者为大历十才子,何者为贾、孟,何者为温、李,何者为唐,何者为北宋,何者为南宋,析入毫芒,学焉而得其性之所近。不然,胡引乱窜,必入魔道。(《燃灯记闻》)

王士禛认为,当时人的诗歌创作已经不可能跳出古人已有的风格类型。在这段话里大量列举的"何者为",都可以看作是既有的一些风格类型的归纳。诗作者要展开自己的创作,不能不对以往的各类诗作有所了解,以便站在前人的肩头更进一步。有了这种深厚的积累,然后才可以谈得上"羚羊挂角,无迹可求"。这跟诗学中的狂禅风气是完全不同的。

再如他对诗史的看法:

> 《诗》三百篇中"何不日鼓瑟","谁谓雀无角","老马反为驹"之类,始为五言权舆。至苏李、《十九首》,体制大备。自后作者日众,唯曹子建、阮嗣宗、左太冲、郭景纯数公,最为挺出。江左以降,渊明独为近古,康乐以下其变也。唐则陈拾遗、李翰林、韦左司、柳柳州独称复古,少陵以下又其变也。综而论之,则刘舞所谓"结体散文,直而不野",汉人之作,琼不可追;"慷慨磊落,清峻遥深",魏晋作者,抑其次也;"极貌写物,穷力追新",宋初以还,文胜而质衰矣。(《带

经堂诗话》卷一）

在这里，王士禛为严羽的"羚羊挂角，无迹可求"注入了历史的内涵。尤其值得注意的是他以"文"与"质"的关系来看待文学和美学的演变。可见，王士禛的美学思想并不能被"神韵"这个概念完全概括。这也说明了这个概念在理论上存在着一定的缺陷。

严羽、司空图对于诗歌的理解带有着佛家和道家的色彩，但又能与《诗经》以降的儒家诗教传统相契合，而"神韵"即为几家诗学美学交汇处。翁方纲说："诗人以神韵为心得之秘，此义非自渔洋始也，是乃自古诗家之要妙处，古人不言而渔洋始明著也。"（《复初斋文集》卷十）

尽管从审美趣味上看，王士禛的"神韵"说偏向于道家的飘逸风格，但就艺术的社会属性说，他却持有典型的儒家观念。王士禛认为，诗歌创作关乎文化乃至王朝的兴衰，并不仅仅是文人的事业。他立足于儒家的正统立场，认为艺术文化的建设需要通过自上而下的引领，社会的统治者应该负起振作文脉的责任。他说：

> 风雅之盛衰，存乎上人之振起。三代而上，其源在君相，故文、武、周、召兴，而有正风、正雅，否则变矣。三代而下，其权在士大夫，操文枋而转移一世。即以两汉言之，其君亦往往能文。故士大夫之以诗传世者，大率质过其文犹有《风》、《雅》遗意，而不专以艳丽为工。至西园诸子而风斯滥。追于张华、傅玄以及潘、陆而风斯漓。虽正之以左、鲍、陶、谢而不能振。（《师友诗传录》）

儒家文论向以"雅""正"并提，"雅"即是"正"。孔子曾经说过，天下有道，礼乐征伐自天子出；天下无道，礼乐征伐则自诸侯、大夫以至于家臣出。引领文化风气的人的层面越高，礼乐就越稳固，反之越有礼崩乐坏的危险。[①] 王士禛把这个思路用在诗学领域，指出维护风雅应该从最

[①] 孔子曰："天下有道，则礼乐征伐自天子出；天下无道，则礼乐征伐自诸侯出。自诸侯出，盖十世希不失矣。自大夫出，五世希不失矣。陪臣执国命，三世希不失矣。天下有道，则政不在大夫。天下有道，则庶人不议。"（《论语·季氏》）

高统治者做起,即便不能,也要由这个时代最优秀的士大夫担当重任,不能委诸那些品行格调不高的文人。

第三节　沈德潜的格调说

沈德潜(1673—1769),字确士,号归愚,江苏苏州人。少年以诗文闻名,但科举不利,66岁方中举,次年中进士,历任起居注官、内阁学士,官至礼部侍郎。编有《唐宋八家文读本》《古诗源》《唐诗别裁》《明诗别裁》《国朝诗别裁集》等。沈德潜少时曾从叶燮学诗,其文学和美学观点都受到叶燮的影响。叶燮曾将自己和他学生的诗作寄给王士禛,王士禛在回信中赞扬沈德潜的诗作"不止得皮,得骨,直已得髓"。沈德潜晚年成为乾隆器重的御用学者,在美学观点上与叶燮分道扬镳。

沈德潜继王士禛成为有清一代的诗坛领袖,并在诗学上开创出了自己的派别。他并不反对王士禛的"神韵说",并且也赞同王士禛以"盛唐"为诗歌创作的楷模。他曾说:"司空表圣云:'不着一字,尽得风流。''采采流水,蓬蓬远春。'严沧浪云:'羚羊挂角,无迹可求。'苏东坡云:'空山无人,水流花开。'王阮亭本此数语,定《唐贤三昧集》。木玄虚云:'浮天无岸。'杜少陵云:'鲸鱼碧海。'韩昌黎云:'巨刃摩天。'惜无人本此定诗。"(《说诗晬语》卷上,八三)

沈德潜之所以提出"格调说",是因为看到了"神韵说"的流弊。"神韵"主张之所以在传播过程中逐渐空疏,是因为这个概念先天不足,偏于一种审美趣味,而不能涵摄诗歌的志意(尽管在其创始人那里未必如此)。由此,沈德潜提出了较不容易被误解歪曲的概念以补"神韵"之不足。他说:

> 予惟诗之为道,古今作者不一,然揽其大端,始则审宗旨,继则标风格,终则辨神韵,如是焉而已。予向有古诗、唐诗、明诗诸选,今更甄综国朝诗,尝持此论,以为准的。窃谓宗旨者,原乎性情者也;风格者,本乎气骨者也;神韵者,流于才思之余,虚与委蛇,而莫寻其

迹者也。(《归愚全集文钞》卷十四)

在这里,沈德潜把作诗的"大端"列举出三条,一是本乎性情的"宗旨",贯彻着诗作的精神内涵;二是本乎"气骨"的"风格",主要体现着作品的审美品味;"神韵"则放在第三,仅是表现作者"才思"的一种末流指标。

沈德潜是儒家主流诗学的维护者,指出"文章实载道,讵曰小技为"(《归愚全集文钞》卷三)。被他置于首位的"宗旨"是"性情"之抒发,而性情的抒发需要遵循"温柔敦厚"、"发乎情、止乎礼义"的"诗教"原则。

在论诗的主要著作《说诗晬语》开篇,沈德潜指出"诗之为道,可以理性情、善伦物,感鬼神,设教邦国,应对诸侯,用如此之重也"。他以此来解释那些经典作品之所以流传千古的原因。

> 苏李《十九首》后,五言最盛。大率优柔善人,婉而多讽。少陵才力标举,纵横挥霍,诗品又一变矣。要其感时伤乱,忧黎元,希稷契生平抱负,悉流露于褚墨间,诗之变,情之正也。(《说诗晬语》卷上,七四)

杜诗的思想内容以忧黎元、述抱负为多,艺术形式也多合乎沉郁之审美风格,沈德潜以"情之正"总括之,这是儒家美学的必有之义。

然而,像陶渊明那样的放达之作,又如何解释其优秀呢? 沈德潜说:"晋人多尚放达,独渊明有忧勤语,有自任语,有知足语,有悲愤语,有乐天安命语,有物我同得语。倘幸列孔门,何必不在季次、原宪下?"(《说诗晬语》卷上,六一)就是说,看似旷达的作者和作品,实际上也都有着沉郁厚重之处。如果无视这一点,只去强调文字华美的一面,就易入下流。他对陆机《文赋》中的名句"诗缘情而绮靡"就给出了这样的批评:"言志章教,惟资涂泽,先失诗人之旨。"(《说诗晬语》卷上,五八)

在《清诗别裁集·凡例》中,沈德潜有两段话说明了他选诗的标准,即是儒家的教化功能:

> 诗之为道,不外孔子教小子、教伯鱼数言,而其立言,一归于温

柔敦厚,无古今一也。自陆士衡有"缘情绮靡"之语,后人奉以为宗,波流滔滔,去而日远矣。选中体制各殊,要惟恐失温柔敦厚之旨。

诗必原本性情、关乎人伦日用及古今成败兴坏之故者,方为可存,所谓其言有物也。若一无关系,徒办浮华,又或叫号撞搪以出之,非风人之旨矣。尤有甚者,动作温柔乡语,如王次回《疑雨集》之类,最足害人心术,一概不存。

这两段话都是就艺术的形式与情感的抒发之间的关系来说的。在儒家正统诗教思想当中,情感要求抒发是人的天性,但情感的抒发总有过分的倾向,所以艺术的形式就需要对之加以引导和节制,而不能反过来加以刺激和挑动。引导和节制情感的艺术风格就是"温柔敦厚",是"风人之旨",而刺激和挑动情感的("作温柔乡语")则是"缘情绮靡","最足害人心术",所以要严加禁止,"一概不存"。

以上是有关沈德潜论诗的"宗旨"的方面,可以说,完全是儒家"诗教"的一贯口吻。但仅有这些,并不足以成就好的文学艺术。沈德潜在思想标准之外,还以"风格"(或"格调")来说明其艺术上的标准。这个诗学流派以"格调"命名,也是因为这突出的艺术上的标准。

正如在学术领域中的"尊经"常常与"复古"结合一样,沈德潜的"诗教"宗旨也与艺术上的师法古人的倾向结合在一起。《清诗别裁集》选诗的主张,在思想上是儒家的,在艺术上则尊唐黜宋。

唐诗蕴蓄,宋诗发露。蕴蓄则韵流言外,发露则意尽言中。愚未尝贬斥宋诗,而趣向旧在唐诗。故所选风调音节,俱近唐贤,从所尚也。若乐府及四言,有越唐人而窃攀六代、汉、魏者,所云"虽不能至,心向往之。"(《清诗别裁集·凡例》)

不读唐以后书,固李北地欺人语。然近代人诗,似专读唐以后书矣。又或舍九经而征佛经,舍正史而搜稗史、小说;但求新异,不顾理乖。(《说诗晬语》卷下,六四)

在沈德潜看来,唐之所以优于宋,是因为唐人作品的情感表现风格是"蕴蓄",含蓄隽敛,而宋诗则"发露",太直太尽。另外,就诗作所涉及的典故之类,沈德潜也认为,还是应该以传统经典("九经")所载的名物为主。唐以后的文化因为受到了佛教的浸染,在他看来就是驳杂不纯了。

不过,"窃攀六代、汉、魏"、"虽不能至,心向往之"的说法透露出沈德潜的另一个态度,就是唐以前的艺术甚至更佳。他说:

> 秦汉以来,乐府代兴;六代继之,流衍靡曼。至有唐而声律日工,托兴渐失,徒视为嘲风雪,弄花草,游历燕荻之具,而诗教远矣。学者但知尊唐而不上穷其源,犹望海者指鱼背为海岸,而不自悟其见之小也。今虽不能竟越三唐之格,然必优柔渐渍,仰溯《风雅》,诗道始尊。(《说诗晬语》卷上,一)

仅就复古而言,最彻底的当然是直接追溯先秦的《诗》。但清代的诗歌创作却不可能直接去复《诗》的古,因为先秦汉魏尚没有成熟的五、七言诗。要直追汉魏以至于《诗》,只能是一种精神上的继承,而在诗歌艺术创作方面,仍然要以唐代为典范。

作为叶燮的学生,沈德潜也有一种以"源流"、"正变"为核心的艺术史观。同叶燮一样,他也将文学的发展视作有源有流的江河:

> 诗至有唐为极盛,然诗之盛,非诗之源也。今夫观水者,至观海止矣,然由海而溯之,近于海为九河,其上为泽水,为孟津,又其上由积石以至昆仑之源。《记》曰:'祭川者先河后海。'重其源也。唐以前之诗,昆仑以降之水也。汉京魏氏,去风雅未远,无异辞矣。即齐、梁之绮褥,陈、隋之轻艳,风标品格,未必不逊于唐,然缘此遂谓非唐诗所由出,将四海之水,非孟津以下所由注,有是理哉?(《归愚全集文钞》卷十一,《古诗源序》)

唐代是诗歌艺术之盛时,但也要放在整个诗歌发展史的脉络当中来看。要学习唐诗,就既不能忽略其源头,也不能忽略它之前几个时代的特点。由这个观念,也可以看出,沈德潜同样并不忽略唐以后诗歌艺术的演变。他投入大量精力编写《古诗源》、《唐诗别裁》、《元诗别裁》、《明诗别裁》、《清诗别裁》等诗集,也是为了以"述"为"作",将他的美学思想呈现于选诗和评诗的具体过程当中。

儒家哲学以"中庸"为理想境界,又清醒地指出中庸之难能难为,需要人不断地"执两端以用其中"。循此思想,叶燮曾就艺术的演变史讨论了"正"与"变"的关系。叶燮认为,"正"是一种理想但不稳定的状态,"正"有可能随着时间的推移而走向偏颇,而"变"的价值就在于使人返归于"正"。叶燮说:"历考汉魏以来之诗,循其源流升降,不得正为源而长盛,变为流而始衰。惟正有渐衰,故变能启盛。"(《原诗》)沈德潜继承了这一思路。他说:"诗之风气随人变迁久已,其间有变而盛者,有变而衰者,大约衰极必盛,既盛复衰;然盛之流于衰,非理当衰也,无人焉防维之,使之日流于衰也"(《归愚全集文钞》卷一五,《与陈耻庵书》)。在这里,沈德潜更加突出了人在"变"的过程中的主观能动性,即时刻有意识地把握"变"的方向,使之不偏离"正"的方向。这当然也是符合儒家诗教的一贯主张的。

沈德潜虽然认为唐以后的作品不足为法,但也肯定由宋至本朝的历史发展中自有其"正"。他认为,"宋诗近腐,元诗近纤,明诗其复古也,而二百七十余年中,又有升降盛衰之别。"(《归愚全集文钞》卷十一,《明诗别裁集序》)唐之后,宋诗弊在腐陋,元诗弊在纤巧,而明代则出现了一场振兴,其间又有盛衰。他在《说诗晬语》中肯定了前七子的价值:"李宾之力挽颓澜,李、何继之,诗道复归于正","李献吉雄浑悲壮,鼓荡飞扬,何仲默秀朗俊逸,回翔驰骤。同是宪章少陵,而所造各异,骏骏乎一代之盛矣"。这种说法,一反当时清人评价前朝诗的常态。这也跟沈德潜与前后七子分享着相近的艺术观念有关,如同样都推崇盛唐,都提倡格调,等等。当然,他并不无视人们对前后七子的合理的批评。在《说诗晬语》中,他也说"诗不学古谓之野体,然泥古而不能变通,犹学书但讲临摹,分寸不失,而己之神理不存也"(《说诗晬语》卷十)。

沈德潜既把"神韵"、"才思"视作艺术的第三等指标,是否就意味着他不重视才情呢?沈德潜并不作如是想,他说:

古来论诗家,主趣者有严沧浪,主法者有方虚谷,主气者有杨伯谦,主格者有高廷礼,而近代朱竹宅则主乎学,之五者,均不可废也,然不得才以运之,恐趣非天趣,法非活法,气非浩气,格非高格,即学亦徒见其汗漫丛杂而无所归。盖诗之为道,人与天兼焉,而趣而法而气而格而学,从乎人者也,而才则本乎天者也。(《归愚全集文钞》卷十二,《李玉洲太史诗序》)

沈德潜在这里指出,艺术创作毕竟不能等同于说理。以前的诗论家提倡的趣、法、气、格、学等都是属于"人(后天人为)"的东西,虽然它们也是艺术创作不可或缺的必要条件,但并不能脱离天赋之"才"而成为艺术创作的唯一心诀。趣、法、气、格、学等需要依托"才",方能"活"起来,成就一个有血有肉的艺术作品。从这一点,也看出沈德潜艺术观点的周全。

然而,正如标举"神韵"的王士禛被人误解为空疏无实一样,沈德潜的思想也被后来的继承者和批判者们给片面化了。

第四节　翁方纲的肌理说

翁方纲(1733—1818),字忠叙,一字正三,号覃谿,晚号苏斋,顺天府大兴县(今属北京市)人。乾隆十七年进士,历官国子监司业、内阁学士等,后出督广东、江西、山东学政。翁方纲通书法、诗文、金石,著有《两汉金石记》、《粤东金石略》、《汉石经残字考》、《焦山鼎铭考》、《庙堂碑唐本存字》、《复初堂集》、《石洲诗话》等。

翁方纲的"肌理说"可以看作是对"神韵"、"格调"的修正,所以有些学者并不将之视作一个独立的诗学流派。但"肌理说"也有其不可忽视的特点。"神韵说"、"格调说"以及接下来要提到的"性灵说"都曾在历史上出现过相似的主张,有源可循,惟独注重考据的"肌理说"是清代的独创。"肌理说"反映着清代学术、思想、文化的特点,而且对清代诗坛的影响十分深远。

对于之前的"神韵"、"格调"之说,翁方纲采取主动回应的态度。自王士禛提出"神韵",诗论家竞相援引,渐渐流于空疏,以至于成为高言欺世的藉口。翁方纲针对这种流弊,提出要返归切实,不能抛开基础而空言"忘"与"化":

> 今人误执神韵,似涉空言,是以鄙人之见,欲以肌理之说实之。
>
> 置身题上者,必先身入题中也。射者,必入彀而后能心手相忘也。荃蹄者,必得荃蹄而后荃蹄两忘也。诗必能切己切时切事,一一具有实地,而后渐能几于化也。未有不有诸己、不充实诸己,而遽议神化也。(《复初斋文集》卷八,《神韵论中》)

另外,"神韵"是王士禛引佛、道的概念来解释儒家的诗学道理,翁方纲对此也有所批评。他说:"雅音叶律古无邪,识得根源正即葩。底事沧浪禅理喻?杜陵法本自儒家。"(《复初斋诗集》卷六二,《论诗家三昧于二首》)相对而言,翁方纲比较推崇"格调",认为"格调"派的流弊在后人之固执:

> 诗之坏于格调也,自明李、何辈误之也。李、何、王、李之徒,泥于格调而伪体出焉。非格调之病也,泥格调者病之也。夫诗岂有不具格调者哉?(《复初斋文集》卷八,《格调论上》)

在翁方纲看来,"神韵"、"格调"都各自有本,也都分别陷入到了偏颇的困境当中,而他要以一种新说来取而代之。这就是"肌理"。

"肌理"本来是指人的肌肤的纹理,语出杜甫的《丽人行》。翁方纲借此来概括论诗的原则:

> 乐生莲裳将之扬州,予为题扇一诗曰:"分寸量黍尺,浩荡驰古今。"盖言诗之意尽在矣。……昔李、何之空言格调,至渔洋乃言神韵。格调、神韵皆无可着手也。予故不得不近而指之曰"肌理"。少陵曰:"肌理细腻骨肉匀",此盖系于骨与肉之间,而审乎人与天之合,微乎艰哉!(《仿同学一首为乐生别》)

在这里,翁方纲对"神韵"、"格调"等说作了原则上的肯定,认为它们在抽象的文论层面上是没有问题的,但缺陷在"无可着手",也就是没法回应艺术创作的实际问题。他因而要提出一个更加切实的概念来补这个不足。在这段"肌理派"的宣言书当中,他借用了当时评诗家爱用的"针线",与自创的"肌理"放在一起,并统归为"条理"。用我们今天的话来解释,"针线"、"肌理"、"条理"略近于诗文的整体组织方式。

翁方纲明确指出,"理"的根本在于"六经"。

> 杜之言理也,盖根极于六经矣,曰"斯文忧患余,圣哲垂象系",《易》之理也;曰"舜举十六相,身尊道何高",《书》之理也;曰"春官验讨论",《礼》之理也;曰"天王狩太白",《春秋》之礼也。其他推阐事变,究极物则者,盖不可以指屈。

> 义理之理,即文理之理,即肌理之理也。(《复初斋文集》卷八,《格调论上》)

"义理"当然就是"六经"所载的儒家正统的经典思想,翁方纲以杜诗为例加以解说,言之凿凿,是任何人都无法质疑的。"文理"也是世人公认的诗文法则。翁方纲把"义理"、"文理"与他自己提出的"肌理"放在一起,使得这个"肌理"的概念顿时显得崇高了。

翁方纲阐述了"理"的特点:

> 理者,综理也,经理也,条理也。《尚书》之文直陈其事,而诗以理之也。直陈其事,非直言之所能理,故必雅丽而后能理之。雅,正也;丽,葩也。韩子又谓"诗正而葩"者是也。凡治国家者谓之理,治乐者谓之理,治玉者谓之理,治丝者谓之理……然则训诂者圣王作也,理则孰理之欤?曰:作是诗者不知也,及其成也,自然有以理之。此下句曰"曾经圣人手,议论安敢到",此理字自注也。理者,圣人理之而已矣。凡物不得其理则借议论以发之,得其理则和矣,岂议论所能到哉!至于不涉议论而理字之浑然天成,不待言矣,非圣人孰能与于斯。(《韩诗"雅丽理训语"理字说》)

这段话里有两个具有理论意义的问题:第一,翁方纲是区分了作为名词的"理"与作为动词的"理"。一般说到"理",联系到的是"天理"、"道理"、"理论"等,这些都是名词的用法。而类似于"治理"、"梳理"、"清理"等动词当中也有"理",翁方纲就发挥了这个意义,提出作诗也是一种"理"的行为,跟"治国"、"治玉"、"治丝"等是一类。第二,就作为动词的"理",翁方纲还区分了有意识的"理"和无意识的"理"。他认为,圣人的"理"是有意识的、自觉的,而一般的佳作则是无意识的、自发的。圣人能够在"不得其理"的地方自觉地"理之",甚至能够超越一般的议论说理,而采取更加富有韵致的形式。这些说法为"肌理"概念注入了理论内涵。

翁方纲还指出,六经之理并不必然就是诗文之理。诗文之理是六经之理的一种表现形式,是一种独特的"理"。翁方纲指出,诗文之理的独特之处就是它的艺术性,具体来说就是有其韵致,"理不外露":

> 理之中通也,而理不外露,故俟读者而后知之云尔。若白沙、定山之为《击壤》派也,则直言理耳,非诗之言理也。故曰:"如玉如莹,爰变丹青。"此善言文理者也。(《复初斋文集》卷十,《杜诗熟精文选理理字说》)

这也是从"理"存在形式方面发挥了儒家的"蕴藉"、"温柔敦厚"等原则。

因为有了本诸"六经"的"理",翁方纲就找到了一个超越"唐"、"宋"等艺术范型的道路。他在承认唐宋文风差别的基础上,反对将艺术评价标准等同于具体的文体、风格。这是直接针对"格调"的流弊而发的。他说:

> 古之为诗者,皆具格调,皆不讲格调。格调非可口讲而笔授也。唐人之诗,未有执汉、魏、六朝之诗以目为格调者;宋之诗,未有执唐诗为格调;即至金、元诗,亦未有执唐、宋为格调者。独至明李、何辈,乃泥执文选体以为汉、魏、六朝之格调焉;泥执盛唐诸家以为唐格调焉。于是不求其端,不讯其末,惟格调之是泥;于是上下古今,只有一格调,而无递变递承之格调矣。(《复初斋文集》卷四,《志言集序》)。

翁方纲指出,"格调"是自然形成的风格归类,一旦有意总结和推崇其形式上的特点并加以模仿,反而有可能偏离格调所以成立的基础,也就是体现着"肌理"的"本"。因为具有这样的意识,翁方纲对当时"诗分唐宋"的热点问题进行了回应。他说:

> 唐诗妙境在虚处,宋诗妙境在实处。初唐之高者,如陈射洪、张曲江,皆开启盛唐者也。中、晚之高者,如韦苏州、柳柳州、韩文公、白香山、杜樊川,皆接武盛唐,变化盛唐者也。是有唐之作者,总归盛唐。而盛唐诸公,全在境象超诣。所以司空表圣二十四诗品,及严仪卿以禅喻诗之说,诚为后人读唐诗之准的。若夫宋诗,则迟更二三百年,天地之精英,风月之态度,山川之气象,物类之神致,俱已为唐贤古画。即有能者,不过次第翻新,无中生有。而其精诣,则固别有在者。宋人之学,全在研理日精,观书日富,因而论事日密。如熙宁、元祐一切用人行政,往往有史传所不及者,而于诸公赠答议论之章,略见其概。至于茶马、盐法、河渠、市货,一一皆可推析。南渡而后,如武林之遗事,汴土之旧闻,故老名臣之言行、学术,师承之绪论、渊源,莫不借诗以资考据。而其言之是非得失,与其声之贞淫正变,亦从可互按焉。(《石洲诗话》卷四)

在这一段文字中,翁方纲指出唐宋两代的诗作都各有其价值,并且已然成为两种典范类型。他承认唐诗超迈绝伦的艺术水准,同时又为宋诗的价值作了辩护。他指出,唐诗的特点诚如司空图《二十四诗品》和严羽的《沧浪诗话》所概括的,是"境象超诣",无迹可求。宋诗在此方面逊色不少,但又长在"研理日精,观书日富,因而论事日密",也就是对于"理"的把握和学识方面精微细致的研究。也许其他时代的文论家并不认为对于艺术创作而言,"茶马、盐法、河渠、市货,一一皆可推析"算得上是什么优势,但放在极重视考据学问的清代,翁方纲的这种说法又是可以理解的了。

翁方纲对"诗分唐宋"的认识也体现着他的艺术的演变观念。

盛唐之后，中唐之初，一时雄俊，无过钱、刘。然五言秀绝，固足接武；至于七言歌行，则独立万古，已被杜公占尽，仲文、文房皆邑右余波耳。然却亦渐于转调伸缩处，微微小变。诚以熟到极处，不得不变，虽才力各有不同，同源委未尝不从此导也。（《石洲诗话》卷二）

余尝论文学史之正变，初不尽以繁简浓淡之外貌求之，如"于穆清庙"，"维清缉熙"，《周颂》也，而篇章极简古；"小球大球"，"来享来王"，《商颂》也，而篇章极畅达。夫值其当含蓄之时，而徒事繁缛者，非也；值其不能含蓄之时，而故为敛抑者，亦非也。故曰："行乎其所不得不行，止乎其所不得不止。"不求与古人离，而不能不离；不求与古人合，而不能不合，此古今文之总括也。（《七言诗三昧举隅》）

翁方纲在这里强调了"变"乃是"不得不变"。"文"是时代气运的体现，只要天地万物都在变，就必然要求文体、文风也要跟着变。哪怕这种"变"有可能使后代的作品水准不及前代，但这个"变"仍然是有其道理可言的，因为这本身就是审美现象之"理"。

第五节　袁枚的性灵说

对"格调派"、"肌理派"提出最尖锐质疑的是袁枚所代表的"性灵派"。

袁枚（1716—1797），字子才，号简斋，别号随园老人，时称随园先生，钱塘（今浙江杭州）人，祖籍浙江慈溪，曾官江宁知县。袁枚为"清代骈文八大家"，文笔与大学士纪昀齐名，时称"南袁北纪"，又与蒋士铨、赵翼并称"江右三大家"。袁枚提倡女性文学，广收女弟子。他曾说"凡诗之传者都是性灵"（《随园诗话》卷五），属于"性灵"一派。

对"性灵"（以及与之相应的性情、天才等）的呼唤，并非某个或某些人的主张，而是反映着艺术创作的一种必然趋势。前面提到，艺术创作必要以一些技术训练为基础，但对于技术的依仗则会遮蔽艺术的本质。

每当艺术界对技术的强调出现了极端化的倾向,总会有一些艺术家和批评家站出来加以纠正。历代的"性灵说"都主张艺术创作要出自真性情,反对抛开真性情而以风格、套路、格律等外在的形式因素作为作诗为文和审美评价的标准。这个主张表现在艺术批评方面,就是以是否抒发真情实感作为判别艺术与非艺术的唯一标准,反对一切非审美的因素对艺术创作的干扰。当然,每个时代的"性灵"主张也略有不同。与晚明时纵横张扬的"性灵"学说相比,袁枚的主张较为集中于艺术领域,围绕着当时的一些重点问题来讨论作诗为文的方法。

与高扬"性灵"的前代学者一样,袁枚的发言立论也以大胆率直著称。他曾以犀利以至于刻薄的语言来讥评同时代的其他诗论家们,如"抱杜、韩以凌人,而粗脚笨手者,谓之权门托足。仿王、孟以矜高,而半吞半吐者,谓之贫贱骄人。开口言盛唐及好用古人韵者,谓之木偶演戏。故意走宋人冷径者,谓之乞儿搬家。好叠韵、次韵,刺刺不休者,谓之村婆絮谈。一字一句,自注来历者,谓之骨董开店。"(《随园诗话》卷五,三十八)"贫贱骄人"指向王士禛的"神韵说","权门托足"、"木偶演戏"是说沈德潜的"格调说","骨董开店"则是翁方纲的"肌理说"。除了学术主张的因素,我们不能忽略的一点是:袁枚与其他的诗论家有着不小的年龄差距。在他的文字当中,少年的才气和锐气展现得淋漓尽致。

袁枚的美学思想,主要就是从各个角度展开对非审美因素的批判。我们归纳为以下几点:

(一)批评当时诗歌创作和评价必讲求门派、"家法"的风气

与任何技艺一样,初学作诗的入门阶段一般要有一个模仿前人的过程。这虽然是一条必经的道路,却不可成为进一步成长的障碍。袁枚指出,如果把肖似前人作为追求的目标,就是自己给自己设置障碍了。

首先,模仿古人是无意义的。

> 学杜而竟如杜,学韩而竟如韩:人何不观真杜、真韩之诗,而肯观伪韩、伪杜之诗乎?(《随园诗话》卷七)

> 足下之意,以为我辈成名,必如镰、洛、关、闽而后可耳。然鄙意
> 以为得千百伪镰、洛、关、闽,不如得一二真白傅、樊川。以千金之珠
> 易鱼之一目,而鱼不乐者,何也? 目虽贱而真,珠虽贵而伪故也。
> (《答敢园论诗书》)

艺术创作的目的是表现自我的情感,即便是为了求文名,也要有自
己的独特面目。袁枚尖锐地指出:如果以酷肖古人为目标,最高的境界
也无非就是以假乱真。那么人家为什么不直接去欣赏古人的作品,反而
要去欣赏伪作呢? 袁枚以这种方式揭示了模仿古人的不可取。

其次,模仿古人是自设障碍。

> 诗人家数甚多,不可硁硁然域一先生之言,自以为是,而妄薄前
> 人。须知王、孟清幽,岂可施诸边塞? 杜、韩排募,未便播之管弦。
> 沈宋庄重,到山野则俗。庐仝险怪,登庙堂则野。韦柳隽逸,不宜长
> 篇。苏黄瘦硬,短于言情。悱恻芬芳,非温、李、冬郎不可。属词比
> 事,非元、白、梅、村不可。古人各成一家,业已传名而去。后人不得
> 不兼综条贯,相题行事。虽才力笔性,各有所宜,未容勉强。然宁藏
> 拙而不为则可,若护其所短,而反讥人之所长,则不可。(《随园诗
> 话》卷五)

袁枚指出,古来任何名家都各有其所长,也各有其所短,每个人的才
气性情各有所适合的题材,也有其所不及之处。那些成名成家的人,往
往是扬其所长,避其所短,令初学者不知其全体。初学者若一味追随古
人,不仅放弃了自己的独特面目,而且限制了艺术创作的视野。

据此,袁枚也对王士禛以"神韵"作为衡量一切诗作的标准提出了
质疑:

> 严沧浪借禅喻诗,所谓羚羊挂角,香象渡河,有神韵可味,无迹
> 象可寻。此说甚是。然不过诗中一格耳。阮亭奉为至论,冯钝吟笑
> 为谬谈:皆非知诗者。诗不必首首如是,亦不可不如此种境界。
> (《随园诗话》卷八)

袁枚认为,严羽首倡并为后人继承的"神韵说"自有其价值,但如果学诗者把取法的对象限制在一家一派,或者一个时代、一种风格,就特别容易变得偏颇,受制于此派或此时代的弊端。

(二)反对当时十分盛行的"诗分唐宋"的观念

> 夫诗,无所谓唐、宋也。唐、宋者,一代之国号耳,与诗无与也。诗者,各人之性情耳,与唐、宋无与也。若拘拘焉持唐、宋以相敌,是子之胸中有已亡之国号,而无自得之性情,于诗之本旨已失矣。(《小仓山房诗文集》卷一七,《答施兰宅论诗书》)

诗只有好与不好的区别,不能以时代来定优劣。袁枚还特别举例说明所谓"唐""宋"并不是一个具有概括能力的标签。如:

唐诗当中也有纤细之作:

> 盛唐贺知章咏柳云:"不知细叶谁裁出,二月春风似剪刀。"初唐张谓之安乐公主山庄诗:"灵泉巧凿天孙锦,孝笋能抽帝女枝。"皆雕刻极矣,得不谓之中、晚乎?(《随园诗话》卷七)

后人说宋诗琐碎,唐诗也有:

> 杜少陵之"影遭碧水潜勾引,风妒红花却倒吹","老妻画纸为棋局,稚子敲针作钓钩"。琐碎极矣,得不谓之宋诗乎?(《随园诗话》卷七)

袁枚反对"宗唐"、"学宋",跟反对模仿古人、固守家法的思路是一样的。除此而外,关于唐宋之说,还有一个艺术发展观的问题。像前面提到的主张宗唐的沈德潜,其诗分唐宋的艺术观念往往反映着一种带有倾向性的古今观念。袁枚这样表述他自己的古今演变的观念:

> 唐人学汉、魏变汉、魏,宋学唐变唐,其变也,非有心于变也,乃不得不变也。使不变,则不足以为唐,不足以为宋。子孙之貌,莫不本于祖父,然变而美者有之,变而丑者有之,若必禁其不变,则虽造物有所不能。

变唐诗者,宋、元也;然学唐诗者,莫善于宋、元,莫不善于明七子。何也? 当变而变,其相传者心也;当变而不变,其拘守者迹也。(《小仓山房文集》卷一七,《答沈大宗伯论诗书》)

袁枚在这里讨论了"变"与"不变",或者"创新"和"继承"的关系问题。在袁枚看来,无论"变"还是"不变"都不应该成为固执的追求。文体、文风应该"变"还是"不变",决定在艺术创作的内在要求,即是否能够最好地传达性情。袁枚指出,这个标准最终是取决于作诗人、评诗人的"心"。

(三)反对外在的形式、规范对于抒发真情的限制

袁枚有一些批评是直接针对"神韵"、"格调"诸说的。重"格调"者往往更多地强调规范,而忽视才情。袁枚本人天资很高,所以看不上那些依靠训练、苦吟作诗的人。

诗不成于人,而成于其人之天。其人之天有诗,脱口能吟;其人之天无诗,虽吟而不如其无吟。(《小仓山房诗文集》卷二八,《何南园诗序》)

他毫不客气地批评"格调"之说:

须知有性情,便有格律,格律不在性情外。《三百篇》半是劳人思妇率意言情之事,谁为之格? 谁为之律? 而今之谈格调者,能出其范围否?(《随园诗话》卷一)

在他看来,诗词固然应讲究格律,但格律是要纳入到性情的自然抒发当中的。袁枚甚至对于文人圈子里作诗和韵的风气也提出了疑议:

余作诗,雅不喜叠韵、和韵及用古人韵。以为诗写性情,惟吾所适,既约束,则不得不凑泊;既凑泊,安得有性情哉? 忘韵,诗之适也。(《随园诗话》卷一)

"忘韵,诗之适"来自于庄子的"忘足,履之适"、"忘腰,带之适"的说法,意思是格律、和韵之事应该自然而然,让人有而不知其有,就像最好

的腰带、鞋子会让腰身、脚掌恍若无物。袁枚对庄子这个说法的活用，也算是"忘足，履之适"了。

（四）反对学识、考据、典故对于艺术创作的干预

我们知道，清代的学术比起前面任何朝代来都发达得多，学者文人难免在作诗的时候也夹杂学问考据的习惯。袁枚对这一现象的批评带有明显的时代特色。

针对王士祯的诗歌过分修饰、用典，袁枚质疑说这是其缺乏真性情的表现：

> 阮亭主修饰，不主性情，观其到一处必有诗，诗中必用典，可以想见其喜怒哀乐之不真矣。（《随园诗话》卷三）

> 对于那种生硬的用典，袁枚不客气地打比喻说如"博士买驴，书券三纸，不见驴字"。（《随园诗话》卷六）

他对"肌理说"的讲求注疏、卖弄学问也给以讥讽：

> 近日有巨公教人作诗，必须穷经注疏，然后落笔，诗乃可传。余闻之，笑曰：且勿论建安、大历、开府、参军，其经学何如。只问"关关雎鸠"、"采采卷耳"是穷何经、何注疏，得此不朽之作？陶诗独绝千古，而读书不求甚解。何不读此疏以解之？（《随园诗话》补遗卷一）

在这里，袁枚引用了人所共知的朴素事例，用来说明第一流的作品无须建立在"穷经注疏"上面，有"以子之矛攻子之盾"的意思。

> 李玉洲先生曰："凡多读书，为诗家最要事。所以必须胸有万卷者，欲其助我神气耳。其隶事、不隶事，作诗者不自知，读诗者亦不知，方可谓之真诗。若有心矜炫淹博，便落下乘。"（《随园诗话》补遗卷一）

从这段话可以看出，袁枚是提倡多读书、治学问的，认为这对艺术创作也有益。正如前面的"忘韵，诗之适"，这里也是主张要"忘学问"，也就是要把学问化入到审美意象的创造当中，不要让学问兀自凸显，反而成

为审美创造的累赘。

他也反对以迷信的态度看待学问经典，也就是"六经"。

> 以为六经之于文章，如山之昆仑、河之星宿也。善游者必因其
> 胚胎滥觞之所以，周巡夫五岳之崔巍，江海之交汇，而后足以尽山水
> 之奇。若矜矜然孤居独处于昆仑、星宿间，而自以为自足，则亦未免
> 为塞外之乡人而已矣。试问今之世，周、孔复生，其将抱六经而自足
> 乎？抑不能不将汉后二千年来之前言往行而多闻多见之乎？（《小
> 仓山房文集》卷一八，《答惠定宇书》）

袁枚承认，"六经"是一切文章之源，但他强调，"六经"是在义理上，
而不是在具体的内容、形式上影响文章。文章、诗歌的优劣，是看作者能
否应对其所处时代的问题。

以上梳理了袁枚对世风的批评。这些批评尖锐直接，在维护诗歌的
艺术纯正性，抵制非审美因素的干扰方面，是十分难能可贵的。

其实，袁枚并不一味标榜才华性情，反而是非常重视学习古人的。
他立论的重点是把学习古人作为确立自己独特面目的手段，而非变成了
目的。那么，如何既学习了古人，又不被古人拘束，而保持自己的真实面
目呢？袁枚提出了一个思路，就是打破一家一法的界限，博采众长。
他说：

> 凡事不能无弊，学诗亦然。学汉、魏文选者，其弊常流于假；学
> 李、杜、韩、苏者，其弊常失于粗；学王、孟、韩、柳者，其弊常流于弱；
> 学元、白、放翁者，其弊常流于浅；学温、李、冬郎者，其弊常失于纤。
> 人能取诸家之精华，而吐其糟粕，则弊尽捐。大概杜、韩以学力胜，
> 学之，刻鹄不成，犹类鹜也。太白、东坡以天分胜，学之，画虎不成，
> 反类狗也。（《随园诗话》卷四）

袁枚在这里指出了任何一家都有其不足之处。这些不足之处在流
派的开创者那里，尚不足以形成弊端，但其后学者如果把师法局限在一
家之中，就容易扩大这些不足，从而形成流弊。这就是学诗（以及其他的

技艺)所以要博采众长的原因。

针对洪亮吉模仿韩、杜等名家的做法,袁枚质疑说:"无论仪神袭貌,终嫌似是而非,就令是韩是杜矣,恐千百世后人,仍读韩、杜之诗,必不读类韩类杜之诗。使韩、杜生于今日,亦必别有一番境界,而断不肯为从前韩、杜之诗。"(《小仓山房诗文集》卷三一,《与稚存论诗书》)这里揭示出一个问题:所谓学习古人,究竟学的是什么? 一般的模仿者会看到古人现成的作品风貌。袁枚指出,由于时代环境的不同,即使古人复起,创作的作品也会相应有所改变。而这种改变,就不是模仿者所能想象的了。所以,要学习古人,是要学习他的创造力,而不是已经创作出的现成作品的形式。由此,袁枚提出了自己的学习古人的原则:"不学古人,法无一可;竟似古人,何处著我。字字古有,言言古无,吐故吸新,其庶几乎! 孟学孔子,孔学周公,三人文章,颇不相同。"(《小仓山房诗集》卷二〇,《续诗品三十二首》)在这里,袁枚提出了"似"和"学"的区别:"似"是追求酷肖的模仿,而"学"则是融汇古人而为我今天的创作所用。这个意义上的"学"是带有创造性的,是继承和发展的统一。

除了袁枚,当时宣扬"性灵"的还有赵翼。他是历史学家,美学思想主要集中于《瓯北集》。他十分强调诗文之"变"与时代更易之间的关联,并以诗作的形式传达这种思想:"诗文随世运,无日不趋新,古疏后渐密,不切者为陈"(《瓯北集》卷四六);"满眼生机转化钧,天工人巧日争新。预支五百年新意,到了千年又觉陈","李、杜诗篇万口传,至今已觉不新鲜。江山代有才人出,各领风骚数百年","词客争新角短长,迭开风气递登场。自身已有初、中、晚,安得千秋尚汉唐"。(《瓯北集》卷二八)

赵翼的《瓯北诗话》理论总结,其中不乏发人深思者。如他论中唐的韩(愈)、孟(郊)与元(稹)、白(居易)之间的对比:一般人都会认为元稹、白居易的作品失于"轻俗",并因而推崇韩愈、孟郊。赵翼认为:

> 韩、孟尚奇警,务言人所不敢言;元、白尚坦易,务言人所共欲
> 言。……奇警者,犹第在词句间争难斗险,使人荡心骇目,不敢逼

视,而意味或少焉。坦易者多触景生情,因事起意,眼前景、口头语,自能沁人心脾,耐人咀嚼。此元、白较胜于韩、孟。世徒以轻俗昔之,此不知诗者也。(《瓯北诗话》)

这种评价看似独出机杼,而其根本,仍是以性情之抒发是否真诚、情景(审美意象)是否融洽为准则的。

第六节　纪昀诗歌评点中提出的诗歌审美范畴

纪昀(1724—1805),字晓岚,又字春帆,晚号石云,又号观弈道人、孤石老人、河间才子,谥号文达,直隶献县人。官宦世家出身,父亲纪容舒是著名的考据学家。纪昀自幼聪颖过人,有"神童"之称,于乾隆三十八年(1773 年)起,任《四库全书》总纂修官,官至礼部尚书、协办大学士。纪晓岚阅书无数,自认作品无法逾越古人,故不重著述,仅《阅微草堂笔记》、《纪文达公遗集》少量著作传世。纪昀主张以客观超脱的态度来品评诗文,反对以"唐""宋"划分阵营,反对过于强调技巧、格律、家法的诗学主张。他的诗学思想散见于他对于诗集、诗论的评点当中,如《瀛奎律髓刊误》、《玉溪生诗说》、《删正二冯先生评阅才调集》、《唐人试律说》、《纪晓岚墨评唐诗鼓吹》等。本章以《瀛奎律髓刊误》为主,阐述纪昀的诗学主张,并分析其美学意义。

《瀛奎律髓》是宋元之际著名诗评家方回(1227—1307,字虚谷)的诗歌选评著作。该书专选唐宋两代的五、七言律诗,故名"律髓"。方回自谓取十八学士登瀛洲、五星照奎之典,称"瀛奎"。《瀛奎律髓》共选唐代作家180 余家,宋代作家 190 余家,归入"登览"、"朝省"、"怀古"、"风土"、"宦情"、"老寿"、"节序"、"晴雨"、"闲适"等主题共 49 类,每类有题解,每诗之后附以评语,反映着他倾向于"江西派"的诗学见解。方回的这部诗歌选评著作在清代产生了巨大的影响,一时"海内传布,奉为典型"(宋泽元:《刊〈瀛奎律髓〉序》),但因其诗学主张而引起争议,加之方回本人因为降元而饱受非议,更给人们对这部著作的评价增添了复杂性。

纪昀在《瀛奎律髓刊误》(以下简称《刊误》)的序言中,对方回著作当中的缺陷进行了严厉的批评,指出其选诗和论诗各有三大弊。“其选诗之大弊有三:一曰矫语古淡,一曰标题句眼,一曰好尚生新。”就第一弊,纪昀并指其虽崇奉杜诗而不解其佳,“以生硬为高格,以枯槁为老境,以鄙俚粗率为雅音”。就第二弊,纪昀认为,“兴象之深微,寄托之高远”方为诗文之“本”,而方回“置其本原,而拈其末节,每篇标举一联,每句标举一字”,遮蔽了艺术的本质,而徒鼓励后人的“纤巧之学”。就第三弊,纪昀认为,“人生境遇不同,寄托各异。心灵濬发,其变无穷”,而方回则“以长江、武功一派标为写景之宗,一虫一鱼,一草一木,规规然摹其性情,写其形状,务求为前人所未道”,暴露了诗学见识的局限。接着又指其论诗之弊,第一条是“党援”,也就是坚持江西诗派“一祖三宗”的门派之见;第二条是“攀附”,对“元祐之正人,洛闽之道学”,不论诗之工拙,一概加以吹捧,偏离了艺术标准;第三条是“矫激”,就是偏激,表现为“词涉富贵,则排斥立加;语类幽栖,则吹嘘备至。不问其人之贤否,并不论其语之真伪”,也是不顾艺术标准。纪昀对此著作及其作者的批评十分狠重,用语有偏激之嫌,但其维护艺术标准,抨击非审美因素的用意却值得肯定。

《刊误》主要就是在方回评点的基础上的再评点,有些是针对其选诗,有些是针对其诗评的。在这些评点当中,纪昀并没有像《刊误》序言当中表现得那样激烈,还是有很多正面的、建设性的主张,甚至对方回的少数评点也不吝赞许之辞。在这里,我们主要从美学概念发展的角度,结合《纪晓岚文集》收录的其他文章,梳理纪昀提出的诗歌审美范畴。

一、诗歌评点中的审美范畴

中国美学发展到清代的总结阶段,一些关键性的概念如“意象”、“兴象”、“意境”、“气象”、“风骨”、“风神”等已经逐渐具备了比较稳定的内涵,并普遍应用于诗学理论阐释和诗歌评点当中。在《刊误》当中,纪昀大量使用了这些概念,并且也有了比较一致的用法。我们在这里简要梳理几个《刊误》中经常出现的富有美学内涵的概念。

（一）意境

在纪昀的诗歌评点中，"意境"是一个经常出现的概念。纪昀对这个概念的用法也比较确定。我们看几个例子：

> 昔人已乘黄鹤去，此地空余黄鹤楼。黄鹤一去不复返，白云千载空悠悠。晴川历历汉阳树，芳草萋萋鹦鹉洲。日暮乡关何处是，烟波江上使人愁。（崔颢：《登黄鹤楼》）纪评：此诗不可及者，在意境宽然有余。

> 洞庭之东江水西，帘旌不动夕阳迟。登临吴蜀横分地，徙倚湖山欲暮时。万里来游还望远，三年多难更凭危。白头吊古风霜里，老木苍波无限悲。（陈与义：《登岳阳楼》）纪评：意境宏深，真逼老杜。

> 北客霜侵鬓，南州雨送年。未闻兵革定，从使岁时迁。古泽生春霭，高空落暮鸢。山川含万古，郁郁在樽前。（陈与义：《雨中》）纪评：此首近杜。意境深阔。妙是自运本色，不似古人。

> 此心曾与木兰舟，直到天南潮水头。隔岭篇章来华岳，出关书信过泷流。峰悬驿路残云断，海浸城根老树秋。一夕瘴烟风卷尽，月明初上浪西楼。（贾岛：《寄韩潮州愈》）纪评：意境宏阔，音节高朗，长江七律内有数之作。

> 缺月昏昏漏未央，一灯明来照秋床。病身最觉风露早，归梦不知山水长。坐感岁时歌慷慨，起看天地色凄凉。鸣蝉更乱行人耳，正抱疏桐叶半黄。（王安石：《葛溪驿》）纪评：老健深稳，意境殊自不凡。三、四细腻，后四句神力圆足。

从上面的几个例子可以看出，纪昀一般是以"宽"、"阔"、"深"、"宏"等形容词来概括他对"意境"一词的理解。纪昀以"意境"评点这几首古人的诗作，是因为这些诗作的整体意象唤起了广大的时空体验，使人的心灵不仅限于眼前那些具体的、有限的物象，而进入到一种有关于宇宙、人生的整体理解当中。纪昀对于"意境"的这种用法跟我们今天在美学中对"意境"的理解比较接近，就是"胸罗宇宙，思接千古"，生发起一种对整个人生、历史、宇宙的哲理性的领悟。①

纪昀把营造"意境"视作诗歌艺术创作的最高目标。他在评点作品的时候，正是从这个最高目标着眼来确立标准，也根据这个标准来评点以往的一些诗歌点评。这有两个例子：

> 城上高楼接大荒，海天愁思正茫茫。惊风乱飐芙蓉水，密雨斜侵薜荔墙。岭树重遮千里目，江流曲似九回肠。共来百越文身地，犹自音书滞一乡。（柳宗元：《登柳州城楼寄漳汀封连四州刺史》）纪评：一起意境阔远，倒摄四州，有神无迹。通篇情景俱包得起。三、四赋中之比，不露痕迹，旧说谓借寓震撼危疑之意，好不着相。

对柳宗元的这首诗，前人给出的解释是借诗歌来讽喻现实。纪昀认为这种解释过于牵强笨拙，丧失了艺术的精神。他给出的评点则是"意境阔远"。作为审美意象的一种，意境也具有情景交融的属性。纪昀认为，该诗的"情"与"景""俱包得起"，也就是很好地整合成了一个整体意象，没有斧凿的痕迹。"有神无迹"的说法借自严羽的"无迹可求"，是对该诗整体意象构造的肯定。

> 绝域长夏晚，兹楼清宴同。朝廷烧栈北，鼓角满天东。屡食将军第，仍骑御史骢。本无丹灶术，那免白头翁。寇盗狂歌外，形骸痛饮中。野云低渡水，檐雨细随风。出号江城黑，题诗蜡炬红。此身醒复醉，不拟哭途穷。（杜甫：《陪章留后侍御宴南楼得风字》）方回评："老杜登览诗最多，此演至八韵者，整齐工密，而开阖抑扬。他如此者尚众，当自于集中求之。"纪昀说："八字评此诗不错，然杜之真精神、真力量不止于此八字，当求其凌跨百代处。"

方回对这首杜诗的评价是从作诗技巧上着眼的，如"整齐工密"、"开阖抑扬"等。纪昀并不否定这个评价，但他指出，方回的点评远没有指出这首诗作的佳处。杜诗的"真精神、真力量"在其中超越一时一地的深阔

---

① 有关"意境"的美学阐述，见叶朗《美在意象》，第 289 页。

意境。纪昀对杜诗的这种意境给出了一个十分形象的阐释："凌跨百代"。欣赏和评点诗歌，首先是看其意境，也就是"求其凌跨百代处"。

（二）兴象、意象

"意象"的概念最早可以溯至《易传》，正式进入诗歌评点则是在明清时代。明代的李东阳、何景明、王世贞等都已经使用了这个概念。[①] 纪昀的诗歌评点也提到了"意象"：

> 东风吹暖气，消散入晴天。渐变池塘色，欲生杨柳烟。蒙茸花向月，潦倒客经年。乡思应愁望，江湖春水连。（陈羽：《春日晴原野望》）纪评：起四句极有意象。五、六句有物尚乘时人独失所之慨。对法甚活，但语弱耳。结尤少力。

纪昀虽然没有对这个概念作更多的解释，但已是在"情景交融"这个基本内涵的基础上使用了。纪昀评诗更多地用"兴象"的概念：

> 竹树绕吾庐，清深趣有余。鹤闲临水久，蜂懒采花疏。酒病妨开卷，春阴入荷锄。尝怜古图画，多半写樵渔。（林逋：《小隐自题》）纪评：可云静远。三、四句景中有人。拆读之句句精妙，连读之一气涌出。兴象深微，无凑泊之迹。此天机所到，非苦吟所可就也。

> 春画自阴阴，云容薄更深。蝶寒方敛翅，花冷不开心。亚树青帘动，依山片雨临。未尝辜景物，多病不能寻。（梅尧臣：《春寒》）纪昀：诗未有不用工者，功深则兴象超妙，痕迹自融耳。酝酿不及古人，而剽其空调以自诧，犹禅家所谓顽空也。

从这些评点中，我们可以看到纪昀对"兴象"的理解主要是从审美意象的生成和呈现角度着眼的，意指一种上佳的、成功的诗歌意象。与"兴象"联系在一起的评价往往是"天然"，与之相对立的是"凑泊"，也就是勉强安排、用力推敲。在中国诗论家看来，一个成功的审美意象一定要让人看不到打磨的痕迹，情景完全地融合在一起。产生这种"兴象"不能依

---

① 见叶朗《中国美学史大纲》，第 73、330 页。

靠模仿和练习,而是需要借助艺术创作的天赋。

（三）气、气象

在中国古代美学的概念系统里,"气"、"气象"是一个内涵丰富、运用灵活的词语。就"气"的哲学内涵而言,主要指天地万物（包括人）的生命力,就诗歌评点而言,既可以指艺术作品意象所呈现的生命力,也可以指艺术家的个人气质和胸襟抱负。在纪昀的评点中,"气"、"气象"也有这样两方面的意思。

有些用法显然是就诗歌作品来说的,这种情况比较多见:

> 游人脚底一声雷,满座顽云拨不开。天外黑风吹海立,浙东飞雨过江来。十分潋滟金尊凸,千杖敲铿羯鼓催。唤起谪仙泉洒面,倒倾鲛室泻琼瑰。（苏轼:《有美堂暴雨》）纪评:纯以气胜。

纪昀对苏轼的诗评价不高,但充分肯定了他作品的"气",认为这是苏诗的特色。

> 岳阳楼高几千尺,俯视洞庭方酒酣。万顷波光天上下,两山秋色月东南。兴来鸾鹄随行草,夜永鱼龙骇笑谈。我欲烦公钓鳌手,尽移云水到松庵。（姜光彦:《巳酉中秋任才仲陈去非会岳阳楼上酒半酣高谈大笑行草间出诚一时俊游也为赋之》）纪评:气象雄迈,足称此题。结亦别致。

这首诗的题目俨然已是一篇气象雄迈的散文,而诗歌意象与之形成呼应,加强了美感。

> 丞相祠堂何处寻?锦官城外柏森森。映阶碧草自春色,隔叶黄鹂空好音。三顾频烦天下计,两朝开济老臣心。出师未捷身先死,长使英雄泪满襟。（杜甫:《蜀相》）纪评:前四句疏疏洒洒,后四句忽变沉郁,魄力绝大。

在这首杜诗名作的点评中,虽然没有"气"字,但"沉郁"、"魄力"也都是描写"气象"的,可以看作是对这个审美概念的延伸。

"气"、"气象"的有些用法是将诗歌作品中意象的"气象"与诗作者的"气象"联系在了一起,将作品意象的"气"归为诗人的心胸境界。这也是中国美学的一贯思想。例如:

> 钟传清禁缠应彻,漏报仙闱俨已开。双阙薄烟笼菡萏,九成初日照蓬莱。朝时但向丹墀拜,仗下方从碧殿回。圣道逍遥更何事,愿将巴曲赞康哉。(杨巨源:《早朝》)纪评:贾、杜、王、岑早朝之作,在诸公集中原非佳处。而观此尚觉气象万千,风会所趋,渐漓渐薄,非杰出一代之才,不能自振也。

气象万千的诗作有待于"杰出一代之才"的创造力,以人的气象来解释作品的气象。

> 别院帘昏掩竹扉,朝醒未解接春晖。身如蝉蜕一榻上,梦似杨花千里飞。嗒尔暂能离世网,陶然且欲见天机。此中有德堪为颂,绝胜人间较是非。(苏舜钦:《春睡》)纪评:人之穷通,亦往往见于气象之间。福泽之人作苦语亦沉郁,潦倒之人作欢语亦寒俭,不必定在字句之吉祥否也。

纪昀在这里指出,艺术作品的"气象"最终来源于人的心地,人心有浑厚之气,哪怕是描绘痛苦的意象也透出沉郁,人心如果轻薄,哪怕是粉饰欢愉的意象也显得寒碜。纪昀指出,作品有什么气象,取决于人的气象,不是在字句上可以求来的。

> 花近高楼伤客心,万方多难此登临。锦江春色来天地,玉垒浮云变古今。北极朝廷终不改,西山寇盗莫相侵。可怜后主还祠庙,日暮聊为梁甫吟。(杜甫:《登楼》)纪评:何等气象! 何等寄托! 如此种诗,如日月终古常见而光景常新。

纪昀在这里既评诗,也评人。"气象"主要在诗,"寄托"主要在人,而两者实为一体,已不可分离。"光景常新"是对"气"的生命力的最好描述,是对作者创造力的最高肯定。

（四）神

"神"是一个跟"气"接近的概念，都是对意象整体的评价。相对而言，"气"较强调生命的活力、创造力，而"神"更注重精神超越的一面。在诗歌评点中，"神"也指意象构造的灵妙。

　　好雨知时节，当春乃发生。随风潜入夜，润物细无声。野径云俱黑，江船火独明。晓看红湿处，花重锦官城。（杜甫：《春夜喜雨》）纪昀：此是名篇，通体精妙，后半尤有神。"随风"二句虽细润，中、晚之人刻意或及之。后四句传神之笔，则非余子所可到。

　　岁晚身何托，灯前客未空。半生忧患里，一梦有无中。发短愁催白，颜衰酒借红。我歌君起舞，潦倒略相同！（陈师道：《除夜对酒赠少章》）纪评：神力完足，斐然高唱，不但五、六佳也。

　　万木冻欲折，孤根暖独回。前村深雪里，昨夜数枝开。风递幽香出，禽窥素艳来。明年如应律，先发望春台。（僧齐己：《早梅》）纪评：起四句极有神力，五、六亦可，七、八则辞意并竭矣。

在纪昀的诗歌评点中，"神"多与"力"放在一起。"神力"结合了审美意象的创造力、超越性和灵妙的构思，也突出了作品的艺术感染力。

　　细草微风岸，危樯独夜舟。星垂平野阔，月涌大江流。名岂文章著，官应老病休。飘飘何所似？天地一沙鸥。（杜甫：《旅夜书怀》）纪评：通首神完气足，气象万千，可当雄浑之品。

"神"以完备、整全为高，"气"以"雄浑"、"足"为佳，"气足"与"神完"放在一起，更显得生命力的整全和充盈。

（五）和平

纪昀评诗坚持儒家美学"温柔敦厚"的传统，以"和平语"为最高境界。纪昀并非提倡一种乡愿式的温柔敦厚。他在诗评中也多次指出了"和平语"的难度。

　　秋窗犹曙色，落木更天风。日出寒山外，江流宿雾中。圣朝无弃物，老病已成翁。多少残生事，飘零似转蓬。（杜甫：《客亭》）纪评：浑厚之至，是为诗人之笔。感慨不难，难于浑厚不激耳。入他人手，有多少愤愤不平语？

计较平生分闭关，偶然容得近人寰。春风池沼鱼儿戏，暮雨楼台燕子闲。假寐尘侵黄卷上，行吟花坠绿苔中。了无一事撩方寸，自是秃龄合鬓斑。（王平甫：《假寐》）纪评：凡作诗人，皆知温厚之旨，而矢在弦上，牢骚之语，摇笔便来，故和平语极是平常事，却极是难事。虚谷此言未免看得轻易，由其平日论诗只讲字句，不甚探索本原。

纪昀在这里指出，温柔敦厚的"和平语"并不容易写。没有真情实感的作品是不入流的平庸之作，而一旦有了真正能够触动人的情感和思想，却又往往激愤不能自制。诗歌意象的价值，就在于将平日里容易流于激愤牢骚的思想情感化入和平敦厚的意象。"极是平常事，却极是难事"也是中国美学对"平淡"的见解：必要超越了一切雕琢和意气，最后才能"归于平淡"。

独在山阿里，朝朝遂性情。晓泉和雨落，秋草上阶生。因客始沽酒，借书方到城。诗情聊自遣，不是趁声名。（姚合：《山居寄友生》）纪评：盛唐人诗语和平，而高逸身分，自于言外见之，无诡激清高之习。武功以后，始多撑眉努目之状，所谓外有余者中不足也。此诗四句自佳，末二句有多少火气在。

纪昀把"和平"、"高逸"与世所公认的盛唐气象联系在一起，指出时代审美和批评风尚对于作品艺术水准的影响。

二、确立审美标准

在诗歌评点中，少部分杰作是众所公认的，而有一些作品则存在争议。这些争议，有些是出于不同评论者的个人偏向，而有一些则反映出论者理论见地的差异。尤其就一些容易引起误解的概念，如"自然"、"闲散"、"气"、"真"等等，稍不留意即走向偏颇。一些诗论家更因为美学观念的浅陋，妄赞劣诗，淆人视听。纪昀在《爱鼎堂遗集序》中指出，类似"以诘屈聱牙为高古，以抄撮饾饤为博奥"的情况简直是"余波四溢，沧海横流"①，所以一定要详加辨析。《刊误》当中即有不少这方面的例子。

（一）辨正误解

当时诗评的用语，纪昀用的词汇跟别人并没有太大的差异。但对同一个词汇，比如"气象"，每个人的用法并不相同。不同的原因，有的是出于不同的侧重，有的则是因为理解的程度有高下。纪昀针对当时人对一些概念的误解作了理论上的辨析。例如：

> 客行逢雨霁，歇马上津楼。山势雄三辅，关门扼九州。川从陕路去，河绕华阴流。向晚登临处，风烟万里愁。（崔颢：《题潼关楼》）纪评：气体自壮，然壮而无味，近乎空腔。
>
> 腥血与荤蔬，停来一月余。肌肤虽瘦损，方寸任清虚。体适通宵坐，头慵隔日梳。眼前无俗物，身外即僧居。水榭风来远，松廊雨过初。褰帘放巢燕，投食施池鱼。久别闲游伴，频劳问疾书。不知湖与越，吏隐兴何如？（白居易：《仲夏斋居偶题八韵寄微之及崔湖州》）纪评：闲散当在神思间，使萧然自远之意，于字句之外得之，非多填恬适话头即为闲散也。此如有富贵者不在用金玉锦绣字，有神味者不在用菩提般若等字，有仙意者不在用金丹瑶草等字。此诗尚是字句工夫，不得谓之有散之味。

"气壮"、"闲散"等都是当时常用的诗评用语。这些用语如果运用得当，可以剖析出作品的佳处，而使用不当，则不仅不能点评作品，而且也让这些用语本身的内涵变得模糊不清。纪昀针对诗歌评点所作的批评正是要解决这样的问题。他在这里重点强调的原则是：像"闲散"这样的评语，一定要从诗歌的整体意象着眼，而不能从个别字句上看。正如铺排金玉锦绣的句子不会表现富贵、堆叠菩提般若、金丹瑶草的字眼无关

---

① 纪昀：《纪晓岚文集》第一册，188 页，石家庄：河北教育出版社，1991 年。

乎神味、仙意一样，仅在字句上雕琢，不会真正地具有艺术品位。

（二）关于"自然"

有一些概念的用法直接反映着相关的美学思想，尤其考验诗评家的理论见识。比如"自然"这个概念，纪昀在多个地方辨析了这个十分重要而又经常被误解和误用的概念。

在中国的美学观念中，"自然"与"人工"相对。这已经是当时的一致认识。但这种认识也有可能走向一个极端，就是把"自然"和"人工"对立起来，认为要追求"自然"，就意味着率意而为，不加琢磨。纪昀特别指出一种常见的"景真语拙"的现象。例如：

> 广漠云凝惨，日斜飞霰生。烧山搜猛兽，伏道击回兵。风折旗竿曲，沙埋树杪平。黄云飞旦夕，偏奏苦寒声。（马戴：《塞下曲》）纪评：五句景真语拙。

> 中峰半夜起，忽觉在青冥。下界自生雨，上方犹有星。楼高钟独远，殿古像多灵。好是潺湲水，房房伴诵经。（张蠙：《宿山寺》）纪评：三、四真景而语不工，六句鄙极。

> 秋来雨似浇，雨罢水如潮。市改依高岸，津喧没断桥。云阴哭鸠妇，池溢走鱼苗。天意良难测，前时旱欲焦。（唐庚：《江涨》）纪评：首句俚，四句景真而语俚，结二句自可。

纪昀在这里肯定了一些诗作的"景真"，但用语不加检点，失于粗俚，从意象生成的角度，也是失败的。"真"与"俚"要区分清楚，他总结说："华而情伪，非也；情真而语鄙，亦非也。"（评白居易《卜岁日喜谈氏外孙女孩满月》）

他还举了正面的例子来阐述自己的意思：

> 归舟川上渡，去翼望中迷。野水侵官道，春芜没断堤。川平双桨上，天阔一帆西。无酒消羁恨，诗成独自题。（张宛丘：《发长平》）纪评：此评七字初看如不贯串，细玩乃甚精密。盖贪自然者，多涉率易粗俚。自然而工，乃真自然矣。

纪昀指出，看似率真而流于粗俚的，不能算是"自然"，"自然而工"才是"真自然"。

（三）进境与始境

纪昀特别强调"法"与"无法"的统一，他在《唐人试律说序》中说："大抵始于有法，而终于以无法为法；始于用巧，而终于以不巧为巧。此当寝食古人，培养其根柢，陶熔其意境，而后得其神明变化、自在流行之妙。"①但他也清醒地认识到任何学艺都是有阶段的，若不分场合对象地纵论"无法即法"，只会传播妄见。他为此区分了"进境"与"始境"：

> 清川带长薄，车马去闲闲。流水如有意，暮禽相与还。荒城临古渡，落日满秋山。迢递嵩高下，归来且闭关。（王维：《归嵩山作》）纪评：非不求工，乃已琱已琢后还于朴，斧凿之痕俱化尔。学诗者当以此为进境，不当以此为始境。须从切实处入手，方不走作。

> 中岁颇好道，晚家南山陲。兴来每独往，胜事空自知。行到水穷处，坐看云起时。偶然值林叟，谈笑滞还期。（王维：《终南别业》）纪评：此诗之妙，由绚烂之极，归于平淡，然不可以躐等求也。学盛唐者，当以此种为归墟，不得以此种为初步。……此种皆熔炼之至，渣滓俱融，涵养之熟，矜躁尽化，而后天机所到，自在流出，非可以摹拟而得者。无其熔炼涵养之功，而以貌袭之，即为窠臼之陈言，敷衍之空调。矫语盛唐者，多犯是病。此亦如禅家者流，有真空、顽空之别，论诗者不可不辨。

中国美学崇尚"返璞归真"、"归于平淡"、"无迹可求"，这类评语往往指涉最高的艺术境界。纪昀特别指出，初学者固然可以把它视作最高的目标，却绝不可以当成入门的指导，尤其不可以把相关的典范作品作为学习的模板来照抄临摹，否则就会走入歧途。这是纪昀针对当时诗坛流弊而发的。

---

① 纪昀：《纪晓岚文集》第一册，182页，石家庄：河北教育出版社，1991年。

（四）意象的整体性

一个成功的艺术作品,它的意象应是一个整体。当时的诗歌点评却有一种习惯,就是孤立地摘出一句或几句加以点评,忽视整体的诗歌艺术意象。针对这种习惯,纪昀也提出了自己的意见。

> 故乡杳无际,日暮且孤征。川原迷旧国,道路入边城。野戍荒烟断,深山古木平。如何此时恨,嗷嗷夜猿鸣。(陈子昂:《晚次乐乡县》)方回:盛唐律,诗体浑大,格高语壮。晚唐下细工夫,作小结果,所以异也。纪评:此种诗当于神骨气脉之间,得其雄厚之味。若逐句拆看,即不得其佳处。如但摹其声调,亦落空腔。"野戍"句同《岘山怀古》诗,惟第四字少异,亦未免自套。

纪昀还对那种不顾作品整体而追求名句的做法提出了批评:

> 众芳摇落独暄妍,占尽风情向小园。疏影横斜水清浅,暗香浮动月黄昏。霜禽欲下先偷眼,粉蝶如知合断魂。幸有微吟可相狎,不须檀板共金樽。(林逋:《山园小梅》)纪评:三、四及前一联皆名句,然全篇俱不称,前人已言之。五、六浅近,结亦滑调。

> 小园烟景正凄迷,阵阵寒香压麝脐。湖水倒窥疏影动,屋檐斜入一枝低。画名空向闲时看,诗俗休征故事题。惭愧黄鹂似蝴蝶,只知春色在桃溪。(林逋:《梅花》)纪评:三、四高唱,全篇亦不称。

（五）针对方回评点的评论

纪昀在《刊误》序言里批评方回"矫语古淡"、"标题句眼"、"好尚生新",以下是几个例子:

> 绿搅寒芜出,红争暖树归。鱼吹塘水动,雁拂塞垣飞。宿雨惊沙尽,晴云昼漏稀。却愁春梦短,灯火著征衣。(王安石:《宿雨》)方回在诗中的"搅"、"争"、"吹"、"拂"、"漏"字上加圈,并说:"未有名为好诗而句中无眼者,请以此观。"纪评:好诗无句眼者不知其几。此论偏甚,亦陋甚。

道山西下路,杳杳历重廊。地寂闻传漏,帘疏有断香。渠清水马健,屋老瓦松长。欲出重敧枕,无何觅故乡。(陆游:《书直舍壁》)方回评曰:"水马"、"瓦松",诗人罕用,此一联可喜。纪昀批评说:总搜索此种以为新,而诗之本真隐矣。夫发乎情止乎礼义,岂新字、新句足谓哉?

读易忘饥倦,东窗尽日开。庭花昏自敛,野蝶昼还来。谩数过篱笋,遥窥隔叶梅。唯愁车马入,门外起尘埃。(梅尧臣:《闲居》)方回评此诗"平淡有味",纪昀说:以枯寂为平淡,以琐屑为清新,以楂牙为老健,此虚谷一生病根。

不过,纪昀并非一概否定方回的选诗和评诗,有时也会给他较高的评价,如:

霡霂无人见,芭蕉报客闻。润能添砚滴,细欲乱炉薰。竹树惊秋半,衾裯惬夜分。何当一倾倒,趁取未归云。(曾几:《仲夏细雨》)方回云:"三、四已工。第六句'惬'字屡锻改,乃得此字。"

纪昀对曾诗和方评都给以积极的肯定,他说:"此字微妙,此评亦得其甘苦。"

三、论低劣趣味

纪昀作《刊误》的一个主要目的就是厘清诗歌和诗评当中的美学问题,辨正误解,不使庸俗之作、谬误之说混淆视听,干扰审美标准。他在《刊误》中指出数种"恶诗",并作出了精准的点评。分类以记之:

(一)粗、鄙、俚

"粗"、"鄙"、"俚"等评语常见于《刊误》中,既指用语、文风的粗俚,也指趣味上的鄙俗。纪昀有时把它们径称作"恶诗"。

有针对整首诗的,如:

浑身著箭瘢犹在,万槊千刀总过来。轮剑直冲生马队,抽旗旋踏死人堆。闻休斗战心还痒,见说烟尘眼即开。泪滴先皇阶下土,南衙班里趁朝回。(王建:《赠索暹将军》)纪评:鄙俚粗恶,殆如市上所场弹词。作者、选者，皆不可解。

有针对诗作部分句子的，如：

> 不与百花竞，春风蓦地生。故将天下白，独向雪中清。我辈诗仍要，谁家笛自横。岁寒堪共老，髯叟十年兄。（张道洽：《池州和同官咏梅花》）纪评：次句粗野，五句更粗野，结句不通。

> 纵乏幽人宅，犹余大树祠。带山仍带水，宜饮亦宜诗。勿待全开后，当乘半放时。昏昏廓阴雾，皎皎上朝曦。（赵蕃：《忆梅》）纪评：三、四俚甚。

另外，前面提到的"景真语拙"等情况，也属于这个批评范围。

（二）浅露

诗歌是情景交融的艺术，从意象生成的角度看，如果"情"与"景"都过于浅薄，或者没有配合好，就属于纪昀批评的"浅露"。"浅露"又分为两种情况。

一种是情感的俗浅和取景的粗陋。如：

> 年年常得醉君家，今日红梅正着花。点注初非桃有艳，横斜宁与李争华。依然竹外并林下，况复山颠与水涯。步远孤根香更在，高怀无惜共流霞。（韩淲：《春山看红梅》）纪评：三、四句俗极，桃李分说尤浅陋。

还有一种"浅露"是诗人过于直接、直白的表露意思，而没有融入一个审美意象当中。如：

> 驿吏引藤舆，家童开竹扉。往时多暂住，今日是长归。眼下有衣食，耳边无是非。不论贫与富，饮水亦应肥。（白居易：《归履道宅》）纪评：五、六太俚，结太露。

"浅露"不仅在诗歌创作中有，在诗歌鉴赏和评点中也会有。例如，杜甫《江亭》的三四句"水流心不竞，云在意俱迟"是千古名句，本是佳作，但后人的点评却认识不到其中的佳处。纪昀评曰："三、四本即景好句、宋人以理语诠之,遂生出诗家障碍。"意思是,这两句杜诗的好处在于完美的情景交融,而宋人(或是取法宋人的后世人)评点却要往理学上引申和联想。这种对诗歌的解读就遮蔽了名句的好处。

(三) 浅滑、甜熟

纪昀还以"滑"、"甜"、"熟"等为恶诗的评语。这类诗的共同点就是太过熟习技巧而忽略了真情实感。它们在形式上对仗工整、用词考究,符合公认的品评标准。它们作为某种应景的装饰品、应酬品或许有其价值,作为艺术品则是不够格的。纪昀特别强调这种伪艺术品的非审美性。他说:

> 要知宋玉在邻墙,笑立春晴照粉光。淡薄似能知我意,幽闲元不为人芳。微风拂掠生凉思,小雨廉织洗暗妆。只恐浓葩委尘土,谁令解合反魂香。(黄庭坚:《次韵赏梅》)纪评:气味甜熟。虽山谷少作,亦不如此,恐是窜入。以为一字不苟,尤非。
>
> 家是江南友是兰,水边月底怯新寒。画图省识惊春早,玉笛孤吹怨夜残。冷淡合教闲处着,清癯难遣俗人看。相逢剩作樽前恨,索笑情怀老渐阑。(陆游:《梅花》)纪评:此种又恨甜熟。
>
> 云暝风号得我惊,砚池转盼已冰生。窗间顿失疏梅影,枕上空闻断雁声。公子皂貂方痛饮,农家黄犊正深耕。老人别有超然处,一首清诗信笔成。(陆游:《作雪寒甚有赋》)纪评:病在太熟,便成滑调。

纪昀还给出了正面的"不涉甜俗"的例子:

> 一忝乡书荐,长安未得回。年光逐渭水,春色上秦台。燕掠平芜去,人冲细雨来。东风生故里,又过几花开。(李频:《秦原早望》)纪评:兴象天然,不容凑泊。此五律最熟之境,而气韵又不涉甜俗,故为唐人身份。

(四) 其他情况

纪昀在《刊误》中揭示了各种非审美因素对诗歌艺术的干扰。除了以上提到的,还有其他一些情况。

隔年寒力冻芳尘,勒住东风寂莫滨。只管苦吟三尺雪,那知迟把一枝春。灯烘画阁香犹冷,汤暖铜瓶玉尚皴。花定有情堪索笑,自怜无术唤真真。(范成大:《去年多雪苦寒,梅花遂晚,元夕犹未盛开》)纪评:凑泊无真气。

"凑泊"就是拼凑字句,勉强为诗,没有真实的情与景,更谈不上情景交融的意象了。

他还指出,有一种平庸之作,人没法挑出任何缺点,但是又见不出任何可观之处。这就好像孔子说的"乡愿,德之贼",容易把没有见识的人引入歧途。例如:

江北江南天未春,阳和先已到孤根。斜枝冷落溪头路,瘦影扶疏竹外村。水部未妨时遣兴,玉妃谁复与招魂。天寒好伴罗浮醉,明月清风许重论。(尤袤:《次韵尹朋梅花》)纪评:无疵累,然亦无佳处。此种诗,学之最害事。

四、艺术演变观

在清代诗歌流派的论争当中,"唐"和"宋"成为一个焦点问题。宗唐还是宗宋,不仅仅是一个艺术风格的取舍问题,还涉及艺术演变观和艺术批评观等问题。在这个问题上,纪昀并没有特别地偏向唐或者宋,总的来说,是以艺术意象本身的成立与否作为评价诗歌优劣的标准。当然,纪昀并不回避谈论"唐""宋",因为这两个时代形成的诗歌审美风格和诗歌评论路径的确各有鲜明的特点。

纪昀提出,诗作者和诗评者应该了解唐宋的基本特点,以便更清晰地把握诗歌作品的艺术风格类型,但另一方面,又不应被"唐""宋"等标签给拘束住。针对方回评杜甫诗《涪城县香积寺官阁》①所作的评语:"老

---

① "寺下春江深不流,山腰官阁回添愁。含风翠壁孤云细,背日丹枫万木稠。小院回廊春寂寂,浴凫飞鹭晚悠悠。诸天合在藤萝外,昏黑应须到上头。"

杜七言律,晚唐无人之。凡学诗,五言律可晚唐,只如七言律,不可不老杜也。"纪昀提出了不同的意见:"盛唐、晚唐各有佳处,各有其不佳处。必谓五律当学某,七律当学某,说定板法,便是英雄欺人。"在评尤延之的《雪》①时,纪昀指出:"描写物色,便是晚唐小家。处处着论,又落宋人习径。宛转相关,寄托无迹,故应别有道理在。""寄托无迹"就是超越"唐""宋"标签,打破尊崇典范给创造带来的束缚,专注于艺术意象的营造。

在审美风格上,"唐"和"宋"只是一个较为粗略的区分,纪昀沿用了当时一个较为普遍的做法,就是在"唐"之中区分出"盛唐"和"晚唐"。在评陈子昂的《送魏大从军》②时,他提出了自己的理由:

> 陈、隋雕华,渐成饾饤,其极也反而雄浑。盛唐雄浑,渐成肤廓,其极也一变而新美,再变而平易,三变而恢奇幽僻,四变而绮靡。皆不得不然之势,而亦各有其佳处,故皆能自传。元人但逐晚唐,是为不识其本,故降而愈靡。明人高语盛唐,是为不知其变,故袭而为套。学者知雄浑为正宗,而复知专尚雄浑之流弊,则庶几矣。

清代诗论家推崇"盛唐"成风,或者将之视作高不可攀的极致,或者将之当成严格模仿的对象。纪昀则是把"盛唐"放在一个艺术演变的过程当中来认识。他指出,诗歌中的"盛唐"风格来自于对前代雕琢风气的反拨,而"盛唐"本身也会走向"肤廓"的弊端。为了纠正这个弊端而再往下变,又相继出现了"新美"、"平易"、"恢奇幽僻"、"绮靡"等风格。这几种风格就被后世人归为"晚唐"。纪昀梳理这段文学演变史,关键是为了总结后世学诗者的经验教训。他认为,元人由于没有意识到晚唐各种风格的演变都以盛唐诗风为根基,仅仅接着晚唐的风气去发展,结果是在"绮靡"的道路上越走越远。而明人因为看到元人的弊病,则走上另一个极

---

① "睡觉不知雪,但惊窗户明。飞花厚一尺,和月照三更。草木浅深白,丘塍高下平。饥民莫咨怨,第一念边兵。"
② "匈奴犹未灭,魏绛复从戎。怅别三河道,言追六郡雄。雁山横岱北,狐塞接云中。勿使燕然上,独有汉臣功。"

端,就是无视盛唐之后文学风格的演变,一味模仿盛唐而终不可得。纪昀认为,学诗和评诗固然要以诗歌艺术意象为核心,但了解意象生成的规律也是必要的。这就要把握整个文学史的演变过程,"执两端而用其中"。

纪昀还总结了文学演变当中的规律。他把诗歌文章的演变放在整个历史发展的"气运"当中看,指出"变"的必然性。与叶燮的"变能启正"一样,他主要是从纠正弊病的角度肯定"变",同时又强调"变"的意义是不断回归那个"不变"。他针对吴之振给《瀛奎律髓》作的序,作出了一些点评(按:引号内为吴序,其后为纪昀的点评),集中阐发了他在这个问题上的见解:

> "夫学者之心,日进斯日变,日变斯日新。一息不进,即为已陈之刍狗矣。"此论自是。然有变而不离其宗者,离其宗而言新、言变,则竟陵、公安之病源也。

纪昀赞同吴序对"变"的肯定,天地常变常新,人心也要随之而变,否则就被天地所抛弃。这个思想来自于老子说的"天地不仁,以万物为刍狗"。纪昀对这个观点作了一个补充,就是"变而不离其宗"。正如天地也有其"不变"的常道存在一样,"变"的意义不在"变"本身,而在动态中实现那个不变的常道。这是在哲学的层面上说"变"与"不变"的关系。前代的竟陵、公安两派的弊病就在没有认识到这个道理,一味地求新求变。

> "盖变而日新,人心与气运所必至之数也。其间或一人而数变,或变之而上,或变之而下,则又视乎世运之盛衰,与人才之高下,而诗亦为之升降于其间,此亦文章自然之运也。"有力自振拔之变,有不知其然之变。力自振拔者,其势逆。逆,故变而之上。不知其然者,其势顺。顺,故变而之下。

吴之振将"变"分为两个方向,一个是向上的,也就是拨乱反正的变,一个是向下的,也就是越变越偏颇。这两种情况都是历史上普遍存在的。吴之振将变化的原因归结为宏观的"世运"与微观的"人才"两方面,认为诗歌文章的变化都是这种历史变化的一个表现形式。纪昀为这个观点作了补充性的解释。他说,向上的、拨乱反正的"变"是出于个别人的清醒和振作,而向下的、日趋卑俗的"变"则是人不自觉地随波逐流的结果。

> "时代虽有唐、宋之异,自诗观之,总一统绪,相条贯如四序之成岁功,虽寒暄殊致,要属递嬗尔。而固者遂画为鸿沟,判作限断,或尊唐而黜宋,或宗宋而祧唐,此真方隅之见也。"此最通论。

接下来,吴之振提到了清代诗学十分重视的唐宋之分。他承认唐宋诗歌存在着风格上的区别,但强调它们之间的相通性,反对以唐宋作为确定的类型,尤其反对固守一端的做法。纪昀完全同意这个观点。

> "紫阳方氏之编诗也,合二代而荟萃之,不分人以系诗,而别诗以从类。盖譬之史家,彼则龙门之列传,而此则涑水之编年,均之不可偏废。"分类始自昭明,究为陋体,不必曲为之辞。孟举此论,不及瑞草之工。

吴之振认为,方回编选《瀛奎律髓》的一个特色是打破了唐宋之间的界限,以诗歌题材作为编排原则。纪昀不同意这个认识,认为以题材分类虽然由来有自,却是一种浅陋的做法。

> "若其学术之正,则不惑于金溪,而崇信考亭,其诠释之善,则不滥于饾饤,而疏沦隐僻。"三代以上,文与道一。三代以下,文与道二。吟咏一途,又文之歧出者也。故理学自理学,诗法自诗法,朱、陆之辨,无与此书,无庸论及于此。虚谷于考据之学最为荒陋,所注皆掇拾饾饤,而不能辨证隐僻,此语未是。

> "斯固诗林之指南,而艺圃之侯鲭也。"此亦推许太过。

吴之振还在序言里称赞了方回的学问。纪昀尤其反对在艺术批评里羼杂学术评价的做法。他指出,学问与文学艺术在"三代"以后就已经是两回事了,两者各有不同的评价标准。方回评诗的一个弊病正是把考据的习惯带到诗歌评点当中,混淆了审美与非审美的界限。纪昀在这里批评的,不仅限于方回和吴之振,其实是针对着清代诗歌评点中普遍存在的误解。

第六章　石涛及清代绘画美学

　　石涛①(1642—1707)是清代初年一位卓越的艺术家,齐白石曾说:
"下笔谁敢泣鬼神,二千余载只斯僧。"石涛工诗,善画,书法有很高水平,
在绘画美学上也有重要贡献,石涛《画语录》在中国美学发展中占有重要
位置。石涛一生出入儒佛道三家,早年入佛门,晚年却弃佛入道教之门,
50岁以后,他还有一段学《易》的经历。他以扎实的绘画实践为基础,吸
收中国传统哲学的智慧,在一生的艺术道路上持续思考,凝结成这部具
有独创性的作品。

　　石涛《画语录》具有很高的美学价值,即使放到整个中国美学的发展
史中,都有不可忽视的意义。这部著作由石涛生前手订,是中国传统美

---

① 原姓朱,名若极,小字阿长。入佛后名石涛,号原济(又作元济),又号苦瓜和尚、济山僧、石道
人、瞎尊者、清湘陈人、清湘遗人等,晚年出佛入道后,号大涤子。祖籍广西桂林,他是明太祖
朱元璋后裔靖江王朱赞仪的第十世孙,他曾有"靖江后人"、"赞十世孙阿长"章,就反映了此
一身世。这种特殊的家世对石涛一生都有影响,他诗中所谓"大涤道人聊尔尔,苦瓜和尚泪
津津",就反映了这种心情。父亨嘉在明亡后于桂林自称"监国",后为南明广西巡抚瞿式耜
所杀。石涛少时因避乱而居寺院,后削发为僧,拜旅庵本月禅师为师。大约在1662年,石涛
至宣城,在此地之临济祖院广济寺居住前后十余年。此间以黄山、敬亭山为师,创作了大量
的绘画,号称:"黄山是我师,黄山是我友。"1680年前后至南京的僧院,与兄喝涛住狭小的居
所,石涛戏称一枝阁,其号"一枝叟"。《五灯全书》称其为"金陵一枝石涛济和尚"。1692年应
辅国将军博尔都等邀请,有一次北上之行,客居京、津两地,1693年回南京。晚年定居扬州,
并弃佛而入道教之门。

学理论中少数具有严密体系的著作。支撑这一体系的有一系列重要概念,像"一画"、"蒙养"、"生活"、"资任"、"氤氲"等,只有到他这里才形成独立的画学术语,锤炼成中国美学的独特概念。本章分析石涛的绘画体系,就由他的概念分析入手。

第一节 石涛的一画说

一画是石涛画学体系的核心概念,这是无可置疑的。

"一画"是绝于对待的,这是"一画"说的重要特点,它是石涛所树立的一个根本的法,或者说是精神、原则,它不在具体时空中展开。因此,他的一画不是有为法,而是无为法,是无法之法、不二之法。没有时间的分际,并不是先有了这个"一",再有二,以至万有。所以,石涛在《画语录》中虽然说"太古无法,太朴不散,太朴一散,而法立矣,法于何立,立于一画",但这并不是一个时间的展开过程,不是由太朴分出一画,由一画分出万有。同时,一画也不在空间中展开,它不是一个具体的有形实在,它是虚空的,无形迹色相可见,无青黄赤白之色,无上下长短之相。所以石涛在《画语录》中才有"自一治万,自万治一""自一以分万,自万以治一"的论断,这个"一",就是他的"一画","一画"的"一"并不是体量上的扩大,"一"就是无。

石涛的"一画"说并非画道论。画道说是学界关于石涛"一画"说的重要观点之一。但这一阐释与石涛的观点不合。画道说是中国传统画学中一种由来已久的理论,石涛的一画说是他独创的概念,如果说石涛的"一画"就是画道,那实际上等于否定石涛的理论贡献。石涛的"一画"不同于老子所说的道,《画语录》开篇之"太古无法,太朴不散"云云,很容易使人误解成"一画"就是老子的"道",因为石涛是把"一画"上升到宇宙生成论的角度来讨论的。一画为众有之本,万象之根,就是说它是宇宙万物之根源,一画是生成万物之本体。但石涛的落脚点并非在宇宙论原理上,他是将绘画放到宇宙的角度,说明绘画艺术的灵泉在于创化之元,在于他所说的"天蒙",这是艺术家智慧的根源,又是绘画作品艺术魅力的根源。所以,不能将"一画"等同于老子的"道",那样就有可能将一个讨论绘画艺术的概念变成了一个宇宙哲学本体的概念。要说是本体,它是画的本体,而不是天道宇宙的本体;要说是"种子",它不是老子的道生一、一生二、二生三、三生万物的种子,而是灵的种子,性的种子,艺术创造的种子。

学界另外一个重要观点,就是"一画"即线,线条的线。[①] 以为石涛是一位画家,解读他的"一画"说不能从玄言晦语中寻求答案,而应从切实的创作中找答案。这一思路是合理的,但所得出的结论却不能令人信服。因为石涛的"一画"说说的并不是一笔一画之功夫,那是技法,他说的是一种原则,一种精神,他强调的是贴近自然,以悟为真,以创造为本。如果将"一画"理解为一笔一画之说,则无法显示这方面的要义。

"一画"虽然不是一笔一画之线,但笔画则是对"一画"的落实。"一画"是创造之法,一笔一画则是这一创造之法的显现。"一画"和笔画之间的关系,是内隐原则和外显形式之间的关系。就是:以"一画"的原则来创造一笔一画。《兼字章》说:"一画者,字画先有之根本也;字画者,一画后天之经权也。"这里所说的"先有""后天"并非说在时间上一画为先,字画为后,乃是说字画笔墨以"一画"为根本,笔墨技法是对一画的权变。这和《一画章》的"人能以一画具体而微"的说法是一致的。

在《石涛画语录》中,"一画"共使用 29 次(包括《一画章》标题之"一画")。其中,26 处的意义都是指不二之法的"一画",只有 3 处别有所指,意为笔画之"一画"。而这 3 处所指的具体的"一画",都是强调对不二之"一画"的落实。《皴法章》:"一画落纸,众画随之;一理才具,众理付之。

---

① 俞剑华:"一画就是通常说的一笔一画,无论画什么,总是一笔一画的开始。"(《石涛画语录注释》,人民美术出版社 1959 年)黄兰波说:"一画就是一根根造型底线。"(《石涛画语录译解》,朝花美术出版社 1963 年)这种观点在近年石涛研究界占主导地位。海外有很多学者也持此说,如周汝式将此释为"最初的线"(the primordial line,见其《一画论:道济画语录的精髓和内容》,普林斯顿大学博士论文,1969 年)方闻说:"一画就是简单的一笔,或者是画道线。"(见其《心印》169 页,上海书画出版社译本,1993 年)

审一画之来去,达众理之范围。""一画"之法是不二之法,不可从量上起论,而一笔一画则是从量上言之。这里的"一画落纸"的"一画"不是作为不二之法的"一画",所以"一画"和"众画"相对而言。《运腕章》云:"受之于远,得之最近;识之于近,役之于远。一画者,字画下手之浅近功夫也;变化者,用墨用笔之浅近法度也。山海者,一丘一壑之浅近张本也;形势者,鞻皴之浅近纲领也。"这里所说的"字画下手之浅近功夫"的"一画",是一笔一画,是对不二之法"一画"的落实。石涛说"受之于远,得之最近",他的思路是,为了说清"近处"(一笔一画)的事,他从"远处"说起,这个远处就是他的"众有之本,万象之根"的"一画"。

当然,在石涛这里的确存在着一个"线的一画"。不过,石涛在《画语录》中论述的中心是作为不二之法的"一画","线的一画"是对作为不二之法的"一画"的体现。作为不二之法的"一画"是石涛提出的重要画学概念,而"线的一画"则不是一个具有独立意义的画学概念。正是在这个意义上,我以为将石涛的"一画说"说成是线,一笔一画的线条,则不是一个恰当的概括。

石涛的"一画"不是道,不是线,而是法。

石涛依照佛学的术语,将"一画"称为"法",也就是他的"一画之法"。他之所以提出"一画"说,就是要树立一种新"法",他的《画语录》也就是为了演此法,"一画"是他的至法,其他概念(如蒙养、生活、尊受、资任等)都是这一至法的阐释,是至法在某个方面的体现。他说:"所以一画之法,乃自我立,立一画之法者,盖以无法生有法,以有法贯众法也。""盖自太朴散而一画之法立,一画之法立,而万物著矣。"

石涛认为,一画之法是一种至法,即最高的法,他说:"至人无法,非无法也,无法而法,乃为至法。"(《变化章》)石涛提出一画,是要为绘画创作找一个本体论的根源;他抬出至法(或称一法),则是说明一画是绘画的最高法则,即无尚之法。一法是绝于对待的,它不在时空中展开,所以,至法被他称为"一法"。石涛并没有赋予这一无尚之法以具体法度规则的意义。他认为,最高的法则是无法则的,但他并不否定至法可以转出法则的性质。在他看来，至法是一种"母法则"，一切法则都是由至法生出。他说："以法法无法，以无法法法。"法是具体的创作法度，无法是最高的至法，无法是法本身，一切法度都由这个法本身生出，一切法度都必须以法本身为最高典范。从另一方面看，法本身并没有纯然的意义，至法通过具体的法得到体现，这就是"以无法法法"。石涛探讨绘画创作的法度为什么不从具体的方面入手，而树立一个无尚的至法？他是要通过至法来消解具体的法度。因为在他看来，一切对历史存留下来法度的依存都是对艺术家创造精神的桎梏，一切经验世界中存在的具体准则都有可能构成对自由创作原则的抑制，先行的创造法式可能影响创造潜能的提取。所以，他从至法角度为具体的法度找到一个法本身，其根本目的，就是要通过至法来确立真正的法度是无法，而无法才是艺术家应该须臾不忘的，无法为自由开辟了天地。这样，石涛通过引入至法，巧妙地以无法消解了有法。

1684 年，石涛作有《奇山突兀图》，上自题有"我自用我法"；石涛在去京津前，曾治有"我法"一印，每作画喜钤之。"我法"可能是石涛中年前后最喜欢使用的两个字。1691 年，石涛至北京，客居法源寺，作山水册，其中有长篇题跋，这与其关于法的思想关系密切，其云："我昔日见'我用我法'四字，心甚喜之……夫茫茫大盖之中，只有一法，得此一法，则无往而非法，而必拘拘然名之曰为我法，又何法耶？"

石涛既说"我用我法"，又说"不立一法"，二者之间并不矛盾。从石涛之所以提出"我用我法"，就是要超越一切成法（包括古法和一切具体的法则），克服理障和物障，进入到一片自由的创造境界中。一画之法，乃自我立，立一画之法者，盖以无法生有法。我法即是一法，一法即是无法。理解石涛我法与一法的关键在一个"我"字，石涛的"我"的天地是不能有任何法可以规范的主体，他挣脱了法的束缚，所以有"不恨臣无二王法，恨二王无臣法"的说法。此臣法也即无法，无所拘束自由涌现之法也。所以，1691 年，他在著名的《搜遍奇峰打草稿》中，有"不立一法，是吾宗也；不舍一法，是吾旨也"的著名表述。"不立一法"强调，"我用我法"，其实是不立一法,没有任何法,即无法。

但没有规矩不能成方圆,一物有一物之法,一画也有一画之法,画成则法立。他说:"古之人,未尝不以法为也。无法则于世无限焉。"石涛并不是反对法,法是一种必然的存在,他分析法给人、给艺术带来的影响。法是一种"限","限"有两面:艺术创造具有"法"的正当性,"法"又具有一种限制性力量。艺术创造中的种种局限都是由法的执着而造成的。

一画之法,乃自我立。石涛提出一画说,是要申发他强调个体创造力的思想。

《一画章》云:"一画之法,乃自我立。"《远尘章》云:"画乃人之所有,一画人所未有。"这两处常常被解说者释为:一画别人没有提出过,是我石涛第一次提出的。将石涛这两段话理解为著作权的问题。有论者进而指责石涛:一画并不是石涛第一次提出。① 用石涛的话说,这真是"冤哉"! 这里的"我"不是石涛,而是自我,一画之法,是我心中之法,而不是他法,立一画之法,就是自己做自己的主人,这一画之法,"见用于神,藏用于人,而世人不知",它是太朴赠我的一粒生命的种子,它是宇宙赋予我的天赋法权,它神妙莫测,就藏在我生命的深处。石涛提出一画之法,就是要人把内心里的这个灵明显露出来,不必仰他人之鼻息,不必拾他人之残羹,我之有我,自有我在,别人作画,有别人之创造,我作画也有我的创造,何必以他人之意堵自己之路,我之作画,是我心中的一画,我心中的灵明,是他人断断没有的。

在万法之中,石涛为何要树立一画之法? 因为一画之法,是我的法,由我而立,是我深衷的感受,万法万学,虽然也有可观处,可学处,但总是他法。虽能资我心,激我意,但也可囿我心,困我意。我意不展,成为他

---

① 苏东天《石涛'一画章'析疑》解释"一画之法,乃自我立"时说:"一画之法,是由石涛创立的,以前没有人提出过。"并进而讥讽石涛抢他人之功(《朵云:中国绘画研究季刊》,1992 年第 4 辑,上海书画出版社,59 页)。吴冠中《我读〈石涛画语录〉》:"石涛之前存在着各种画法,而他大胆宣言:'所以一画之法,乃自我立。'"(《中国文化》第 12 期)又,吴先生在另一论文中指出:"石涛狂妄地说,一画之法自我开始。"(《再谈石涛画语录》,《美术研究》1997 年第 1 期)吴先生是通过这样的解读肯定石涛一画的独创性的。

人之奴仆,成为成法之工具,何来创造,何来新意? 以这样的心意作画,虽曰作画,不如说刻画,虽曰己画,不如说是他人之画。在石涛看来,无一画,即无魂灵,这样也就达不到石涛所说的"出人头地"。

石涛取来大乘佛学"一切众生,悉有佛性"的思想,来表达他的创造思想,赋予一画说以深刻的内容。石涛这一思想在《画语录》中表现得较充足。石涛回归一画就是提取人的天赋权力的观点令人印象特别深刻。《变化章》说:"我之有我,自有我在。古之须眉,不能生在我之面目;古之肺腑,不能安入我之腹肠。我自发我之肺腑,揭我之须眉。纵有时触着某家,是某家就我也,非我故为某家也。天然授之也,我于古何师而不化之有!"在反复的"我"的咏叹中,石涛认为,我之所以要回到一画,回到我生命的本然,那是我的权力,那是"天然授之也",他说"天生一人自有一人之用"。我尽可秉持这一天然权力去创造,不必自卑,不必藏头护尾,纵然有时似某家,那又有什么关系,那是"某家就我,非我故为某家也",某家不是我的主人,我的主人就是我。这正是"不恨臣无二王法,恨二王无臣法"。

一画之法,乃自悟出。石涛提倡"一画"是要强调绘画的根本认识方式:悟。

潘天寿曾说:"石溪开金陵,八大开江西,石涛开扬州,其功力全从蒲团中来,世少彻悟之士,怎不斤斤于虞山、娄东之间。"[1]所谓从蒲团中来,就是从悟中来。用石涛的话说,就是"此道见地透脱,只须放笔直扫","见地"是根本。这个"见地"就是觉悟。此道唯论见地,不论功用。

石涛的一画,在认识方式上,要建立一种无识之识。他要解除人们习惯的认识方式,由"万"而达至"一"。石涛所提倡的悟法,就是要超越名相,超越身观,超越寻常的认识方式。《画语录》之《远尘章》云:"画乃人之所有,一画人所未有。夫画贵乎思,思其一则有所著而快。所以画则精微之入不可测也。"为什么思其"一"就能有所著,就能探精入微? 因

---

[1]《潘天寿论画笔录》,上海人民美术出版社,1984年。

为"一"是澄明的,毫无染著,"一"就是无心,无念。如同《坛经》所说的"于念而不念"。石涛提出的"一画"说,是要强调他的无念的悟法。用他的一联题画诗表示,就是:"只在临时间定。"

一画之法,乃自性起。石涛提倡"一画"是要建立"性"的觉体。

"一画"说要解放个体的创造力,但不代表"一画"说是一个洋溢着强烈主观主义色彩的学说。有的论者认为石涛受到心学的影响,沾染上了晚明的狂禅之风。石涛个性中确有狂的成分,他的艺术风格确有狂狷纵横之气,他的掀天掀地之文、纵横恣肆之画、诡谲奇瑰之书法,都饱含着激昂流荡的气势,都具有浪漫高标的"大涤子"风采。但深入研摩石涛的文字,就可发现,他并不是简单地"从于心",而是"根于性",由"性"而起,才是他的"一画"说最终的落脚。"一画"说所要建立的不是心的本体,而是性的本体。石涛说要回到一画,也就是回复人的自在之性。在性中,没有机心,没有解释的欲望,像鸟儿那样飞翔,像叶儿那样飘零,从而与山光水色相照面。以一"性"通万象,就能以一"性"控笔墨。石涛强调一法见万法,这个万法只能在性中显现,而不能通过人们的心识所达到。如慧能所说:"于自性中,万法皆现。"性是我之体,而心包括的是意志、情绪、知性活动,无法作为世象的明镜而显现一切。所以也就无法完成一和万的转换。

由此可见,石涛的一画不是道,不是线,而是法。这个法是他的至法,至法即无法,是一种母法则,是法本身。一画作为无法之法,是要使画家解除一切来自传统、概念、物欲、笔墨技法等束缚,进入到一片创作的自由境界中。所以,一画的核心是要掘发人的创造力,这一创造力是人的自性的显现,而如何使这一创造灵明自在兴现,惟有通过妙悟的认识途径才能达到。石涛的一画说,不是一个关于画法的理论,而是一种侧重于建立自性本体的理论,这一自性本体可以称为创造本体。所以在《画语录》中,尊受、蒙养、生活、资任、氤氲等石涛整合的新概念,都是围绕着一画而展开的,都是为了突显一画作为创造本体的特点。正因如此,一画可以说是一种体物方式,一种创作原则,一种创作心境,甚至可以说是一种人生境界。它比较全面地反映了石涛在画学方面的整体看法，所以他说："吾道一以贯之。"在中国画学史上，虽然也有一画、一笔画等类似的概念，但和石涛这里所要表达的内涵是不同的。故我以为，一画说是石涛独创的画学概念，如果说石涛有画学理论体系，这个体系的中心概念就是一画。

第二节　石涛的尊受理论

尊受，是石涛一画思想的重要组成部分，他的受包括两个重要方面，一是感觉，一是直觉。

原始佛教有五蕴（色、受、想、行、识）之说，指构成一切有为法的五种要素，在这五蕴中，受蕴主要指领纳境的受心所。在佛学中，受的意思比较复杂，小乘和大乘佛学对此有不同的诠释。在小乘中，受就是感受，人们随时随地接触事物引起心理上的反应，形成某种感受，就是受。主要有乐、苦和不苦不乐三种感受。就领纳而言，一切心、心所都可以称为受，所以以领纳随触为受。

受在佛学中就是一个涉及丰富心理内涵的概念，包含感觉、情感和理性三个层次。外界境相影响人的生理、情绪、思想等，产生出痛痒、苦乐、忧喜、好恶等感受，由此使主体趋向于价值判断，产生有利（顺）、不利（违）、无利害关系（俱非）等认识，从而引起远离违境、追求顺境等一连串爱欲活动。受是由根（感官）、境（对象）、识（认识主体）三者所组成的心理场交相作用的产物。在佛教中，受可分为身受和心受两种，身受是眼、耳、鼻、舌、身前五识接触外在对象的感受，是肉体之受。第六识为意接触对象所产生的感受，叫作心受。身受偏重于个相之受，心受偏重于共相之受。但无论是心受还是身受，它都是一种直接的感觉活动，引起生理的反应，成为一种心理活动；并进而判断选择，形成具体的识——理性活动。

石涛论画突出直接感受的地位，将其作为创作起点。这和外师造化的传统画学是一致的。在他看来,绘画创作应该直接面对境相,当下参取,而不应在暗室里独自扪摸,更不应只在古人的卷轴里徘徊。绘画是心灵的艺术,必由心生出,不应停留在技巧的追求上。心灵需要外在对象的直接刺激,在直接刺激中产生创作的灵感,方是创作正途。同时,绘画艺术思维应该重视眼、耳、身等器官与对象的直接接触,而不能诉诸理性活动。所以他说:"搜遍奇峰打草稿","黄山是我师,我是黄山友"。山山水水,就是他的粉本,心中的意念是在目与万物绸缪、身与山水盘桓中产生的。

　　同时,石涛提倡直接感受,还在于突出心物之间的相互感发作用。在佛学中,受是领纳,它是一种结果,它为何会领纳,那是因为人的根性在与外在境相的直接接触中引起心理反应,产生某种情绪倾向,从而被主体的心王所领纳。石涛推崇感受,也表明他重视心物之间的感应关系,感受是心物契合的前提。如他说:"我写此纸时,心入春江水。江花随我开,江水随我起。"在直接的照面中,一切俗念、欲望、理性控制的欲望都退出,心为眼前的物所感发,物为心意所晕染,心灵随着外物的起伏萦回而运动,这就是一种深沉的应和关系。我应和物,也可以说物应和我。

　　石涛认为,对外在对象的感受不仅有感觉态度的问题,而且还有如何把握外在对象特征的问题。于此,他提出真受和妄受的概念。他在《海涛章》中指出,对山海的认识,要注意把握它的内脉,而不是其表象。也就是他所说的,要把握对象的"质"(内在精神),而不能停留在外在的饰(具象形态)上。他以为,从饰上说,山是山,海是海,但从内在的"质"上说,山中有海,海中有山,山的委蛇如海的波涛,海的排天巨浪如群山峻立,所以他说:"若得之于海,失之于山,得之于山,失之于海,是人妄受之也。我之受也,山即海也,海即山也。山海而知我受也。皆在人一笔一墨之风流也。"(《海涛章》)真受是对对象内在精神的把握,妄受是错受,以此创作便形成不同的品级。

　　因此,他提出感受对象,不能以眼耳身等的简单接触代替心的接触,而应以心去统领感官，去合于外物，以心灵的眼去打量外物，以心灵的耳去谛听外物的声音。如他特别重视对山水中一种无所不在的音乐节奏的感受。他在题画诗中写道："山水有清音，得者寸心知。"他在一则题兰竹诗中写道："是竹是兰皆是道，乱涂大叶君莫笑。香风满纸忽然来，清湘倾出西厢调。"①正是：清泉落叶皆音乐，抱得琴来不用弹。一幅画就是一部《西厢》，其中繁弦急管，燕舞花飞，惟有解人方有所感，也方有其受。这就像南朝宋山水画家宗炳所说的"抚琴动操，欲令众山皆响"，他以心拨动了山水，在他音乐的心灵中，世界原本就是一部完美的乐章。对于石涛来说，这才是真受。

这里涉及情感的问题，在佛学中，受就包括情感。情感是由感觉所引起的，感觉又是在情感的推动下完成的，没有无情感的感觉，也没有无感觉的情感。佛学认为，感觉是一种经验中的现实，它是虚妄的，而由此产生的情感也是不真实的。石涛引入受的思想，并没有接受其情感虚妄论，倒是对绘画创作中的情感问题有所涉及。

在石涛看来，绘画创作不能没有情感，但情感不是一种先入的形式，因为先入的形式会干扰创作者的意象构造方式，将其导入情感决定论中。石涛把这叫作"劳心"，他在《远尘章》中说："人为物蔽，则与尘交；人为物使，则心受劳。劳心于刻画而自毁，蔽尘于笔墨而自拘，此局隘人也。但损无益，终不快其心也。我则物随物蔽，尘随尘交，则心不劳，心不劳则有画矣。""劳心"则不能"快其心"，他要"物随物蔽，尘与尘交"，就是心中不存一念，物来与物游，尘来与尘交，自在优游，没有先入的情感形式羼入，否则情感因素就会裹挟着占有的欲望、理性的辨分和自我的选择，将"受"变成自我情感渲染的过程，这样就不能有真受。

作为感觉的意义，受包括三个主要的层次：感觉——被感觉推动的情感——由情感和感觉共同作用所形成的领纳。石涛论画不是简单地主情，而是尊受，就是看中了这个概念中所包括的情感、感觉和意象构成

①《为在北先生画兰竹并题》，《大涤子题画诗跋》卷二。

的复杂肌理。石涛强调受而不是强调情,意在表达这样的思想:绘画创造不是主体所独有的,心必有所受,受标示的就是一个由感觉、情感所组成的关系性存在。感觉是在对象的作用下引起的,情感是在受的过程中形成的,是外在对象刺激中产生的情感,他所受纳的成果——意象,是在情感和感觉共同推动下产生的。这是石涛画学思想最细微的部分。

石涛尊受之受的另一个层次就是直觉洞见。

如果说石涛的尊受说就是提倡直接感受,这是不够的。在石涛看来,受有层次之分,直接的感受固然重要,但还是初步的,因为感受的对象有限制,感受的层次也有限制,一般的感受只能说是一种差别之受,是诸根性对外在对象的受,并没有达到纯而不杂的境界。石涛用"小受"命之。而石涛的一画之法是不二之法,是无差别的独特心灵境界,它是随物而起当下直接的感受,是非共相的。所以石涛论尊受,自然又从作为小受的感觉,过渡到他的最高的受:一画之受。

一画之受,就是直觉,是一种不夹杂任何知识、欲念、情感的纯然之受,是对本性的洞见。石涛将其称为"大受"。小受是差别之受,大受是本觉之受,由感觉到直觉,便形成了石涛尊受说的内在理论结构。石涛虽然强调直觉领受的根本性特征,但并不由此排斥作为较浅层次的感觉之受。相反,他认为,由一般的感觉之受,推动情感的产生,使心体注目于外在的对象,神迷于心物之间的契合,并且增强心灵的识见,为直觉洞见奠定基础。在这里石涛显示出和佛学的差异。因为在佛学中,一般的根性之感受如大海之泡沫,虚妄不真,是对人本性的遮蔽,而石涛则将其看成导入他的一画之大受的必要前提。石涛说:"不过一事之能,其小受小识也,未能识一画之权,扩而大之也。"一画之受,是对小受的"扩而大之",当然这里的扩大决不是量上的增多,而是本质上的提升,是由表层感受过渡到本然之受,由差别之受过渡到不二之受,由情感之受过渡到无念之受。用他的一联题画诗表示,就是"一念万年鸣指间,洗空世界听霹雳"。

《尊受章》将受与识作为一对概念来讨论。识也是佛学中的一个重要术语,指了别义,即六根面对境相时所产生的认识分析作用。为五蕴之一。在早期佛教中,只有六识,指眼、耳、鼻、舌、身、意六识。到了后期佛教,又在六识之外加第七识末那识、第八识阿赖耶识。前六识是一种对外在事象的认识,所以将它称为事相了别。第七识是了别妄想,第八识是真实自体了别,被称为种子识。唯识学派认为,作为阿赖耶识的第八识是一种无识之识,是本识,不可以以理性去牢笼,前六识则是分别事相,是一种理性活动。这里隐含着一个和石涛画识说相关的思想,就是:佛教认为这了别事相的识是对事物的一种幻象,是虚妄的认识,惟有无识之识的阿赖耶识才是人的本识,是自性的体现。了别识是幻识,性识是真识,石涛所论之识受到此影响。

石涛识来自佛学,但又经过他的改造。石涛肯定识对于绘画创作的重要作用,但又反对为识所拘。石涛要通过对了别之识的扬弃,确立一种本识。

在《变化章》中,石涛说:"古者,识之具也。化者,识其具而弗为也。具古以化,未见夫人也。尝憾其泥古不化者,是识拘之也。识拘于似则不广,故君子惟借古以开今也。"

关于"识之具",《画语录》用了三次,就是认识之积累,形成一定的知识系统、概念形式、传统规范。石涛的态度不是否定它,他说要"识其具",就是要了解"识"、贮积"识"。不了解"识"就会盲人瞎马胡乱行,终究不得要领;不在心中贮积"识",直觉体验就会缺少心理的支撑力量。但又不为这"识"所拘束,要超越"识",进入到石涛所说的"化"的境界中。

石涛认为,识具有认识的程度差别和层次差别。就程度差别而言,主要指认识的数量多寡和广狭。他说:"识拘于似则不广。"石涛提倡广识。《画语录》还提出小识、大识的概念。小识者,不仅识之在少,而且识之眼光短浅、偏狭。石涛认为,一般的识随外在对象而变化,但世界广阔无边,充满了无所不在的变化,须臾之间,即非往时,转瞬之间,云天空阔,画家如果不去着眼于瞬间之变化,让一个先行的识横在自己的眼前,这就如同禅宗所说的"世界如此之大,钻他故纸,驴年去"的讥讽一样,山在变,峰在变,而他的识不变,此人虽有识,吾以其无识可也。

　　石涛认为,一切之识虽能广我见闻,实我心胸,但并非真识。游历山川草木,搜遍奇峰怪石,朝朝暮暮,时时刻刻,识见在增加;出入董巨,徘徊范关,摹遍倪黄,搜尽文沈,古法烂熟于心。虽然这都能使胸中理性力量加强,但说到底,这些都是末识。石涛提倡的是本识,也就是他所说的真识。在题画中,他用八个字概括,就是:"真识相触,如镜取影。"(《大涤子题画诗跋》卷一)在他看来,真识如镜取影。他借用佛教中的这个比喻,意在说明,绘画创作中认识的心境应如一帧澄明的镜子,不著不染,无欲无求,一念不生,一相不著,识皆遁去。因为,在石涛的理论体系中,识固然为画道所不可偏废,但识毕竟是一种理性活动,识摆脱不了运用原有的知识系统对对象的了别分析,理性的力量将导致概念的把握,而概念的把握是不真实的。在这里石涛和佛学视识为妄相的看法是一致的。所以他说"莫作真识想",一执著于识,执著于想,那就不是真念。

　　由此,他提出了"一画之识"的概念。一画之识就是自性之识,或者叫作本识,颇类似于大乘佛学所说的阿赖耶识,是无分别之识,是一切识的种子。他说:"古今法障不了,由一画之理未明","人能以一画具体而微,意明笔透"。一画者,无法也,备一画之识,也就是无识之识。他说:"书画非小道,世人形似耳。出笔混沌开,入拙聪明死。理尽法无尽,法尽理生矣。理法本无传,古人不得已。"①这个理就是一画之理,一画之识,非了别分析之识。不论小识,或者是多识,都是有限的认识,都是知识的行为。而一画之识虽无识,却无所不识,它可以一识备万识。一画之识不是由知识发出的,而是由人的自性发出的,所以能扩而大之,能以一治万,自万治一。一画之识之所以是一种无识,皆因其是自然而然的行为。

　　在石涛画学体系中,受和识是蒂萼相生的一对概念。首先,在识与受二者之间,受是第一性的,识是第二性的。他认为如果以识为主去受,

---

① 《题春江图》,引见《大涤子题画诗跋》卷一。

就不是真正的受了。受在这里是感觉的，是对外在境相的直接领纳，石涛论画提倡随转随出，自然而然，即景随缘。而识是知识，是理性，如果作画以这种先入的知识形式控制，那么构思的过程将会变成知识的演练过程，就会出现他所说的"某家博我也，某家约我也，我将于何门户，于何阶级，于何比拟，于何效验，于何点染，于何鞟皴，于何形势，能使我即古而即我"的情况，这样，就是知有古而不知有我，我的直接感受让位于先入的知识形式。在观物之顷，如果不能放弃理性的努力，我和物之间直接照面的境界就不会形成。

其次，作为感觉的受又离不开识。受和识二者可以互相作用。也就是他所说的"藉其识而发其所受，知其受而发其所识"。石涛固然强调直接感受，但对人知识的获取、理性力量的加强以至于对传统之法的充分吸纳并不反对，认为这些"识"对于一个有成就的画家来说是不可缺少的。在石涛留下的文字中，我们可以看到他对古代大师之作的重视，他有一首题画诗就谈到了他这方面的态度："不道古人法在肘，古人之法在我偶。以心合心万类齐，以意释意意应剖。"他之所以要超越古法，是不使这样的古法时时"在肘"，在肘就会使得自己下笔如有"绳"，这就是"先识而后受"，古法成了创造的桎梏。而石涛强调的是，古人之法成为自己知识的沉淀，成为发动新的创造的推动力量，成为创造的起点，成为我的"偶"——创造的支持力量，这才是一个创作者应取的态度。更进一步，石涛虽然强调直接的感受，正像佛学所说的，心是受之"王"，但不同的心灵会有不同的受，玲珑之心会有玲珑之受，干涸心灵会有干涸之受，识见的匮乏将会导致识的肤浅，而知识会将感受的灵府装点得更加透灵，只要他不用这识去代替受，而以这识去引发或者推动受，将会有更多更广更深的领纳。

复次，如前文所说，石涛认为最高的受是一画之受，最高的识是一画之识，如能控制一画之权，就能实现识与受的合一。一画之识作为一种真识，"空空洞洞，木木默默"，无所思虑，于念不念，是一种陶然忘物忘我的境界，在这一境界中，以一画之识去受，以一画之受去识，识与受在无法的境界中契合无间,即受即识。淡去俗念,在宁静中臻于自然之境,真性自现,乾坤就在我的心里,宇宙的奥秘就在当下直接的感受中。这是一画之识,也是一画之受。

石涛还将尊受学说上升到天人关系来加以讨论。天人关系是石涛尊受说的理论落脚点。

受是人在与对象接触的过程中形成的感受(包括直觉),但石涛强调的是,受决不是人对对象的单向度接受,受是天人双方的交相往复的活动。

《兼字章》云:"天能授人以法,不能授人以功;天能授人以画,不能授人以变。人或弃法以伐功,人或离画以务变,是天之不在于人,虽有字画亦不传焉。天之授人也,因其可授而授之,亦有大知而大授,小知而小授也。所以古今字画,本之天而全之人也。自天之有所授而人之大知小知者,皆莫不有字画之法存焉,而又得偏广者也。"

这里涉及"授"与"受"的问题。在汉字中,受,本来就含有授予、接受双重意思。石涛的受也有创作者和对象(天人)两个向度。从天一方说,是授予;从人一方来说,是接受。天何以能授予人,在于人值得授予。所以天之授人也,在于可授而授之也。人有不同,人的创作心灵有层次之别,所以,天对于人大知大授也,小知小授也。所以,天之授予人的关键在于人,也就是石涛所说的"本之天而全之人"。由本之天的角度说,石涛认为天地的精神就是创造的精神,天行健,所以人作画本之天,就是要承继天的这种创造的精神。天可以赋予人以创造力,但关键还在人,人不是匍匐在天地的脚下,吮吸天地的精神就完事,而是要自强不息,创造不已,才能接受天的赋予。所以他说天能授人以法,不能授人以功,天能授人以画,不能授人以变。所谓"功"、"变"和前文所说的"化"是一个意思,就是乾旋坤转之力,就是法无定法的创造。

石涛引入儒家"德配天地"的思想。他说:"夫受,画者必尊而守之,强而用之,无间于外,无息于内。《易》曰:'天行健,君子以自强不息。'此乃所以尊受之也。"石涛所说的尊受,就是推尊人的创造精神,这创造精神来源于画家"临时间定"的直觉活动。石涛认为,天行健,天的精神就是创造精神,而人作为三才之一,必须自强不息,刚健不息,饮太和之气,不停地创造,这样才能配得上独立天地之间,鼎然成三,才能配得上做天地的儿子,这就叫"德配天地"。所以《周易・乾・文言》说:"夫大人者,与天地合其德,与四时合其序,与鬼神合其吉凶。"这样的"大人"精神就是石涛提倡的"资任"精神,因为受任,所以要胜任,不负笔山胸襟,墨海抱负,将一股创造精神尊而守之,强而用之。此为尊受说最终之意也。创造的精神只有在直觉的心灵中才能出现,所以石涛尊受,一言以蔽之,就是尊崇直觉领悟的创造精神。

总之,石涛的尊受说理论重点在于:强调直接感受,强调由这一直接感受的超越,达到感性直觉的境界,就是直面自然,自然而然的感悟。石涛的受揭示了天人之间的关系,受有受与授而端。受是人心之受,又是对天之受。就天而言,必因可授而授之;就人而言,不能视天之所授为获取,而应视其为大任,要有担当意识。天地的精神就是蒙养生活,就是创造,人也应不息地创造,这样方能不负天之所任。由此,石涛以"天行健,君子以自强不息"为其所受,这受就是创造精神。蒙其所受,必有所尊,所尊崇的,是这种创造精神。

石涛所拈出的受的三个层面的意思是相通的,直接感受是基础,直觉洞见为超越,创造精神是其内核。石涛尊受,就是尊崇自然,尊崇由自然直接启悟的创造,因为自然的精神就是创造精神。

石涛提倡受的思想,强调不作,不假思索,无为任运,摆脱传统因袭的力量,摆脱习惯的势力,摆脱理性的干扰,使心所回到无欲无思的境界,回到和自然万物平和无差别的境界,回到天蒙,也就是回到一画。所以尊受的思想是石涛一画说的有机组成部分。

在中国美学史上,石涛的尊受说是一崭新的概念,石涛借佛学的概念来讨论绘画创作中的心理问题,其中包含丰富的内容,在中国绘画审美心理理论方面具有不可忽视的价值,尤其是其中涉及了感觉、情感、理智在审美过程中的复杂表现,有前人所未及的内涵。

第三节　蒙养与生活

石涛《画语录》中提出"蒙养"和"生活"一对概念,这对概念虽然是从中国古代学说中承继而来的,石涛赋予其完全新颖的意义,成为其画学理论体系的一对重要概念。

从现存文献看,《石涛画语录》中使用蒙养一语 13 次,又在题画跋中2 次使用此语,从理论的直接来源看,石涛蒙养所要表达的思想主要从《周易》的蒙卦中引申而出。蒙养概念来自《周易》的蒙卦,蒙卦象辞云:"蒙以养正,圣功也。"石涛蒙养概念有三层意义:

第一,天蒙——顺应自然之道。

《周易》蒙卦,下坎上艮,坎为水,艮为山,山水合而为此卦之卦象,所以象传说:"山下有泉,蒙,君子以果行育德。"石涛为何要引入蒙卦? 可能首先就出于此一考虑,因为石涛是一位山水画家,他的《画语录》是论述山水画创作问题的,所以石涛巧妙地取来有山水之象的蒙卦,深化他对山水精神的理解。

石涛通过"称名也小,取类也大"的易象,表达他的绘画主张。《周易》以乾坤两卦肇其始,乾为纯阳之卦,坤为纯阴之卦;又以屯蒙二卦随其后,屯蒙为对卦,意有相通。屯卦下震上坎,有"刚柔始交而难生"之象,因为"物始生而未通",象传所说的"天造草昧"就表达了这一意思。《说文》:"屯,难也,象草木之初生,屯然而难。"嫩芽将露未露,有初始之象。而蒙卦也有蒙昧不明之义。所以《序卦》说:"物生必蒙,蒙者蒙也,物之稚也,物稚不可不养也。"朱熹释蒙卦云:"蒙,昧也,物生之初,蒙昧未明也。"[1]天造草昧的屯和蒙稚未明的蒙,均表达生命原初的状态,《易》以此两卦强调生命之原,生命之初。

这一意思被石涛承继下来,石涛认为,山水画创作不是涂抹山水的

———————————
[1]《周易本义》卷一。

外在表相，而是要纵山水之深层，注意那个山水发于兹起于兹的因素，这也就是中国山水画理论中的"须明物象之原"（荆浩语）。正是在这个意义上，石涛有时将蒙称为"天蒙"。他说："写画凡未落笔，先以神会，至落笔时，勿急迫，勿怠缓，勿陡削，勿散神，勿太舒，务先精思天蒙，山川步武，林木位置，不是先生树后布地，入于林出于地也。以我襟含气度，不在山川林木之内，其精神驾驭于山川林木之外，随笔一落，随意一发，自成天蒙，处处通情，处处醒透，处处脱尘而生活，自脱天地牢笼之手，归于自然矣。"（据《虚斋名画录》卷十引）这个"天蒙"在石涛看来，就是山川的本然之理。

第二，鸿濛——蒙养与一画之关系。

石涛引入蒙养概念，是为了深化他的一画学说，他的蒙养从一个角度言之就是元气。

他在一则题画跋中谈到了蒙养的问题，他说："写画一道，须知有蒙养。蒙者，因太古无法；养者，因太朴不散。不散所养者，无法而蒙也。未曾受墨，先思其蒙；既而操笔，复审其养。思其蒙而审其养，自能开蒙而全古，自能尽变而无法，自归于蒙养之大道也。"（《大涤子题画诗跋》卷一）这一则题跋深化了《画语录》第一章的内容。石涛说"蒙者，因太古无法；养者，因太朴不散"。蒙养就是道、无，就是滋生种子的创化之元，石涛论画强调一画，一画由蒙养来，蒙养就是它的一画之原、物象之原。石涛引入了三个概念：鸿濛、混沌、氤氲。他在题画跋中说："透过鸿濛之理，堪留百代之奇。"《画语录》之《一画章》云："此一画收尽鸿濛之外，即亿万万笔墨，未有不始于此而终于此，惟听人之握取之耳。"他又多次使用"氤氲"一语，认为天地是氤氲流荡的空间，所谓"天地氤氲秀结，四时朝暮垂垂"《画语录》还专列《氤氲》一章。同时，石涛又多次使用"混沌"一语，他的题画跋说："出笔混沌开，入拙聪明死。"在《画语录》中他说："氤氲不分，是为混沌。"他要于"混沌里放出光明"，他比喻画家作画就是"辟混沌手"。这三个概念都是中国哲学中的重要概念，石涛用它们来表现创造之根源。石涛引入"蒙养"这一概念，从一个角度言之，就是强调回到天蒙,回到恍惚幽渺的鸿蒙状态,从而取来造化之元气,发为绘画中阴阳摩荡的笔墨形式,从而说明笔墨取自天地的道理。

第三,童蒙——艺术真实论思想。

汉语中有所谓反训一法,即一字可有相反两种意义,如落,既有终极的意思,又有开始的意思,如落成之落。石涛在完全相反的意义上使用"蒙"。作为天蒙的蒙,是天地的原发精神,是化生万物的鸿蒙状态,是一种本然的不夹杂人的概念意志的世界。石涛认为,绘画创作必须追摩这种原发的精神,所谓"随意一发,自成天蒙,处处通情,处处醒透",天蒙是万有之质,是控驭着大自然的内在力量。

但在石涛的语汇中,蒙的另一义为蒙昧。蒙是愚昧不明,是一种染著的状态,心灵暗昧,下笔滞碍。《画语录》之《了法章》:"世知有规矩,而不知夫乾旋坤转之义。此天地之缚人于法,人之役法于蒙。""役法于蒙"的"蒙"就是法障,心溺于重重束缚而难以自拔。《脱俗章》说:"愚者与俗同识。愚不蒙则智,俗不溅则清。俗因愚受,愚因蒙昧。"这里的蒙也是蒙昧、愚昧的意思,不是说其无知,而是指心灵的尘染,蒙因俗起,所以要远尘。

石涛说:"蒙者,因太古无法",无法而蒙,而这里说"役法于蒙",无法为蒙,有法也为蒙,然此蒙非彼蒙,前者为混蒙原初之蒙,后者为尘染不纯之蒙;前者因蒙而自然显露,后者因蒙而遮蔽;前者为真实无妄之体,后者为虚伪不实之用;前者蒙而不昧,后者因蒙而蠢。石涛在这里将蒙相反两义统一于一字中,巧妙地传达了自己的思想,就是:以蒙去蒙,以无法去有法,以拙朴去机巧。

石涛要归于蒙养大道,要"齐蒙养",也就是用蒙养原初之道启为尘所蒙之心。"蒙养"乃《周易》"蒙以养正"的缩略语,"蒙以养正"可以从相反两个方面来理解:一是使蒙昧之人通过养(教育)而归于正;一是以蒙来养正,此蒙不是启蒙之对象,而是用以发人之蒙的。《易传》倾向于第一意,所以《序卦传》有"蒙者,稚也"的说法。《象传》说:"非我求童蒙,童蒙求我。"但此卦六五爻辞说:"童蒙,吉。"象曰:"童蒙之吉,顺以巽也。"

程颐《周易程氏传》卷一："以纯一未发之蒙而其正。"程颐这一解说开辟了另一条重要思路，就是以蒙养心，以蒙正己，蒙在这里已不是需要启蒙的对象，而是作为纯备圆融的自然大道。这一思想反映了儒家思想中的重要内容。《诗经·周颂·维天之命》："维天之命，於穆不已。於乎不显，文王之德之纯。"天地的德行就是纯而不杂，备而不缺，所以《中庸》说："此天之所以为天也"，这就是天的本质。中国哲学回归天道，表达的是一种人间的道德追求。而石涛这里强调的回归童蒙的思想，表达的是一种艺术真实论思想。

在石涛看来，蒙在一定意义上是一种童蒙，即是真，石涛并不认为画家深入自然，是启自然之愚昧，而是要以鸿蒙之道启我之蒙昧，在他看来，自然的原初状态就是一种童蒙，正像老子所说的"婴孩之心"，李贽所说的"最初一念之本心"的童心，它是真实无妄的。而处于尘俗中的画家，就是处于蒙昧之中，丢失了贞一之理，画家平素的心胸还需要提升，需要净化和深化，因为杂而不纯，缺而不备，造成了心灵上的蒙昧。石涛要用纯一未发的蒙，来发溺于俗尚中的蒙昧，从而助其学、养其正。

由此可见，他所谓"未曾受墨，先受其蒙，既而操笔，复审其养，思其蒙而审其养，自能开蒙而全古，自能尽变而成法"，就是对纯一圆融之理的回归，这就是他的"蒙以养正"——以纯一不杂之天蒙养性灵之蒙昧——的真实涵义。

"生活"一语是古汉语中早就存在的一个合成词，石涛在其中注入了丰富的画学内涵，使其成为一个与"蒙养"相对的概念。在《画语录》中，石涛提出了"操蒙养生活之权"的问题，认为表现山川万物必须识得"生活之大端"。他说"墨非蒙养不灵，笔非生活不神"，所以，在他看来，对"生活"的追踪也成为一个画家必修的功课。石涛予"生活"以很高的位置，他说要于"墨海里立定精神，笔锋下决出生活"，他在题画跋中称："处处通情，处处醒透，处处脱尘而生活。""生活"是石涛审美理想之重要组成部分。

石涛的"生活"和今人所说的"生活"一语意思显然不同，今人所言之

"生活"乃是人的活动、人的生活方式等，石涛的"生活"概念表达的主要意思并不在此。[①] 在古汉语中，"生活"一语主要有三种意义：一、同"生"，即安顿、生存、存活，此就生命体的存在状态而言的。[②] "生活"意为生命、活着。二、指生动活泼的韵致。[③] 三、指具体的生活、活动，与今人所言之生活意思大体相当。[④]

从以上三义看，"生活"一语均与生命有关，生命是生活的本义，它指生命的存在、状态、特点等，今人所使用的"生活"一语也是从生命意义引出的，它是生命活动的展开。一切生命存在都可以称为"生活"。在古代汉语中，"生活"多和"生生"互用，如《云笈七笺》卷三二："所以动之死地者，以其求生活之太厚。"此语在《老子》第五十章作："人之生，动之于死地亦有三，夫何故？ 以其生生之厚。"

石涛所使用的是"生活"一语的古义，他的"生活"一语意同"生生"，也就是今人所说的"生命"，而仅仅从生活体验或者从外在世界的美的角度都不足以表达石涛"生活"一语的确切内涵。联系石涛的整体绘画理论体系，可以发现，石涛的"生活"一语主要包含以下意义：

首先指万物的生香活态，即宋明理学所强调的活泼泼的意思。石涛

---

① 石涛所言之"生活"到底如何解释，当今研究者意见甚有分歧。黄兰波以"生活"为"生活体验"，他在解释"笔非生活不神"时说："用笔非有丰富的生活体验便不能神化。"（《石涛画语录译解》，24—25 页，北京：朝花美术出版社，1963 年）李万才也认为，"生活"就是丰富的生活体验。（《石涛》，187 页，长春：吉林美术出版社，1996 年）俞剑华认为"生活"就是"体验事物的意思"，他解"生活之操"为"对于生活有深刻的体验"。（《标点注释石涛画语录》，32 页，68 页，北京：人民美术出版社，1963 年）杨成寅说："生活是大自然的具体审美属性，主要是可视的外在美。"（《石涛画学本义》，196 页，浙江人民美术出版社，1996 年）

② 《孟子·尽心上》："民非水火，不生活。"赵歧注："水火能生人。"这里的"生活"意同"生"，即存活。《汉书》卷二五下《郊祀志》："稷者，百谷之主，所以奉宗庙，共粢盛，人所以生活也。""人所以生活"即人以粮食为生。《三国志·吴主五子传》："和与姬张辞别，张曰：吉凶当相随，终不当生活也。"

③ 如《朱子语类》卷九七："心要活，是生活之活，对着死说，活是天理，死是人欲，周流无方，活便是如此。"陈淳《北溪大全集》卷一七："到底而后，见有山高而穴却土薄水浅者，有山势甚好而穴中土色不佳，如枯死状，无生活意者。"

④ 如《世说新语·赏誉》："人问王长史江虨兄弟群从，王答曰：诸江皆复自足生活。"陆龟蒙《奉酬……一百韵》："所贪玩仁义，岂暇理生活。"

认为,绘画艺术必须要有活泼泼的韵致,一切僵化、枯死、静止的表达都与这一审美理想不类,绘画要有活泼的精神,令人观之而神移魄动,他说:"古人用意,笔生墨活,横来竖去,空虚实际,轻重渺远,俱于腕中指上出之,其指在松,松者,变化不测之先天也。"石涛用"生面"一语,来概括这种生香活态,所谓"生面",就是生动活泼的外在韵致。《画语录》之《皴法章》说:"笔之于皴也,开生面也。山之为形万状,则其开面非一端。世人知其皴,失却生面。纵使皴也,于山乎何有!"所谓"是峰也具其形,是皴也开其面",皴是山峰的面,这一"面"必须是"生面"——即生机活泼的外在感相。

其次指生机。即生生相连、彼此激荡的"势"。石涛受到中国气化哲学影响,认为,天地为一气流荡的空间,气分阴阳,阴阳摩荡,构成了内在张力,这就是"势"。他在一段对"生活"的具体解说中,充分表达这一意思:"山川万物之具体,有反有正,有偏有侧,有聚有散,有近有远,有内有外,有虚有实,有断有连,有层次有剥落,有丰致,有飘渺,此生活之大端也。"这里的"生活之大端"并非山川的具体形象,而是在山川形式中所包容的"势",石涛所谓"有反有正"等等论述,意在强调大自然原是一个彼摄互荡的有机生命体,生命体之间形成的"势场",具有了极大的生命张力,绘画就要追摩这种张力。

三是生理。这是生命的最深层,外在生动活泼的形态来自对象内部无所不在的生机,即势,也就是自然内在的节奏。而生理是处于对象的最核心的层次,是控制着自然运动的"质",生意和生机节奏,都属于"饰"。山川"质"和"饰"的关系是道和器的关系,山川之"质"是体,山川之"饰"是用。

石涛艺术哲学的一个鲜明倾向,就是认为天地的本质是"生",是无所不在的创造力。他的"生活"概念包括这三个层次,实际上是对中国生生哲学的继承。在石涛的"生活"概念中,生意、生机、生理三者是一体贯通的,生理为本,生意是外在显现,而生机乃是由生理之本转为生意的中介环节。石涛的这一观念反映了中国生生哲学的一贯思想。"生活"一语比较集中地体现了石涛重视生命的画学思想,它从一个侧面展示了石涛以生生为中心的画学体系。中国生生哲学认为,生为天地之性,大化流衍,万物皆生,正像方东美所说的"生为元体,化育为其行相"。石涛认为,作画要透过鸿蒙之理,刊留百代之奇,他所谓归于一画,也就是归于贞一不杂之自然,此即为本然,也就是天地的创造精神。他所谓尊受,就是尊崇"天行健,君子以自强不息"的精神;他所谓"资任",就是要酌取蒙养生活精神,也就是生生精神;他所谓无法,就是要破除一切束缚,使生生精神(创造力)毫无滞碍的显现。石涛以生生为本的精神,不仅强调创作上酌取天地之创造力,更强调形式技法(笔墨)上遵循生生的原则,绘画之造型空间应是一个生生的空间。正因为他强调生生精神,我们看到他对艺术形式的内在联系的异乎寻常的重视。他说要回到一画,自一而万,又自万而一,不是数量上的多寡,而在于万物万相之间的绳绳相连、绵绵无尽,所以有整一之势。生命的整一之势就是物物之间的联结造成的;正因物物相连,且相连之物并非同类之排列,而是相形相异,所以有势;正因其有势,所以会有相摩相荡的运动出现,从而益然成一生生之世界。所以万万笔止于一笔,一笔即万万之笔。

石涛是将"蒙养"和"生活"作为一对概念提出的,二者既有联系,又有区别。他说:"墨之蒙养以灵,笔之生活在神。""蒙养""生活"有别,又有内在联系。《笔墨章》云:"古之人,有有笔有墨者,亦有有笔无墨者,亦有有墨无笔者。非山川之限于一偏,而人之赋受不齐也。墨之溅笔也以灵,笔之运墨也以神。墨非蒙养不灵,笔非生活不神。能受蒙养之灵,而不解生活之神,是有墨无笔也。能受生活之神,而不变蒙养之灵,是有笔无墨也。"

石涛别出心裁地将蒙养、生活和笔墨联系起来,他认为,作画要将蒙养和生活结合起来,不能有了蒙养而缺少了生活,或者有了生活而缺少了蒙养,这都和笔墨的运用有直接关系。石涛指出,如果注意蒙养而忽视了生活,就是有墨无笔;注意到了生活而忽视了蒙养,就是有笔无墨。

石涛的蒙养有天地未开、元化初创之意。这便与墨联系起来,因为墨韵酣畅，淋漓流荡，正可见"天地真元气象"。从唐代以来，中国画就注意到通过酣畅淋漓的笔墨表达画家对宇宙的感觉。如杜甫的"墨气淋漓障犹湿"受到后代画家的普遍推重，就在于这句诗中表达出笔墨和宇宙纵深的联系。托名王维的《山水论》赞扬水墨，说其"肇自然之性，成造化之功"；北宋二米的云山墨戏之所以被后代视为南宗画的正宗，就在于他可以在烟云飘渺之中，表现一种宇宙感。被称为南宗大家的黄公望也因其笔墨苍莽雄浑，被目为："俨然元化气象。"石涛将蒙养和墨联系起来，其画学背景正是这一传统。

石涛很重视墨能够达到境界。他常将墨色世界形容为"墨幻"，他有诗道："每画一石头，忘坐亦忘眠。更不使人知，卓破古青天。谁能袖得去，墨幻真奇焉。"在他看来，眼前的墨幻就是一个充足的世界，一片古拙的混沌，一片不灭的鸿蒙。石涛又很善用水，他的生动的笔情墨趣，往往和他善于用水有关，他在一则题画跋中谈到了这一问题，他说绘画关键在于"三胜"："一变于水，二运于墨，三受于蒙，水不变不醒，墨不运不透，醒透不蒙则素，此三胜也。"水墨所产生的墨色氤氲的世界，就是他要表现的道，所以他说："笔与墨会，是为氤氲，氤氲不分，是谓混沌。"

对用笔的强调也是石涛画学的一大特色。在中国画学史上，从唐代张彦远在谈"六法"时，将用笔和气韵结合起来，用笔一直受到画界的重视。石涛对此一学说作了新的推动。石涛将运墨和蒙养联系在一起，将用笔和生活联系在一起，运墨偏重于块的创造，所以以烟云迷幻来表现天地烂漫形象为最高追求，因此有蒙养之界定；用笔偏重于线的创造，通过运腕的灵活变化，在钩皴等技法上曲折中度，从而达到展现大千世界生机活运精神的目的。在《画语录》中的《运腕》、《皴法》、《山川》诸章中，作者都强调以用笔为中心，突显线的地位。近代画家陈衡恪在评石涛的画时尤其强调他的用笔："清湘笔力回万牛，中含秀润杂刚柔。千笔万笔无一笔，须在有意无意求。"①

① 见俞剑华《石涛画语录标点注释》附录，第 110 页。

石涛的蒙养生活各有所取,在笔墨中有不同体现。在技法上,笔墨是形式构造的两个因素,它们既有区别,又是不可分割的,所以笔与墨会,是所必然;从象征的角度看,笔和墨各有表达的重点,墨偏于受蒙养,体现出天地混蒙之象;而笔受生活,以虚灵之腕,掌权变之笔,以一根灵动之线界破虚空,流出一段生命的悠长。

石涛还将蒙养和灵联系起来,将生活和神联系起来,这也反映了石涛独特的审美观念。他说:"墨非蒙养不灵,笔非生活不神。"笔与墨是蒙养生活在技法上的落实,而神与灵又是在审美境界上的落实。石涛对神与灵是有所区分的,他要通过这一区分表现他的特别的思想。石涛这里涉及三种不同的神灵,一是天地的神灵,二是人的神灵,三是笔墨中所体现的神灵。这三种神灵一体相连。

石涛认为:"故山川万物之荐灵于人,因人操此蒙养生活之权。苟非其然,焉能使笔墨之下,有胎有骨,有开有合,有体有用,有形有势,有拱有立,有蹲跳,有潜伏,有冲霄,有崱屴,有磅礴,有嵯峨,有巑岏,有奇峭,有险峻,一一尽其灵而足其神!"

天地是神灵孕育之所,一切山川物象均蕴藏着内在"神灵",也就是精神。天地的神灵就体现在山川万物的生生不息的运动之中,山川摩荡的势态,就是天地神灵的显现。其次,天地"荐灵于人",就是说,画家作画面对的是生机勃郁的自然,处处都显现出生命的活力,山川的精神撞击画家的灵府。所以画家必须"受生活之神,参蒙养之灵"(《清湘老人题记》)。只要深入到山川的灵府之中,就能得到山川精神的赐予,方能作画。画家得山川蒙养生活之神灵气象,他所画出的画才会"一一尽其灵而足其神"。

石涛为何将蒙养归于灵,将生活归于神?在石涛看来,灵气标示着天地之本、人性之本、创造之本,如沈宗骞《芥舟学画编》说:"天地以灵气生物,在人以灵气而成画,是以生物无穷尽,而画之出于人亦无穷尽。惟皆出于灵气,故得神其变化也。"所以石涛将其赋予作为生命的原初的"蒙养"。

他将生活归于神,这也反映其特殊的用心。他的所谓"神"论显然受到《周易》的影响。"神"在《周易》中意近于"几"。《系辞下传》:"子曰:知几者神乎。"阴阳摩荡,无止无息,不可测度,即是神。"神"意同"妙"。《系辞下传》:"神也者,妙万物而为言者也。"所以易就是要通过占筮去测度天地的神明。神、几、妙等意均在强调一个变,变是易的精髓,用《易传》的话说就是"神而化之"。石涛将这种神妙的变化归于用笔,要将大化生机注入笔端,使得用笔纵横合度,运转自如,至神至妙,穷几入微。

据此我有这样的推想,石涛的灵(蒙养)与神(生活)反映的是经与权、常与变的关系。石涛说,凡事有经必有权,有法必有化,一知其经,即变其权,一知其法,将功于化。一点灵气是恒常之道,必受之;万千笔致是权变之举,必化之;受蒙养之灵气,心中驻恒常之道;受生活神变之妙,则能神明变化,笔走龙蛇。灵气为体,神变为用,正如朱子所说:"神者,灵之用也。"

第四节　石涛的资任说

石涛"资任"概念素称难解,《画语录》共 18 章,《资任》为最后一章,处于全文总结的位置,具有收摄全篇的意思,石涛这样安排有他特别的用意;《资任章》又是 18 章中最长的一章,石涛在不同的意义层次上运用"资任"这一概念,赋予其丰富的内涵,所以这一概念和《画语录》整个思想具有密切关系。对这个概念的解读是把握石涛绘画理论体系不可忽视的环节。

自清而来,这一概念引起不少研究者的兴趣,但这一谜团至今并未真正解开;有的研究者甚至认为这是石涛的"败笔",属于文人技痒之类的游戏,不必太当真。① 其实,这个概念是石涛精心结撰的,在石涛的绘

---

① 如中国画学研究专家俞剑华认为,"资任"说是石涛画学"大醇中的小疵",他说:"把一个'任'字反复使用六十六次之多,有些句子简直是弄笔头……用一个'任'字绕来绕去,真使人头晕脑胀,眼花缭乱,而究竟'任'是什么意思,始终也没说明白。"(《〈石涛画语录〉校点注释》,102—104 页,北京:人民美术出版社,1963 年)

画体系中占有突出的位置,它不仅和"一画"、"蒙养"、"尊受"、"生活"、"无法"诸概念具有密切的关系,是全面理解《画语录》的关键概念之一,同时,也是石涛画学理论带有统摄意义的概念。从概念的重要性看,在石涛的画学体系中,它可以说仅次于"一画"。

在《资任章》的800多字的篇幅中,"资"出现了3次,"任"出现了66次。有的论者认为,"资"和"任"是一对概念,"任"侧重指审美对象,"资"侧重指审美心理,"资任"反映的是审美心理感受中的"心源"和"造化"的关系。其实,"资"在《画语录》中不具有独立的理论意义,这倒并不是因为它比"任"使用的次数少,而是"资任"如同《画语录》中的"了法"、"尊受"等概念一样,是一个偏正结构,"资"是资取、酌取的意思,"资任"也就是取任,中心词是"任"。《资任章》主要谈的是"任"的问题。

石涛的"资任"是一独创的概念。石涛这一概念虽为独创,但并非一无依傍,它明显受到传统画论的影响,同时也深深打上传统哲学的印迹。我们在"资任"的意义中,可以依稀辨析出传统哲学对他的影响,如儒家的"参赞化育"的思想、易学中"裁成辅相"的学说、佛教唯识宗的任持观、华严宗的一多互摄学说、禅宗的无念无住无相说以及道家的委运任化思想等,都在"资任"说中有程度不同的体现。依照石涛的思想逻辑,儒道佛可能都是"资任"说取资的对象,但又都不是,他的"资任"说只属于石涛,任何专于一家的解说,都与其思想有违。

在《资任章》中,66个"任"字根据不同的表达需要,分别形成几组不同的意思,分别是:受任、取任、胜任、保任和自任。几组意义之间互相关联,构成一种独特的意义系统,这一意义系统正是石涛所要突显的理论要义。

第一,受任。

《资任章》开篇一段是一篇之主旨:"古之人,寄兴于笔墨,假道于山川,不化而应化,无为而有为,身不炫而名立。因有蒙养之功,生活之操,载之寰宇,已受山川之质也。"

这段话说的是山水画的本质特征问题。山水画以笔墨为表达手段,以山水为造型主体。但石涛认为,山水形态绝不是画家表达的终极目标,画家只是"假道于山水",以山水作为道的外在媒介。可以看出,石涛是尊崇"山水以形媚道"(宗炳语)的画学传统的。不过石涛与前此论者不同的是,他赋予道以新的涵义,这就是"蒙养"和"生活",得一画就是得道,得道就是得"蒙养"、"生活"之理。

《资任章》开篇无一言及"任",却为本章"资任"的论述奠定了基调,即山水画不是徒呈外在形貌的工具,而是通过笔墨,假借山川表现天地的内在之"质"、"乾坤之理",表现大自然深层的蒙养生活之操。这是天赋之大任,如同孟子所说的"天降大任于斯人",画家作画必须担当起表达山川蒙养生活之理的大任。这就是他的"受任"说。以这样的"任"作为自己的目标,才是高明的画家,才能算是"真担当"。

石涛将表现天地精神的弘任分解到具体的创作中去。他说:"以墨运观之,则受蒙养之任;以笔操观之,则受生活之任;以山川观之,则受胎骨之任;以鞟皴观之,则受画变之任。以沧海观之,则受天地之任;以坳堂观之,则受须臾之任;以无为观之,则受有为之任;以一画观之,则受万画之任;以虚腕观之,则受颖脱之任。"

墨运、笔操两句是从笔墨上进行总概的,即山水画以表现天地蒙养、生活之理为根本任务。"以山川观之,则受胎骨之任",意思是:从山水画的基本构架看,它脱胎于元化(胎),显现于天地之间(骨),所以山水画必须要表达出这种"胎骨",而不能空陈形似,就像《山川章》所说的要将山川的质和饰结合起来。"以鞟皴观之,则受画变之任",鞟皴是笔的体现,所以"笔之于皴也,开生面也"(《皴法章》),皴法各具其形,从皴法来看,山水画必须表现出"画变",即开生面,将自然生机勃勃的精神表现出来。"以沧海观之,则受天地之任",此句从大的方面着眼,强调对广大旷远形象的描绘,要表现出海天苍茫、天迥地阔的境界;而"以坳堂观之,则受须臾之任"则是就小的方面来谈的,即通过一尘一沤一叶,表达时光短暂、人生如雪泥鸿爪的感叹。"以无为观之,则受有为之任",是说创作者要无为不作,因为只有无为才能有为,所以,画家之所以要无为,那是因为他们担当了有为的大任。"以一画观之,则受万画之任",为何要归于一画? 那是因为画家担当了要表现天地生机活态(万画)的大任。"以虚腕观之,则受颖脱之任",画家作画为何要虚腕? 因为画家要神明变化、从容优游,如《运腕章》所说的:"腕若虚灵,画能折变。"

石涛于此将受天地之任落实到具体的创作中去,画家总的目的是要表现天地蒙养生活精神,为了达到这一目的,从创作原则上看,因为画家有大担当,必须有更坚实的立脚点,所以要归于一画,归于无为;从基本构架的确立、运腕以及鞟皴等具体的创作方法看,必须服从于表达山川精神这个终极目的;另外,石涛还从宏观和微观两个方面,谈到如何落实表达蒙养生活之大任的道理。

第二,取任。

《资任章》在谈受任之后,笔锋一转,谈资任的问题。他说:"有是任者,必先资其任之所任,然后可以施之于笔。如不资之,则局隘浅陋,有不任其任之所为。"

"有是任"指表达山川蒙养生活之弘任。"必先资其任之所任",资即资取、酌取。"资其任"的"任",是天地之"任",这个"任"显然不能解为任务,而是天地的化育力或创造精神。"必先资其任而任"一句话的意思是:绘画以表现天地精神为大任,要完成这一大任,必须循其本,即酌取天地的创造精神才能实现。如果仅局限于绘画的技法或者停留在涂抹事物的外在形态上,则"不任其任之所为"(意思是:其所为则不能胜任表现天地精神的大任)。石涛这里说的取任,就是取天之任,正像牟宗三所说的,这个天或者天道,也就是"创造性的本身(creativity itself)"①。根据这一思路,石涛接下去论述如何"取任",即如何酌取天地创造力的问题。

他说:"且天之任于山无穷;山之得体也以位,山之荐灵也以神,山之变幻也以化,山之蒙养也以仁,山之纵横也以动,山之潜伏也以静,山之

---

① 牟宗三:《中国哲学的特征》,第 22 页,上海古籍出版社,1998 年。

拱揖也以礼,山之纡徐也以和,山之环聚也以谨,山之虚灵也以智,山之纯秀也以文,山之蹲跳也以武,山之峻厉也以险,山之逼汉也以高,山之浑厚也以洪,山之浅近也以小。……山有是任,水岂无任耶? 水非无为而无任也。夫水,汪洋广泽也以德,卑下循礼也以义,潮汐不息也以道,决行激跃也以勇,潆洄平一也以法,盈远通达也以察,沁泓鲜洁也以善,折旋朝东也以志。其水见任于瀛海、溟渤之间者,非此素行其任,则又何能周天下之山川,通天下之血脉乎?……"

这里谈的天任山任水的"任"和上文所说的任务之"任"意有不同,石涛这里所用的"任"的意思正是其古意:生长滋化。

在古汉语中,"任"有生成、化育意。《吕氏春秋·孟春季》:"凡生非一气之化也,长非一物之任也。"古汉语任常借为妊,《大戴礼·保傅》:"周后妃任成王。"卢辩注:"任,借为妊。"《汉书·赵倢好传》:"任十四月乃生。"高诱注:"任,借为妊。"同时,任的同源字多有生育、生成、滋养的意思,如壬,《说文》:"壬,位北方也。阴极阳生,易曰:龙战于野。野者接也,象人怀妊之形。"在方位上,天干中的壬属北方,此位于阴气至极阳气始生处,有孕育之意。《释名》:"壬,妊也。阴阳交接妊也,至子而萌矣。"壬、任、妊、荏、纴(缝织)、饪(做饭)等一组同源字,均有生成之意。

石涛这里正是使用了孕育、滋生、滋养的意思。他的"且天之任于……"正是古汉语的惯常表达结构。石涛汲取中国生生哲学的精华,认为生生是宇宙的本质,天道即生生,宇宙间充满了无所不在的化育力,大化流衍,阴阳摩荡,而成盎然的生机世界。天地是一切生命的源泉,创造是天地最根本的精神,所谓创造就是生生不息、新新不停的精神。

石涛这一段"且天之任于……"的表述,在于说明,天之任于山水无穷,昊昊宇宙,悠悠天钧,滋育山川,赋予山水以生生之机,山水因此呈现出生机勃郁的面貌。同时,石涛接受传统哲学的思想,将人的价值世界也糅入其中,认为山水中折射的天地精神体现了人的价值追求。如他所说的山得体以仁、荐灵以神、变幻以化、蒙养以仁,水之汪洋以德、卑下以礼等，山水既可比道——表现幽深远阔的宇宙意识，又能比德——体现殷殷的人间道德关怀，山水是一个裹孕着人的理想追求的生机实体，而不是纯然外在的自然空间。画家酌取这样的对象，即是要发现天地的内在精神，这也是对山川境界的靠依，在齐同山川中实现自己的人生追求，从而将艺术目的和人性显扬统一了起来。他要像先哲那样，不迁于仁而乐山，不离于智而乐水，孔子逝者如斯的川上之叹和孟子"源泉混混，不舍昼夜，盈科而后进，放乎四海"的宇宙沉思，都成了撞击他绘画智慧的契机。

中国传统生生哲学包括若干理论层次，生生为本，乃是本源论；生生不停，亘古如斯，无稍间歇，这是其形态论。在生生的形态方面，包括两个不同的层面，一是生生相续，后生替于前生，这是从时间的维度上谈生生的，是生命的纵向展开；一是生生相联，此生联于彼生，天下无一孤立之物，这是生命的横向展开。生生精神周流贯彻，无一时断歇，无一物不及。石涛循着中国生生哲学的逻辑，不仅着力论述天之任山水，同时又强调山水乃至万物之间的"互任"，他说："非山之任，不足以见天下之广；非水之任，不足以见天下之大。非山之任水，不足以见乎周流；非水之任山，不足以见乎环抱。山水之任不着，则周流环抱无由；周流环抱不着，则蒙养生活无方。蒙养生活有操，则周流环抱有由；周流环抱有由，则山水之任息矣。"山滋化水，水滋化山，山水互任，从而显现出周流环抱之势，也就是生命之间的氤氲流荡，彼摄互融，这样使得"山水之任息矣"——一切生命在互相关联中滋化生长，精进不息。这正是蒙养生活的安顿处。

山水"互任"的思想，是石涛画学理论的一个重要发现，石涛于此建立了他的"生命联系画学观"，他所提出的"山水周流环抱之势"对他的绘画形式理论都有深刻的影响。如他在《山川章》中的分析："山川，天地之形势也；风雨晦明，山川之气象也；疏密深远，山川之约径也；纵横吞吐，山川之节奏也；阴阳浓淡，山川之凝神也；水云聚散，山川之联属也……"联系是绝对的，表现这一生生联系是真正的艺术家的目的。

第三,胜任。

在汉语中,任有"符"的意思。《说文》:"任,符也。"中国上古时期,领兵之人在外,持有君主所授之符,其中就含有这样的意思。由此引出合符、信任、胜任诸意。《汉书》高诱注:"任,信也。"任有授任方和受任方。所以从授任方来说,有信任意,从受任方来说,又应该胜任,这样才能让授任方信任。这一语义在石涛的"资任说"中也有体现。

石涛为画家悬一至高目标,即表现天地蒙养之理,石涛认为,要完成这一"代山川为言"的大任,必有所资取,依其逻辑,即酌取天地之精神,也就是原其本然,即"不化而应化,无为而有为"。不过,应化自然、无为不作是一总体原则,要求艺术家顺应自然,并不是让人匍匐在自然的脚下,做天地的奴隶;无为正是为了有为,回归一画不是为了回到绝对的零点;空诸万有,并不是像佛教那样要进入绝对的寂灭之中,而是要在空中追求灵动的意象创造;吮吸造化的精气元阳,是为了铸造自己的创作精魂。所以石涛说:"本之天而全之人。"本之天,天为本;全之人,在于发挥人的创造力,合天人之力,方可启动创化母机。天是人心中之天发现的世界,所以,石涛最终落实为个体的创造,并不是仰戴天的赐予。我们读石涛以下这段话,就可以知道他的理论倾向了:"墨能栽培山川之形,笔能倾覆山川之势……必使墨海抱负,笔山驾驭,然后广其用,所以八极之表,九土之变,五岳之尊,四海之广,方之无外,收之无内。"(《兼字章》)

正是据于此,石涛提出"天之授于人,因其可授而授之。"(《兼字章》)于此,石涛提出一个"胜任"的问题,这就是他在《资任章》中所说的"浃洽斯任"。他说:"人能受天之任而任,非山之任而任人也。"天地赋予人以生命,人生命的展开过程,就是天赋生生精神的铺展过程,人以及天地中的一切都源于创化,人和万物有同样的根源,也有同样的权利,所以他说:"非山之任而任人也。"但人和山川的共通,是源头上的共通,所以人不能为山川的形式所束缚,人应该在山川之"质"上和天地实现共通,从而成为山川的代言人。

他说:"天能授人以法,不能授人以功;天能授人以画,不能授人以变。""凡事有经必有权,有法必有化,一知其经,即变其权;一知其法,即功于画。"本于天是经,是法,出乎我是权,是变;尊于法又变法,出乎恒成之道,又将这道化为自强不息的创造行为,权变在我手,创造的枢纽由我紧握,这就是本乎天而全乎人。石涛说:"以一画测之,即可参天地之化育。"《中庸》中说"参赞化育"以及《易传》中所说的"裁成辅相",都强调人合于天地之道,就能齐同天地,加入天地的创造序列,辅助赞襄天地的运动,这时天地的创造也就是我的创造,我不是天地的虔诚膜拜者,而和天地一样,都是创造之神。

据于此,我们来看石涛一段非常费解的话,就会迎刃而解:"吾人之任山水也,任不在广,则任其可制;任不在多,则任其可易。非易不能任多,非制不能任广。任不在笔,则任其可传;任不在墨,则任其可受;任不在山,则任其可静;任不在水,则任其可动;任不在古,则任其无荒,任不在今则任其无障。是以古今不乱,笔墨常存,因其浃洽斯任而已矣。然则此任者,诚蒙养生活之理。"

这里的"任"作任使解,并引申为驱使、创造。"任使"意是古汉语中"任"的常诂之一。石涛这一段话从创造(任使)角度着眼,谈的是总体的创作原则:"任不在广,则任其可制",此就空间体量而言,任使(表现)山水,并不在重山叠水,而在于抓住创化的根本,得于一画,宰制群有,因为"我有是一画,能贯山川之形神"。"任不在多,而任其可易",此就数量而言,我以为这里说的"易"就是"易名三义"中的简易,《周易·系辞下》说:"易简则可久可大",绘画不在于选择佳山秀水,在一草一木中也可以达到妙悟和颖脱。此二层表达的意思,在石涛的题画跋中也有体现,如他说:"画有至理,不存肤廓,萃天云于一室,缩长江于寸流,收万仞于拳石,其危峰驻日,古木垂阴,皆于纤细中作舒卷派。""莫谓此中天地小,卷舒收放卓然居。"下文的任不在动静、不在笔墨等等,说的是要突破山川表象,受天地之蒙养,传山川之生活,各得山川动静之精神。而任不在古,任不在今二句,即超越传统,超越时流,超越山水外在形象的束缚,直达山川之精神。

第四，保任。

保任一意，也是石涛"资任说"的潜在意义，是石涛"资任说"的重要理论环节之一。这一语义也有汉语的语义阐释基础。"任"在汉语中有保任意。《淮南子·说山训》："不孝弟者，必詈父母，生子者，所不能任其必孝也，然犹养而保之。"高诱注："任，保也。"

《资任章》说："人之所任于山不任于水者，是犹沉于沧海而不知其岸也，亦犹岸之不知有沧海也。是故知者知其畔岸，逝于川上，听于源泉而乐水也。"此中之"任"并非如有的研究者所解的"相信"、"信任"①，而是"保任"。他说的是由观水而起意，由意而润心，最终怡然而得心灵之提升。因此，这里的"任于山""任于水"即是从山水中得到性灵的颐养，所以解为"保任"更合适些。上节论山之语"仁者不迁于仁而乐山"，也强调通过观照得到性灵的提升。他所说的仁智之乐，并不是道德印证的愉悦，而是山水蒙养生活精神所引起的性灵提升。

石涛《资任章》论述酌取山水蒙养生活之精神，而"蒙养"一语出自《周易》蒙卦，蒙卦大象辞说："山下有泉，君子以果行育德。"所以此卦涉及由混沌之蒙到开蒙再到启蒙的内容，而山水的滋润只是一个隐喻。该卦象辞云："蒙以养正，圣功也。"《序卦传》也称："物生必蒙，故受之以蒙，蒙者蒙也，物之稚也。物稚不可不养也，故受之以需。"养是蒙卦的核心内涵。所以，石涛谈蒙养，也将保任颐养的思想置于其中。接受了天地的大任，只有保任颐养，才能胜任。

第五，自任。

依石涛，天地中的山水草木花鸟虫鱼均是天地滋化而生，均由天之任而来，人的生命也是由天任之。万物均受任于天。这是就其本源而言，但石涛的目的并在于为他的绘画主张找一个本体论的根源，而重在

---

① 如黄兰波《石涛画语录译解》（北京：朝花美术出版社 1963 年）将"任于山不任于水"之"任"解为"信"和"相信"（文见该书 64 页、68 页）。

从天任万物、万物受任于天中引出"自任"的学说。这是他创造性的画学所需要的。

万物受任于天,皆有其存在之合理性,也决定了存在的差异性。石涛伸展个性的画学非常重视这种差异性。万物本于天,因而各得其性,其性之完满展开,即自然,即本性。所以石涛的"自任"也就是万物的自在呈现。虽然万物都是生生联系中一个纽结,但都有其存在之特点,丧失了这一特点,也就丧失了存在的可能性,即失去了"自性",负于天之所任。

万物各有自性,人也有其自性。石涛由此展张了他对人受任于天因而自任其性的思想,所谓"天生自有一人职掌一人之事"正是指此。他说:"我之为我,自有我在。古之须眉,不能生在我之面目;古之肺腑,不能安入我之腹肠。我自发我之肺腑,揭我之须眉。"我就是一个完足,就是一个充满,这是天资之性、天赋之权,古人不能剥夺我,古人以其差异性展现了他的独创性,我也应以我的差异性展现我的独创,一切外在的力量均不可剥夺我的权利。我只要做到自任,自性展露,才不枉于天任;回到一画,回到蒙养之源初,即回归自性;回到纯一不杂的本性,就是自性。

从这样的思路看石涛《资任章》,一些一直疑窦丛生的论述,可能会焕然冰释。他说:"此山自任而任也,不能迁山之任而任也";"其水见任于瀛海、滇渤之间者,非此素行此任,则又何能通天下之血脉乎"。这里的"自任",即"自我任持"①,"见任"即显现自我任持的特点,正因为"自任

---

① 这里所用的"任持"一语出自佛学,唯识论认为,法性有一重要特点,就是自体任持,万相根源于一法之性,必有任持,不舍自性,山林任持山林之自性,方为山林,红叶任持红叶之自性,方为红叶,万法不逾自性,一逾自性,即同他流,红黄间出,自性即失。熊十力先生说:"凡言法者,即明其本身是能自持,而不舍失其自性也。"(《十力语要》)如《大方广佛华严经》卷二十七:"以无量无边广大之心,开净法门,入诸佛海,成就施手,周给十方,愿力任持。"(《大正藏》第10册)同上卷七○:"及见一切地水火风诸大积聚,亦见一切世界接连,皆以地轮,任持而住。"同上卷二○:"又亦见彼一切世界。——各有佛刹极微尘数世界,种种际畔,种种任持,种种形状,种种体性……而覆其上。"

其任"、"素行其任",山才谓之山,水才谓之水。进之,石涛提出"人能受天之任而任,非山之任而任也",人受任于天,自有天任之权,故必须自我任持,所以山水不能任使我,山水不能改变我的质态,一如古人不能改变我一样。

故此,他在《话语录》的结尾语气极为激昂而又斩截地说:"以一治万,以万治一。不任于山,不任于水,不任于笔墨,不任于古今,不任于圣人。是任也,是有其资也。"由此可见,他所谓资取山川之任,也就是资取山川蒙养生活之精神,资取一画,或者叫做破有法而至无法;他的资任,就是独任其任,任性灵在高天中飞扬,性灵的飞扬原本是造化所钟,是天之所任,是创化之元的体现。传统的力量(古)、时尚的力量(今)、权威的力量(圣)、一切既成的规则(笔墨)、一切有形的物态(山水之形),都不能牢笼我,——我就是我!

资任自然,实是资任我;资任在外,实是资任在内;到造化中求创造,实是到深心中求创造。所以,石涛的资任说,归结起来,实在是:不任于山,不任于水,不任于古今,任之在我也!是其所资也!

石涛的"自任"从另一角度言之,就是随运任化。自我任持和随运任化表面上看是矛盾的,其实并不矛盾。自我任持并不是固守自我、拒绝外物,那不是自性展张,而是自迷,是我执,自我任持即是解除外在法相和内在法理的束缚,进入无法的境界,从而与山光水色、岚雾烟霞相优游,这就是随运任化。陶渊明诗云:"纵浪大化中,不喜也不惧";李太白诗云:"凄怆竟何道,存亡任大钧",此诗境就是石涛所要表达的意思。石涛要张扬个性,随运任化则是其根本的保证。石涛说:"我写此纸时,心入春江水,江花随我开,江水随我起",就是这种任运逍遥的境界。

自任是道家思想的重要坚持。《庄子·外物》中说:"公子为大钩巨缁,五十犗以为饵,蹲乎会稽,投竿东海,旦旦而钓,期年不得鱼。已而大鱼食之,牵巨钩䫏,没而下骛,扬而奋鬐,白波若山,海水震荡,声侔鬼神,惮赫千里。任公子得若鱼,离而腊之,自制河以东,苍梧已北,莫不厌若鱼者。"所谓"任公子"就是任运大化,禅宗将此衍化为"任运腾腾"。弘忍弟子嵩岳慧安有《腾腾和尚了元歌》①即强调"任运腾腾"的精神,马祖提倡"任运自在"也有道家哲学的影响。这一思想对中国艺术也有影响,吴镇《渔父歌》云:"如何小小作丝纶,只向湖中养一身。任公子,尔何人?枉钓如山截海鳞。"这是石涛"自任"说的主要哲学来源。

以上分析可见,石涛的"资任"概念主要有五个意项,即受任、取任、胜任、保任和自任。这五个意项分属于不同的理论层次,从而构成一个自在循环的理论系统。《资任章》论述的山水画创作的问题,受任确立了山水画创作的根本目标(即表现天地蒙养生活之理);取任强调的是,要完成这一目标所要选取的创作途径(即原其本然,酌取天地创造精神来创造山川境界);胜任是从德配天地的角度,强调只有掘发画家生命深层的创造活力,才能有真担当;保任强调只有在造化中颐养,才能去除平庸和俚俗,将创造活力掘发出来;自任则是《资任章》的落脚点:资任在我。

这五个理论层次贯通一如,密合无间,诸意项之间构成了一个潜在的理论脉络,反映了资任说所包含的鲜明的理论倾向,即对人的创造力的资取。

第五节 恽南田及其他论者绘画美学观举隅

清人的论画著述很多,今人谢巍《中国画学著作考录》列清人论画著作有数百种,其中著名者如:宋荦《漫堂题跋》、龚贤《柴丈画说》和《半千课徒画说》、周亮工《读画录》、笪重光《画筌》、王石谷《清晖画跋》、恽南田《南田画跋》、王原祁《麓台题画稿》、布颜图《画学心法问答》、唐岱《绘事发微》、金农《冬心题跋》、方士庶《天慵庵随笔》、方薰《山静居画论》、沈宗骞《芥舟学画编》、华琳《南宗抉秘》、黄钺《二十四画品》以及郑板桥论画等。这里选择个别与美学相关的观点略加讨论。

---

① 录于《大正藏》第五十一册。

一、龚贤和恽南田的"逸品"说

逸品之说起于唐人书画理论,李嗣真、朱景玄、张怀瓘等发表过重要观点,至宋黄休复详论四品之说,《益州名画记》论逸品说:"拙规矩于方圆,鄙精研于彩绘,笔简形具,得之自然,莫可楷模,出于意表。"离方遁圆、超越规矩成为逸格的基本涵义。逸,就是逸出规矩之外。如《二十四诗品》"疏野"一品所谓:"惟性所宅,真取不羁。控物自富,与率为期。筑室松下,脱帽看诗。但知旦暮,不辨何时。倘然适意,岂必有为。若其天放,如是得之。"逸品推崇道家哲学的天放境界。

元明以来,逸品之说时有论者及之,清初时这一理论被赋予了新的内涵。龚贤论"士气",谈到逸品:

> 今日画家以江南为盛;江南十四郡,以首郡为盛。郡中著名者且数十辈,但能吮笔者,奚啻千人?然名流复有二派,有三品:曰能品、曰神品、曰逸品。能品为上,余无论焉。神品者,能品中之莫可测识者也。神品在能品之上,而逸品又在神品之上,逸殆不可言语形容矣。是以能品、神品为一派,曰正派;逸品为别派。能品称画师,神品为画祖。逸品散圣,无位可居,反不得不谓之画士。今赏鉴家,见高超笔墨,则曰有士气。而凡夫俗子,于称扬之词,寓讥讽之意,亦曰此士大夫画耳。明乎画非士大夫事,而士大夫非画家者流,不知阎立本乃李唐宰相,王维亦尚书右丞,何尝非士大夫耶?若定以高超笔墨为士大夫画,而倪、黄、董、巨,亦可尝在搢绅列耶?自吾论之,能品不得非逸品,犹之乎别派不可少正派也。使世皆别派,是国中惟高僧羽流,而无衣冠文物也。使画止能品,是王斗、颜斶,皆可役而为皂隶;巢父、许由,皆可驱而为牧圉耳。金陵画家,能品最多夥,而神品、逸品,亦各有数人。然逸品则首推二溪:曰石溪、曰青溪。石溪,残道人也;青溪,程侍郎也,皆寓公。残道人画,粗服乱头,如王孟津书法。程侍郎画,冰肌玉骨,如董华亭书法。百年来论

书法，则王董二公应不让；若论画笔，则今日两溪，又奚肯多让乎哉！①

这段话写于 1669 年，应周亮工之请而题。此中由评石溪、程正揆画谈起，说到传统艺术论中的四品论，引出能品为"画师"、神品为"画祖"、逸品为"画士"的观点。"画士"虽为别派，却最得画之高致，最合半千于笔墨丘壑之外求气韵的观点，甚至陵轹于画祖之上。他的"画士"之画，也就是文人画史上所说的"士夫"画，是具有"士气"的绘画。

"士气"，是文人画的核心概念，董其昌论南北宗对此有详细分析。但半千对此又有发明。有两点值得重视：从性质上说，有气韵（或云境界）之谓有"士气"，"高超笔墨"、气象高严，即有士气。如他推重石溪画"粗服乱头"、程正揆画"冰肌玉骨"，都是以气韵胜之显例。从身份上说，"士气"说不以身份论，那种以业余、职业（或"士夫""皂隶"）分南北的观点，都不合"士气"的本来意思。人不分高低（也不分南北），有境界则自有"士气"。士夫画，非以士大夫论之。身份不是关键，高僧羽流、缙绅之列，如画有高逸之品，也可以说是士人画。关键是士气，而不是士人。

明代以来画史有以能品、神品为正派，逸品为别派的观点。在他看来，若以正派为工整之派，别派为超越法度之派（如其所言之"散圣"），那么有士气的画家，是可以位列别派的。他说："僧巨然钟陵人，画师董北苑，北苑名元，为山水家鼻祖。自董以前有图而无画。图者，以人物为主，而山水副之。画则唯写云山、烟树、泉石、桥亭、扁舟、茅屋而已，后来士大夫争为之，故画家有神品、精品、能品、逸品之别，能品而上犹在笔墨之内，逸品则超乎笔墨之外，倪黄辈出，而抑且目无董巨，况其他乎？"

---

① 台北故宫博物院藏《周亮工集名家山水册》。其后云："诗人周栎园先生有画癖，来官兹土（金陵），结读画楼；楼头万轴千箱，集古勿论；凡寓内以画鸣者，闻先生之风，星流电激，惟恐后至，而况先生以书名，以币迎乎。故载几盈床，不止如十三经、廿一史；林宗五千卷，茂先三十乘；登斯楼也，吾不知从何处读起。暇日偶过先生，先生出此册见示，余翻阅再四，皆神品、逸品；其中尤喜程侍郎（正揆）二帧，因志教语，幸藻鉴在前，不然，吾几涉于阿矣。时康熙己酉仲冬望前一日，清凉山下人龚贤题。"

龚贤将逸品和"士夫气"联系在一起,将它视为文人意识的关键,丰富了逸品说的内涵。

而恽南田(1633—1690)[①]在龚贤的基础上,对"逸"的理论又有了新的理解。[②] 他论艺独推逸格。他说:"不落畦径,谓之士气;不入时趋,谓之逸格。"逸格为他论画的最高审美理想,也被他视为文人画追求的最高境界。将"士气"与"逸格"(龚贤称为"逸品")相融在一起,与龚贤不谋而合。

南田的"逸"秉承传统美学的思想,立论基点仍在萧散自由。他说:"萧散历落,荒荒寂寂。有此山川,无此笔墨。运斤非巧,规矩独拙。非曰让能,聊行吾逸。"逸格具有萧散历落的美,其根本特点就是缅规矩、去工巧,无所羁绊,纵肆逍遥,是对凡常秩序的逃遁。他的逸就是野,在笔墨上超越法度,在精神上根绝俗念,所谓"法行于荒落草率,意行于将行未行",成为他的艺术法则。他还将"逸"和传统艺术提倡的"拙"趣联系在一起,赋予"逸"以超越人工秩序的内涵。

龚贤对"逸"的理解由当时的二溪引出,而南田的"逸"则是从元人的创作旨趣中拓展而出的。其"逸"品的最高典范就是云林的画风。他评云林画云:

> 元人幽秀之笔,如燕舞飞花,揣摸不得,又如美人横波微睐,光彩四射,观者神惊意丧,不知其所以然也。

> 元人幽淡之笔,予研思之久,而犹未得也。香山翁云:予少而习之,至老尚不得其无心凑拍出,世乃轻言迂老乎。

> 元人幽亭秀木,自在化工之外一种灵气,惟其品若天际冥鸿,故

[①] 恽南田,初名格,字寿平,后以字行,改字正叔,号南田,江苏武进人,工山水花鸟,"清初六大家"之一。

[②] 此一理论自唐代就已提出,唐人论书画提出的逸神妙能四格说,成为中国艺术批评的重要标准。但它的内涵也在不断丰富。宋人说黄筌富贵、徐熙野逸,这里的"逸"主要指不守成法、率然而发的真性。而黄休复论四格,侧重于缅规矩、超法度,这也是后来人们理解逸格的基本意思。元倪云林论画提出的"逸气"说有新颖的内涵,惜其未加界定,一般人无法得其要义。南田论"逸"的智慧主要来自云林,然又有创造性的阐发。

出笔便如哀弦急管,声情并集,非大地欢乐场中可得而拟议者也。

在南田看来,云林的墨笔山水有一种秀逸之气,但这"秀"不是一般的华丽优雅,而是一种超凡脱俗的"逸秀"。他的幽淡小笔,有一种发自灵心的浪漫。南田用"幽秀"二字评之,非常合适。南田认为,云林山水有绝美之景,如"燕舞飞花";又有绝世之音,所谓"哀弦急管,声情并集"。但看云林山水当家面目,燕舞飞花也看不出,哀弦急管也听不见,声情并集也不得知,这是一个无声色的世界。禅宗哲学强调,无一物中无尽藏,有花有月有楼台,云林的艺术正是无声而具音乐之绮靡,无色而有春花之烂漫。云林的画是"幽"中见"秀","非大地欢乐场中"所可见,而是性灵的霞想云思。

南田用这样的语言概括"逸"境的特点:

> 逸品其意难言之矣! 殆如卢敖之游太清,列子之御冷风也。其景则三闾大夫之江潭也,其笔墨如子龙之梨花枪,公孙大娘之剑器——人见其梨花龙翔,而不见其人与枪剑也。①

这样的境界,在南田看来只有云林可以当之。卢敖,传说中的道教仙人,秦始皇时隐居卢山不仕,神游太清。凄恻迷离,神龙不见首尾。屈原行吟江畔,一人独在天涯,无穷寂寞路,满目尽是脉脉寒流。南田的连喻,并非强调逸品内容的丰富性,而是强调它超越表象形式,有一种腾挪高蹈、恍惚幽眇而又凄迷悱恻的特征。南田以"不愁明月尽,自有暗香来"为画之高境,暗香浮动,月影婆娑,似愁还怨,如泣如诉,缠绵悱恻,难有尽时。他论画重一个"疑"字,他说,为人不可使人疑,画则要使人疑,一个"疑"字,真说尽了"诗罢有余地"、"篇终结混茫"、"曲终人不见、化作彩云飞"的道理。"疑"有问难的欲望,却又落入迷惑的漩涡,越迷惑而越欲求其解,越挣扎则所陷越深。由此得恍惚迷离之致。

---

① 此段话可能与恽香山有关,"逸品之画,以其象则王昭君塞外马也,以其意则三闾大夫之江潭也,以其笔则胡龙舞梨花不见枪也,以其墨则卢敖之游太清而不见天也。"香山翁有《画旨》四卷,佚,南田此论疑出香山。

二、郑板桥①的"生生爱恋"说和"意象"论

郑板桥生平跨越康、雍、乾三代,是一位在世时就富有盛名的艺术家,一生留下的论画文字并不多,但每有胜义,为学界所重。这里谈他的两个观点。

如他在《潍县署中与舍弟墨第二书》中云:

> 余五十二岁始得一子,岂有不爱之理。然爱之必以其道,虽嬉戏顽耍,务令忠厚悱恻,毋为刻急也。平生最不喜笼中养鸟,我图娱悦,彼在囚牢,何情何理,而必屈物之性,以适吾性乎。至于发系蜻蜓,线缚螃蟹,为小儿顽具,不过一时片刻,便折拉而死。夫天地生物化育劬劳,一蚁一虫,皆本阴阳五行,六气氤氲而出,上帝亦心心爱念,而万物之性,人为贵,吾辈竟不能体天之心以为心,万物将何所托命乎?……我不在家,儿子便是你管束要须长其忠厚之情,驱其残忍之性,不得以为犹子而姑纵惜也。家人儿女,总是天地间一般人,当一般爱惜,不可使吾儿凌虐也……

书后又一纸云:"所云不得笼中养鸟,而予又未尝不爱鸟,但养之有道耳!欲养鸟莫如多种树,使扶屋数百株,扶疏茂密,为鸟国鸟家,将旦时睡梦初醒,尚展转在被,听一片啁啾,如云所咸池之奏……大率平生乐处,欲以天地为囿,江汉为池,各适其天。斯为大快,比之盆鱼笼鸟,其巨细仁忍何如也?"

郑板桥这封家书,虽是平常家话,却寓涵深邃道理。这封家书从教育小儿的寻常小事中,说生生意、爱恋意,与天地生生为一体的自适意,突出了儒家泛爱生生的思想。在他看来,天地生物,一蚁一虫,都心心爱念,这就是天之心。人应该"体天之心以为心"。所以他说他最反对"笼中养鸟"。"我图娱悦,彼在囚牢,何情何理,而必屈物之性以适吾性乎!"

---

① 郑板桥(1693—1765),名燮,字克柔,江苏兴化人。客居扬州,工书善画,为"扬州八怪"之一,画善竹石,成一家风气。

就是豺狼虎豹,也就是把它们赶得远远的,不让它们危害人类而已,人也没有权利任意杀戮。人与万物一体,因此人与万物是平等的,人不能把自己当作万物的主宰。这就是儒家的大仁爱观。郑板桥接下去又说,真正爱鸟就要多种树,使成为鸟国鸟家。早上起来,一片鸟叫声,鸟很快乐,人也很快乐,这就叫"各适其天"。所谓"各适其天",就是万物都能够按照它们的自然本性获得生存。这样,作为和万物同类的人也就能得到真正的快乐,得到最大的美感。

中国传统哲学生生哲学强调"生"与"仁"的一体化。因为只有具有一种爱物的态度,克服人与万物之间的分离状态,才能谈得上去万物之中寻找"生意"。在儒家看来,"仁"只是一个温和的意思、爱人爱物的意思。《中庸》谓之:"小德川流,大德敦化",其发育生生,如川流不息,历历分明,所在皆是;其德操敦敦其仁,宽厚博大,将生意灌注万物之中,无所滞碍,无声无息,不恃不居,天只以仁生物。朱熹所谓:"在天地则块然生物之心,在人则温然爱人利物之心。"他还说:"要识仁之意思,是一个浑然温和之气,其气则天地阳春之气,其理则天地生物之心。"《孟子》的"亲亲而仁民,仁民而爱物",这个"亲亲"不仅及于同类,还应将此仁心爱意推及广袤宇宙,怜爱山川草木、飞潜动植,乃至宇宙中的一切生物。我性通物性,物我只是一体,宋明理学称为"盖天万物本吾一体",故无分彼此。郑板桥这封家书的内涵正是对这一思想的承继。

郑板桥在一则画跋中谈到"胸中之竹"的问题:

> 江馆清秋,晨起看竹,烟光日影露气,皆浮动于疏枝密叶之间。胸中勃勃遂有画意。其实胸中之竹,并不是眼中之竹也。因而磨墨展纸,落笔倏作变相,手中之竹又不是胸中之竹也。总之,意在笔先者,定则也;趣在法外者,化机也。独画云乎哉!

叶朗由这段论述来谈审美意象创造的问题。他说:"审美就是发现,发现就是创造。任何发现都是一种创造。审美活动的核心是要创造一个审美意象。郑板桥说我早上起来,看到院里有好多竹子,太阳照进来,竹影摇动，感到非常美。于是胸中勃勃就有画意。他有创作的冲动。其实他的胸中之竹，并不是他的眼中之竹，从眼中之竹到胸中之竹就是一个创造，一个飞跃。然后他把纸摊开，把墨磨起来，拿起笔来画。'落笔倏作变相'，一落笔就变了，手中之竹又不是胸中之竹了。从胸中之竹到手中之竹又是一个创造，又是一个飞跃。所以郑板桥画竹子有两个飞跃，第一个飞跃是从眼中之竹到胸中之竹，第二个飞跃从胸中之竹到手中之竹，整个的过程就是创造的过程。这是画画，其他的艺术也都是这样。"（《审美与人生境界》）

三、沈宗骞的"灵气"论

中国哲学认为，天地万物由一气派生，一气相联，世界是一个庞大的气场，万物浮沉于一气之中。中国人视天地自然为一大生命，一流动欢快之大全体，天地之间的一切无不有气荡乎其间，生命之间彼摄互荡，由此构成一生机勃郁的空间。气使得时令、物候、人情、世事等都伴着同一生命节奏，气的消息决定了生命的有序律动。如《庄子》所说"通天下一气耳"。这气化的世界，就是生命的世界。一气流行，故生命是整体的、浑沦的；无不有气贯乎其间，故生命之间是相通的，世界因气而相互联系；世界在气化中存在，决定了生命是一个"过程"，一个无限变化着的生命流程；世界因气而浮动了起来，没有绝对孤立的存在，也没有绝对静止的实体。以水墨为主的中国山水画，是在气化哲学基础上形成的。中国画学于此有丰富的讨论，其中有些讨论很有美学价值。

清代中期沈宗骞(1736—1820)《芥舟学画编》是中国画学的重要著作，作者服膺宋明理学，并将此思想与山水画中气韵流荡的世界联系起来，提出不少值得注意的观点。

沈宗骞从儒家哲学的视角，论述气韵生动的根源："天下之物本气之所积而成，即如山水，自重岗复岭以致一草一石，无不有生气贯乎其间，是以繁而不乱，少而不枯，合之则统相联属，分之又各自成形。万物不一状，万变不一相，总之统乎气以呈其活动之趣者，是即所谓势也。论六法者,首曰气韵生动,盖即指此。"一木一石一山一水由于有生气贯注,都是一个生意之全,其中都具有活泼泼的生机;物物由于其脉相通,因而交相摩荡,又生出种种盎然之趣,画家就是要观其生而摄其生最终图绘其生,方可作出气韵生动之作。

沈宗骞谈到天人合气的问题:

> 盖天地一积灵之区,则灵气之见于山川者,或平远以绵衍,或峻拔而崒嵂,或奇峭而秀削,或穹窿而丰厚,与夫脉络之相联,体势之相称,迂回映带之间,曲折盘旋之致,动必出人意表,乃欲于笔墨之间,委曲尽之,不綦难哉! 原因人有是心,为天地间最灵之物,苟能无所锢蔽,将日引日生,无有穷尽。故得笔动机随,脱腕而出,一如天地灵气所成,而绝无隔碍。虽一艺乎,而实有与天地同其造化者。夫岂浅薄固执之夫,所得领会其故哉! 要知在天地以灵气生物,在人以灵气而成画,是以生物无穷尽,而画之出于人亦无穷尽。惟皆出于灵气,故得神其变化也。[①]

这里谈绘画的"灵气",没有"灵气"绘画则无所可观。画的灵气来源于人的灵气,人之秉天地之气而生,气有清浊,人之所以能得天地灵气,乃在于以气合气,在合于造化中,培植灵气,或者是吮吸天地灵动之气。天人二气相合,人心中之"灵"才能产生。天地乃一积灵之区,生物无穷尽,其灵气无穷尽,故画家笔下之灵泉也源源不断也。由此,他上升到对绘画价值的论述:"虽一艺乎,而实有与天地同其造化者。"当然,沈宗骞所说绝不是人消极地等待天地赐予,而是培植心胸,集纳灵气,方能创造无愧于造化的山水意象。

沈宗骞将中国哲学尤其是儒家哲学的"生机"说作为他的绘画审美理想:

> 论画者谓以笔端劲健之意取其骨干,以活动之意取其变化,以

---

① 《芥州学画编》卷二《山水》"会意"节。

> 淹润之意取其滋泽，以曲折之意取其幽深，固也。然犹属于意之浅
> 而小者，未可论于大意之所在也。[1]

在沈宗骞看来，追求物的生命感有两种，一是外在活泼的风致，一是内在
幽深的生理。他认为，追求外在活泼的风致很重要，但如果就停留在这
一层面，属"意之浅而小者"。如西方绘画中对动感的强调，对中国画家
来犹憾未足。中国画家的所谓"大意之所在者"，就是儒家哲学所说的
"生理"，绘画要表现宇宙生机、生理，绘画的气韵生动，要表现宇宙之灵
气。这灵气，就是人所透升上去的生命精神。

宇宙生生是有节律的运动，沈宗骞将儒家的"生生条理论"引入到画
学讨论中。《芥舟学画编》的《平贴》一节专门讨论这一问题。它以为，一
石有一石之条理，而千万块石头合成一脉络，画一枝一叶有一枝一叶之
条理，而枝枝叶叶又组成了一个有条不紊的联属世界，沈宗骞认为：

> 夫条理即是生气之可见者，乱草堆柴，惟无生气，故无条理。山
> 石之脉络，亦犹是也。天以生生成之，画以笔墨取之，必将笔墨性情
> 之生气，与天地之生气合并而出之，于极繁乱之中，仍能不失其为条
> 贯者，方是善画。

我们可以于此看出，从先秦时期的"序秩礼数"到明清以来的"生生而有
条理"，反映出中国传统生命美学的内在变化。

在"气化"、"气机"的基础上，沈氏对传统艺术"势"的理论作了发挥。
《芥舟学画编》专列"取势"一节，相关论述如：

> 天地之故，一开一合尽之矣。自元会运世，以至分刻呼吸之顷，
> 无往非开合也。
>
> 笔墨相生之道，全在于势，势也者，往来顺逆而已，而往来顺逆
> 之间，即开合之所寓也。
>
> 天下之物，本气之所积而成，即如山水，自重岗复岭，以至一木

---

[1]《芥舟学画编》卷一。

一石,无不有生气贯乎其间,是以繁而不乱,少而不枯,合之在统相联属,分之又各自成形。万物不一状,万变不一相,总之统乎气以呈其活动之趣者,是即所谓势也。论六法者,首曰气韵生动,盖即指此。所谓笔势者,言以笔之气势,貌物之体势,方得谓画。故当伸纸洒墨,吾腕中若具有天地生物光景,洋洋洒洒,其出也无滞,其成也无心,随手点拂,而物态毕呈。满眼机关,而取携自便。心手笔墨之间,灵机妙绪,凑而发之。文湖州所谓急以取之,少纵即逝者,是盖速以取势之谓也。或以老杜十日五日之论,似与速取之旨相左,不知老杜但为能事不为迫促而发。……山形树态,受天地之生气而成,墨滓笔痕,托以腕之灵气以出。则气之在是,亦即势之在是也。气以成势,势冲御气,势可见而气不可见。故欲得势,必先培养其气。气能流畅,则势自合拍。气与势原是一孔所出,洒然出之,有自在流行之致,回旋往复之宜,不屑屑以求工,能落落而自合。气耶?势耶?并而发之,片时妙意,可垂后世而无忝,质诸古人而无悖,此中妙绪,难为添凑而成者道也。

沈宗骞认为,作画必须使"笔墨能与造化通",如何通造化,即在于以人之气合天之气。如何做到合气,必须抓住"势"这个关键,把握住"势",即把握住天地化生万物之轴。

沈宗骞站在儒家哲学的立场上,尤其是在《周易》一阴一阳之谓道哲学的基础上来论述画势。这个"势"就是一开一合,就是一阴一阳相摩相荡所产生的生生不息的生命趋势。体现在绘画中,"势"是一种内在动感,从而化静为动,体现出"天地生物光景"。

四、华琳[①]的虚实黑白论

虚实是中国美学一对重要概念,虚实结合,虚中有实,实中有虚。在

---

① 华琳,字梦石,天津人,工山水,著《南宗抉秘》。

虚实二者之间,中国艺术对虚更为重视。这一理论认为,实是从虚中转出的,想象空灵,故有实际;空灵澄澈,方有实在之美。在艺术创造中,强调关心那个无形的世界,有形的世界只是走向无形世界的一个引子,一个契机。强调那个无色的世界,无色的世界蕴涵着世界的绚烂。强调那个无声的世界,大音希声,无声的世界隐含着大音。虚实相生,无画处皆成妙境(清代笪重光语),这是画家的感受;密处不透风,疏处可走马(清代邓石如语),这是书法家的感受;非园之所有,乃园之所有,非山之所有者,即山之所有(清代袁枚语),借景成为园林家的拿手好戏。利用程式的隐含表达世界的丰富,这是戏剧家探讨的重要道路,就像京剧中的荡马,没有马,没有布景,一人手执鞭子,一招一式,就走遍了千山万水。词宜清空,清者不染尘埃,空者不著色相。清则丽,空则灵,如月之曙,如气之秋,这是诗人的观点,等等。

清恽南田说得好:"今人用心,在有笔墨处;古人用心,在无笔墨处。倘能于笔墨不到处,观古人用心,庶几拟议神明,进乎技已。"斟酌黑白虚实,成为中国艺术哲学关注的一个重要问题。

清中期艺术家华琳(1791—1850),是董其昌南宗画的继承者,著有《南宗抉秘》三十六则,对文人画理论作了深入讨论。《南宗抉秘》有一段关于黑白问题的论述:

> 黑浓湿干淡之外,加一白字,便是六彩。白即纸素之白。凡山石之阳面处,石坡之平面处,及画外之水天空阔处,云物空明处,山足之杳冥处,树头之虚灵处,以之作天作水,作烟断,作云断,作道路,作日光,皆是此白。夫此白本笔墨所不及,能令为画中之白,并非纸素之白,乃为有情。否则画无生趣矣。然但于白处求之,岂能得乎!必落笔时气吞云梦,使全幅之纸,皆吾之画,何患白之不合也!挥毫落纸如云烟,何患白之不活也!禅家云:"色不异空,空不异色。色即是空,空即是色。"真道出画中之白,即画中之画,亦即画外之画也。特恐初学未易造此境界,仍当于不落言诠之中,求其可

以言诠者，而指示之笔固要矣。亦贵墨与白合，不可用孤笔孤墨，在空白之处，令人一眼先觑著。他又有偏于白处，用极黑之笔界开，白者极白，黑者极黑，不合而合，而白者反多余韵。譬如为文，愈分明，愈融洽也。吾尝言有定理，无定趣，此其一端也。且于通幅之留空白处，尤当审慎。有势当宽阔者窄狭之，则气促而拘；有势当窄狭者宽阔之，则气懈而散。务使通体之空白毋迫促，毋散漫，毋过零星，毋过寂寥，毋重复排牙，则通体之空白，亦即通体之龙脉矣。凡文之妙者，皆从题之无字处作来，凭空蹴起，方是海市蜃楼，玲珑剔透。

这段文字，论述艺术的黑白虚实问题，有几点值得注意：

（一）有"有情之白"，有"无情之白"。有情之白，是有生趣之白，是生命世界的有机组成部分，是艺术构成的重要环节，虽无形可见，但却是空间组成的不可忽视的部分。"无情之白"，如一张白纸，那是绝对的空，是无意义，无生命的。如同佛学中所说的顽空一样，是死寂的。华琳所说的有情之白，就是生命之白。他说："凡文之妙者，皆从题之无字处作来，凭空蹴起，方是海市蜃楼，玲珑剔透。"在意想中，构造一个艺术的海市蜃楼，灵的空间由此现。

（二）这有情之白，如绘画中的无画处，作水，作天，作云断，作杳冥之山势，如园林之弱水、之空亭，等等，都是流动气节奏中的一个环节，都归于"通体龙脉"的秩序中。艺术的虚实之道，并非多留虚空就可生出灵气，关键是视此白是不是生命整体的有机组成部分，若做不到这一点，空则显其贫乏、单薄和散漫，空空落落，没有实诣。如果处理得好，即使于实中也能见空。尚简逸的南田对此有很深体会，他说："古人用笔，极塞实处，愈见虚灵。今人布置一角，已见繁缛。虚处实则通体皆灵，愈多而愈不厌。"如果处理得好，实处也有虚处，处理不好虚处亦有堵塞。他又说："文徵仲述古云：看吴仲圭画，当于密处求疏；看倪云林画，当于疏处求密。家香山翁每爱此语，尝谓此古人眼光铄破四天下处。余则更进而反之曰：须疏处用疏，密处加密。合两公神趣而参取之，则两公参用合一之元微也。""香山翁曰：须知千树万树，无一笔是树；千山万山，无一笔是山；千笔万笔，无一笔是笔。有处恰是无，无处恰有，所以为逸。"此所谓疏处可走马，密处不透风。不在于疏密，而在于艺术的生长点、气的滋化处。

（三）黑处见白，白处显黑，黑白交相韵和，白和黑构成一推一挽的节奏，黑显而白隐，隐处为挽，为吞，显出为推，为吐，吞吐自如，推挽有致。清人布颜图说得好："大凡天下之物莫不各有隐显。显者阳也，隐者阴也。显者外案也，隐者内象也。一阴一阳之谓道也。比诸潜蛟之腾空，若只了了一蛟，全角毕露，仰之者咸见斯蛟之首也，斯蛟之尾也，斯蛟之瓜牙与鳞鬣也，形尽而思穷，于蛟何趣焉？是必蛟藏于云，腾骧矢矫，卷雨舒风，或露片鳞，或垂半尾，仰观者虽极目力而莫能窥其全体，斯蛟之隐显叵测，则蛟之意趣无穷矣。"虚和实，一阴一阳，阴阳互摩互荡，盎然而成一生命空间。正像老子所说的"当其无，有器之用"。无为有之无，有为无之有，无无也无有，无有也无无，无画处皆成妙境，由无画处引入有画处，方真有韵；非此园之所有，实此园之所有。

对此，笪重光《画筌》的论述颇有思致："山之厚处即深处，水之静时即动时。林间阴影，无处营心；山外清光，何从著笔。空本难图，实景清而空景现；神无可绘，真境逼而神境生。位置相戾，有画处多属赘疣；虚实相生，无画处皆成妙境。"王石谷、恽南田认为这段论述揭示了中国艺术的深刻道理："人但知有画处是画，不知无画处皆画。画之空处，全局所关，即虚实相生法。人多不著眼空处，妙在通幅皆灵，故云妙境也。"此评当为不诬。

华琳等对黑白问题的论述，丰富了传统虚实相生的美学思想。

中国画学中还有一种超越黑白虚实的思想。水墨世界，是黑白世界，古人以水墨为黑入太阴，一点墨色，界破虚空，融入世界。不在于形的融合，而在于与世界冥合为一。这是中国独特的艺术哲学。对此，龚贤有颇有意味的论述。知白守黑，计白当黑，他大胆地用黑用白，成为半千艺术的典型面目，甚至后人所诟病的黑如木炭，就是对他这方面努力不解的批评。当代研究界所说的"黑龚"、"白龚"也是就此而言的。

半千说："非黑无以显其白，非白无以判其黑。"黑与白相对而言，互相衬托，从而造成很好的形式效果。如他说："画石块，上白下黑。白者阳也。黑者阴也。石面多平，上承日月照临故白。""石旁多纹，或草苔所积，或不见日月为伏阴故黑。"其中所说的黑白，如同《周易》所谓"一阴一阳之谓道"。

黑白，不是单纯的笔墨问题。如果仅仅停留在黑白相生、阴阳相对的形式层面来解半千，并不能真正接近半千。文人画发展到明代以来，对光明感的追求成为一个重要话题，如董其昌的"思白"，八大山人在山水画中追求的"天光云影"，半千的"守黑"，都是对光明感的追求。半千绘画光的处理到了出神入化的地步，这是半千艺术最感人的地方之一。

半千的智慧深受道家哲学影响。老子说："大白若黑"、"知其白，守其黑"。这其实是一个如何追求光明的问题。白是光明，黑是它的反面，老子认为，光明与黑暗的分别是没有意义的。真正对光明的追求就是放弃对明暗的分别。他说"明道若昧"，又说"见小若明"——一个东西看起来很光亮，真正的光明是对明暗的超越。《庄子》所说的"夫鹄不日浴而白，乌不日黔而黑。黑白之朴，不足以为辩"、"虚室生白，吉祥止止"，其意也在于此。

光的处理，是水墨山水中的重要问题，在笔墨二者之间，又与墨的关系最为密切。半千多用积墨法，层层加深，正如黄宾虹所说的"古人积墨千百遍，不厌其多"。在既厚且深的墨法中，透出光亮。在墨法的精微处理中，超越墨法本身。他的光如庄子所说的是一种"葆其光"，是"光而不耀"——是一种没有光亮的光亮，是一种内在的光亮，是一种不炫耀的光亮。

其实，文人画的光明，如同庄子所说的彻悟之后的"朝彻"——朝阳初启的境界。所谓朝阳初启，就是融入世界中，像半千所说的："窃心拳面，白（骨）苍根，琢而不磨，天斧地痕。一阖一张，神鬼之门。"（《课徒画说》）会此意，可以帮助我们理解半千的光明感。

第七章　明清之际的园林美学

明代中期以后，文人园林兴起。至明末清初，出现了文人园林理论空前繁荣的局面，计成①、祁彪佳、张涟、李渔等都有关于园林的深入讨论。清代中期以后，戈裕良、沈复等也有关于园林的讨论，其中涉及中国美学的一些重要思想。

第一节　《园冶》的美学思想

《园冶》，计成（1582—?）撰。计成是我国历史上最负盛名的园林理论家。《园冶》是中国第一部系统的园林理论著作，具有很高的美学价值。

《园冶》成书于崇祯七年（1634 年）。原名《园牧》，后因朋友建议改为现名，并于是年刊刻行世。《园冶》后附有计成的跋语，说明此书刊

---

① 计成，字无否，号否道人。明吴江人。善画，工诗文，尤以造园著称于世。1624 年，他在扬州为江西布政使吴玄建造东第园，后在南京为阮大铖建石巢园。著名的仪征汪园就出自他的手，郑元勋的影园也是在他的精心设计下建造的。时人对他在造园上的卓越见树赞扬有加。郑元勋曾说："予卜筑城南，芦汀柳岸之间，仅广十笏，经无否略为区画，别具幽灵。"他在园林设计上的不凡水平来自对园林艺术的悉心体悟。

刻经过。^①李渔《闲情偶记·居室部》云："至于墙上嵌花或露孔,使内外得以相视,如近时园圃所筑者,益可名为女墙,盖仿睥睨之制而成者也。其法穷奇极巧,如《园冶》所载诸式,殆无遗义矣。"李渔对此书给予了很高评价。此书既有园林营造的具体法式,并附有图例,又有园林理论的深入讨论。此书流传至日本,易名为《夺天工》,得到日本造园界的推崇,许为世界造园学最古名著。^②

此书分三卷,卷一首篇为"兴造论",提出园林营造不在匠,而在"主"——设计者,园林不是技术的累建,而是艺术创造,第一要有"窍",用心思,有意味。次篇为"园说",阐述园林创造的总体原则。其后有"相地"、"立基"、"屋宇"、"装折"四篇。"相地"一节共分说六类园林地形,即山林地、城市地、村庄地、郊野地、傍宅地和江湖地。"立基"共涉及厅堂基、楼阁基、门楼基、书房基、亭榭基、厅房基和假山基等七类。"屋宇"论述了门楼、堂、斋、室、房、馆、楼、台、阁、亭、榭、轩、卷、广、廊、等二十二类建筑,并附有具体的营造图式。"装折"篇论述的是园林的装饰,有屏门、仰尘(即天花板)、栌橢、风窗等四种。卷二论栏杆之制,并附有图式。卷三有六篇,分别为"门窗"、"墙垣"、"铺地"、"掇山"、"选石"和"借景"。全书前有"自序",后有跋语。

《园冶》在理论倾向上将园林艺术和技术区别开来。园林虽然由屋宇亭台等构成,供人实用之需。但园林营建须辅之以假山、溪水、林木、

---

① 《园冶》跋云:"崇祯甲戌岁,予年五十有三,历尽风尘,业游已倦,少有林下风趣,逃名丘壑中,久资林园,似与世故觉远,惟闻时事纷纷,隐心皆然,愧无买山力,甘为桃源溪口人也。自叹生人之时也;武侯三国之师,梁公女王之相,古之豪贤之时也,大不遇时也! 何况草野疏愚,涉身丘壑,暇著斯'冶',欲示二儿长生、长吉,但觉梨栗而已。故梓行,合为世便。"初版本前有阮大铖的《冶叙》,说明此书刊刻之原由。今日本藏明本有"沪冶堂图书记",冶堂为计成的斋名,知此书刊刻为作者亲见。另有"安庆阮衙藏板如有翻刻千里必冶"语。并有"皖城刘炤刻"五字,刘炤为阮大铖手下之人,此书之刻本即由他书写。

② 上世纪30年代,中国营造学社等印行全书,乃为中国建筑园林界所重视。1981年,中国建筑工业出版社出版了陈植的校点注译本。这是目前中国国内《园冶》研究的最重要著述,此书前附有作者陈植的序言,并有杨超伯的《园冶注释校勘记》、朱启钤的《园冶重刊序》、阚泽的《园冶识语》,后有陈从周的《跋陈植教授〈园冶注释〉》文。这对研读这部著作具有重要参考价值。

花卉等,它所营造的是一个富有画意的艺术空间,是为了满足人们审美需要而建立的,所以园林从本质上说是艺术,而非技术。

《园冶》强调,造园就是造境——创造如画的空间和诗意的氛围,创造一个美的世界。作者是一位画家兼诗人,他将画境诗心融进这部营造著作中,突出了园林创造"园形、诗心、画意"三位一体的思想。"仿佛片图小李","参差半壁大痴"等论述,就反映了他这方面的思想。

作者是一位造园家,但他又是一位卓越的品园家,《园冶》还从品园的角度来谈如何品读园林艺术境界。它所强调的思想是,造园不是为园林的拥有者提供一个休憩空间,而是为鉴赏者提供一个优游性灵、咀嚼韵味的艺术世界。这里讨论几个相关问题。

一、崇尚自然天工的审美理想

《园冶》说:"虽由人作,宛自天开。"这八个字可以说是中国园林美学的纲领,它反映了园林美学的最高审美理想。它含有三层意思:一切艺术都是人所"做"的;"做"得就像没有"做"过一样,不露任何痕迹;"做"得就像自然一样。这三层意思有两个要点,一是以自然为最高范本,二是对人工秩序的规避。而这两个要点又是相互关联的,它可以归结为一句话,这就是:在师法自然原则下规避人工的秩序。这是决定中国美学特色、决定中国艺术面貌的带有根本性的问题。

艺术是人的创造,却要规避人工的痕迹。因为,在中国艺术家看来,"人工"是与"天趣"相对的范畴,人工痕迹露,天然趣味亏。人工反映的是人类理性的秩序,带有一定的目的性,容易受到技巧主义的控制,难以摆脱既成法度的限制,还会受到人的情感欲望等的影响,等等,艺术家在如此状态中的创造,是一种不自由的创造,不自由的创造,只能破坏人的内在生命平衡。所以,中国艺术强调由人工返归天然,即从人工秩序中逃遁,归复于自然的秩序。"无香"的"真水"所反映的秩序,就是一种自然的秩序。

计成在《自序》中有对园林真假问题的讨论:

> 环润皆佳山水,润之好事者,取石巧者置竹木间为假山;予偶观
> 之,为发一笑。或问曰:"何笑?"予曰:"世所闻有真斯有假,胡不假
> 真山形,而假迎勾芒者之拳磊乎?"或曰:"君能之乎?"遂偶为成壁,
> 睹观者皆称俨然佳山也。遂播闻于远近。

这里由假山的讨论进而引入园林真实问题的讨论。假山不是假的山,没有山水的形状,胡乱堆砌,那不是真正意义上的假山,假山是要表现出真山之态,但又不是移动一段真山代之,而是"俨然真山"。虽假而不假,说真而不真。

"不假"强调园林创造要以自然为范本,要效法自然,得自然之趣,体现出自然的内在节奏。如自然一样,寂寂小亭,闲闲花草,曲曲细径,溶溶绿水,水中有红鱼三四尾,悠然自得,远处有烟霭腾挪,若静若动。要有山林气象,有悠然清远的趣味,反映出生机绰约的世界,体现生生哲学的内在精神。

"不真"强调的是,园林虽然效法自然,但并非以模仿自然为根本,园林是艺术家的艺术创造,是造园家特殊心灵境界的体现。在计成看来,是对自然的"冶",以心灵的洪炉冶炼自然,铸造一段神奇。所以,《园冶》说:"有真有假,做假成真,移动天机,全叨人力。"以"人力"——人的智慧,来移动天机。如沈复《浮生六记》谈到扬州瘦西湖时所说:"虽全是人工,而奇思幻想,点缀自然。"

《园冶》的"虽由人作,宛自天开",追求中国艺术长期的理想"天趣"。在计成看来,此为园林创造第一要则。《园冶》中将其概括为野趣、顽趣、天趣等。如他强调园林的野趣:"凡结林园,无分村郭,地偏为胜。""市井不可园也,如园之,必向幽偏所筑。""江干湖畔,深柳疏芦之际,略成小筑,足征大观。"他还强调园林的顽趣,反对人工的甜腻,如他在选石中强调瘦漏透等,以稚拙作为追求的崇高境界,就反映了这种倾向性。

正如清郑板桥关于园林一段话所论述的:"十笏茅斋,一方天井,修竹数竿,石笋数尺。其地无多,其费亦无多也。而风中雨中有声,日中月

中有影,诗中酒中有情,闲中闷中有伴。非唯我爱竹石,即竹石亦爱我也。彼千金万金造园亭,或游宦四方,终其身不能归亭,而吾辈欲游名山大川,又一时不得即往,何如一室小景,有情有味,历久弥新乎!对此画,构此境,何难敛之则退藏于密,亦复放之可弥六合也。"《园冶》的旨趣正在于此,他的天趣,并非要悬一个"昊天有则"的宏大原则,以满足天人间的玄想,而落脚在心灵的适意、生意的体会、情志的颐养。他的境界创造,是为人心开一宏阔世界。

二、借景:园林的虚实观

园林是空间艺术,它必然要受到空间的限制,封闭性的空间是园林的宿命。"借"就是要使封闭的空间开放起来,有限的空间包含更多的内容,所谓"江山无限景,都聚一亭中",在静止的空间中显现出变化的节奏,在微小的设置中凝聚更多的胜景。借的妙用其实是中国美学虚实理论在园林中的体现,化实为虚,追光蹑影,由近及远,由真转幻,别构一段神奇,别为一段烟景。同时,从尘俗关系论,悠然玄思,顿开尘外之想,想入画中游,隔而借,借而流,使人不滞于一点,不没于一端,景随心而流,心随景而运,步移景移,景移心移。品园的过程成为人由外观到内心往复游动的过程,鉴赏者获得极大的精神满足。借景最能体现中国园林美学的"活"字,看一景,不止于一景;入一亭,不在此亭,花窗之意不在窗,溪涧之意不在涧。非园中之景也,即园中之景也。

《园冶》提出"巧于因借,精在体宜"的观点,正切合中国园林这一特点。《园冶》卷三专列"借景"一节:

> 构园无格,借景有因。切要四时,何关八宅。林皋延伫,相缘竹树萧森;城市喧卑,必择居邻闲逸。高原极望,远岫环屏,堂开淑气侵人,门引春流到泽。嫣红艳紫,欣逢花里神仙;乐圣称贤,足并山中宰相。闲居曾赋,芳草应怜,扫径护兰芽,分香幽室;卷帘邀燕子,间剪清风。片片飞花,丝丝眠柳;寒生料峭,高架秋千;兴适清偏,怡

情丘壑。顿开尘外想,拟入画中行。林荫初出莺歌,山曲忽闻樵唱,风生林樾,境入羲皇。幽人即韵于松寮;逸士弹琴于篁里。红衣新浴;碧玉轻敲。看竹溪湾,观鱼濠上。山容蔼蔼,行云故落凭栏;水面鳞鳞,爽气觉来欹枕。南轩寄傲,北牖虚阴;半窗碧隐蕉桐,环堵翠延萝薜。俯流玩月,坐石品泉。芊衣不耐凉新,池荷香绾;梧叶忽惊秋落,虫草鸣幽。湖平无际之浮光,山媚可餐之秀色。寓目一行白鹭,醉颜几阵丹枫。眺远高台,搔首青天那可问;凭虚敞阁,举杯明月自相邀。冉冉天香,悠悠桂子。但觉篱残菊晚,应探岭暖梅先。少系杖头,招携邻曲;恍来林月美人,却卧雪庐高士⒃。云冥暗暗,木叶萧萧;风鸦几树夕阳,寒雁数声残月。书窗梦醒,孤影遥吟;锦帐偎红,六花呈瑞。棹兴若过剡曲;扫烹果胜党家。冷韵堪赓,清名可并;花殊不谢,景摘偏新。因借无由,触情俱是。

计成认为,"借景为林园最要者"。给予借景在园林创造中如此高的地位,为前此论者所未及。

计成将"借"和"因"联系起来考察。《兴造论》解释道:"因者:随基势高下,体形之端正,碍木删桠,泉流石注,互相借资,宜亭斯亭,宜榭斯榭,不妨偏径,顿置婉转,斯谓精而合宜者也。借者:园虽别内外,得景则无拘远近,晴峦耸秀,绀宇凌空;极目所至,俗则屏之,嘉则收之,不分町,尽为烟景,斯所谓巧而得体者也。"因是根据地形等确定园林景物的布置,借是不分内外远近,尽为园林烟景。如袁枚说他的随园"非山之所有也,亦山之所有也"。因处即是借处,"构园为格,借景在因"。因地制宜,巧妙地利用空间的变幻,创造出超出于一定空间的园林意境。故计成将因借体宜之方概括为一个"借"字,并将因借的思想和崇尚自然的思想联系起来。反映了中国哲学的一个重要倾向,就是自然生命的整体性,部分乃整体生命中的一个纽结,生生相联,生生不绝。

另外,计成还强调,借景的过程实际就是意境的创造。借景的关键不在于景可借不可借,而在于人心,借景实际是人的心灵对园林景观的重新组合,"借"的过程也是再创造的过程,造园者为第一创造者,赏园者是第二创造者。造园者所创之景只是一个"引景",关键是引发品园者的联想,而品园者的联想就是"借"。"借"在造园者只是一个影子,一个"烟景",而在品园者那里实现了。计成将书画美学中的"意在笔先"的思想引入园林创造,造园者着意为之,使园林尽为"烟景",在实中见虚,真中见幻,无云处生云,无风处起风。他说:"因借无由,触情俱是。"使得品园者因境生情,获得审美愉悦。造园者巧妙的用思非常重要,"倘嵌他人之胜,有一线相通,非为间绝,借景偏宜;若对邻氏之花,才几分消息,可以招呼,收春无尽",处处可借,点点可通,要在细心领会,凭境而通。不可拘泥执着,尽为僵景。

计成还提出几种借景之法,如远借、邻借、仰借、俯借、应时而借等。如"高原极望,远岫环屏,堂开淑气侵人,门引春流到泽"是远借;"夹巷借天,浮廊可度"则是仰借;"半窗碧隐蕉桐,环堵翠延萝薜"则是邻借,等等。

李渔在《闲情偶寄·居室部》中对借景说有进一步阐述,该部有"取景在借"一节。他说:"开窗莫妙于借景,而借景之法,予能得其三昧。向犹私之,乃今嗜痂者众,将来必多依样葫芦,不若公之海内,使物物尽效其灵,人人均有其乐。但期于得意酣歌之顷,高叫笠翁数声,使梦魂得以相傍,是人乐而我亦与焉,为愿足矣。"

李渔以为借景为其私家发现,其实,细细揣摩他的借景说,得之于《园冶》启发是明显的。《园冶》问世之后,多不见人论,今唯见笠翁谈及,笠翁谈造园之方时,认为颇合"《园冶》所载诸式"。

当然,笠翁也有自己的独特体会,如他关于"便面"的理论:"向居西子湖滨,欲购湖舫一只,事事犹人,不求稍异,止以窗格异之。人询其法,予曰:四面皆实,独虚其中,而为便面之形。实者用板,蒙以灰布,勿露一隙之光;虚者用木作框,上下皆曲而直其两旁,所谓便面是也。纯露空明,勿使有纤毫障翳。是船之左右,止有二便面,便面之外,无他物矣。坐于其中,则两岸之湖光山色、寺观浮屠、云烟竹树,以及往来之樵人牧竖、醉翁游女,连人带马尽入便面之中,作我天然图画。且又时时变幻,不为一定之形。非特舟行之际,摇一橹,变一像,撑一篙,换一景,即系缆时,风摇水动,亦刻刻异形。是一日之内,现出百千万幅佳山佳水,总以便面收之。"便面说作为中国园林创造重要的法式,在李渔这里得到很好的阐述。

三、关于"咫尺山林"的思想

《园冶》"咫尺山林"的思想,是中国园林中的一条重要思想。

宋诗中有这种话,占尽风情向小园。在中国园林中,小园的确有其特有的意味,人们普遍追求"壶纳天地"的妙处。不必华楼丽阁,不必广置土地,引一湾清泉,置几条幽径,起几处亭台,便俨然构成一自在圆足的世界,便可使人"小园香径独徘徊"了。

相对于含纳万景、体露远心而言,园林则是局促而渺小的,即使是煌煌之皇家园林也难以收备万景、与人之远心相驰骛,何况是私家园林!因而中国园林中必然遇到一个远和近、大和小的问题。园林家毫不讳言园林之小的特征,园林命名中就体现了这思想:勺园,如勺之大;蠡园,如一瓢之微;壶公楼,小得如壶一般;芥子园,微小得如同一粒种子;一沤居,细微如河海中的一缕涟漪。就是在这微小的天地中,中国园林艺术家却要做更大的梦:他们要在小园中上天入地,尽神通人。一沤就是茫茫大海,一假山就是巍峨连绵,一亭就是昊昊天庭,故人们常把园林景区叫做"小沧浪"、"小蓬莱"、"小瀛洲"、"小南屏"、"小天瓢"。"小"是园的特点,"沧浪"、"蓬莱"则是人们远的心意。壶公有天地,芥子纳须弥,这成了中国造园家的不言之秘。明祁彪佳说得好:"夫置峙于地,置亭于峙,如大海一沤然,而众妙都焉,安得不动高人之欣赏乎。"

对于造园家来说,园不在乎小,而在于通过独特的设计,使其同生烟万象,大化生机联系起来。假山虽无真山那样大,却可以通过石之通透、势之奇崛以及林木之葱茏、花草之铺地、云墙漏窗等周围环境,构成一个生机盎然的世界,从而表现山的灵魂。园林可以说是宇宙天地的凝聚化,它就是一个小宇宙。园林之所以由小达于大,就在于循乎自然,表现造化之生机。没有这种生机活态,也就没有由小至大的转换机制。这种生机活态作用于鉴赏者的心灵中,使人们产生超出于园林自身的远思逸致。而品园者之所以能够在心目中完成这种转换,就在于和造园家一样,有共同的文化密码本,有那种共通的文化心理结构,由近及远、由小见大是整个中国哲学的重要理论之一。在中国艺术家的观念中,拳石有峥嵘,勺水有曲致,一叶可知劲秋,一沤可会海意。

历史上,中国很早就有园林的创造,汉时对以小见大的园林创造方式并未有特别的注意,因为汉文化是以大而著称的。六朝时随着佛教的深入人心,以小见大的思想逐渐为人们所重视,如南朝庾信有《小园赋》,他自己置一园林,园不大,数亩弊庐,寂寞人外,姑称小园,他非常爱这个小园,水中有一寸二寸之鱼,路边有三竿两竿之竹,再起一片假山,建一两处亭台,就满足了,他说,这毫无遗憾,也毫无缺少之嫌,因为他说:"若夫一枝之上,巢父得安巢之所;一壶之中,壶公有容身之地。况乎管宁藜床,虽穿而可坐;嵇康锻灶,既暖而堪眠。岂必连闼洞房,南阳樊重之第;绿墀青琐,西汉王根之宅。"大有大的用处,小有小的妙谛。

中唐以后,这一思想越来越普遍。元结诗云:"巡回数尺间,如见小蓬瀛。"[1]独孤及说:"山不过十仞,意拟蓬藿;溪不袤数丈,趣侔江海。知足造境,境不在大。"[2]诗歌创作也朝着这个方向发展。刘禹锡诗云:"看画长廊遍,寻僧一径幽。小池兼鹤净,古木带蝉秋。客至茶烟起,禽归讲席收,浮杯明日去,相望水悠悠。"[3]小池,古木,幽径,都是一个微小的世界,诗人就在这微小的世界安置自己的悠悠广远之思。

白居易是这一美学风尚的推动者,他说:"闲意不在远,小亭方丈间。西檐竹梢上,坐见太白山。"(《病假中南亭闲望》)"帘下开小池,盈盈水方积。中底铺白沙,四隅甃青石。勿言不深广,但取幽人适。泛滟微雨朝,

---

① 元结《宿樽诗》,《元次山集》卷三。
② 《琅琊溪述》,《全唐文》卷三八九。
③ 《秋日过鸿举法师寺院便送归江陵》,《刘宾客文集》卷二九,四部备要本。

泓澄明月夕。岂无大江水,波浪连天白。未如床席前,方丈深盈尺。"
(《官舍内新凿小池》)"不斗门馆华,不斗林园大。但斗为主人,一坐十余
载。……何如小园主,拄杖闲即来,亲宾有时会,琴酒连夜开。以此聊自
足,不羡大池名。"(《自题小园》)白居易极力肯定小园的地位,小园的意
韵。到了宋代,于精微处追求广大,更成了文士们的自觉追求。宋冯多
福《研山园记》:"夫举世所宝,不必私为己有,寓意于物,固以适意为悦,
且南宫研山所藏,而归之苏氏,奇宝在天地间,固非我所得私,以一卷石
之多,而易数亩之园,其细大若不侔,然已大而物小,泰山之重,可使轻于
鸿毛,齐万物于一指,则晤言一室之内,仰观宇宙之大,其致一也。"

　　《园冶》对这一思想有出色的发挥,他说:"大观不足,小筑允宜。"意
思是,园林虽然不大,但在小中也能别出风味,"片石斗山"中也有峥嵘奇
崛。计成吟味这"小"的意味,如他说:"片山多致"、"寸石生情"、"曲曲一
湾柳月"、"遥遥十里荷风",他要在半片假山中,通天尽地,要在一溪绿水
中涵无边秋意。他认为园林的妙境原在于"江流天地外,山色有无中"。
他在造园中往往是"别有小筑,片山斗室",而"自得谓江南之胜,惟吾独
收矣"。在一拳石、一勺水中极尽大千意味。

　　小中如何见远致,在于园林特殊的构置。计成根据实践经验提出很
多方法,如"曲"法。一个"篆"字可以说是对此法的概括。如"篆"的山
林,弯弯曲曲,一行回廊,几曲清流,幽深的洞穴,蜿蜒的阶梯,和那波浪
起伏的园墙,参差错落的花窗遥相呼应,体现出优游回环、流转不绝的大
化生机来。

第二节　《寓山注》的美学内涵

　　祁彪佳(? —1645),字弘吉,浙江山阴人。天启二年进士。清烈有
节操,清军入杭州,彪佳即绝食。一天夜晚,他让家人先寝,自己端坐于
寓园内之梅花池而死,年四十四。谥忠敏。《明史》有传。他是明代著名
藏书家绍兴澹生堂主人祁承爜第四子。他是中国古代著名戏曲家,著有

《远山堂剧品》、《远山堂曲品》等。

《寓山注》,从题名看,是为他的私家园林作"注",其实是一篇谈造园思路的作品。他的寓园就是根据这样的思路而营造的。从品园角度看,它又是园林审美不可多得的实例,其中涉及园林鉴赏的一些重要原则。《寓山注》具有重要的美学价值。

张岱在谈及此文时说:"寓山作记、作解、作述、作涉、作赞、作铭者多矣。然皆人而不我、客而不主、出而不入、予而不受、忙而不闲。主人作注,不事铺张,不事雕绘,意随景到,笔借目传,如数家物,如写家书,如殷殷诏语家之儿女僮婢。闲中花鸟,意外烟云,真有一种人不及知、而己独知之之妙。不及收藏,不能持赠者,皆从笔底勾出,如苏子瞻凤翔寺观王摩诘壁上画僧,残灯耿然,踽踽欲动。非其笔墨之妙,特其闻见之真也。区区门外汉,何足与深语。"①

祁彪佳的《寓山注》和计成的《园冶》可以说是中国园林美学的双璧,在一定程度上,这两篇作品可以反映中国园林美学的大致理论倾向。计成是一位造园家,《园冶》侧重从造园角度谈园林美的特征;祁彪佳是一位诗人,侧重从品赏角度谈园林的美。他为园林作"注",其重点不在园林的造型特征,而在剔发园林中的独特含蕴。可以说,计成是由实及虚,谈园之美;祁彪佳是由虚及实,把握在园林有形世界背后所包含的意蕴。祁彪佳自云:"与夫为桥,为榭,为径,为峰,参差点缀,委折波澜,大抵虚者实之,实者虚之,聚者散之,散者聚之,险者夷之,夷者险之。"

这篇品园的重要典籍,反映出中国美学的一些基本审美原则。

一、关于"寄托"的思想

世界上的园林主要有两种功能,一是实用功能,所有园林都是为了人居住的。二是它的审美功能,园林是按照美的方式创造的。

但相比西方园林来说,中国园林又在以上两种功能之外有另外一种

---

① 张岱:《琅嬛文集》,第210—211页,长沙:岳麓书社,1985年。

功能,这就是安顿人心的功能。中国的园林是为人的心灵创造,一片山水就是一片心灵的境界。

中国园林主要有三种类型,一是皇家园林,一是私家园林,一是寺观园林。这三种园林都具有实用功能,都是供人居住的,都具有审美功能,供人们观赏的地方,同时,更是一个关乎性灵的场所。

北宋郭熙论山水画说:"山水有可行者,有可望者,有可游者,有可居者。"观赏山水,可行可望,不如可居可游。中国园林也是如此,它不光建起来为了住的,也不是为了看的,更是为一己陶胸次,为自己的心灵建造一个宅宇。陶渊明说:"众鸟欣有托,吾亦爱吾庐",园是心灵之"托"。白居易说:"天供好日月,人借好园林。"创造园林,为自己心灵借了一个好空间。计成说:"韵人纵目,云客宅心。"园林是文人心灵中的宇宙,小小的园林,是拓展自己的心灵、浩然与宇宙同归之地。

中国园林中的建筑,花草的布置,假山的设立,一亭一桥一廊,都不是纯然的外在设置,都是为人心而设的。在世界园林中,中国式的园林最富有哲学感,它体现了中国人的艺术观,也体现出中国人的宇宙观,从中可以揣摩出造园者的人生旨趣。不同的园林,或大或小,或南或北,和堂堂之皇家园林,或寂寞中的寺院景观,都是在做一篇心灵的文章。

所谓"清风明月本无价,近水远山皆有情","爽借清风明借月,动观流水静观山",大园可贵,小筑允宜,一山一水,一石一木,在艺术家的精神构造中,都伸展了人们的性灵。如我们看留园的这个花步小筑,虽然是一个小空间,但也别具风味。那沧浪亭,不过是一个简单的构置,但它要囊括八面来风,注满了亲和世界的情怀。

中国园林特别强调寄托的功能。一个"寄"字,是中国园林的关键词,《寓山注》对此有深刻的阐释。

绍兴城外大约 20 里有柯山和寓山,两山隔河相对,祁彪佳便在寓山建园,名此园为"寓园",取"寓意于山林"之意。他在《寓山注》序言中说:"顾独予家旁小山,若有夙缘者,其名曰'寓'。"从《寓山注》通篇所论,其意要在寓意林泉,园不在大,亭不在多,几片石,数朵梅,一湾细水,几簇竹林,就自成景观。在彪佳看来,寓园就是他心灵的天然之居。园中的一山一水,都是他心灵的符号,他精心地为一个个景点冠名,其实是为自己的心灵寻一片安顿之所。

如寓园中有一景"归云寄",《寓山注》是这样"注解"的:

> 客游之兴方酣,有欲登八角楼者,必由斯"寄",盖以楼为廊,上下皆可通游屧也。对面松风满壑,如卧惊涛乱瀑中,一派浓荫,倒影入池,流向曲廊下,犹能作十丈寒碧。予园有佳石,名冷云,恐其无心出岫,负主人烟霞之趣,故于寄焉归之。然究之,归亦是寄耳。

艺术家人生如寄和园林寄托两重意思揉在一起玩味。在这里,彪佳借云言人,"云无心以出岫,鸟倦飞而知还",故此为冷云,犹如作者之冷心,此一意也;人世苍茫,寓身于宇,来往倏忽,直到暂寓暂归,如同云生云灭,云卷云舒,故"归亦是寄"。作者借此表达人生如雪泥鸿爪之叹,此另一意也。云虽倏忽生变,无所淹留,飘渺而又奇幻,但却是那样从容,无所滞碍,何不住心随意,纵浪大化,"寄"心于云霭烟霞,得人生之大适也,此又一意也。这位艺术家就是这样品味他的园林寄托的意思。

祁彪佳说:"自有天地,便有兹山,今日以前,原是培塿寸土,安能保今日之后,列阁层轩长峙岩壑哉!成毁之数,天地不免,却怪李文饶朱崖被遣,尚谆谆于守护平泉,独不思金谷、华林都安在耶?主人于是微有窥焉者,故所乐在此不在彼。"自有天地,便有此山,然往时登此山之贤人哲士如今又安在哉!唐李德裕酷爱他的平泉,临终留下遗言,将平泉之一木一石予人,便不是其子孙,然而平泉照样丧失于浩浩的历史长河中。所以,在祁彪佳看来,造园者不是占有一方天地,不是物质的握取,那永远是空幻不实的,而是寄寓当下的心灵,在于人怡情于此园,所以他所发现的盈虚消息之理,就是"所乐在此而不在彼"。重要的是无形的世界,而不是园林有形的空间。有形但为无形造。没有这无形的精神世界,一切皆为空设。

二、园林之"曲"韵

《寓山注》有《宛转环》一景，祁彪佳为此作"注"道：

　　昔季女有宛转环，丹崖白水，宛然在焉，握之而寝，则梦游其间。即有名山大川之胜，珍木、奇禽、琼楼、瑶室，心有所思，随年辄见，一名曰：华胥环。异哉！人安得斯环而握之哉！请以予园之北廊仿佛焉。归云一窦，短扉侧入，亦犹卢生才跳入枕中时也。自此步步在樱桃林，漱香含影，不觉亭台豁目，共诧黑甜乡，乃有庄严法海矣。入吾山者，夹云披薜，恒苦足不能供目，兹才举一步，趾已及远阁之巅，上壶公之缩地也。堤边桥畔，谓足尽东南岩岫之美，及此层层旷朗，面目转换，意义是蓬莱幻出，是又愚公之移山也。虽谓斯环日在吾握可也。夫梦诚幻矣。然何者是真，吾山之寓，寓于觉，亦寓于梦，能解梦觉皆寓，安知梦非觉，觉非梦也。环，可也，不必环，可也。

他这里说了个梦和觉的故事，祁彪佳之园以"寓"为名，谓借园以为寄托，梦也觉，觉也梦，皆是其心灵之幻象，祁彪佳以梦环为喻，华胥环即梦环，园非环，然无往而非环中之妙，无往不见宛转回荡之势，园中物态于环中自现。这个环就是那隐于园林背后的生机流动之精神。

　　传统中国文化有种含蓄的美感。说话委婉，重视内蕴，强调含忍，看重言外的意味，象外之象，味外之味才是人们追求的目标，说白了，说明了，就不美，美如雾里看花，美在味外之味，美的体验应是一种悠长的回味，美的表现应该是一种表面上并不声张的创造。婉曲是中国诗中的高妙境界。曲是中国园林的至上原则之一。曲曲的小径，斗折萦回的回廊，起伏腾挪的云墙，婉转绵延的溪流，虬曲盘旋的古树。等等。所谓"景露则境界小，景隐则境界大"。陈从周说："园林造景，有有意得之者，亦有无意得之者，尤以私家小园，地甚局促，往往于无可奈何之处，而以无可奈何之笔化险为夷，终挽全局。苏州留园之华步小筑一角，用砖砌地穴门洞，分隔成狭长小径，得庭院深深深几许之趣。"（《说园》三）

中国园林创造讲究"曲"。钱泳《履园丛话》说:"造园如作诗文,必使曲折有法。"曲折历来被视为园林的命脉。园林重曲线,看重的就是这种优美中的运动,运动中的优美,曲线的构造自然就具有生命力。其实隔、抑都是曲。曲是园林的灵魂。

像祁彪佳所说的"婉转环"在今存之江南园林中多见,如扬州的小盘谷,此园以小中见大著称,小中何以见大,即是成功地利用曲折幽深的造园方法,进门有厅横前,此乃是抑景,绕厅而后,忽见一汪池水,澄波荡漾,俨然平旷,随后步回廊,过曲桥,沿轰墙,随行更步,随步改景,景中见曲,曲景相和,一行回廊,几曲清流,幽深的洞穴,蜿蜒的阶梯,和那波浪起伏的园墙,参差错落的花窗遥相呼应,体现出优游回环、流转不绝的大化生机来。

三、园林的空间感

寓园是很小的园子,但祁彪佳这篇"注"却在说小中见大、近中见远的道理。他提出的一些观点值得重视。

文人园林创造追求空灵的意韵。如李渔所说的"便面",就是为空灵而作。颐和园乐寿堂差不多四面都是窗子,周围粉墙开着许多小窗,面向湖景,每个窗子都等于一幅小画,这就是李渔说的"尺幅窗,无心画"。造园家称窗户为"漏窗",就是不同景区的景色相互漏出,整个园林景色就流动了起来。而且同一扇窗子,从不同的角度看去,景色都不相同。这样,画的境界就无限地增多了。

江南园林常常在窗外布置一根竹笋,几根竹子,明人有首小诗:"一琴几上闲,数竹窗外碧。帘户寂无人,春风自吹入。"这个小房间与外部是隔离的,但通过窗户把外边的景色印了进来。没有人出现,也突出了这个房间的空间美。宗白华说:"这首诗好比是一张静物画,可以当作塞尚画的几个苹果的静物画来欣赏。"

不但窗子,而且中国园林中的一切楼、台、亭、阁,都是为了"望",都是为了丰富游览者对于空间的美的感受。颐和园有个匾额,叫"山色湖光共一楼",这是说,这个楼把一个大空间的景致都吸收进来了。苏轼诗"赖有高楼能聚远,一时收拾与闲人",也是这个意思。

园林的亭子也为空灵而作。亭子的作用就是把游览者的目光从小空间引到大空间。人在亭子里,向四面望去,向广远的世界推去,又将世界的无边妙色揽入心中。亭子空空落落,没有一物,但似乎天下的景色都可汇聚到这个亭子当中。元人有诗说:"江山无限景,都聚一亭中。"就是这个意思。颐和园有个亭子叫"画中游","画中游"并不是说这个亭子就是画,而是说,这亭子外面的大空间好像一幅画,你进了这亭子,也就进入到这幅大画之中。

《寓山注》提出"约"、"隐"、"远"等术语,都是围绕园林空间的拓展而言的。

他说,造园之妙在"约"。这个"约"颇合于中国美学尚简的传统。"易名三义"(不易、简易、变易)就有"简易"一条,以少总多,乘一总万是中国美学的重要原则。他说:"君子处世居身,莫妙于约之为道,且如所居,堪容膝足矣。……而登是室也,横目之所见,为流,为峙,无不毕罗于吾前,是取景又何其奢乎,约其名而奢其实,予滋愧矣。"他在《选胜亭》中说:"惟是登亭徊望,每见霞峰隐日,平野荡云,解意禽鸟,畅情林木,亭不自为胜,二合诸景以为胜,不必胜之尽在于亭,乃以见亭之所以为胜也乎!"不必连绵胜景,只要心中有,非园中之景致,即园中之景致。他在谈园中一景妙赏亭时说:"此亭不昵于山,故能尽有山,几叠楼台,嵌入苍崖翠壁,时有云气,往来飘渺,掖层霄而上,仰面贪看,恍然置身无际,若并不知有亭也。倏忽回目,乃在一水中,激石穿林,泠泠传响,非但可以乐饥,且涤十年尘土肠胃。夫置屿于日,置亭于屿,如大海一沤,然而众妙都焉,安得不动高人之欣赏乎!"正是江山无限景,都聚一亭中。一园则是大海之一沤,而"众妙都焉",无所缺憾。他的园就是一个"天瓢",欲舀尽天下之水。

他说,造园之妙在"隐"。景物是心灵之寄寓,但是"隐寓"。必须善藏,惟有藏有涵蕴,才有供人咀嚼的空间。园的形式构造最忌一览无遗。

他给一室命名为"隐瓶"就取此意。他说:"昔申徒有涯放旷云泉,常携一瓶,时跃身入其中,号为瓶隐。予闻而喜之,以名卧室。室方广仅丈,扩两楹以象耳,圆其肩,高出脊,隐映于花木幽深中,俨然瓶矣。然申徒公以大千世界都在里许,如取频伽瓶,满中擎空,用饷他国。此真芥子纳须弥手。若犹是作瓶观也,不浅之乎视公哉!"

他说,园林之妙在"远"。寓园有远阁和远山堂,他通过两景之"注",阐述远的意味。《远阁》注云:"态以远生,意以远韵",唯远方有美。远不仅在所观者多,而在于使性灵飘举,心意神飞。远使"江山风物,始备大观,觉一丘一壑,皆成小致矣。"《远山堂》注云:远之妙"在乍有乍无中,可望而不可即也",在园林欣赏者得到性灵的超越。

第三节　张涟等的文人园林思想

中国人将园林创造称为"叠山理水"。就叠山艺术来看,唐时已盛,北宋时蔚为风尚,大盛则在徽宗一朝。徽宗好石,沉迷于假山之中,其艮岳之作乃旷世之作,一如秦始皇集天下兵器于咸阳,而他是集天下美石于艮岳,几乎天下好的太湖石、灵璧石都被其搜罗殆尽。艮岳之作,大峰特秀,园中有一名为"神运昭功"的太湖石,高有 46 尺,真可谓高比云天,甚至叠石至于 90 尺,人称"艮岳排空"。园中山峦起伏,绵延十余里。其中叠石名作,不计其数。真所谓"凡天下之美,古今之胜在焉"。张淏《艮岳记》引祖秀《华阳宫记》曰:"政和初,天子命作寿山艮岳于禁城之东陬,诏阉人董其役。舟以载石,舆以辇土,驱散军万人,筑冈阜,高十余仞。增以太湖灵璧之石,雄拔峭峙,功夺天造。石皆激怒抵触,若踶若齧,牙角口鼻,首尾爪距,千态万状,殚奇尽怪。"[①]艮岳之作,极尽天下"巨丽"之美,是"不有宏丽,岂见君威"观念的体现。其运石之劳顿,堆山之冗赘,实是劳命伤财,费力多而无功。它将中国早期叠石重气势工巧的传统推

---

① 《艮岳记》,据古说海本。

到了极致。

这一传统影响了南宋以来的叠石艺术,虽然也有从境界创造、表达心灵方面去考虑,尤其在一些私家园林中,随意萧散的叠石之作间有佳构,但从总体趋势上并未脱重形势、重奇丽的风尚。从周密的《吴兴园林记》中就可看出当时流行奢丽的风习。周密记载其时南方园林之习:"盖吴兴北连洞庭,多产花石,而卞山所出,类亦奇秀,故四方之为山者,皆于此中取之。浙右假山最大者,莫如卫清叔吴中之园,一山连亘二十亩,位置四十余亭,其大可知矣。"虽然是文人私家园林,但也多为大制作。

元人承两宋之传统,虽略有所变,但其叠石艺术仍重气势。今苏州狮子林即为元人之旧制,后人虽有修改,但基本面貌未变,这是典型的山峦重叠之作,给人以身在万山之中的感觉。其中洞穴就有 21 个,是张南垣批评的"钻蚁洞"式的创作。其中假山之作虽有佳构,但从整体上看,却显得壅塞,灵气不够。这样的作品在清代以后也间有其作,今见故宫后花园的堆山,攒积了大量珍奇的石头,堆积起来,虽有山形,缺少诗意,是故宫中的败笔。

明代中期以来,园艺界出现了对传统叠石风气反思的潮流。谢肇淛论园,极力反对这种高峰大园式的创造,痛斥逐于声利、排比巨石阵的叠石方法。他说:"唐裴晋公湖园,宏邃胜概,甲于天下。司马温公独乐园卑小,不过十数椽然当其功成名遂,快然自适。则晋公未始有余,而温公未始不足也。"①园不在大,而在惬于心;石不在奇,而在会于意。叠石之妙,不在逞奇斗艳,而在内心之适意。明末莫是龙说:"予最不喜叠石为山,纵令迂迴奇峻,极人工之巧,终失天然。不若疏林秀石间置盘石缀土阜一仞,登眺徜徉,故自佳耳。"(《笔麈》)清袁枚也说:"以培娄拟假山,人人知其不伦。"(《随园诗话》)也就是说,明清时人们对流于形式的假山之作已非常反感。沈复甚至对狮子林提出尖锐的批评:"城中最著名之狮子林,虽曰云林手笔,且石质玲珑,中多古木,然以大势观之,竟同乱堆煤

----

① 《五杂俎》上,卷三地部一。

渣，积以苔藓，穿以蚁灾，全无山林气势。"(《浮生六记》)

元代之前中国园林艺术大率以重视外在的体量，重视摄取天下奇珍。明代中期以来，风气丕变，文人园林成为有园林创造的主流。在文人艺术的整体风尚影响下，园林创造强调境界的创造，山不求大，石不求奇，土与石兼融，随意点缀，但得活意。

文人园林的创造与元代之前的高山大壑式的园林有根本不同的旨趣。如计成就说："妙在得乎一人，雅从兼于半土。"(《园冶》)"开土堆山，沿池驳岸。"文震亨说："石令人古，水令人远。园林水石，最不可无。要须回环峭拔，安插得宜。一峰则太华千寻，一勺则江湖万里。又须修竹、老木、怪藤、丑树，交覆角立，苍崖碧涧，奔泉汛流，如入深崖绝壑之中，乃为名区胜地。"(《长物志》)而李渔虽不是造园家，却深通造园之理。他认为，观园可见主人之趣尚、境界之高低，"有费累万金钱，而使山不成山、石不成石者，亦是造物鬼神作祟，为之摹神写像，以肖其为人也。一花一石，位置得宜，主人神情已见乎此矣，奚俟察言观貌，而后识别其人哉"。一花一石，位置得宜，即有高致，重峦叠岭，未从心造，必无动人之处，徒然辜负了一片石情。他说："山之小者易工，大者难好。予邀游一生，遍览名园，从未见有盈亩累丈之山，能无补缀穿凿之痕，遥望与真山无异者。"(《闲情偶寄·居室部》)

为了与贪恋外在体量的传统相区别，明末文人园林艺术理论注意园林作为一门艺术的独特性，认为园林"别是一门学问"。李渔说："且磊石成山，另是一种学问，别是一番智巧。尽有丘壑填胸、烟云绕笔之韵士，命之画水题山，顷刻千岩万壑，及倩磊斋头片石，其技立穷，似向盲人问道者。故从来叠山名手，俱非能诗善绘之人。见其随举一石，颠倒置之，无不苍古成文，纡回入画，此正造物之巧于示奇也。"(《闲情偶寄·居室部》)张潮在吴梅村《张南垣传》的按语中说："叠山累石，另有一种学问。其胸中丘壑，较之画家为难。"这"别是一门学问"，就是重"胸中丘壑"的融会，重境界的创造。

张南垣、戈裕良等园林艺术家正是在这样的时代氛围中孕育出来的,他们不仅在实践上有卓越的创造,在理论上也有值得重视的观点,不少论述具有美学价值。

一、张南垣的"园境"论

计成《园冶》有《园说》一节,这则《园说》实际上就是园林意境论。他说:

> 凡结林园,无分村郭。地偏为胜,开林择剪蓬蒿;景到随机,在涧共修兰芷。径缘三益,业拟千秋,围墙隐约于萝间,架屋蜿蜒于木末。山楼凭远,纵木皆然;竹坞寻幽,醉心即是。轩楹高爽,窗户虚邻;纳千顷之汪洋,收四时之烂漫。梧阴匝地,槐阴当庭;插柳沿堤,栽梅绕屋;结茅竹里,浚一派之长源;障锦山屏,列千寻之耸翠,虽由人作,宛自天开。刹宇隐环窗,仿佛片图小李;岩峦堆劈石,参差半壁大痴。萧寺可以卜邻,梵音到耳;远峰偏宜借景,秀色堪餐。紫气青霞,鹤声送来枕上;白萍红蓼,鸥盟同结矶边。看山上个篮舆,问水拖条枋杖;斜飞堞雉,横跨长虹;不羡摩诘辋川,何数季伦金谷。一湾仅于消夏,百亩岂为藏春;养鹿堪游,种鱼可捕。凉亭浮白,冰调竹树风生;暖阁偎红,雪煮炉铛涛沸。渴吻消尽,烦顿开除。夜雨芭蕉,似杂鲛人之泣泪;小风杨柳,若翻蛮女之纤腰。移竹当窗,分梨为院;溶溶月色,瑟瑟风声;静扰一榻琴书,动涵半轮秋水。清气觉来几席,凡尘顿远襟怀;窗牖无拘,随宜合用;栏杆信画,因境而成。制式新番,裁除旧套;大观不足,小筑允宜。

计成说园林要"精在体宜",宜者意也。"宜"其实就是"境"的创造。他强调园林要有画境,所谓"刹宇隐环窗,仿佛片图小李;岩峦堆劈石,参差半壁大痴"。传统叠石名家多为画家,如计成是山水画家,石涛还是举世闻名的大画家。计成将园林称为"天然图画",园林的旨趣不在造一片风景,而在创造一片心灵的境界。

这样的思想在明末清初造园大家张南垣那里得到了深化。

张涟(1587—约1671),字南垣,松江华亭人,他是中国历史上最负盛名的造园家。他以自己对文人园林创造的独特体会,丰富了传统的"园境"理论。

张涟的密友、时文坛巨宿吴梅村作《张南垣传》,记载了张涟的一段话,这段话是针对当时的造园家追求大制作的奢靡之风而发的:

> 南垣过而笑曰:"是岂知为山者耶?今夫群峰造天,深岩蔽日,此夫造物神灵之所为,非人力所得而致也。况其地辄跨数百里,而吾以盈丈之址,五尺之沟,尤而效之,何异市人抟土以欺儿童哉!惟夫平冈小坂,陵阜陂陀,版筑之功可计日以就,然后错之以石,棋置其间,缭以短垣,翳以密篠,若似乎奇峰绝嶂,累累乎墙外,而人或见之也。其石脉之所奔注,伏而起,突而怒,为狮蹲,为兽攫,口鼻含呀,牙错距跃,决林莽,犯轩楹而不去,若似乎处大山之麓,截溪断谷,私此数石者为吾有也。方塘石洫,易以曲岸回沙;邃阃雕楹,改为青扉白屋;树取其不凋者,松杉桧栝,杂植成林;石取其易致者,太湖尧峰,随意布置,有林泉之美,无登顿之劳,不亦可乎!"

南垣叠石重"脉",董其昌对南垣叠石的评价是:"江南诸山,土中戴石,黄一峰、吴仲圭常言之,此知夫画脉者也。"而黄宗羲《张南垣传》也说:"其石脉之所奔注,伏而起,突而怒,犬牙错互,决林莽、犯轩楹而不去,若似乎处大山之麓,截溪断谷,私此数石者为吾有也。"所谓"画脉"、"石脉",强调的是山石的内在节奏。南垣由山林的外在形势描摹深入到内在的气脉韵律之中,这是南垣之一变。

后来沈复在《浮生六记》中赞扬州瘦西湖园林群时说:"虽全是人工,而奇思幻想,点缀天际……其妙处在合十余家园亭合而为一,联络至山,气氛俱贯。"说的也是"气脉"。中国人认为,天下万物,都由气化而生,天底下的一切,乃至一木一石,无不有生气贯乎其间。宇宙在气化氤氲中生机勃勃、彼摄互荡。张南垣的叠石变法,抓住了中国哲学这一精神。

他提倡"土中戴石"的叠石方法,反对烦琐的叠床架屋式的叠山技巧。康熙《嘉兴县志》卷七说:"旧以高架叠缀为工,不喜见土,涟一变旧模,穿深覆冈,因形布置,土石相间,颇得真趣。"南垣认为,聚危石、架洞壑、带以飞梁、矗以高峰、假山雪洞等等方式,都只是模仿山之形,而不得宇宙之真气,没有表现出内在的气脉。他在具体的叠石方法上,重神而不重形,所以他的制作更趋简约。有人赠其诗云:"终年累石如愚叟,倏忽移山是化人。"①他效法自然,是"化"而行之,而不是"画"而仿之,是"化工",而不是"画工"。

张南垣的另一变法,是对"以意为园"的强调。"以意垒石为假山"②,"意"是张南垣园林思想的核心,他将写意假山的尝试更加系统化。叠石艺术是为心的,形只是表心的语言。叠石者要做一个"有窍之人",指挥如意,天花自落。③ 造园者不仅要有"巧",更要有"窍"。"巧"是技术的,是形式的工巧;而"窍"是灵心出窍,是心灵的门大开。造园者,要做"有窍之人"。叠石的根本目的,是为了安顿这个"窍",所谓"会心处不必在远"。吴梅村描绘南垣造园时的情景说,"常高坐一室,与客谈笑,呼役夫曰:某树下某石可置某处。目不转视,手不再指,若金在冶,不假斧凿"。随意点染间,都可以见出他的灵心独运。吴传还说:"人有学其术者,以为曲折变化,此君生平之所长,尽其心力以求仿佛,初见或似,久观辄非",所失者正因缺这个"窍"。

张南垣重取神而不取形。他认为,不必模仿真山,而要展示山林气象,表现自然的内在气脉。闲闲小景,寂寂园色,足慰心灵。假山土中带

---

① 据阮葵生《茶余客话》卷八引。
② 阮葵生《茶余客话》卷八。
③ 有一个关于"太无窍"的传说流传广远。钱泳《履园丛话》记载:"吴梅村祭酒既仕,本朝有张南垣者,以善叠假山,游于公卿间,人颇礼遇之。一日到娄东,太原王氏设宴招祭酒,张亦在坐。因演剧,祭酒点《烂柯山》,盖此一出中有张石匠,欲以相戏耳! 梨园人以张故,每唱至张石匠辄讳张为李,祭酒笑曰:'此伶甚有窍。'后演至张必果寄书,有云:'姓朱的,有甚亏负你。'南垣拍案大呼曰:'此伶太无窍矣。'祭酒为之逃席。"计成在《园冶》序言中也幽他一默:"古公输巧,陆云精艺,其人岂执斧斤者哉? 若匠惟雕镂是巧,排架是精,一架一柱,定不可移,俗以'无窍之人'呼之。"计成这个说法可能就与张南垣有关。

石,平岗小坡,逶迤跌宕,如画之平远山水。清人赵翼说:"古来构园林者,多垒石为嵌空险峭之势。自崇祯时有张南垣,创意为假山,以营邱、北苑、大痴、黄鹤画法为之,峰峦湍濑,曲折平远,巧夺化工。南垣死,其子然号陶庵者继之,今京师瀛台、玉泉、畅春苑皆其所布置也。杨惠之变画而为塑,此更变为平远山水,尤奇矣。"①正如赵翼所说,张南垣将南宗画重平远的传统运用到园林创造中,正是服务于意境创造这一整体原则。

在园林创造中,张南垣颠覆了前代高峰大岭式的创造方式,将写意园林推向了高潮。张南垣的道路,是一种简易的道路,诗意的道路,所谓"方塘石洫,易以曲岸回沙;邃阁雕楹,改为青扉白屋;树取其不凋者,石取其易致者,无地无材,随取随足"②。这曲沙回岸,青扉白屋,浅淡优雅,诗情绰绰,自有风致。它代表了一种新的艺术潮流。

这个艺术新潮,是重视胸中丘壑,重视内在的"心法"。计成比南垣大5岁,但从事园林之业比南垣为后。郑元勋说,计成作园,"从心不从法",不是他没有法,《园冶》一篇都是在讲法,但他不为法度所拘,要在法随心转,不是心为法执。③计成讲叠石之法,就是心灵融汇之法。他说自己叠石,是"依皴合掇",堆石如画山,叠山如作画,将画意、诗意和境界联系在一起。计成与张南垣一样,都提倡以土戴石之法,他说:"妙在得乎一人,雅从兼于半土。""开土堆山,沿池驳岸。"

张南垣等的园林思想,受到明末以来南宗画思想的影响。他们的叠石主张沾染上浓厚的绘画南北宗说的意味。就张南垣而言,他早年学画,黄宗羲的传记说他:"学画于云间之某,尽得其笔法。"而《清史稿》说他"少学画,谒董其昌,通其法"。黄所说的"某"就是董其昌。吴梅村《张南垣传》说:"华亭董宗伯玄宰、陈徵君仲醇亟称之曰:'江南诸山,土中戴

---

① 《檐曝杂记》卷五。
② 吴梅村《张南垣传》,《吴梅村集》卷五二《文集》三〇。
③ 郑元勋(1598—1644),有影园,乃扬州著名园林。此为他在明崇祯辛亥年为计成《园冶》所作的序言语。

石，黄一峰、吴仲圭常言之，此知夫画脉者也。'"这里所说的陈徵君仲醇，乃是松江另外一位文豪陈继儒，他是董其昌的密友，也是绘画南北宗的提出者之一。陈继儒与南垣引为好友，陈继儒《张南垣移居秀州赋此招之》云："指下生云烟，胸中具丘壑。"

张南垣与董其昌为首的这个文人集团的密切关系，使其以土戴石的造园方法打上了深深的南宗画理论的烙印。他的造园主张几乎是绘画南北宗说的园林版。董氏等崇南贬北的思想对他有很深的影响。他习画之倪、黄、王等都属于所谓南宗画的正传。而其土石相依之法，一如中国绘画中的平远山水，也受到董其昌理论的影响。董其昌在南北宗理论中，推崇北宋宗室画家赵大年，而张南垣的叠石与赵大年绘画风格极为相似。董其昌说：

> 赵大年令穰，平远绝似右丞，秀润天成，真宋之士大夫画。此一派又传为倪云林，虽工致不敌，而荒率苍古胜矣。今作平远及扇头小景，一以此二人为宗，使人玩之不穷，味外有味可也。
>
> 赵大年平远，写湖天渺茫之景，极不俗，然不耐多皴，虽云学维，而维画正有细皴处者，乃于重山叠嶂有之，赵未能尽其法也。

北宋画家赵令穰，字大年，善画平远小景。张邦基评赵大年的《归田图》说："竹篱茅舍，烟林蔽云，遥岭野水，咫尺千里，葭芦鸥鹭，宛若江乡。"[①]赵大年的画多为闲闲小景，呈山林清远之态，《宣和画谱》说他多画"京城外坡坂汀渚之景"、"画陂湖林樾烟云凫雁之趣，荒远闲暇"，景虽小而富远趣。王维、董源、赵大年、倪云林代表一种清幽淡远的绘画传统，成为董其昌提倡南宗画的代表。而张南垣的叠石艺术也重平远之境，随意点缀，宜石则石，宜土则土，不务险峻，但求会心，平冈小阪，陵阜陂陀，一一得其风致，妙在自然俯仰之势。《图绘宝鉴续纂》卷二说："张南垣，嘉兴人，布置园亭能分宋元家数，半亩之地经其点缀，犹居深谷，海内为首推

---

① 张邦基《墨庄漫录》卷三。

焉。"所谓"分宋元家数",就是对传统的认识,不取北宋以来的全景式构图,而取元代书斋式山水的特征,重其境界。

二、戈裕良等的"随意点缀"说

钱泳《履园丛话》卷一二记载:

> 近时有戈裕良者,常州人,其堆法尤胜于诸家,如仪征之朴园,如皋之文园,江宁之五松园,虎丘之一榭园,又孙古云家书厅前山子一座,皆其手笔。尝论狮子林石洞皆界以条石,不算名手,余诘之曰:"不用条石,易于倾颓奈何?"戈曰:"只将大小石钩带联络,如造环桥法,可以千年不坏。要如真山洞壑一般,然后方称能事。"余始服其言。至造亭台池馆,一切位置装修,亦其所长。

戈裕良(1764—1830)是继张南垣之后,又一位叠石名家,苏州环绣山庄就是他的杰作,被刘敦桢称为"苏州湖石假山,当推之为第一"。扬州名园小盘谷,也出自他的手笔。他本是一位画家,造园重意境,是文人园林艺术的承续者。他反对做石洞用条石,强调用大小不同的石块垒叠。作为一位叠石名家,生平所造之园很多,其事迹流传也不少,而钱泳独记下这件"小事"。其实,这件"小事"中包含着中国叠石艺术不小的道理。用条石垒出洞穴,不是不利于行,而是有悖于自然天工的原则,条石是人工凿成的,直线型的,用这样的石头叠出的洞壑,就少了自然的趣味,露出人工的痕迹。戈裕良以此一点谓名园狮子林"不算名手",不是责之甚苛,而是因为此事攸关叠石艺术的大原则。

文人园林有"随意点缀"的思想。中国园林创造重视自然天工之妙,规避人工秩序,以"虽由人作,宛自天开"为最高审美理想。在园林创造史上,谢肇淛所举的"整齐近俗"的构造,计成所说的"排比"之例,张南垣所说的"方塘石沼"式的方式,等等,都是一种人工机械的创造方式,它们与戈裕良所反对的石条式的叠垒方法一样,都因破坏天趣,为真正的叠石艺术家所排斥。

园林假山效法自然，追求巧夺天工之妙，要得"天然委曲之妙"（李渔语），此说由来已久。《魏书》载张伦造景阳山："园林山池，诸王莫及，伦造景阳山，有若自然。"唐人假山艺术也重造化之工。许浑《奉和卢大夫新立假山》："岩谷留心赏，为山极自然。孤峰空迸笋，攒萼旋开莲。黛色朱楼下，云形绣户前。砌尘凝积霭，檐溜挂飞泉。树暗壶中月，花香洞里天。何如谢康乐，海峤独题篇。"徽宗造艮岳，也强调巧夺天工。张淏《艮岳记》："筑冈阜高十余仞，总以太湖、灵璧之石，雄拔峭峙，巧夺天造。"宋人曾觌有《醉蓬莱》词，上半阕云："向逍遥物外，造化工夫，做成幽致。杳霭壶天，映满空苍翠，耸秀峰峦，媚春花木，对玉阶金砌。方丈瀛洲，非烟非雾，恍移平地。"以人工之创造，仿造化之奇功，叠出重重山，使方丈、瀛洲、蓬莱仙山宛然眼前。明代成化间西域人锁梦坚一首咏叹假山的《沉醉东风》曲流传广远："风过处，香生院宇。雨收时，翠湿琴书。移来小朵峰，幻出天然趣。倚阑干，尽日彼图。漫说蓬莱本是虚，只此是、神仙洞府。"①

效法自然、巧夺天工，是中国传统园艺界尽人皆知的思想。但在具体理解方面，又有相当大的差异。有的人强调模仿真山，将自然的真景缩小化；有的人侧重于"天理"秩序，力求在叠石艺术中表现伦理的追求。有的人受到道教思想的影响，对海外仙山感兴趣，欲在庭院中建立一个想象中的灵屿瑶岛。有的人强调的是造化的"精神"，力求表现自然的生生不息的内在活力。而文人园林，独重这"散漫点缀"的秩序创造。

计成说，掇山之关键，在"散漫理之，可得佳境"。这是园林假山不易之法。就像他说制作冰裂地时要"意随人活"，"没有拘格"，意在建立一种自然的秩序，没有人工雕琢，自然延伸，虽然"散漫"，却体现出生生之条理，是一种无秩序的秩序。

---

① 杨慎《词品》卷六云："锁懋坚，西域人，扈宋南渡，遂为杭人。代有诗名，懋坚尤善吟写。成化间，游苕城，朱文理座间，索赋其家假山，懋坚赋沉醉东风一阕……为一时所称。"

计成又说："片山块石,似有野致。""野"与雕饰相对,即没有文饰,没有人工痕迹。《庄子》将"野"和"文"相对而言,"文"(装饰)是"人","野"是"天",是自然而然的。所以由人返天,就是由"文"返"野"。古代诗论有"野哉,诗之美也"的说法,就是追求疏旷而无拘束的形式。《二十四诗品》有"疏野"一品,其云:"惟性所宅,真取不羁。……倘然适意,岂必有为。若其天放,如是得之。"野是一种天放的境界。园林追求山林气象,这个"野致"正是山林气象。计成说,掇山妙在"不可齐,亦不可花架式,或高或低,随致乱掇,不排比为妙"。这就是"野",散漫为之。而"排比"之道,却是人工痕迹毕露,难称高致。"野"还象征着一种不为法度拘束的心态,如白居易诗所云:"言我本野夫,误为世网牵。"(《香炉峰下新置草堂即事咏怀题于石上》)"野"是对网的挣脱,要做一条"漏网之鳞"。

计成这些零散的表述,突出规避人工秩序的观念。效法自然,就是效法自由天放的境界。一切假山叠石之道,都是人工所为。但虽由人作,宛自天开,人工所为必须不露痕迹,使其如同自然一样,自然是最高的范本、最高的准则。效法自然的创造才能产生美。如果要将园林叠石作为一种艺术,就必须力避人工的痕迹,不能像石匠垒石。就像李斗《扬州画舫录》所说的,那样做"直是石工而已"[1]。张南垣、计成等倡导叠石的"不作"之道,以"随意点缀"为根本,这个"随意",就是不刻意为之,循顺自然的节奏,所谓"因其固然",寻求一种微妙的表达。因此,"散漫理之",不是漫无目的,毫无准的,而是在人工与本然之间寻求最好的平衡,力求表现自然的节奏。不经意中显露出创造者的智慧,随意中见出不随意,在无秩序的"乱"中见出井然的秩序。

在叠石的"散漫理之"的自然秩序中,有明显地回避道德理性的因素。中国哲学有一种传统,就是在确立天地为最高准则的基础上,将人

---

[1]《扬州画舫录》云:"若近今仇好石垒怡性堂宣石山,淮安董道士垒九狮山,亦藉藉人口。至若西山王天於、张国泰诸人,直是石工而已。"

的道德"当然"从天地那里寻求"必然"的解释,因为"天经地义"才意味着终极真理。最典型的莫过于《易传》上所说的:"天尊地卑,乾坤定矣。卑高以陈,贵贱位矣。"由此来为君尊臣卑、男尊女卑找说辞。天地的秩序不是一种自然延伸的系统,而被解释成生生而有"条理",所谓条理者,就是天定的道德秩序。以载道为自律的艺术也明显受到这一思想影响。在绘画中,北宋郭熙《林泉高致》讨论山水画的构图,明显谨守儒家的这一道德原则,他说:"小者大者,以其一境主之于此,故曰主峰,如君臣上下矣";"以其一山表之于此,故曰宗老,如君子小人也"。清沈宗骞在《芥舟学画编》中认为画山水,要分清君臣主宾之位:"故作画有偏局正局之分焉。正局者,主山如人主端座朝堂,余山如三公九卿,鹄立拱向。其下幅树石屋宇,则如百官承流宣化,皆要整齐严肃之中,不失联属意思。又如端人正士,庄敬日强,令人望之俨然而生敬者,此局为最难。"山水画的世界俨然成了一本道德教科书。

叠石艺术也深受此一思想影响,最典型的例子就是宋徽宗的艮岳,君臣秩序在这里得到出神入化的表现。所谓立主宾、分远近、众山拱伏、主山始尊等假山原理被充分运用到艮岳的创造中。张淏《艮岳记》说:"工已落成,上名之曰华阳宫。然华阳大抵众山环列于其中,得平芜数十顷,以治园圃,以辟宫门,于西入径,广于驰道,左右大石皆林立,仅百余株,以神运昭功,敷庆万寿峰,而名之'独神运峰',广百围,高六仞,锡爵盘固侯居道之中,束石为亭,以庇之,高五十尺,御制记文亲书,建三丈碑,附于石之东南陬。其余石,或若群臣入侍帷幄,正容凛若不可犯,或战栗若敬天威,或奋然而趋,又若伛偻趋进,其怪状余态,娱人者多矣。"在后来的皇家建筑中,如颐和园、圆明园、承德避暑山庄、故宫的花园等中,无不贯彻了此一思想。

而晚明以来从张南垣到戈裕良,都崇尚野逸的道路,他们并不是完全忽视叠石中的主次之分,但在"散漫理之"的思路中,明显消解了这种陈腐的君臣观念,那种强制性的道德秩序。叠石艺术更多地服务于主人或设计者的性灵表达,在"随致乱掇"的形式创造中,以"天地条理"名目出现的道德秩序被置于脑后。今在江南私家园林如环碧山庄、艺圃等，每多见萧散的构置，有浓厚的文人意味，却很少见到那种念念君臣之间的媚态。

第八章 《溪山琴况》的美学思想

　　徐上瀛(约 1582—1662)，明末清初琴家，号石帆，又号青山，娄东(今江苏太仓)人。万历年间曾从陈星源、张渭川学琴，并与严澂交往，深受严澂的影响。后发展虞山派"清、微、淡、远"的琴风，兼采众家之长，遂为一代琴学宗师。为虞山派的主要代表人物之一。所著《溪山琴况》一书，约成书于明崇祯十四年(1641 年)前后，主要流传在清代。共二十四则，在体例上仿《二十四诗品》，内容上也受后者影响，它将重境界创造的《二十四诗品》的论艺主旨带入琴学中。其弟子钱棻在《序言》中说："昔崔遵度著《琴笺》，范文正清其旨，度曰：'清丽而静，和润而远，琴在是矣。'今青山复推而广之，成二十四况。"

　　《溪山琴况》是我国音乐美学上的重要文献，其与《乐记》、《声无哀乐论》并列为中国音乐美学的三部重要作品。

第一节　重视境界创造的琴学观

　　《溪山琴况》为何以"况"为名，是有其寓意的。在古代乐论中，有以"格"、"品"、"谱"、"鉴"、"筌"、"引"等命名的，但以"况"来命名前此未见。

　　徐氏以"况"命名，可能与以下两层意思有关。一是比况。《庄子·

知北游》:"每下愈况",郭注:"况,譬也。"二是意味、韵味,或称"况味"。《唐才子传》卷五:"声调相似,况味颇同。"此中况味,乃指声调之外的意味。① 徐上瀛的《琴况》,正具有这样的意思。二十四况,所重并不在形式因素,而在琴"道"、琴"韵"、琴味上,它以具体鲜活的意象来比况琴的况味。

《溪山琴况》共二十四况,模仿《二十四诗品》而成其文。《二十四诗品》秉承"不著一字,尽得风流"的原则,说诗之"风流",却不落言象之限制,以诗的形象来复演诗的境界美感。它是一种境界式的批评方式。《二十四诗品》不是说二十四种风格类型,所呈现的是诗境的特点。如第二品《冲淡》云:"素处以默,妙机其微。饮之太和,独鹤与飞。犹之惠风,荏苒在衣。阅音修篁,美曰载归。遇之匪深,即之愈希。脱有形似,握手已违。"此品说冲和淡泊的境界,既是一种人格境界,又是一种诗性精神。此在第二品,附第一品《雄浑》而行。《雄浑》乃是和顺积大,发为英刚之气;《冲淡》则是虚静淡泊,平和冲素,发为阴柔之风。《雄浑》取《周易》之大哉乾元精神,《冲淡》则取《周易》至哉坤元之精髓。二者皆循沿内至外之路,却有不同的气象境界。道禅哲学的流行,陶潜诗风的深远影响,唐代王孟诗派的提倡,使得冲淡一跃而成为重要的审美品格。本品就是这种精神的反映。悟入根性,如清潭照物,影象昭昭,饮太和之气,得自然真髓,如独鹤轻飞,与物冥然相契,无所对待,像山风轻拂,似修竹潇潇,自在显现,一片天机。就是这一品所要表现的境界。

而《溪山琴况》的"况",是以精致玲珑的境界来喻说琴的风味。境界是《琴况》的中心。如果说《溪山琴况》在音乐理论史上和《乐记》、《声无哀乐论》鼎足而三,《乐记》是儒家音乐美学的集中体现,《声无哀乐论》为确立音乐独立地位的划时代文献,而《溪山琴况》可以说是我国音乐境界美学的总结。

---

① 此意元曲中多见:"大着多情换寡情,闹里宜寻静。有况味,无踪影。废尽功夫,误了前程。""客窗夜永岑寂,有多少孤眠况味。""都则是两轮日月搬兴废,一合乾坤洗是非。直宿到红日三竿偃然睡,那些儿况味谁知? 一任莺啼唤不起。"

《溪山琴况》确立了境界美感是音乐美的根源。苏轼说："若言琴上有琴声，放在匣中何不鸣？若言声在指头上，何不于君指上听。"琴之韵不在琴，不在指，而在心，所以前人说"心者道也，琴者器也"。正因琴中心为主，故以心统指，以指运琴，以琴出声调，以声调传风味。声调为琴家所创，但琴之美不能停留于声调，而那难以言传却沁人心脾的风味境界，才是琴家追求的审美理想。以气韵风味为主，所以才说以心来弹琴；赏琴者以心来品味，所以说琴之美在风味气韵不在声调。

《溪山琴况》对音乐境界的类别作了总结，所举二十四况，不一定每况一境一格，更不像有的论者所云，每况都是一个审美范畴，它对传统琴境进行大体划分，成为达于琴学世界的梯航。

《溪山琴况》从技控于心、心出于境的美学观出发，侧重于境界的论述，和、静、清、远、古、澹、恬、逸、雅、丽、亮、采、洁、润、圆、坚、宏、细、溜、健、轻、重、迟、速二十四况，各取一境，虽时有重复，其意思大体是明晰的。虽每况都涉及技法，要在由技入心，由心入境，所说都与琴境有关。

二十四况次第排列并无特别之处，但置"和"于首，为全"况"奠定基调，操琴乃至一切音乐活动，在于和，在于创造人与群体、自然、宇宙的和谐，在心灵的平衡中安顿。继之以静、清、远、古、澹、恬、逸、雅诸况，显现作者特殊的审美趣尚，操琴者如在溪山，听音者要辨山林气象，澹逸幽深、清远雅致的境界成了文人琴学的追求。而丽、亮、采、洁等况，又是在这一山林气象中得到浸染。"丽"如同《二十四诗品》中的"绮丽"，取其冰雪之姿；"亮"重在清新浏亮，于沉寂中放出光明；"采"重在神韵（与"亮"相似，只有微别）；"洁"取其妙净；温润如昆山之玉，是"润"之境；从容流荡，婉转无痕，是"圆"之韵；"坚"在于坚实柔韧；"宏"在于器宇宏阔；"细"是幽深中的低吟；"溜"如间关莺语花底滑；"健"如慷慨悲凉大漠声；"轻"取其优柔不迫；"重"言其斩截果断；"迟"况其声凝音滞、断而复续之致；"速"取其音遄意飞、行云流水之神。

《二十四诗品》通过象以及象与象之间组成的关系来创造一种特殊

的世界(境界),再通过这一世界来传达它要表达的意思。如《典雅》:"玉壶买春,赏雨茅屋。坐中佳士,左右修竹。白云初晴,幽鸟相逐。眠琴绿阴,上有飞瀑。落花无言,人淡如菊。书之岁华,其曰可读。"

而《溪山琴况》也是如此。如《清》况云:

> 语云:"弹琴不清,不如弹筝。"言失雅也。故清者,大雅之原本,而为声音之主宰。地不僻,则不清;琴不实,则不清;弦不洁,则不清;心不静,则不清;气不肃,则不清。皆清之至要者也,而指之清尤为最。指求其劲,按求其实,则清音始出。手不下徽,弹不柔懦,则清音并发。而又挑必甲尖,弦必悬落,则清音益妙。两手如鸾凤和鸣,不染纤毫浊气,厝指如敲金戛石,傍弦绝无客声,此则练其清骨,以超乎诸音之上矣。

> 究夫曲调之清,则最忌连连弹去,亟亟求完,但欲热闹娱耳,不知意趣何在,斯则流于浊矣。故欲得其清调者,必以贞、静、宏、远为度,然后按以气候,从容宛转。候宜逗留,则将少息以俟之;候宜紧促,则用疾急以迎之。是以节奏有迟速之辨,吟猱有缓急之别。章句必欲分明,声调愈欲疏越,皆是一度一候,以全其终曲之雅趣。试一听之,澄然秋潭,皎然寒月,湛然山涛,幽然谷应,始知弦上有此一种清况,真令人心骨俱冷,体气欲仙矣。

此况说虞山派最为推重的"清"韵。清在弦指之间,又在心灵之运。人生境界与审美境界的合一,是《溪山琴况》论琴境的重要特点,一如《二十四诗品》,它说艺境,也是在说人的生命境界,人的生命与艺术的生命世界融为一体。就这一况而言,徐上瀛所要表达的思想是,如果要使琴得于"清"这样至上之品,没有人的清心洁韵,是无法达到的。这并不是人的创作能力的积聚,而是人心灵的培植,有此心乃有此琴韵,有此琴韵,又能陶冶人的"澄然秋潭,皎然寒月,湛然山涛,幽然谷应"的清心。

《和》况说:"音从意转,意先乎音,音随乎意,将众妙归焉。"书画艺术有"意在笔先"的观点,这里所说的"意先乎音",意思一致,是重意境的琴学思想的体现。以意运琴,故能得"意之深微"。而此"意之深微"就是琴外之韵,调外之境,弦外之音。《和》况云:"其有得之弦外者,与山相映发,而巍巍影现;与水相涵濡,而洋洋徜恍……"这种不可言传,难以声见的弦外之音,就是音乐的境界。它不可以声调寻求,不可以思议拟知,不可以道理见,如春天盎然的暖意,冬日茫茫的雪韵,感人至深,令人玩味无尽。音乐的境界乃众妙之根源。如其在《远》况中所说,琴不可技求,"盖音至于远,境入希夷,非知音未易知,而中独有悠悠不已之志。吾故曰:求之弦中如不足,得之弦外则有余也"。

第二节 "和"说的内涵

北宋以来,在文人意识的风潮中,琴学理论更重视和谐的生命境界创造,重视人自由自在的内在体验。琴的世界中多注意这生命的融洽感。如雪中弹琴是文人的至爱,因为中国艺术认为,琴为天地第一清物,伴着皑皑白雪,不是更加切当!明代画家吴伟有《踏雪寻梅图》,画一人雪后拖着拐杖,踏着大雪过小桥。小桥下雪水潺潺,乱石参差,后有一童子抱琴随之。雪、梅、琴所创造的审美氛围,可能是中国文人的最高追求了,在雪中,用琴声去伴和幽幽的清香,彰显出艺术家高洁的灵魂。月下弹琴,也是文人琴学的至爱。琴声在清澈的月光下回响,陶冶人们的情趣。唐代诗人王维酷爱琴,他有诗道:"独坐幽篁里,弹琴复长啸。深林人不知,明月来相照。"月光的夜晚,独自一个人在竹林中弹琴,月光下泻,琴声悠扬,琴声穿透幽静的竹林,更衬托这世界的静谧。

中国琴乐最重清幽和融的境界。如《二十四诗品》所谓"饮之太和,独鹤于飞"。名曲《平沙落雁》表现的就是这样的境界。它所描写的是秋天江畔的景色。琴曲分为三部分,第一部分是舒缓轻松的节奏,秋高气爽,江天空阔,为全曲奠定一个基调。第二部分节奏渐快,由舒展发为激越,由宁静转为欢欣,百鸟和鸣,共享一个生机鼓吹的境界。第三部分重点表现雁落平沙中的自在和悠然,沙白风清,云飞天远,雁影参差而上下,水流潺潺而清浅,这是自在优游的境界。在这首曲子中,长江的浩森,秋色的高爽,云天的空阔,群雁的飞跃,都在于表现人心境中的怡然、和悦、从容和适意。

文人琴学的新潮,影响着中国音乐美学最重要的范畴"和"的内涵的变化。

在中国哲学中,儒佛道三家都追求和谐,都推崇浑然与天地同体的和谐境界,但侧重点又有不同,儒家重视人与人之间的和谐,强调适度协调的中和;禅宗却在平等觉慧的引导下,重视平常心即道的"平和";而道家哲学则推崇"闻之天籁"的"天和",黄帝张乐于洞庭之野的描绘,就表现这一思想。

传统中国音乐理论以"和"为最高审美理想。既体现在以儒家思想为核心的《乐记》中,又体现在侧重于道禅哲学的琴学理论中。《乐记》以"大乐与天地同和"为主旨,将音乐的社会功能放到突出位置,它之所谓"乐"并不是自娱自乐的艺术抚慰,而是社会政治生活中的"乐"。所以,"和"的思想,主要落实在社会的和谐上。

北宋之后,文人琴学思想渐占主流,它虽然也以"和"为最高审美理想,但倾向性与《乐记》却有很大区别。它在兼融儒佛道三家和谐思想的基础之上,更突出了人心灵境界的和谐,这种和谐不是技术上的中庸适度,也不是着眼于人际关系的群体洽适,而突出人心灵的安顿。

《乐记》论音乐之和,侧重在中和;《溪山琴况》论和,侧重在冲和。前者属于以儒家思想为主脉的和谐,后者属于以道禅哲学为主脉的和谐。儒家是守其中,不偏不倚,过犹不及,守中处和,强调适度原则。而道禅影响下的《溪山琴况》则强调人与世界共成一天,万物齐同,物我齐同,逍遥无待。就像"洞庭张乐地"的故事所说的,进入悟道之境,如入四虚之地,四面皆空。此之谓"冲和"。

《和》况开始说:

> 稽古至圣,心通造化,德协神人,理一身之性情,以理天下人之

性情,于是制之为琴。其所首重者,和也。和之始,先以正调品弦、
循徽叶声,辨之在指,审之在听,此所谓以和感,以和应也。和也者,
其众音之窾会,而优柔平中之橐籥乎?

这一段说琴的地位和功能,所谓"稽古至圣,心通造化,德协神人",从通
天尽人的高度来谈琴,所以琴虽一艺,却不可小视。琴是"一身之性情",
这是《溪山琴况》论琴术的立论基点。它不像《乐记》通过音乐的熏陶,使
人心归于雅正,从而实现天人的和谐,而重在内在"性情"的怡然自适,不
是一种约束中的协调,而是自由萧散的情性抒发。此中说:"和也者,其
众音之窾会,而优柔平中之橐籥乎?"窾会:此指众音汇集的关键之处。
橐籥,语出《老子》第五章:"天地之间,其犹橐籥乎。"这里融会了道家哲
学的思想。强调的是"夫吹万不同,而使其自己也,咸其自取,怒者其谁"
的天籁,以微妙的心灵奏出天地的音乐,此的"和",就是一片天和的境
界。不是人抑制中的协调,而是超越万有之上的腾迁。

所以,以《溪山琴况》为代表的文人琴学,强调音乐与天地同和,不光
是效法自然,而是人心灵的超越,会归于浩茫的宇宙。就像一个著名的
音乐故事所表现的那样:三千多年前,有一位伟大的音乐家伯牙,随他的
老师成连学琴。学了三年,以为自己学到了真本领,老师说:"这还不够,
不如让我的老师来教你吧。"他将伯牙带到海边,在一个松树下,成连让
伯牙等候,他去请老师。伯牙在这里等了很久,不见成连回转,他看着茫
茫大海和绵绵无尽的山林,不由得拿起琴来弹,琴声在山海间飞扬,在天
地间飞扬。他忽然明白了老师的意思——成连所介绍的这位老师就是
大自然。音乐家要通过对大自然的感应来提升自己心灵的境界。这样
的境界正是《溪山琴况》所要追寻的精神。

正像南朝宋艺术家宗炳所说:"抚琴动操,欲令众山皆响。"他拿着一
把琴,在山间的清泉旁,轻轻地拨弄,弹着弹着,便忘记了自己的所在,忽
然觉得群山都回响着这悠扬的琴声,自己完全融到天地之间。《溪山琴
况》所推崇的"和"的理想境界庶几近之。

《溪山琴况》从技巧角度谈琴之和，始终贯彻人心性拓展的目的。《和》况说：

> 吾复求其所以和者三：曰弦与指合，指与音合，音与意合，而和至矣。夫弦有性，欲顺而忌逆，欲实而忌虚。若绰者注之，上者下之，则不顺；按未重，动未坚，则不实。故指下过弦，慎勿松起；弦上迎指，尤欲无迹。往来动宕，恰如胶漆，则弦与指和矣。
>
> 音有律，或在徽，或不在徽，固有分数以定位。若混而不明，和于何出？篇中有度，句中有候，字中有肯，音理甚微。若紊而无序，和又何生？究心于些者，细辨其吟猱以叶之，绰注以适之，轻重缓急以节之，务令宛转成韵，曲得其情，则指与音和矣。
>
> ……要之，神闲气静，蔼然醉心，太和鼓鬯，心手自知，未可一二而为言也。太音希声，古道难复，不以性情中和相遇，而以为是技也，斯愈久而愈失其传矣。

弦与指合，指与音合，音与意合，惟有内在的和谐，才有琴声之和，神闲气定，心手相和，自然而然，从容中度。和乃"性情中和"，而不是外在技之和。

《和》况以鲜活的意象来表现琴和的美妙世界：

> 若吟若猱，圆而无碍，以绰以注，定而可伸。纡回曲折，疏而实密，抑扬起伏，断而复联，此皆以音之精义，而应乎意之深微也。其有得之弦外者，与山相映发，而巍巍影现；与水相涵濡，而洋洋徜恍。暑可变也，虚堂凝雪；寒可回也，草阁流春。其无尽藏，不可思议，则音与意合，莫知其然而然矣。

以音之精义，应意之深微，心手相融，天人相合，无往而非佳绪。

第三节 文人琴说的总结

《溪山琴况》突出了文人的审美意趣，是北宋以来艺术领域文人意识崛起以来,在音乐理论中的集中体现。尤其值得注意的是,这部琴学著作,如同与其年代相差不远的董其昌的画学一样,突出体现了道禅哲学精神。

由于受到道禅哲学的影响,北宋以来在艺术领域,文人意识渐浓,平淡、天然、闲雅的审美风格受到重视。这也影响到音乐美学。苏轼、成玉磵的琴论,可以说是《溪山琴况》的先声。

苏轼《文与可琴铭》:"攫之幽然,如水赴谷。醳之萧然,如叶脱木。按之嶷然,应指而长言者似君。置之枵然,遗形而不言者似仆。"①强调静中的跃动,平淡中的悠然,遗形去似,卒然高蹈。他在《十二琴铭》中论琴法,推崇音乐的境界美感,深沉渊深,"音如涧水响深林";空灵悠远,"忽乎青苹之末而生有,极于万窍号怒而实无";平淡,似"秋风度而草木先惊";自然天真,如"与鸥鸬而物化,发山水之天光"。琴为器,心为主,以心控琴,以境求声。如北宋朱长文所说的:"心者道也,琴者器也。"(《师文》)

而成玉磵的《琴论》深受禅宗思想的影响,他认为在琴中可体现出禅家的风韵,北宋以来诗坛流行"学诗浑似学参禅"的风气,也影响到琴门。成玉磵以"攻琴如参禅"为其琴论之方法,要以参禅的方式来悟入琴法,在静中"瞥然省悟",所以,他论琴推崇冷寂清幽的禅境,以"调子贵淡静"为最高审美理想。

徐上瀛的琴学思想是文人琴学思想的延续。徐氏的宗师严澂发展了文人琴学思想,形成了著名的虞山琴派。严澂服膺南禅之学,史称其"习玄寐禅",力求在琴中表现悠然清远的思致。《琴学随笔》说:"天池严氏以清微淡远为宗,徐青山继之。"徐上瀛琴学正是在文人意识的熏陶中产生的。徐上瀛传世材料不多,从一些文字中,尚可以看出他和佛门的密切关系。徐上瀛的琴友徐愈《学琴说》云:"二十年前,余于虎溪犹得遇

---

① 作者自注:"与可好作楚辞,故有'长言似君'之句。邹忌论琴云:'攫之深,醳之愉。'此言为指法之妙耳。"醳(yì):本指醇酒,此指斟酌体会。

青山于僧舍。"

《溪山琴况》有儒家美学影响的痕迹,如儒家音乐美学"清丽而静,和润而远"的特点,也对此有影响,但基本思想旨归上却来源于道禅。

如以禅为例。禅的境界是宁静清幽的,可以用这样几个字来概括:空、虚、寂、静、远、幽、淡、枯、古、孤、清等。"步步寒华结,言言彻底清",就是禅的风韵。真可以说是"心同野鹤与尘远,诗似冰壶彻底清"(韦应物《赠王常侍》)。禅客们并不是衣着奇特、躲在深山老林中的一批怪人,禅的境界往往是以悠远、空茫、幽深等为其典型特点。禅创造了一个由深山、古寺、太虚、片云、野鹤、幽林、古潭、苍苔等所组成的世界。禅师们或独坐青灯,独步山林,伴着凄冷的竹林,幽清的月夜,禅师们简直可以说是一批月夜徘徊者,山径独行客,目送归鸟人。中国艺术深深地沾染了禅的风韵。如王维的"空山不见人,但闻人语响。返景入深林,复照青苔上",就活化了此一精神。如在中国画中,永恒的宁静是其当家面目。烟林寒树,古木老泉,雪夜归舟,深山萧寺,秋霁岚起,龙潭暮云,空翠风烟,幽人山居,幽亭枯槎,渔庄清夏,这些习见的画题,都在幽冷中透出宁静,这里没有鼓荡和聒噪,没有激烈的冲突,即使像范宽《溪山行旅》中的飞瀑,也在阴晦空寂的氛围中,失去了如雷的喧嚣。寒江静横,雪空绵延,淡岚轻起,孤舟闲泛,枯树兀自萧森,将人们带入那太古般永恒的宁静中。

由此我们来看青山的二十四况,在很大程度上,几乎是关于禅境的关键词汇集。如静、清、远、澹、恬、逸、雅、古、洁、圆等,我们可以清楚地辨析出道禅哲学的内脉。

如其在《清》况中写道:"试一听之,澄然秋潭,皎然寒月,湉然山涛,幽然谷应,始知弦上有此一种清况,真令人心骨俱冷,体气欲仙矣。"真似太虚片云,寒潭雁迹,悠然清远,微妙玲珑,令人如睹禅家境界。曹洞宗师洞山良价《玄中铭》说:"夜明帘外,古镜徒耀,空王殿中,千光那照。澄源湛水,尚棹孤舟。……碧潭水月,隐隐难沉,青山白云,无根却住,峰峦秀异,鹤不停机,灵木迢然,凤无依倚。"青山之琴韵和佛禅之机微简直如出一辙。

又如《迟》况云："未按弦时，当先肃其气，澄其心，缓其度，远其神，从万籁俱寂中，泠然音生，疏如寥廓，宨若太古，优游弦上，节其气候，候至而下，以叶厥律者，此希声之始作也。或章句舒徐，或缓急相间，或断而复续，或幽而致远，因候制宜，调古声淡，渐入渊源，而心志悠然不已者，此希声之引伸也。复探其迟之趣，乃若山静秋鸣，月高林表，松风远拂，石涧流寒，而日不知晡，夕不觉曙者，此希声之寓境也。"这澄其心，远其神，疏如寥廓，宨若太古，若山静秋鸣，月高林表，松风远拂，石涧流寒的境界，其实，就是禅家的当家境界。盛唐时期的诗僧寒山，笔下的荒山古寺，总有一种悠远阒寂的韵味："山中何太冷，自古非今年，沓嶂恒凝雪，幽林每吐烟"；"一片寒林万事休，更无杂念挂心头"；"下窥千尺崖，上有云旁礴。寒风冷飕飕，身似孤飞鹤"。晚唐诗僧皎然有此诗境，其《西溪独泛》诗云："真性怜高鹤，无名羡野山，径寒丛竹秀，入静片云闲。"比较青山的琴韵和禅家的诗境，有惊人相似之处。

在道禅思想的影响下，《溪山琴况》反映了宋元以来艺术对"士夫气"的追求。古人有所谓士君子不撤琴瑟的说法，弄琴是文人境界的一种体现。徐上瀛这样描绘道："每山居深静，林木扶苏，清风入弦，绝去炎嚣，虚徐其韵，所出皆至音，所得皆真趣，不禁怡然吟赏，喟然云：吾爱此情，不绿不竞；吾爱此味，如雪如冰；吾爱此响，松之风而竹之雨，涧之滴而波之涛也。有寤寐于淡之中而已矣。"（《淡》）

第九章　清代的书法美学

　　清代,是中国历史上最后一个封建王朝,也是继元代之后第二个少数民族统治者建立起来的大一统帝国。清朝政府共经历了 12 位皇帝,统治全国达 268 年之久。在此期间,清朝统治者一方面积极发展经济,促进社会生产,创造了封建社会高度文明的"康乾盛世";另一方面,面对民族矛盾的空前激烈和维护社会秩序的需要,清代统治者对于非君革新思想、反对满人统治的言行进行残酷镇压,其中尤其以康熙、雍正、乾隆三朝严酷的文字狱为盛。除了高压政治和血腥镇压,清代统治者也采取了一系列引诱和笼络汉族知识分子的政策。他们继承了明代的很多政治和社会制度,比如继续推行和沿用科举取士的办法,重视和吸收汉文化,以期获得汉族知识分子的支持。

　　在书法上,不仅清代多位皇帝身体力行游艺翰墨,且以之作为科举考试和干禄致仕的重要内容。比如,康熙皇帝酷爱董其昌书法,遂使海内董氏名迹搜罗殆尽,明末以来早已风靡江南的董其昌书风更是得到声名远播。乾隆皇帝宸翰亦精,他命吏部尚书梁诗正、户部尚书蒋溥等人,将内府所藏历代书法作品,择其精要,镌刻成《三希堂石渠宝笈法帖》。而其时承平日久,董之纤弱遂不厌人之望,加之乾隆帝雅好丰满圆润之赵孟頫,于是香光告退,子昂代起,赵书亦大为世贵。近三百年的书法史,有人曾将其分为三期,即学董、学赵以及碑学时期。然而,董赵虽有不同,皆在帖学范围之内,所以,近人马宗霍将清代书法分为两期,即嘉道以前为帖学期,其后为碑学期(《书林藻鉴》卷十二),允为的论。从总体上看,清代前期和后期的书法发展,呈现出完全不同的面貌,书法美学观念也有着显著的差异。

清代前期,由于帝王的好恶深刻影响着士子们的审美取向,于是在康熙一朝就出现了很多专学"董书"的书法家,有沈荃、笪重光、姜宸英、查昇等。到了乾隆一朝,又出现了很多追随弘历学习赵字的书法家,有张照、汪由敦、刘墉、成亲王永瑆等。同时,由于科举考试的影响,康乾时期,馆阁体盛行,使得士子书法面貌趋于工整匀称和妩媚纤弱,书法渐渐失去了旺盛蓬勃的艺术生命力,蜕化为一种雷同僵死的程式化书写。谨守帖学传统的软媚甜俗的书法观念仍然是深入人心。清代前期,无论是追慕董、赵,还是师法二王米芾,谨守帖学传统的主流书家依然支配着整个书坛的发展。

在清代前期帖学一统天下的时代背景之中,一些有着鲜明个性和挺立人格的书法家,对主流书法审美观念发起挑战。在清代初期,能迥异于时风流俗之外,最为引人注目的书法美学思想,是傅山提出的"四宁四毋"论,这对于当时以董赵书风为主流的书坛,无疑是当头棒喝,振聋发聩,让人耳目一新。作为非主流的书法家,傅山的书法审美观念带有强烈的反叛色彩,这其中当然有他深沉的政治映射和人格寄托,更主要的是基于对当时书坛流弊的深刻反思。只不过,由于董赵帖学和馆阁体在清代前期占据压倒性的优势,所以,傅山在书法审美观念上的变革,并没有获得来自士人阶层的整体性支持。但是,他所吹响的审美号角,强有力地冲击着积弊日深、已成强弩之末的帖学传统,并为清代中后期逐步崛起的碑学的发展作了书法美学理论上的先导。

乾嘉以后,作为考据学的重要内容之一,金石学成就斐然。学者们经常诗文往来,或聚在一起探讨学问、研读金石文字,而他们日益频繁的访碑活动,更是助推了书法美学观念的变革,成为书法由帖学向碑学转掖的关键。完全出于书法目的,加入金石学家访求碑刻活动中的重要人物,要算清代初期的郑簠。而在搜访金石碑版的书法家中,乾隆年间的黄易也是最为活跃的人物之一。在访碑的过程中,他们对碑刻文字进行摹拓,这也是这些访碑者的共同特点,所以,摹拓的方法自然受到学者们的重视。当金石学研究者投身于访碑摹拓的亲身实践时,他们很自然地对碑刻文字的书法产生了浓厚的兴趣。金石研究的深入和访碑活动的广泛展开,启发了书法家的思路。这主要体现在两个方面,一是对金石碑刻中古文字的认识,二是对金石碑刻文字书法风格的认可与借鉴,并促成了清代后期尊碑风气的形成。清代后期最重要的书法美学成果,皆是由对碑派书法的思考而发。比如,阮元的《南北书派论》和《北碑南帖论》、包世臣的《艺舟双楫》和康有为的《广艺舟双楫》,皆为碑派书法美学的宏著。而作为一部宏观总结性的著作,刘熙载的《艺概·书概》对中国书法"意象"美学的论述,将由汉末魏晋开启、南北朝铺陈开来,到唐代渐趋成熟的书法"意象"美学推到了一个新的高峰,并作出了系统总结,堪称中国书法美学理论之殿军(刘熙载书法美学思想在下一章讨论)。

第一节　董赵观念:清代前期帖派书法美学

满人以游牧征伐为业,子弟所习皆骑射之术,故能于马上得天下。但在入主中原之后,他们深深意识到,若仅靠弓马兵戎,而不识翰墨文章,绝非长生久视之道。尽管天下在握,他们却深知不能以边满习俗强制中土,亦不能以刀兵之力久服人心,所以,清代统治者不仅没有毁抑以汉文化为主的中土文明,反而亲炙躬行,很快接受了汉文化的传统。因为要接纳汉文化、学习汉文化,首当其冲需要从认汉字、写汉字入手,于是他们自然而然地接受了汉字书法艺术教育。在不断受到汉文化环境陶染的过程中,他们逐渐对汉字书法发生了愈益浓厚的兴趣。清代帝王多以书法为宫廷内一大雅事,并率先垂范,点染翰墨,刻帖赐臣,一时风气大盛。顺治皇帝是第一位自觉接受汉文化的清代帝王,他对书法虽涉猎未深,却举手不凡。从紫禁城乾清宫现存的顺治手迹"正大光明"匾额来看,史载其"能濡毫作擘窠大字"并非虚美之词。

在入关之后统治全国的 268 年中,清廷的十位帝王都视汉字书法为一种基本爱好,尤其以康熙、乾隆精于书艺。他们的垂范,对当时学人士子书法审美观念的形成,产生了重要的影响。清圣祖康熙皇帝是一位英主,一生政绩斐然。曾国藩曾说:"六祖一宗,集大成于康熙。雍、乾以降,英贤辈出,皆沐圣祖之教。"康熙对董其昌的书法情有独钟,他在《跋董其昌墨迹》中说:"华亭董其昌书法天姿迥异,其高秀圆润之致,流行于楮墨间,非诸家所能及也……朕甚赏心。其用墨之妙,浓淡相间,更为复绝,临摹最多。"①从康熙传世书迹来看,素绢本《驾幸太学赋》、《滕王阁序》,素绢乌丝栏《五柳先生传》、《乐志论》、素笺本临董书《兰亭帖》,素绫本《老人星赋》等,均是他临董之佳作。即便他在出巡途中也不忘临习董书,《舞鹤赋》和《麒麟赋》就是他在南巡舟中所书。

康熙之所以喜欢董其昌书法,与沈荃等人的指导有直接关系。沈荃(1624—1684),字贞蕤,号绎堂、充斋,江苏华亭(今上海)人。作为明代著名书法家沈粲的后人,沈荃的书法可谓家学渊源有自。同时,作为董其昌的同乡,其书风自然受到乡贤前辈的濡染,这一点,与其同时的论书者已多有指明。沈荃书风秀美精致,用笔轻盈飘逸,结体优雅匀称,他因善书被召入翰林,并受到康熙皇帝的重用和青睐。康熙帝时,曾设置"南书房"(康熙读书的地方),拣择翰林词臣中品才兼优者,集中于此。以书法著称的沈荃、沈宗敬父子、高士奇、查昇、陈邦彦、励杜纳、陈之龙、何焯、蒋廷锡等人都先后入选南书房,备受康熙宠信。沈荃作为康熙的书法老师,自然名动天下。实际上,沈荃在生前所获得的荣耀和殊荣,远远超过了董其昌和赵孟頫。由此可见,康熙年间董其昌书风之所以受到推崇,实际上源于沈荃向康熙圣祖的灌输。清代书法家梁巘在归纳董其昌书风在明清之际的延续时,曾将沈荃列为关键环节,这是颇有见地的。

---

① 孙岳颁等编:《佩文斋书画谱》卷六七。

所以,刘恒说:"沈荃的价值在于,他把董其昌的风格和技法忠实完整地传入清朝,并利用自己的声誉和影响力,使董书征服了刚刚熟悉汉文化的满族统治者。"①

由于康熙的喜爱和推崇,清朝前期书法的风气遂笼罩于董其昌的影响之下。一时间内府广为搜罗,董氏字画身价百倍。帝王的喜好势必会影响到臣下,清朝阅卷官员把书法好坏作为科举考试的一项重要标准以决定取舍,而好坏的标准也往往以皇帝的好恶为准绳。在科举考试中,书法依傍董其昌者,被录取的机会较大,仕途的际遇也会更加顺畅。尤其是由皇帝主持的殿试,能写得一手令皇帝喜欢或感觉熟悉的字体,一定会占有优势。实际上,在清代前期书坛享有盛名者,基本上都是属于来自江浙一带、书风接近董其昌的书家。另外,作为康熙第四子的雍正皇帝,以思想钳制和文字狱严苛而著称,风流文采不及其父康熙,也不及其子乾隆,但从现存素绢本临董其昌书写的《登楼赋》、素笺本《骈字类编序》、《音韵阐微序》等作品来看,仍然是董氏一脉书风。

受康熙皇帝爱好董其昌书法的影响,一时间,学习董其昌的书法名家辈出。孙岳颁(1639—1708)的书法紧紧追随董其昌,用笔圆转流丽,结字空灵秀逸,章法疏朗萧散,甚至字字牵连映带,都亦步亦趋。所以,在沈荃于康熙二十三年(1684)去世后,孙岳颁很快取代了沈荃在康熙心目中的位置。他以出神入化般的学董功夫赢得了康熙的信任和器重,不仅每逢有御制碑文,多命孙岳颁挥毫书写,而且担任了规模浩大的古代书画家理论丛书《佩文斋书画谱》的总裁官。这部共一百卷的百科全书式的书画文献资料丛书,是一部奉旨编纂的官书(康熙书斋"佩文斋"),历时三年完成(康熙四十四年至康熙四十六年),体例完备,引据详赅,义例精审,分类科学,可称自有书画谱以来最完备之作。此外,还有笪重光(1623—1692)、姜宸英(1628—1699)、高士奇(1645—1704)、王鸿绪(1645—1723)、陈奕禧(1648—1709)、查昇(1650—1707)、汪士鋐

---

① 刘恒:《中国书法史·清代卷》,第52页,南京:江苏教育出版社,1999年。

（1658—1723）、何焯（1661—1722）、陈邦彦（1678—1752）、张照（1691—1745），皆为一时学董之名手。

总体上看，康熙一朝（1662—1722）的书法风气，基本上笼罩在董其昌书风之下，尤其在以董其昌的家乡上海松江华亭为中心的江浙一带尤为普遍。江浙地区的崇董之风，也使得清代前期书法的重心集中在江浙一带，盖因文化风气深厚，人文荟萃使然。不过，举世学董，必然造成整体上书风的单调与贫乏。所以，就在董其昌书风盛行的康熙年间，已有一些书家认识到董书的靡弱和学董的单一，对董其昌的风格以及举世崇董的现状不无微词："华亭书法轻薄，摹仿顿失古意。"（姜宸英《湛园书论》）"华亭每不满于赵吴兴，訾之曰'重俗'；余亦不满华亭，尝摘其败处，不免残懦不振之病也。"（陈奕禧《绿荫亭集》）"宋仲温、祝希哲自在董思白上，文待诏、丰考功、王孟津虽天资少逊，而学力皆过之，何以董思白贵至数十倍，真不可解也。"（杨宾《大瓢偶笔·偶笔识余》）"自思白以至于今，又成一种董家恶习矣。"（王澍《论书剩语》）他们也曾试图寻求新途，但基本是沿着董氏书风向上溯源至宋代米芾。所以，清代前期很多书家在学习董其昌的同时，取法米芾的情况也比较普遍，笪重光、陈奕禧、汪士鋐、杨宾以及王澍等都曾在学米上下过功夫。只不过囿于时代风气笼罩和视域的局限，终究不能取得彻底超越董书藩篱的突破。

清代帝王中，另一个允称儒雅风流的天子则是乾隆帝。他在位 60 年，在清代文化史上占据重要地位，他开博学鸿词科，访求典籍，完成了《明史》、《续文献通考》、《皇朝文献通考》等书籍的编纂，汇集内廷秘笈编成《天禄琳琅》，还汇刻了石经《十三经》。在乾隆三十八年（1773）又开四库全书馆，花十年时间编成了《四库全书》，并且汇刻了《三希堂法帖》，其文化建树之巨，为历代帝王所罕见。乾隆皇帝酷爱风雅，每到一处，必作诗纪胜、御书刻石，唯其书不仿董而仿赵（孟頫）。康有为在《广艺舟双楫·体变第四》中说："国朝书法凡有四变：康、雍之世，专访香光；乾隆之代，竞讲子昂；率更贵盛于嘉、道之间；北碑萌芽于咸、同之际。"可见，在康熙一朝，书法风貌基本上以摹拟效仿董其昌为主，而乾隆一朝，书法风貌则转为崇尚赵孟頫为主，所以上行下效，一时成为风尚。乾隆本人的书法，点画婉转流畅，结体圆润均匀，但缺少变化和韵味。

在乾隆皇帝的影响下，"于是香光告退，子昂代起，赵书又大为世贵。"（马宗霍《书林藻鉴》卷一二）赵字的风行，对清代中期的书风，尤其是科举考试和朝臣奏折中所使用的"馆阁体"书法的形成起到了推波助澜的作用。书法不合乎"馆阁体"的"黑、大、圆、光"的标准，审美上不追求中正平和、温柔敦厚的趣味，一般难登高第。乾隆年间有布衣蒋衡，精于小楷，字体端严，他花了十二年时间写定《十三经》全文，献于朝廷。乾隆皇帝嘉其诚，褒其书，将其书作刻于石上，立于国子监，以垂范诸生及天下士子，于是天下以科举求名者莫不望风而向之。与科举考试十分程式化的八股文、试帖诗一样，评定书法的好坏更多侧重于规范和秩序。要想从童子试一路过关斩将到殿试，一手工整精到的小楷是必备的基本功。在乾隆影响下，乾隆、嘉庆时期，清代的帖学书法发展到了高峰，涌现出了刘墉（1719—1804）、王文治（1730—1802）、翁方纲（1733—1818）、梁同书（1723—1815）、成亲王（永瑆）、铁保等代表人物。虽然他们的书风各异，但是在他们的书法审美观念中，特别注重晋人萧散飘逸的风韵，推举宋元以来行草书的自然流放，其中特别推重赵、董二家书法。

康乾之际，康熙爱董，乾隆爱赵，董赵书风笼罩清代前期书坛。康熙、乾隆对董、赵书法的推重，与在意识形态领域对程、朱理学的推重颇有相似之处。在思想领域，程朱理学被定为官学，由于它能维护纲常，束缚人心。康熙最早研读儒家经典，极为推崇程朱理学，称朱熹的学说是"集大成而继千百年传绝之学，开愚蒙而立亿万世一定之规"。由于程朱理学符合君主专制统治的政治、伦理、道德要求，经康熙帝的推崇，程朱理学成为清代专制统治的理论基础。康熙、乾隆在诸艺之中尤好书法，他们对书法艺术的理解自然更多地从政治教化的需要出发，强调书以载道、书之为用，把书法看作是政治教化的工具和附庸，在审美上自然追求平和中正、温柔敦厚的书风。书法上，他们宗法董、赵、二王一系中平淡柔媚的风格，强调平稳和润。有一次，乾隆下江南时，有人向他举荐一位碑书大家,乾隆帝评此人曰:"只可在山林,不可入庙堂。"由此可见他对书法的选择偏好和示范导向作用。

总之,在清代前期,书法创作领域的主导倾向是帖学风气,尤其是由帝王推崇下的董、赵书风受到追捧,那种平稳和润、平淡柔媚的特征被强化,这种风气影响了整个清代前期的书法美学观念。加上科举考试的推波助澜,使得这一书风支配了整个士人阶层的书法审美观念。于是,清代前期的一些书法理论家,他们在帖学的大背景下,着意于技法的钻研和学理的探讨,并提出自己独特的审美范畴,有些著作立意精谨,"其论书深入三昧处,直与孙虔礼先后并传"(清王文治语),备受后代推崇。清初书家极重书法的技巧,归纳起来无非是用笔和布置(结构)两端。冯班从用笔和布置入手来分析书法的特征,认为用笔千古不易,而布置因时不同,他以"用理"、"用法"、"用意"等书法来分析晋、唐、宋等时代书法结体布局的特征,颇能切中肯綮。宋曹提出了"布置"和"神采"的问题,并将二者归结为运笔和运心,建立起了自己的书法美学理论。笪重光的《书筏》更是着意从用笔和布白两个方面来论述书法成功的关键,指出"精美出于挥毫,巧妙在于布白",并以此为度人之金针。清初书法家学习前人,但也不愿囿于古人之成法,而要在学古中遗貌取神,他们在对古人精神的探求中,提出了一些自己体会深刻的审美范畴。比如,姜宸英对于"神明"的认识,表现在他对于魏晋书法的推重,而魏晋书法之所以高出后人,就是因为它们体现了当时书家萧散淡泊的怀抱和神明变幻莫测的艺术趣味。程瑶田关于阴阳虚实的理论,是从对天道的认识出发来解释书法创作的技巧问题,反映了清人对于书法技巧和学理探讨的深入。

第二节 宁拙毋巧:傅山的书法美学

傅山(1607—1684)初名鼎臣,后改为山;原字青竹,后改青主。傅山在明代生活了 38 年,在清代生活了 40 年。明亡后,他因从事秘密反清活动而被捕入狱,严讯拷掠,抗辞不屈,绝食九日,抱定必死的决心。后经友人多方营救以及朝中官员龚鼎孳等人为之谋划才得以开拓生还。晚年,他退隐山林,潜心学术研究和书画创作,20年不见生客,只与顾炎武、屈大均等一大批在野文人交往。他一生中所表现的倔傲个性和铮铮气节,在明清之际的知识分子中是十分突出的。

傅氏家族世代书香,傅山早年是从晋唐楷书入手,其所受到的书法训练是以传统帖学谱系的经典为范本,并未涉足汉魏碑刻。这种由晋唐楷书入手的学书道路,是儿童启蒙时期的通常方法,当然这也与科举考试重视小楷的风气有关。尽管傅山在1640年以前的书法作品没有一件存世,但是从这段傅山本人的自述我们可以看到,他的性格刚烈倔强决定了他不是一个谨守成法、亦步亦趋之人,自然他所临摹的古代经典多不能得似。

正如傅山在政治上的忠义倔傲一样,他在书法艺术上表现出率真的个性。他在书法批评史上最大的贡献,就在于提出了"四宁四毋"的审美批评原则:"宁拙毋巧,宁丑毋媚,宁支离毋轻滑,宁直率毋安排。"他强调,作书宁可追求古拙而不能追求华巧,要追求一种大巧若拙、含而不露的艺术境界;宁可写得丑一些,甚或乱头粗服,也不能有取悦于人、奴颜婢膝之态,要寻求内在精神独立的美;宁可追求松散参差、崩崖老树的自然潇疏之趣,也不能有轻佻浮滑、品性轻浮之相;宁可信笔直书、无所顾虑,也不要有描眉画鬓,装饰点缀,搔首弄姿,刻意做作之嫌。

明代后期,孔孟儒学和程朱理学受到冲击,以启蒙思想家李贽为代表的新思想和新的美学观念开始崛起。他们以挑战的姿态,把一腔挣脱封建礼教束缚的情感发泄出来。傅山继承了这些思想家的精神,同时把这种情感转化为一股强烈反抗民族压迫的抑郁不平和愤懑之情。尤其是,他把被誉为"八法之散圣,字林之侠客"的徐渭的那种桀骜不驯的艺术精神,熔铸于书法审美批评标准之中。

傅山的"四宁四毋"论在当时可谓是惊世骇俗,吹响了当时书法批评最嘹亮的号角。只不过,在美学思想和审美观念上并非首创。早在宋代陈师道,在诗论中就说过类似的话:"宁拙毋巧,宁朴毋华,宁粗毋弱,宁僻毋俗。"(陈师道《后山诗话》)傅山是把陈师道的"四宁四毋"诗论批评化用到书法批评之中,目的正是对明末以来追求奇巧猗靡书风的矫正,也是对明末董其昌书法审美观念的批评,以及对在清初书坛占压倒性优势的董氏书风的有力针砭。董其昌论书追求"巧",反对"拙",他曾说:"字须奇宕潇洒,时出新致,以奇为正。"又说:"书道只在巧妙二字,拙则直率而无化境矣。"(《画禅室随笔》)傅山则针锋相对地指出:"写字无奇巧,只有正拙,正极奇生,归于大巧若拙已矣。"(《霜红龛集》卷二五《家训·字训》)傅山所说的"拙",并非"笨拙",而是"大巧若拙",主要是追求朴素自然,反对矫揉造作的书风。他在《拙庵小记》中有一段话,专论"拙"字:"雪峰和尚凡作诗辄自署曰拙庵,白居实先生曰:庵旧名藏拙,拙不必藏也,拙不必藏,亦不必见。杜工部曰:'用拙存吾道。'内有所守而后外有所用,皆无心者也。藏与见皆有心者也,有心则貌拙而实巧,巧则多营,多营则虽有所得,而失随之。"傅山所说的"拙",实际就是一种返璞归真,去除机心、机巧,以求得自然之境。

　　傅山的"四宁四毋"论,与那种重视和谐、优雅、精致的传统书法美学观念形成了鲜明的对比。傅山将"巧"和"拙"、"丑"和"媚"、"支离"和"轻滑"、"直率"和"安排"完全对立起来,贬斥"巧"、"媚"、"轻滑"、"安排",推崇"拙"、"丑"、"支离"、"直率"。这并不是说傅山只对丑拙支离的东西感兴趣,"宁"(宁愿、宁可)只是一种退而求其次的选择,并不是傅山所追求的最高目标。傅山所追求的理想境界,一言以蔽之,就是"天"。他多次说到书法之"天"的问题,他说:"我辈作字卑陋捏捉,安足语字中之'天'?此'天'不可有意遇之。或大醉之后,无笔无纸无字,当或遇之。"(《杂记》)又说:"汉隶之不可思议处,只在硬拙。初无布置等当之意,凡偏旁左右,宽窄疏密,信手行去,一派天机。"他还说:"吾极知书法佳境,第始欲如此,而不得如此者,心手纸笔主客,互有乖古之故也。期于如此,而能如此者,工也;不期如此,而能如此者,天也。一行有一行之天,一字有一字之天,神至而笔至,天也。笔不至而神至,天也。至与不至,莫非天矣。"傅山一连用了六个"天"字,他所说的字中之"天"、行中之"天"、通篇之"天",都是体会造化、顺乎自然之意,书法就是要得此中"天倪"。傅山希望书法能返璞归真,得乎"天倪"。"天倪"语出《庄子》的"和之以天倪",指事物本来的差别。庄子崇尚不事人工雕琢的天然之美,强调美是自然生命本身合乎规律的运动中所表现出来的自由。傅山的"天倪"之美,一方面强调书法出于自然无为,另一方面强调个体人格的自由实现。后来,清代大画家郑板桥在一封家书中也表达了这种"天"的观念,强调要"各适其天"(《潍县署中与舍弟墨第二书》),就是万物都能够按照它们的自然本性获得生存,人在其中也能获得真正的快乐和最大的美感。

可以说,傅山"四宁四毋"书法美学观念的重要意义,并不在于他提出了一系列崭新的审美范畴,而是在特定的时代环境之下,让人们警惕帖学风气日渐靡弱的趋向,所以具有反思帖学传统和针砭时风、力挽狂澜之意。在清代初期,有气势、有力度的阳刚美学思潮呼之欲出,其代表人物是黄宗羲。黄宗羲在《明儒学案》中说:"逮夫厄运危时,天地闭塞,元气鼓荡而出,拥勇郁遏,垄愤激汗。"傅山受此观念影响,从他不谐流俗的审美要求出发,力求于朴拙刚劲之中追求生命的强度和力度之美,而不斤斤于妩媚软弱之中追求"媚"。他曾说:"腕拙临池不会柔,锋枝秃硬独相求。公权骨力生来足,张绪风流老渐收。饿隶严家却萧散,树枯冬月突颠由。插花舞女当献丑,乞米颜公青许留。"(《索居无笔,偶折柳枝作书,辄成奇字,率意二首,录其一》)由此我们可以看出傅山的审美旨趣,他是主张刚健、反对柔媚的,所以他鄙视熟媚绰约,而提倡与之对立的"丑"的观念。这种论述,针对当时柔媚"奴书"盛行的清初书坛,无疑是一副清醒剂。

总之,傅山提出的"四宁四毋"的书法美学观念,反映了元明清以来逐步形成的两种艺术思潮的对立。一是受长期帖学风气的沾染所形成的以董其昌、赵孟頫为代表的崇尚"媚"和"巧"的思潮,二是自明代以来带有革新性的浪漫书家张弼、陈献章、徐渭等人所推重的"丑"和"拙"的思潮。在这两股思潮中,一直是以赵孟頫、董其昌的书风占据主流地位,书坛长期被"媚"的风气所笼罩。傅山的"四宁四毋"论，正是对暂时处于弱势的、但却是新兴艺术思潮的有力辩护，在清代中期碑学开始全面兴盛之前，为扭转那种媚巧靡弱书风一统天下的局面作出了具有前瞻性的努力。

傅山另一个有价值的书法美学思想，是他关于书法人格美的论述。当时，以傅山为代表的清初明朝遗民，与清朝采取不合作的态度，在诗文中没有丝毫替圣人立言，为统治者出谋献策之意。相反，他自称道士、侨民，在反清复明已无希望的情况下，他期待着世道人心能有所改变，他给自己起了个别号"观化翁"。傅山对清代皇帝不抱任何幻想，他曾说："李白对皇帝只如对常人，做官只如做秀才，才成得狂者。"这对于那些一见皇帝就俯首帖耳的奴才顺民们，无疑是惊世骇俗的训斥和一针见血的讽刺。

由此观念出发，傅山的书法美学带有浓厚的人格论色彩。他在《作字示儿孙》一诗中说："作字先作人，人奇字自古。纲常叛周孔，笔墨不可补。诚悬有至论，笔力不专主。……未习鲁公书，先观鲁公诂。平原气在中，毛颖足吞虏。"处于董赵书风笼罩书坛之际的傅山，书法上也曾学过赵孟頫，而且一学就像，但是傅山心底里鄙视赵孟頫的为人。他说："贫道20岁左右……偶得赵子昂、董香光墨迹，爱其圆转流丽，遂临之，不数过而遂欲乱真。此无他，即如人学正人君子，只觉觚棱难近，降而与匪人游，神情不觉其日亲日密，而无尔我者然也。行大薄其为人，痛恶其书，浅俗如徐偃王之无骨。"（《霜红龛集》卷四）傅山认为，书法的关键不在笔法技巧，而在于人自身的品格修养，一旦大节有亏，笔墨是无法弥补其不足的。他评论前代书法家，最为推重颜真卿的书法，就是因为崇尚颜真卿的高迈气节。他说，只需有颜真卿做平原太守时抵御安禄山叛乱的凛然正气，笔底下自然会有压倒一切，足以吞灭强虏的千钧之力。他否定赵孟頫也是出于对其人格的鄙视，他自己曾倾心赵字，后来幡然改辙，转学颜书，原因就在于赵孟頫人格卑下，其书也甜俗易学，不如颜真卿之气格伟岸，有凛然而不可犯之色，可见，根本问题不在于书法之美恶,而在于人格之高下。

傅山崇尚人格的挺立和傲然骨气,鄙视奴颜婢膝和蝇营狗苟的为人,称之为"无骨虫豸",所以,他极为鄙视和厌恶投降清朝的文人,把他们叫做奴人、奴子、奴才。赵孟頫是南宋宗室后裔却做了元朝的大官,成了投敌卖国、认贼作父的贰臣,这自然受傅山的诟病。赵孟頫的字最大的特点就是甜软俗媚,过于讨人喜欢,而缺乏挺立的个性和人格,所以,傅山说:"予极不喜赵子昂,薄其人遂恶其书。近细视之,亦无可厚非。熟媚绰约,自是贱态;润秀圆转,尚属正脉。盖自《兰亭》内稍变而至此。与时高下,亦由气运,不独文章然也。"(《霜红龛集》卷二二)尽管傅山也承认赵孟頫属于王右军一路,说赵字"润秀圆转,尚属正脉",并且自己也学过赵孟頫的字,但是,另一方面又说赵字"熟媚绰约,自是贱态"。在明亡以后,傅山就再三告诫儿孙不要学赵字。他现身说法,说自己一旦沾染上了赵体,以至于写此诗仍用赵态,目的是"令儿孙辈知之勿复犯"。傅山鄙视没有骨气的人,同时也就鄙视没有骨气的字。这其中赵孟頫是首当其冲,同时也包括董其昌,而实际矛头所指,更是当时为董赵鼓吹的在朝文人,以及当时已经开始盛行的"馆阁体"书风。

傅山不满于董其昌将赵孟頫推尊到"五百年中所无"的崇高地位,并因此对董其昌书法颇有微词。其实这种微词也是基于对董氏为人的轻视,认为他立于庙堂却无所作为,这一点,在傅山《书神宗御书后》一文中可以看得出。傅山说:"凡事上有好之,下有甚焉,当时以书法噪于缙绅者莫过南董(其昌)北米(万钟),董则清媚,米又肥靡,其为颜、柳足以先后书法者无之,所以董谓赵孟頫为五百年来一人。以若见解习气仰视神宗兹制,不逮咫尺,有汗流浃背已耳。"傅山对董其昌书法的訾议,就在于董氏仅得清媚,而没有颜、柳那样的刚劲之气和廊庙之风。傅山还在《家训·字训》中说:"晋自晋,六朝自六朝,唐自唐,宋自宋,元自元。好好笔法,近来被一家写坏,晋不晋,六朝不六朝,唐不唐,宋元不宋元,尚暖暖姝姝,自以为集大成,有眼者一见,便窥见室家之好。"这里所谓的"一家",下面紧接着唐林注曰:"此为董文敏说法。"董其昌书风在明末清初影响极大,好之者以为他圆劲清秀,意韵秀逸,而傅山却讥其书作"暖暖姝姝"。可见,傅山对董书的批评和不满,就在于其柔顺新巧,而格局窘促。

其实,傅山真正所反对的,并不是由二王到赵孟頫以及董其昌的柔美娟秀的帖学书风。因为傅山对于书法的理解,主要是建立在人格的完善之上,一旦这种人格形象的表现需求发展到极端,便超过了书法艺术自身的价值,使得书法变成了书法家人格形象的表露形式。在做人方面,傅山最讨厌的就是"奴气",他认为"不拘甚事,只不要奴。奴了随他巧妙雕钻,为狗为鼠已耳。"(《霜红龛集》卷三八《杂记三》)在书法上亦是如此,傅山说:"字亦何与人事? 政复恐其带奴俗气。若得无奴俗习,乃可与论风期日上耳,不惟字。"(《霜红龛集》卷二五)又《题昌谷堂字》:"作字如作人,亦恶带奴貌。试看鲁公书,心画自孤傲。"关于书法中"奴俗"的问题,早在唐代昭宗时代的僧人释亚栖就曾说:"凡书通即变。若执法不变,纵能入石三分,亦被号为书奴,终非自立之体,是书家之大要。"宋代米芾也说:"古人书各各不同,若一一相似,则奴书也。"黄庭坚诗云:"随人作计终后人,自成一家始逼真。"他们都反对步人后尘,反对与人雷同,反对成为他人的翻版,而迷失了自我的真性情,所以要学而能化,不能泥古而不化。和前代相比,傅山批评书法中的"奴气"更带有强烈的人格论色彩。这种色彩,代表了清初很多遗民书法家的共同书法美学观念。

在书法与人品关系问题上,傅山极为推重柳公权的"心正则笔正"之说,他说:"写字之妙,亦不过一'正',然'正'不是板,不是死,只是古法。"又说:"但能正入,自无卑贱野俗之态。"傅山一再反对"卑贱"和"奴俗",而倡导"心正"和"笔正",在其背后,他的民族意识和明代遗民立场深刻地影响了他对书法风格的选择,可以说,面对清初严峻的政治形势,傅山是努力把不同的文艺手段都当作了政治和意识形态的武器。虽然傅山年轻时很可能就接触过颜真卿的书法,但是真正被颜书吸引,并热忱地推举和追随颜真卿,还是在入清以后他深陷于遗民处境之中。由于颜真卿的忠臣事迹早已深深植根于中国文人的集体记忆之中，这一书法中的人格和政治象征资源，在适当的政治形势之下，就很容易被再度唤醒和激活。对于亡明的忠诚，驱使着傅山去寻找有别于清廷所树立的书法典范，并通过新的艺术典范来宣扬艺术家身上的忠臣品格，从而激励自己恪守遗民的政治立场。

傅山把"作字"与"作人"结合在一起，把书品和人品、艺术标准和道德标准捆绑在一起，是他的政治观念在书法领域的映射，也是对传统的"书如其人"和以人论书观念的继承。郭尚先在《芳坚馆题跋》中说："（傅山）先生学问志节，为国初第一流人物。"从人品和气节方面，傅山无疑是第一流的有品有味有性格的人物。傅山的人品书品论，继承了从汉代杨雄"书为心画"①开始，一直延续到唐代柳公权、宋代欧阳修、苏轼、元代郑杓、郝经，以及明代项穆等人的书法人格批评论。书法不过一技，在儒家的思想观念中，书法只是载道的工具，书法的修为必须把人品放在第一位，把人格修养视为立艺之本。只有树立起光明正大的人格，才能担当起以艺弘道的大任。这样，作为一种个体化的书法创作活动，就被赋予了社会的意义。这一传统所强调的是，书法艺术必须是由人的整体生命所发出的，其中包括人的道德生命。当书法和人格实现了统一，书法家就必须通过提高一个人的整体存在来提高创作的能力。这其中既有性情的作用，也有道德和人格的作用。要创造出第一流的书法艺术，就必须先成就第一流的人格。只要我们承认书法和人格之间有不可分割的关系，那么，由提高人格来提高书法作品的功夫，就必然是中国每一个伟大书法家最根本的功夫。

---

① 扬雄所说的"书"，不是指书法，而是相对于书面记载的言辞（即"言"）而言的文字组合的意义，或者说指文章著作。尽管如此，"书为心画"的提出，却暗合了书法家个人人格和书法风格之间的关系，所以，他的说法实际成为后来书论中"书品"与"人品"关系之滥觞。后世书家引用这句格言时，总是引申为"书法"、"书写"之意。

第三节　清代金石学视野下的书法审美观念

作为乾嘉考据学的重要内容之一,清代金石学成就斐然,在中国金石学史上占据重要地位。中国古代金石学肇始于汉,魏晋至唐逐渐演进,到两宋臻于极盛而中衰于元明,到清代时又高潮复起,遂成显学,有迈宋之绩。在整个中国金石学史上,宋清二代,双峰屹立,宋代有开创之功,清代有集大成之果。乾隆以前,金石学研究尚不甚发达;乾隆以后,是金石学的鼎盛时期。容媛《金石书录目》收现存金石书自宋代至乾隆以前700余年间仅限67种,而乾隆以后的金石著作多达906种。清代金石学者精于鉴别,考证严谨,研究范围更广泛,收集资料更丰富,考释文字的水平也大为提高,尤其对石刻材料的整理汇集工作开展得普遍而深入,成就斐然。

作为一门独立性很强的学科,金石学有它自身的研究方法、研究内容、研究目的。金石研究通过文字演变发展、金石形制介绍、时代真伪鉴定等,实现证经和补史的目的。同时,由于金石学所面对的主要是金石文字,金石学研究的很多观念也直接影响到书法界。比如,对金石铭刻文字书法艺术风格的品评赏析、它们之间历史演进的脉络以及不同铭刻文字书写者的风格继承关系等等,这些观念,逐渐引发了书法界对于书法史和书法审美批评观念的深刻变革,直接导致了清代后期碑学批评观念的确立和碑派书风的形成。熊秉明认为:

> 乾嘉间,金石学、考据学大兴,钟鼎碑版在知识分子间激发起来的,不仅是考古兴趣,也有造形艺术的兴趣。而在这种造形兴趣下还有民族意识的萌动。已达一百年的清朝恐怖统治,迫使文人走入考据训诂之学,但反抗的心并不因此绝灭,在钻到古代金石训诂的牛角尖的同时,他们发现了古朴、遒健的艺术形象。这些祖先遗留下来的痕迹含藏着壮苗悍强的生命,成为被压制的民族自尊心的最好支持者。这些雄强有力的形象睁开他们的眼睛,打动他们的心

弦,给予了他们一个新的美的标准,有深远的道德意义的标准,于是碑派书法蓬蓬勃勃地发展起来。①

由此可见,清代中后期碑派书法美学观念的形成,与乾嘉时期金石学发展以及访碑活动有着紧密的关联。从清代学者对碑刻的兴趣,以及当时的访碑风气,我们可以获得书法由帖学向碑学转捩的关键。

清代学者出于对晚明王学"束书不观,游谈无根"风气的厌恶,在学术研究方法中特别强调亲证的态度。他们认为,不亲见碑刻,所载不足为贵。顾炎武在数十年中寻访碑刻,从山东到陕西,艰辛跋涉,非常辛苦。不过,在顾炎武访碑题跋中,谈碑刻文字书法风格的,还不多见。这主要是因为顾炎武作为史学家和思想家,访碑的目的主要在考证史实。清初另外一个重要的史学家朱彝尊,也热衷于寻访前代刻石文字以考证经史,他足迹所至,只要于荒山穷谷中发现残碑断碣,必然要抚摩原石,椎拓一过。傅山曾于1671年携孙子傅莲苏造访泰山和孔子故里曲阜,他登泰山、谒孔府、孔林之后,写下了《莲苏从登岱岳谒圣林归信手写此教之》一诗记述这次难忘的远行,诗的前半部分讲的是泰山,后半部分则描述傅氏祖孙二人在曲阜访碑的经历。在曲阜,傅山祖孙还看到了西汉五凤二年所立的《五凤二年刻石》,因年代久远而剥蚀严重的《五凤二年刻石》碑刻文字中漫漶的金石趣味,勾起了傅山的怀古之思。

不过,完全出于书法目的,加入金石学家访求碑刻活动中的重要人物,要算清代初期的郑簠。由于从先秦到隋唐政治文化中心多在北方,因而北方留存着更多的碑刻文字,所以清代初期学者访碑的重点是在北方,尤其以山东为最。此外,郑簠还时常在江南地区与朋友一起搜求古代碑刻,比如三国时吴国的《天发神谶碑》就曾在南京掀起一股寻访研究的热潮,参与者有郑簠、朱彝尊、周在浚、王概等人。

在搜访金石碑版的书法家中,乾隆年间的黄易是最为活跃的人物之一。黄易(1744—1802)以篆刻著称,为"西泠八家"之一,他访碑的痴举

---

① 熊秉明:《中国书法理论体系》,第130—135页,天津教育出版社,2002年。

早为世人昭知。他所至山岩幽绝处,皆穷搜摹拓,故多前人所未著录,"凡嘉祥、金乡、鱼台间汉碑,(黄)易悉搜而出之,而《武氏祠堂画像》尤多,所见汉《石经》及范式《三公山》诸碑,皆双钩以行于世。"(震钧《国朝书人辑略》)近人马宗霍《书林纪事》称(黄)易嗜金石,寝食依之,在济宁升起《郑季宣全碑》,于曲阜得嘉平二年残碑,于嘉祥之紫云山得《武班碑》。黄易自己曾在《岱岳访碑图册》画中用墨笔勾画了在山东泰山等处访拓碑刻时所见实景,最后有记云:

> 嘉庆二年(1797)正月七日,余携女夫李此山游岱,自邹、鲁达泰郡,淑气虽舒,盘道犹雪,不及登山,遂至历下,与江柜香遍览诸胜。二月至泰山,登绝顶,遍拓碑刻,凤愿始偿。遇胜地自留粉本,成图二十有四,并记所得金石,以志古缘。①

黄易所到之处,披荆斩棘,每于荒山野岭多所收获,更加以著录和摹拓,使得一些罕为人知的古代优秀碑刻得以面世。他在山东为官期间,访得邹县《四山摩崖石经》。此外,他访得的著名石刻文字还有《魏灵藏造像记》、《杨大眼造像记》等魏碑佳作。

在访碑的过程中,对碑刻文字进行摹拓,是这些访碑者的共同特点,所以,摹拓的方法自然受到他们的重视。陈介祺《传古别录》从四个方面详细介绍了摹拓的具体方法:一为拓字之法,二为拓字之目,三为拓字损器之弊,四为剔字之弊。书中所论,其用刷、选纸、施墨、去锈诸法,直捣、重按、易磨、刀剔诸弊,无一语不是从体验中来,而拓包、上墨之法,实传古之秘诀。书中还讲到,拓墨须手指不动而运用腕力,乃使心动,而腕仍不动,不过其力,或轻或重,或抑或扬,一到字边,包即腾起,如拍如揭,以腕起落,而纸有声,乃为得法,大有庖丁解牛,神乎其技之感。拓墨之法

---

① 徐邦达编:《中国绘画史图录》,上海人民美术出版社 1981 年版,第 883 页。又,李遇孙《金石学录》中也有关于黄易访碑的记载:"黄易嗜奇好古,每游一处,必访求古碑之存亡。于济邑州学,扶升《郑固碑》,得拓其全石。复于嘉祥县南之紫云山,得敦煌长史《武班碑》及《武氏石阙铭》……襄其事者,为州人李东琪、洪洞李克正、南明高正炎,实同着搜碑之劳云。"见台湾商务印书馆,1956 年初版,第 43 页。

理论著作的出现，不仅标志着摹拓技法上的日趋完善，也显示了观念上的自觉与成熟。

当金石学研究者投身于访碑摹拓的亲身实践时，他们很自然地对碑刻文字的书法产生了浓厚的兴趣。金石研究的深入和访碑活动的广泛展开，启发了书法家的思路。这主要体现在两个方面，一是对金石碑刻中古文字的认识，二是对金石碑刻文字书法风格的认可与借鉴，并促成了清代后期尊碑风气的形成。随着金石学对书法界的渗透和书法界对金石学的普遍关注，越来越多的书法家开始以金石碑版文字作为学习书法的取法对象和师法源泉，并逐渐形成一股潮流，开始向曾风靡书坛的董、赵帖学书风发起了挑战。

金石学的兴盛和访碑活动的开展，使得清代书法家有更多的机会，接触到前朝金石碑版文字。尽管学者们到处寻访碑刻，但一个人的足迹毕竟有限，而且有时由于种种原因无法椎拓碑石。为了看到更多的碑石拓本，金石学者之间经常互相交换或馈赠碑拓。在频繁的金石交往活动中，他们共同讨论古文字，审定金石碑刻拓片，并开始利用金石碑刻作为书法学习的取法对象，逐步在帖学牢笼之外寻得新书法创作天地。

最先被关注到的碑刻文字是汉碑隶书。早在明末清初董其昌书风流行海内之际，已有一些书法家把目光投向了汉代碑刻，并致力于隶书创作。明末一些金石家对汉碑隶书的书法风格予以更多的关注。安世凤在《墨林快事》中评《乙瑛碑》为"方正"、"质朴"，又说："此为学书人第一宗祖"，可见推崇之至。赵崡在《石墨镌华》中也评《乙瑛碑》曰："其叙事简古，隶法遒逸，令人想见汉人风采，政不必附会元常也。"从明末清初金石著作中对汉碑的这些审美评价来看，实际已预示了书风变化的某种潜在可能。

与此同时，一些人开始致力于隶书创作实践。真正直接开辟取法汉碑风气的，是清初的郑簠（1622—1693）。他曾倾尽家资，竭力搜访碑刻，坚持学习汉碑三十余年，遍摹汉、唐碑碣。和王时敏相比，郑簠的隶书逐渐克服了唐隶用笔平直古板、结体整齐划一对元明书家的束缚，在借鉴汉代隶书中显得稍有古意。用他自己的话说，就是"始知朴而自古，拙而自奇"，"自得真古拙、趄奇怪之妙"（张在辛《隶法琐言》），他所追求的朴拙、古拙、高古浑穆之气，恰恰成为乾嘉以后碑派书法所追求的最重要的审美趣味之一。

顾炎武在《日知录之余》卷一中专论书法，其中大部分是考论隶书的。他在引用前人大量文献资料来辨析隶书与八分之名之后，驳斥了欧阳修《集古录》误以八分为隶书，辨明了唐以前所谓的隶书即指正书。朱彝尊（1629—1709）学书，亦与他喜好搜集金石碑刻有关。尽管他搜访金石原本是为了作为证经补史的资料，但是浸淫熏陶日久，自然受其影响，濡毫染翰之际，受到汉代隶书风格的沾溉。他还对汉隶的审美风格作了分类：

> 汉隶凡三种，一种方整，《鸿都石经》、《尹宙》、《鲁峻》、《武荣》、《整固》、《衡方》、《刘熊》、《白石神君》诸碑是已；一种流丽，《韩勑》、《曹全》、《史晨》、《乙瑛》、《张表》、《张迁》、《孔彪》、《孔伷》诸碑是已；一种奇古，《夏承》、《戚伯著》诸碑是已。惟《延熙华山碑》，正变乖合，靡所不有，兼三者之长，当为汉隶第一品。（朱彝尊《曝书亭集》卷四七《跋汉华山碑》）

尽管对于《张迁碑》是否"流丽"，《华山碑》是否为"汉隶第一"，后世书法家有不同看法，但是朱彝尊有意识地整理鉴赏汉隶碑刻的审美感受并进行风格上的划分，也反映出清初一批金石学书法家在研究汉隶程度上的深入。由此，朱彝尊和郑簠就被钱泳视为清初隶书复兴的代表人物："国初有郑谷口（簠）始学汉碑，再从朱竹垞辈讨论之，而汉隶之学复兴。"（《履园丛话》）可以说，清初以傅山、朱彝尊、郑簠、王宏撰等人为代表的一批学者对汉碑的重视，以及身体力行地实践，吹响了汉隶复兴的号角，标志着书法审美风气逐渐开始发生重大的转变，并且为后来碑派书法美学观念的建立奠定了基础。

和隶书相比，篆书在清代初期并没有受到特别多的关注。主要是因为清代金石学者真正广泛研究金石古文奇字,是在乾嘉以后。清代中期以后,篆书日渐受到金石学者和书法家的关注,并一直延续到晚清。清代中后期金石家中写篆书者有两类,一类主要师法斯、冰之小篆,如孙星衍、钱泳、翟云升、杨沂孙、王澍、钱坫、钱大昕、吴大澂、杨守敬、汪照、朱文震、蒋和、陆增祥等。他们主要继承唐人篆法,实际也与宋人篆书一脉相承,都是线条匀洁、结字工整端严,有严谨规范之格,缺乏古厚变化之态。另一类则是取法《石鼓》或钟鼎金文。杨守敬《学书迩言》称杨沂孙"学《石鼓》文,取法甚高,自信为历劫不磨,款题未能相称"。吴大澂(1835—1902)早年工小篆,中年后参以钟鼎文,书法益进,为世所重。而学《石鼓》成就最大的则是吴昌硕(1844—1927),他一生致力于《石鼓》,又参以草法,所以其篆书凝练遒劲,气度恢弘,能自出新意。李瑞清(1867—1920)也工于大篆,他尝自论曰:"余幼习训诂,钻研六书,考览鼎彝,喜其瑰玮,遂习大篆。"《石鼓》文被康有为称为"中国第一古物"、"书家第一法则"。虽然不少字迹漫灭,但其遒厚的线条、参差多变的结体以及高古的格调远超李阳冰工板小篆,而钟鼎金文不仅种类繁多,风格各异,而且气势宏大,有泱泱周主之风烈。清代金石书家注意到了这种独特的美,并付诸实践,为书坛注入了新风,这使得清代后期书坛面貌异彩纷呈。

尽管清代前期金石学家已经有对于篆隶书法的自觉追求,但是这并没有根本扭转帖学一统天下的局面。而真正狭义上的碑学(指魏碑)兴起,主要是在清代中后期。所以,在清代碑学批评观念兴起的过程中,有一个先汉碑、后魏碑的过程。总体而言,在乾嘉以前,金石家对北碑的关注不如对汉碑的关注,北碑真正广受瞩目是在乾嘉以后。康有为说"北碑萌芽于咸、同之际",事实上,北碑的萌芽或许还略早些。在陈奕禧、何焯、王澍、蒋骥、蒋衡、翁方纲、钱泳等人的书法批评中,他们或指出篆籀钟鼎文字乃中国书法之本,或肯定汉隶那种古朴天然的审美趣味,或指出六朝碑刻的艺术价值,或评论唐代各碑刻之短长。尤其是陈奕禧、何焯对北朝魏碑书法的重视,以及指出其书风古朴浑厚的特点,这就使人们在二王之外发现了另一条书法发展的脉络,并启发了晚清时期的南北书派论。

陈奕禧(1648—1709)在《隐绿轩题识》中较早指出了北朝魏碑书法的特殊地位。他对北方铭石奇崛古怪的拙厚之气颇为倾心。他从东晋书风和中原古法的比较中,指出了东晋以后南北书风的不同,实际上已开启了后来阮元南北书派论之端倪。尤其是,他注意到北朝古法的历史地位,以及对北朝书家的推重,对清代后期碑派书法中魏碑的崛起有重要意义。比如,他极力称赞后来被阮元归为北派书法开创者之一的索靖,又充分肯定张芝、索靖之书的古朴隽永,他还指出北魏著名书家崔浩的书法在由隶到楷嬗递发展中的地位。他在对《张猛龙碑》的评价中最可以看出对趣尚妩媚鲜丽书风的不满和对北碑书法骨力的欣赏:

> 《张猛龙碑》,亦不知书撰人名,其构造耸拔,具是奇才,承古振今,非此无以开示来学,用笔必知源流所出,如安平新出《崔敬邕碑》,与此相似。吾观赵吴兴能遍学群籍而不厌者,董华亭虽心知而力不副,且专以求媚。谁为号呼悲叹,使斯道嗣续不绝,古人一条真血路,及是不开,他日榛芜,尽归湮灭,典型沦坠,精灵杳然,后生聋瞽,鬼能不再为夜台耶?

陈氏视北碑为"古人一条真血路",并以揭橥这一千古不传之秘为己任。何焯(1661—1722)在当时书家中最推重陈奕禧,所以论书宗旨也与之接近。他特别肯定北魏书法的审美价值及其对唐代书风的开启作用,认为魏碑书法看似丑拙,实则更加古朴自然的特征。陈奕禧和何焯对北魏碑刻的自觉倡导,开辟了清代中期以后书法批评的新天地,使得碑派书法由汉碑拓展到魏碑,并逐渐汇成洪流,蔚成大观。

金石学家何绍基(1799—1873)是师法北碑、真正取得成就并自成家数的一位。他不仅在碑派书法创作上取得了巨大的成就,同时也是道、咸、同时期提倡碑学理论和搜访鉴藏、传播保护金石碑刻拓本的重要人物。他学书 40 余年,溯源篆、分,楷法由北朝求篆、分入真楷之绪,可谓化而成之。中年更是极意北碑,尤得力于《张黑女志》,臻于沉着之境。他说:"余学书从篆分入手,故于北碑无不习,而南人简札一派,不甚留意。"①可见何绍基崇尚北碑的坚定与痴情,同时也表明了他贬抑南帖的倾向。

陈介祺(1813—1884)治金石之学,深受阮元的影响,他广为收集,精于鉴别,是清代金石家中收藏最富的一位。他对于学书的师法对象也甚明确:"钟、王帖南宗,六朝碑北宗,学者当师北宗,以碑为主,法真力足,则神理自高。先求风姿,俗软入骨,未易湔洗矣。"②又说:"六朝佳书,取其有篆隶笔法耳,非取貌奇,以怪样欺世。求楷之笔,其法莫多于隶。盖由篆入隶之初,隶中脱不尽篆法;由隶入楷之初,楷中脱不尽隶法。古人笔法多,后人笔法少;此余所以欲求楷中多得古人笔法,而于篆隶用心,且欲以凡字所有之点画分类,求其法之不同者,摹原碑字而论之,为汉碑笔法一书也。"③陈介祺主张将取法对象由汉、魏、六朝碑刻上溯到钟鼎金文。他说:"取法乎上,钟鼎篆隶,皆可为吾师。"④这不仅是宋代金石家不可想象,即便是清代前期之金石家也是少所顾及的。晚清吴大澂(1835—1902)也是金石家,早年习篆,中年后参以古籀,其金文书法声名尤著,正是对陈介祺的继承。

到了晚清时期,赵之谦(1829—1884)"学北碑,亦自成家,但气体靡弱。今天下多言北碑,而尽为靡靡之音,则撝叔之罪也"。这是在师法北碑之中又融入一己之性情,向妍媚方向发展的结果。此外,张裕钊(1823—1894)、李文田(1834—1895)、邓承修(1841—1892)、沈曾植(1850—1922)、王闿运(1832—1916)、郑文焯(1856—1918)、康有为(1858—1927)、李瑞清(1867—1920)、曾熙(1861—1930)等人都师法北碑,锐意求新,虽成就不一,亦皆时代之佼佼者。其中,叶昌炽(1849—1917)亦是一位颇有成就的金石学家,他的系统研究碑刻的专著《语石》

---

① [清]何绍基:《东洲草堂书论钞·书邓完伯先生印册后为守之作》,见《明清书法论文选》,第837页。
② [清]陈介祺:《习书诀》,见《明清书法论文选》,第899页。
③④ 同上书,第898页。

为碑刻学打开了一个新局面。此书不再是编辑碑刻目录或抄成一部碑刻文字的汇编,而是从不同的角度对大量碑刻作了详尽的研究。叶昌炽在书中明确表示了对碑刻书法的重视,认为碑文内容却在其次,这与宋代赵明诚"字画之工拙""皆不复论"的态度是显然不同的。

由此,我们可以比较清楚地看出清代碑学书法审美观念由兴起渐次演进的轨迹,即由汉碑到魏碑,再由汉、魏、六朝之碑上溯至钟鼎金文。但总体而言,清人学习金文书法的成就不如学汉、魏、六朝碑刻所取得的成就。

第四节　阮元、包世臣、康有为的碑派书法美学

清代碑学,尤其是北碑的全面兴起,是在嘉、道以后发生的。到了晚清,阮元作《南北书派论》和《北碑南帖论》,鲜明地提出尊碑抑帖,重北轻南的主张,明确在理论上阐扬了北碑的价值,加上阮元的社会地位及学术影响,一时间,碑派美学理论广为流传。接着,包世臣作《艺舟双楫》,提出"万毫齐力"、"气满"诸说,更在技法上为碑学观念的普及推波助澜。至康有为的《广艺舟双楫》出,堪称碑派美学理论之集大成者,同时也把尊碑抑帖的审美观念推到了极端。

阮元(1764—1849)字伯元,号芸台、雷塘庵主、怡性老人,江苏仪征人。他在书法美学上最重要的贡献,是关于南北朝时期书法风格流派的梳理及评析。他著有《南北书派论》和《北碑南帖论》。关于南北书风的问题,前人早有涉及,只不过从来没有像阮元这样系统、明晰而又详备地予以阐述。早在宋代欧阳修《集古录》中,就有关于北碑南帖书风的比较,只不过,欧阳修所喜欢的是"字画工妙"的作品,而对于书写"差劣"、"字法多异"的北齐、北魏碑刻则不以为然,搜录它们只是为了广见闻、证经史而已。到了明末清代,冯班(1602—1671)在其所著《钝吟书要》中再次提出书法的南北问题。他说:"画有南北,书亦有南北。"此后,清代前期陈奕禧和何焯也在不同程度上触及到南北书风的问题。

作为一代学宗,阮元关于书法南北书派和北碑南帖的论述,只是他治学的一部分。他认为经学、史学皆有南北之分:"南北朝经学,本有质实轻浮之别,南北朝史家亦每以夷虏互相诟詈,书派攸分何独不然?"文学上他提出文笔之辨,在书法领域,他在继承前人的基础之上,也很自然地勾勒出南北书派两个脉络。同时,阮元之所以能明确而详备地阐发南北书派的问题,也得益于乾嘉之后金石学的大兴,随着访碑活动的普遍展开,北朝碑刻愈来愈多地被人们发现,北魏墓志也出土日多,人们对北碑的感知程度远远超过前代学者。阮元结合自己的切身体会说道:"我朝乾隆、嘉庆间,元所见所藏北朝石碑不下七八十种。"又说:"元二十年来留心南北碑石,证以正史,其间踪迹流派,朗然可见。"正是在实物和文献这双重证据的丰富资料基础上,阮元对南北书风的渊源流变有了清晰完整的认识。

"书分南北"之说虽非阮元首倡,但是真正从书法史的源流关系来梳理出南北书风的脉络,尤其是梳理出北派书法的师承系统,并肯定北派书法对于中国书法史发展作出了不可磨灭的贡献,则是阮元的一大功绩。他说:

> 书法迁变,流派混淆,非溯其源,曷返于古?盖由隶字变为正书、行草,其转移皆在汉末、魏、晋之间;而正书、行草之分为南、北两派者,则东晋、宋、齐、梁、陈为南派,赵、燕、魏、齐、周、隋为北派也。南派由锺繇、卫瓘及王羲之、献之、僧虔等,以至智永、虞世南;北派由钟繇、卫瓘、索靖及崔悦、卢谌、高遵、沈馥、姚元标、赵文深、丁道护等,以至欧阳询、褚遂良。(《南北书派论》)

在漫长的历史时期中,由于二王书法和帖学书风长期处于统治地位,大多数人只承认南派书法代表中国书法传统的正宗,并存有漠视北派书法的历史偏见。阮元第一次将南北书法放在一起讨论,并驾齐观,实际上已经否定了惟王、惟帖是尊的书法传统审美观念。阮元还进一步指出,之所以造成这样一种不合理格局也全是人为因素使然。之所以出现南派书风独领风骚千余年的局面,主要是因为唐太宗给王羲之写《传论》,独独推崇王羲之为"尽善尽美",以及宋太宗授意刊刻《淳化阁帖》,导致刻帖之风在宋元明之际长期泛滥的结果。两位帝王所起的作用,实际是"扬帖抑碑"和"尊南贬北"。阮元"南北书派"的提出,终于为北派书法争得和南派书法并驾齐驱的地位。

不仅如此,阮元为了打破长期以来由南派书法主宰书坛所带来的压抑、低沉以及软媚的书风,竭力推崇北碑。他揭示书分南北的事实,只是一个铺垫,其目的是矫正自唐、宋以来所盛行的帖学书风,于是他提倡中原古法,要求上溯汉魏,表现出鲜明的申北绌南、扬碑抑帖的倾向。他说:"元笔札最劣,见道已迟,惟从金石、正史得观两派分合,别为碑跋一卷,以便稽览。所望颖敏之士,振拔流俗,究心北派,守欧、褚之旧规,寻魏、齐之坠业,庶几汉、魏古法不为俗书所掩,不亦祎欤!"阮元说得很清楚,他划分南北书派是为了提倡取法北碑,提倡北碑则是为了振拔流俗,绍续前人之绝学。

在阮元看来,北碑具有南帖所不及的诸多优势。(一)从南北书派的源流上看,北派之碑刻多得古人笔法,因为中原古法植根于汉隶。阮元之所以推崇北碑,因为在碑刻文字上"古人遗法犹多存者",北派书法更多保持了篆隶古意。(二)从南北书派对后世的影响来看,阮元认为,唐代书法得自北派者为多,欧阳询、褚遂良等初唐书家皆由隋入唐,自然能得北派薪火之传。唐代的大书法家都取法北碑。他认为,颜真卿书法也出于北派,所以,今人学习唐人,不如直接取法北碑。(三)从南北书法风格上来看,阮元认为二者各有优长。北派书法以遒劲和骨力见长,南派书法以姿媚和态度取胜,在此基础上,阮元肯定了南北书风各自的优处:"是故短笺长卷,意态挥洒,则帖擅其长。界格方严,法书深刻,则碑据其胜。"(四)从南北书法作品的流传情况来看,阮元认为北碑比南帖更加可靠一些。因为后世所流传的晋人法帖,大多是经过多次勾摹和反复复制,虽云羲、献,实质相去岂可以道里计。而北碑之刻皆为原碑原石,可谓仅下真迹一等,所以可信程度比辗转翻刻的南帖要高。

乾嘉之世,当董赵帖学书风风靡书坛,而学书者所赖以取法的各种刻帖又多为反复翻刻,笔法模糊,面目雷同,而且字体多为行草书,少有篆隶楷书,书风愈益趋于靡弱和单调,帖学已呈穷途末路、强弩之末之势。恰在此时,以金石学和文字考证校勘为治学手段的朴学发展迅速,而访碑运动的普及更使得很多书法家开始进行碑学书法的创作实践。但是,还没有从梳理书法史的角度系统地为扭转帖学、振兴碑学作理论上的整理和申述。所以,阮元在此际作《南北书派论》和《北碑南帖论》二文,可谓振聋发聩,居功至伟。这样,《南北书派论》和《北碑南帖论》就为晚清尊碑开了先路。尽管阮元对流派中具体书家的归属分类,后人有不同意见,但他首先通过"二论"来为清代碑学在理论上和批评观念上开路,在清代书法批评史上是一大贡献,也标志着清代碑学批评理论的成熟。

继阮元之后,倡扬北碑且影响较大的是包世臣。包世臣(1775—1855),字慎伯,号倦翁,又自署白门倦游阁外史、小倦游阁外史。安徽泾县人。包世臣在书法美学上的主要功绩,在于其《艺舟双楫》竭力倡扬碑学,对清代中后期碑派书法理论贡献很大。康有为在《广艺舟双楫》中赞曰:"泾县包氏,以精敏之资,当金石之盛,传完白之法,独得蕴奥,大启秘藏,箸为《安吴论书》,表新碑,宣笔法,于是此学如日中天。迄于咸、同,碑学大播,三尺之童,十室之社,莫不口北碑,写魏体,盖俗尚成矣。"包氏倡碑直接影响到清代道光、咸丰、同治年间的书法审美观念。此际北碑盛行光大,与此书关系极大。后来,康有为论书专著《广艺舟双楫》之书名,便是由发挥包世臣的《艺舟双楫》而来。

作为包世臣所著《安吴四种》之一,《艺舟双楫》中书论部分乃是由包氏平日的书学论文、随笔、信札等荟萃而成。和阮元一样,包世臣的《艺舟双楫》中详细论述和介绍了北碑书法,并对其推崇备至。阮元作为碑学理论的首倡者,主要是在书法史脉络梳理的基础上,着力于从宏观上对碑学观念的建构,而包世臣则进一步集中于精细的笔法、技法的解释和阐说。如果说阮元提倡北派碑刻书法,还只是一种比较笼统的美学倾向和艺术精神的阐扬，那么，包世臣的《艺舟双楫》则不仅挖掘出了"北碑"的美学底蕴，更将茂密雄强的阳刚之美落实到具体的书法用笔、运笔、用墨、结字、章法等方面，并提出了"全身力道"论和"气满说"。他从笔法和结体方面，强调了北碑能得篆、分遗意的特征。他对于北碑的推重，是在总结了乾嘉以来尚碑创作之风的基础上，尤其是得力于其老师邓石如创作经验的启发，进一步在批评理论上矫正帖学之风的。

包世臣《艺舟双楫》的基本倾向，是倡扬北碑，贬抑帖学。在包世臣看来，简牍缣楮之帖学书风以婉丽为主，习之既久则伤于软缓，救治的办法惟有学习碑版，因为碑版中的雄伟气势和遒劲骨力正好可以弥补其不足。他认为，北朝碑版文字源自篆、分，所以不但饶具古意，而且具有一种深稳的气势和极意勃发的力量之美。包氏还进一步具体指出北魏碑版书法和汉代隶书之间的渊源关系，以及对唐代欧阳询等楷书的开启作用。在众多的北碑中，最受包世臣瞩目和青睐的是《郑文公碑》。他认为："北碑体多旁出，《郑文公碑》字独真正，而篆势、分韵、草情毕具其中。布白本《乙瑛》，措画本《石鼓》，与草同源，故自署曰草篆。不言分者，体近易见也。……此碑字逾千言，其空白之处，乃以摩崖石泐，让字均行，并非剥损，真文苑奇珍也。"《郑文公碑》中所表现出来的平和简净、锋芒内敛、外柔内刚、外静内动的审美意味，与妍媚靡弱的帖学末流以及呆板而毫无生气的"馆阁体"大异其趣。

包世臣曾说："余性嗜篆、分，颇知其意而未尝致力。"可知他所追求的乃是篆、分得笔意，以篆、分为极则。那么，如何才能得"篆分遗意"和"古人笔法"呢？包世臣认为应先从执笔开始，即"始于指法"。他在《艺舟双楫·述书下》中说："书艺始于指法，终于行间。"指法主要是指执笔、运锋之诀，行间则指结字和章法。至于行笔，包世臣重视"落笔之峻"和"行笔之涩"，线条的力度和刚劲要通过书写中的"万毫齐力"以及"五指齐力"才能表现出来："北朝人书，落笔峻而结体庄和，行墨涩而取势排宕。万豪齐力，故能峻；五指齐力，故能涩。分隶相通之故，原不关乎迹象。长史之观于担夫争道，东坡之喻以上水撑船，皆悟到此间也。"(《艺舟双楫·历下笔谭》)峻,主要体现在落笔的迅猛果敢之上,涩,主要体现在书法家对笔墨纸张之间摩擦力的控制上。涩,还可以看作是书法家的生命意志与外在世界进行抗争的结果,通过用笔取势的排宕和行笔的迟涩顿挫,在笔锋运行轨迹之中将主体意志的艰难和曲折体现出来。这是一种生命的强度和张力,但这种力量不是外显的、张扬的,而是深稳的、含忍的。古代书法家所描述的担夫负重争道,疾行而步伐稳健,船夫奋力撑船,船徐徐移动而不轻飘,都体现了用笔之涩的妙处,而不是直滑而过的轻浮。这种用笔的的秘诀,就是包世臣所说的"行处皆留,留处皆行":

> 余见六朝碑拓,行处皆留,留处皆行。凡横直平过之处,行处也,古人必逐步顿挫,不使率然径去,是行处皆留也。转折挑剔之处,留处也,古人必提锋暗转,不肯撅笔使墨旁出,是留处皆行也。

要求行笔的过程中,有顿挫,有转换,要留得住,拓得开,既有蓄势,又能流利,提按相结合,疾涩为一体,而北朝碑刻无疑具有这种用笔之妙意。包世臣又说:"大凡六朝相传笔法,起处无尖锋,亦无驻痕,收处无缺笔,亦无挫锋,此所谓不失篆分遗意者。"(《跋荣郡王临快雪、内景二帖》)可见,六朝碑刻的"篆分遗意"就体现在笔画圆润无尖锋、无缺锋上。

包氏论行笔,最为值得称道的是他对于"画之中截"的重视。他说:"用笔之法,见于画之两端,而古人雄厚恣肆,令人断不可企及者,则在画之中截。盖两端出入操纵之故,尚有迹象可寻;其中截之所以丰而不怯,实而不空者,非骨势洞达不能倖致。更有以两端雄肆,而弥使中截空怯者,试取古帖横直画,蒙其两端,而玩其中截,则人人共见矣。"因为笔画两头的出入之迹点画交待清楚,容易被人注意,而笔画中间中实感和涩行之妙却容易被忽视,容易出现直率油滑的毛病。包世臣又提出了"中实"与"中怯"的说法:"更有以两端雄肆,而弥使中截空怯者,试取古帖横直画,蒙其两端,而玩其中截,则人人共见矣。中实之妙,武德以后遂难言之。"(《艺舟双楫·历下笔谭》),包氏这就进一步丰富了在用笔方面的理论。其实,中实之法即是疾涩之法,而古人所说的"蜂腰"、"鹤膝"之病,都是针对"中截空怯"而言的。由于重视笔画中截积点成线的效果,笔画自然雄厚遒实,不会有虚怯的毛病。同时,由于逆涩行笔,节节顿挫,涩涩推进,所以写出来的点画线条,往往不是径直的线条,而是内含"曲"意。也就是不要"直笔急牵裹",以此增加线条的耐人寻味之趣。所以,包世臣进一步指出:

> 古帖之异于后人者,在善用曲。《阁本》所载张华、王导、庾亮、王廙诸书,其行画无有一黍米许而不曲者,右军已为稍直,子敬又加甚焉,至永师,则非使转处不复见用曲之妙矣。(《艺舟双楫·答三子问》)

在这里,包世臣指出了古今曲直之变,而要想点画线条"无有一黍米许不曲",则非涩行不可。不过,"曲"应该是涩行的自然结果,而不是人为做作地"颤抖"使然,倘若涩行的"曲"变成了做作的"颤",生命力的强弱就会有霄壤之别,此之谓得笔法也。得法,则细如髭发亦圆,不得法,虽粗如椽子,亦扁。要细圆如铁丝,内含筋力如绵裹铁或绵里藏针,才能笔心实实到了,而粗扁如柳叶则飘浮薄弱。所以,得笔与否是书法线条成败的关键,得笔与否就在于是否得疾涩之道。因为要笔心实实到了,要细如髭发亦圆,要中实而不怯弱,所以包世臣强调要"全身力到",要"万毫齐力",要尽一身之力而送之。他曾有论书诗《自题执笔图》云:"全身精力到毫端,定气先将两足安。悟入鹅群行水势,方知五指力齐难。"[1]全身力到,五指齐力,送注笔端,才能使线条获得力量和生命。特别是游丝之力,不但不可懈怠而过,且要尤需着力。

包世臣关于结字的理论,则主要得力于邓石如和王良士。包世臣尝记业师邓石如之言曰:"字画疏处可以走马,密处不使透风,常计白以当黑,奇趣乃出。"并说"以其说验六朝人书则悉合"。在书法中,字的结构,

---

① 包世臣:《艺舟双楫·记两棒师语》,参见《历代书法论文选》,第 678 页。

又称"布白"。空白处应当计算在一个字的造形之内,空白要分布适当,和笔画具有同等的艺术价值,所谓无笔墨处也是妙境。可见,无笔墨处之白,并非随心所欲,也不是留白越多越好,无笔墨之白与有笔墨之黑,要互相彰显,才各显其意义。书法结字中的空,要使其不成为顽空,就要注意那"气",注意那无笔墨的生动处。

包世臣又记王良士之言曰:"书之道,妙在左右有牝牡相得之致,一字一画之工拙不计也。余学汉分而悟其法,以观晋唐真行,无不合者。"包世臣融合二家之言,指出"顽伯计白当黑之论,即小仲左右如牝牡相得之意"。所谓"左右如牝牡相得",就是要求结体和章法上左右照应,在变化中求得统一协调。黄小仲在提出"牝牡相得"时,又有"始艮终乾"和"始巽终坤"之说,即用"艮"、"乾"、"巽"、"坤"在八卦图中所处的位置,比较形象地说明其特定的执笔法的运笔方向和线路。

在结字和章法中,包世臣又提出"九宫"之说。包世臣说:"字有九宫。九宫者,每字为方格,外界极肥,格内用细画界一'井'字,以均布其点画也。凡字无论疏密斜正,必有精神挽结之处,是为字之中宫。然中宫有在实画,有在虚白,必审其字之精神所注,而安置于格内之中宫,然后以其字之头目手足分布于旁之八宫,则随其长短虚旁而上下左右皆相得矣。"(《艺舟双楫·述书下》)他认为,字的中心为"中宫",而八面点画皆拱向这个中心,如此就使得字的点画宜于安排匀称而又能统一协调,这是就一字而言,称为"小九宫"。就整幅而言,又有所谓"大九宫",这是以一字为中宫和基准,使得上下左右浑然一体互相绾结,具有整篇的统一感和协调性。

画之中截,笔笔中实,这是讲的用笔;大九宫、小九宫,皆须收聚绾束,形成一团生气,即所谓"气满"。包世臣进一步指出,用笔和结字二者必须相互结合,必须以用笔为根本。他说:"结字本于用笔,古人用笔悉是峻落反收,则结字自然奇纵,若以吴兴平顺之笔而运山阴矫变之势,则不成字矣。分行布白,非停匀之说也,若以端若引绳为深于章法,此则史匠之能事耳。"(《艺舟双楫·答熙载九问》)结体以用笔为基础,用笔必须有力、深厚、沉着，结字才能自然奇纵。大小章法，"气满"的关键就在笔画的中实，由此，包世臣把涤除章法上凋疏、薄怯之病的根本落在"笔实"，他说：

> 澜漫、凋疏，见于章法，而源于笔法。花到十分名澜漫者，菁华内竭，而颜色外褪也。草木秋深叶凋而枝疏者，以生意内凝，而生气外散也。书之澜漫，由于力弱，笔不能摄墨，指不能伏笔，任意出之，故澜漫之弊，至幅后尤甚。凋疏由于气怯，笔力尽于画中，结法止于字内，矜心持之，故凋疏之态，在幅首尤甚。汰之避之，唯在练笔，笔中实则积成字，累成行，缀成幅，而气皆满，气满则二弊去矣。（包世臣《艺舟双楫·答熙载九问》）

只有笔法上中实，线条才有遒实有力，再加上笔法的娴熟，才能使满纸流荡着勃勃生气。所以，章法上的烂漫、凋疏之病，实质根源仍在于笔力孱弱，而要矫正此弊，关键就在于"练笔"。包世臣对于章法和笔法的分析，正好击中了元明以来帖学行草书春蚓秋蛇般靡弱的毛病。

经过阮元"南北书派论"和"北碑南帖论"二论对碑学批评理论开山引路的提倡，再经过包世臣对笔法结构（"万毫齐力"、"中实"、"画之中截"、"气满"等）细致入微的探索，碑学的观念在清代后期已经深入人心。同时，在实践方面，邓石如以其篆、隶、楷的全面成就，开创了清代书坛的崭新局面，成为清代碑学思潮兴起之后第一位全面实践并体现碑学批评观念的书法家。此后，伊秉绶、陈鸿寿、何绍基、张裕钊、赵之谦等人进一步拓展，碑学书法已经逐渐从早期对古人的单纯模仿，转变为化用碑版石刻文字的意趣来开拓新的书法创作领域。同时，随着新的金石材料的出土和碑版石刻文字的不断被发现，以及金石碑刻拓本的收藏交流之风日益推广和普及，到了清代末期，碑学批评观念自然进入了整理、总结的新时期。正是在这一大的背景之下，康有为写出了著名的《广艺舟双楫》，对清代碑派书法美学作了一个系统地总结。

康有为（1858—1927），在书法美学理论上，以《广艺舟双楫》而声名远播。他将政治改革的巨大热情折射到书法艺术的探索和研究上,使他的书法批评理论充满论辩的激情和思辨的色彩。可以说,他在书法美学领域也发动了一场深刻的"变法"运动。

1888 年,而立之年的康有为再次进京参加顺天乡试,没有考取。当年 9 月,他第一次写了五千言的信上书光绪帝,痛陈国家危亡,批判因循守旧,要求变法维新,提出了"变成法,通下情,慎左右"三条纲领性的主张。由于守旧派百般阻挠,上书未果,康氏心情极度苦闷。正是在这种情况下,他听从友人的劝告,以金石陶遣,"翻然捐弃其故,洗心藏秘,冥物却扫。摭碑摘书,弄翰飞素,千碑百记,钩舞是富。发先识之复疑,窃后生之宦奥"。他从这一年的腊月开始,广购碑帖,经过一年的研求,于 1889 年除夕写成这一碑派美学理论的宏著。①

中国古代书法美学理论多以只言片语写出一己心得,虽不乏精神见解,却如吉光片羽、散珠断玉,不能为全璧之宝。康有为《广艺舟双楫》是少有的几部有体系、有逻辑、有层次的体大思周的著作,与唐代孙过庭《书谱》堪称古代书论之双璧。《广艺舟双楫》全书是在包世臣《艺舟双楫》的基础上推而广之,无论从书名还是内容上看,都是对包氏碑学思想的进一步演绎。该书共二十七篇,明确提出"尊碑"之说,大力提倡汉魏六朝碑刻书法,对北碑书法的全面复兴产生了深远的影响,也可以说是碑学批评理论的权威性总结,康有为也被视为碑学理论的集大成者。

康有为对碑学的发生、发展、流派、品评、审美、风格、技法、字体等诸多方面提出了一整套更为完整详尽、但不免有些偏激的美学理论,他将阮元、包世臣的"扬碑抑帖"发展成"尊碑贬帖",甚至"卑唐"之论。他第一次正式使用了"碑学"和"帖学"这两个概念,认为"碑学之兴,乘帖学之坏",同时认为,书法与自然界和社会发展一样,有着不断演进的内在规律,即"物极必反,天理固然,道光之后,碑学中兴,盖得势推迁,不能自已

---

① 康有为在《广艺舟双楫·叙目》中说:"永惟作始于戊子之腊,实购碑于玄武城南南海馆之汗漫舫,老树僵石,证我古墨焉;归欤于己丑之腊,乃理旧稿于西樵山北银塘乡之淡如楼,长松败柳,侍我草元焉。凡十七日,至除夕述书迄,光绪十五年也。"这一年,康有为 32 岁。

也"。他对社会政治的认识,极大地影响了他的书法美学观念,他说:"综而论之,书学与治法,势变略同。"(《广艺舟双楫·卑唐第十二》)社会发展要符合人心所向的趋势,书法的求变也应该完全顺应历史和社会的要求。康有为把政治上求变化、求革新的精神,转化为书法上"法古求变"的声声呐喊以及条分缕析的理论阐释,夯实了碑学批评观念在晚清书法史的地位。实际上,由于康有为的巨大影响,他的书法美学理论也迅速被人们广为接受。

康有为《广艺舟双楫》中书法批评观念的核心即是一"变"字。他在《原书第一》中就说:"变者,天也",以"变"字作为全书立论的基石和贯穿全书的基本思想。他认为,世间一切事物都处在不停的发展变化之中,"变"是一切事物存在的根本规律,它是出于自然,不可更易的。他说:"综而言之,书学与治法,势变略同。周以前为一体势,汉为一体势,魏晋至今为一体势,皆千数百年一变。后之必有变也,可以前事验之也。"他根据历史发展的经验预言书法必将变革,这就为他所提倡碑学批评理论和"尊卑贬帖"的艺术主张埋下了重要的伏笔。当康有为以这种"变易"的书法史观来看待书法史时,各个时代书法发展的脉络就呈现出一种崭新的面貌。他指出了从钟鼎籀文到秦代小篆、再到汉代隶书的古今之变,说明字体和书法风格的变化轨迹,甚至认为从篆书到隶书的变化与文学上由散文入骈文的变化同步。不仅如此,一个时代的书法越富于变化,这个时代的书法成就也就越高,比如他所推崇的汉代与北朝碑刻正是如此。他认为,书法的兴盛没有能超过汉代的,不仅因为汉代书法气势高迈,而且因为汉代创立的字体也最多(草书、飞白、行书等),足以涵盖后代各种字体。北魏书法则一方面继承了中原古法,另一方面有出现了错综变化的创新局面,产生了楷书上的高峰。康有为还指出了唐代书法之三变、清代书法之四变。由此可见,康有为几乎是以一"变"字来考察整个中国书法史,这与他一生所主张的政治上的"变法"完全一致。

在"变"的思想基础上,康有为推崇汉碑和魏碑,这就为他的尊碑理论打下了基础。他在阮元和包世臣的基础上,进一步完善了碑学理论,并使之更加体系化。在碑刻之中,他主张取法唐碑以前的隋碑、南碑、魏碑和汉碑,而尤其重视南北朝时期的碑刻,因为在他看来南北朝碑有五个优点:

> 笔画完好,精神流露,易于临摹,一也;可以考隶楷之变,二也;可以考后世之源流,三也;唐言结构、宋尚意态、六朝碑各体毕备,四也;笔法舒长刻入,雄奇角出,应接不暇,实为唐宋之所无有,五也。有是五者,不亦宜于尊乎?(《尊碑第二》)

不仅如此,他还进一步总结出了南北朝碑刻所具有的"十美":

> 古今之中,唯南碑与魏为可宗。可宗为何?曰:有十美:一曰魄力雄强,二曰气象浑穆,三曰笔法跳越,四曰点画峻厚,五曰意态奇逸,六曰精神飞动,七曰兴趣酣足,八曰骨法洞达,九曰结构天成,十曰血肉丰美。是十美者,唯魏碑、南碑有之。(《十六宗第十六》)

他从南北朝碑局部的用笔结构论到整体的气象魄力,从外在的骨法血肉论到内在的精神趣味,条分缕析,细致入微,发前人所未发。从康有为主"变"的立场来看,书法发展到清代后期,自唐宋以来绵延千年的帖学已至衰微靡弱之极,此前阮元、包世臣在理论批评上,邓石如、伊秉绶、何绍基、张裕钊等在创作实践上都已找到了北碑作为疗治帖学之弊的药方,也就是通过复古而求新求变,这正与康有为所提倡的"托古改制"的改革精神相契合。康有为说:"乾隆之世,已厌旧学。冬心、板桥,参用隶笔,然失则怪,此欲变而不知变者。汀洲精于八分,以其八分为真书,师仿《吊比干文》,瘦劲独绝。怀宁一老,实丁斯会,既以集篆隶之大成,其隶楷专法六朝之碑,古茂浑朴,实与汀洲分分、隶之治,而启碑法之门。开山作祖,允推二子。"他通过对清代碑学发展脉络的简单梳理,指出在碑学发展中作出重要贡献的书家为邓石如和伊秉绶。

康有为还借用今、古文经学的观念来分析书法史,他为了以碑学来革除帖学之弊，以北魏、两汉之碑版石刻文字为"今学"，反以晋唐帖学以及效法晋唐的宋元明帖学为"古学"。康有为以今古为新旧，竭力提倡作为"今学"的北魏、两汉碑刻，这与他在学术上主张今文经学是完全一致的。康有为进一步指出，因为纸帛之书容易损坏，晋人遗墨已很难见到，后世所见不过是双钩临摹的赝品，虽云宗法羲、献，实际上已相去甚远，面目全非了，到清代已至衰败之极。他说："国朝之帖学，荟萃于得天、石庵，然已远逊明人，况其它乎？流败既甚，师帖者绝不见工。物极必反，天理固然。道光之后，碑学中兴，盖事势推迁，不能自已也。"和帖学之纸本不能长久保持相反，碑版刻石却可以长久保存。不过，和南北朝碑相比，唐代名人碑刻由于经过反复摹拓翻刻，已经损坏严重，加上唐人碑刻书法多失之于呆板，所以他有"卑唐"之论：

> 至于有唐，虽设书学，士大夫讲之尤甚，然缵承陈、隋之余，缀其遗绪之一二，不复能变，专讲结构，几若算子。截鹤续凫，整齐过甚。欧、虞、褚、薛，笔法虽未尽亡，然浇淳散朴，古意已漓；而颜、柳迭奏，澌灭尽矣。

和南北朝碑穷极变化、奇伟婉丽相比，唐碑呆若算子，缺乏变化，所以学习书法不可由唐碑入手。从六朝碑刻入手，则取法乎上，便能与唐代诸大家在同一起点上竞胜，而不必寄人篱下也。

由此，他以唐代为界，指出唐以前和唐以后书法的不同："约而论之，自唐为界，唐以前之书密，唐以后之书疏；唐以前之书茂，唐以后之书凋；唐以前之书舒，唐以后之书迫；唐以前之书厚，唐以后之书薄；唐以前之书和，唐以后之书争；唐以前之书涩，唐以后之书滑；唐以前之书曲，唐以后之书直；唐以前之书纵，唐以后之书敛。"由于他认为唐代前后书法差距很大，所以他建议购碑时多购六朝碑，而"唐碑可以缓购"。尤其是明清以来，为了适应科举取士的需要，朝廷引导士子用刻板僵化的眼光去学习唐碑，从而走向了没有生机和活力的"馆阁体"，使书法发展失去了生命力，这是康有为所深感不满的，也与他所激赏的"变制最多"、"变已极矣"的南北朝碑、汉碑相去甚远。实际上，我们从康有为早年为了参加科举考试而练就的一手工整规矩的小楷，到他后来雄强恣肆的榜书，在他个人身上，也能明显看到书法审美观念的深刻转变。

第十章　刘熙载的艺术哲学

　　刘熙载(1813—1881),字伯简,字融斋,晚号寤崖子,江苏兴化人。道光二十四年(1844)进士,官至左春坊左中允、广东提学使,晚年主讲于上海龙门书院。著有《艺概》、《昨非集》、《说文叠韵》、《持志塾言》等。《艺概》成书于1873年,1877年有岭南刊本等问世,20世纪初有四川成都官书局刻本、开明书店印行本等。①

　　《艺概》共六卷,分为文概、诗概、赋概、词曲概、书概和经义概。所谓"概"者,概要也,通论除经义概之外的六种文学艺术形式,在具体的论述上,受到《文心雕龙》的影响,模仿"原始以表末,释名以章义,选文以定篇,敷理以举统"(《文心雕龙·序志》)方法,对各类文学艺术形式从体制特点、历史发展、重要作品举论以及理论钩沉等方面,一一论列。在写作

---

① 刘熙载晚年在上海龙门书院讲学期间,整理教学随笔成《持志塾言》上下卷(主要谈伦理),总结治学心得而成《艺概》六卷(系文艺理论批评著作)、《四音定切》四卷、《说文双声》上下卷、《说文叠韵》四卷(三书皆为音韵学著作),又删定文稿诗作成《昨非集》四卷,自同治六年(1867)至光绪五年(1879)先后刊行,并且汇刻成《古桐书屋六种》。刘熙载去世后,其遗书有《古桐书屋札记》、《游艺约言》、《制义书存》,由其子及其弟子结集为《古桐书屋续刻三种》,于光绪十三年(1887)刊行。其中尤其以《艺概》一书在中国美学思想史和中国文艺批评史上占据重要地位。《游艺约言》虽篇幅不长,却是对《艺概》思想的一个重要补充,惜未被充分重视。

的方法上,也受到传统的诗话、词话的影响,自由置论,结篇松散。但又与其有所不同,这就是在每一"概",都有贯彻其中的内在脉络,形成了本书形式上松散结构,内容上却井然有序的特点。刘熙载在《艺概》的序言中说:"余平昔言艺,好言其概……庄子取'概乎皆尝有闻';太史公叹'文辞不少概见','闻''见'皆以概为言,非限于一曲也。盖得其大意,则小缺为无伤,且触类引伸,安知显缺者非即隐备者哉!"从美学价值看,有的论者认为,这是继《文心雕龙》之后又一部体大思精的著作;有的论者认为,此书可以说是中国传统美学的总结性著作。本书虽然不完全同意这些看法,但并不否认此书具有一定的美学价值。《艺概》是一部具有典型的中国作风中国气派的美学著作,这个"概"可以说是中国美学精神之"概",不仅在形式上反映了中国美学的特点,在精神气质上也体现了中国美学的内脉。

第一节　对待与流行:艺术形式的动力渊源

刘熙载是一位哲学家,他对儒家哲学有较深的造诣,其美学思想可以说是其易学思想的展开。宗白华先生说:中国人的根本宇宙观是《易经》上的"一阴一阳之谓道"。刘熙载的美学实际上就是以此为思想基础的。

刘熙载说:"道只是个常,常必合对待与流行者观之。遇盈谓盈,遇虚谓虚,遇消谓消,遇息谓息,难以知常矣。"(《持志塾言》下)

所谓"对待"和"流行"本是朱熹对《周易》精神的概括。他以为,《周易》的"一阴一阳之谓道"的哲学就是以此二翼而展开的。他以为,"易只是一阴一阳",而阴阳体现为"对待"和"流行"二端。从"对待"的角度看,世界的一切都可以分为阴阳二端,世界的一切都具有相互对待之关系,都是联系的存在。易以阴阳两个符号去范围天地、包括人伦,就是为了复演世界的这一关系。从"流行"的角度看,阴阳相联的世界,是一个相摩相荡的世界,一个运演不息的展开过程,流行不已、生生不息,剥尽复来,损后益至,泰去否归,流转如如。"一阴一阳之谓道",即强调联系和变易两端,"对待"是"流行"中的"对待","流行"是"对待"中的"流行"。

刘熙载视此为"常道"。这个"常道"被他当做中国艺术哲学的常道。刘熙载认为,宇宙为一生命世界,一流动欢畅的全体,彼摄相因,此起彼伏,相反相成,由此形成一个盎然的生命空间。艺术家的创造,必须契合这大化运行的节奏,去摄取创化的精气。这就是刘熙载艺术哲学的基础。

刘熙载扣住这一"常道",从中抽绎出一些重要思想。他说:

> 《易・系传》:"物相杂故曰文。"《国语》:"物一无文。"徐锴《说文系传》:"强弱相成,刚柔相形,故于文,人为文。"《朱子语类》:"两物相对待故曰文,若相离去,便不成文矣。"为文者,盍思文之所由生乎!

> 《左传》:"言之无文,行之不远。"后人每不解何以谓之无文,不若仍要外传作注,曰:"物一无文。"

"物一无文"也是早期中国哲学观念。在中国早期典籍中,"文"所表达的意思很普泛,人所创造的一切文化都可叫做"文"。但在汉字中,"文"本是一种交叉纹理的象形符号,汉字中所隐含的交叉互动、相互关系的内涵成了中国人对人文看法的"基因"。似乎《周易・系辞上》的"物相杂,故曰文"和《国语・郑语》中的"物一无文"都与此有关系。刘熙载所引录的朱熹"两物相对待,故有文;若相离去,则不成文矣"的观点也是如此。中国哲学的核心在于"生生","生生"在于世界的运动,而运动奠基于世界的"对待"之关系。

刘熙载就是从"对待"中去发现他的生命美学秘密的。

如他论述艺术形式法则,就是在"对待"中追求艺术生命"流行"之妙理。他在论文章写作时说:"通其变,遂成天地之文,一阖一辟谓之变,然则文法之变可知已矣。"

他在论述书法的形式法则时,也展开类似的思考,他说:"书,阴阳刚柔不可偏陂,大抵以合于《虞书》九德为尚。""书要兼备阴阳二气。大凡沈著屈郁,阴也;奇拔豪达,阳也。"一阴一阳之谓道,书法生命构成亦当作如是观。阴阳相对,故有联系;相摩相荡,产生节奏。刘熙载抓住书法节奏这一灵魂,对书法进行纵深论述,将欲取之,必固与之;将欲扬之,必固抑之;将欲飞之,必固敛之。收处就是放处,伏处就是起处,枯处就是生处,丑处就是美处①,拙处就是工处。如他说:

> 学书者始由不工求工,继由工求不工。不工者,工之极也。

> 怪石以丑为美,丑到极处,便是美到极处。一丑字中丘壑未易尽言。

> 昔人言:"为书之体,须入其形,以若坐、若行、若飞、若动、若往、若来、若卧、若起、若愁、若喜状之",取不齐也。然不齐之中,流通照应,必有大齐者存。

> 蔡邕洞达,锺繇茂密。余谓两家之书同道,洞达正不容针,茂密正能走马。

> 古人论用笔,不外疾、涩二字。涩非迟也,疾非速也。

工与不工、齐与不齐、静与动、长与短、疏与密、迟与速、疾与涩,等等,它们之间相互关联,不可分割,从而成就独特的艺术节奏。

刘熙载以一阴一阳之谓道概括书法的形式规律,以疾、涩二字论书法用笔之妙,是对传统书法理论的继承。传东汉蔡邕悟书法之妙,得二字,一为疾,一为涩。王羲之在《记白云先生书诀》中就提出:"势疾则涩。"唐李阳冰《翰林禁经》说:"书尚迟涩。"

刘熙载的观点反映了传统"书势"论的基本内涵。中国书法形式创

---

① 有论者指出,刘熙载提倡"丑"的美学,似非是。第一,对"丑"的价值的认识,似在老子"大巧若拙"的命题中就具有,宋元艺术家普遍推崇丑而拙的形式美,并非到了《艺概》才受到重视。第二,从总体倾向上看,刘熙载并非提倡丑,他的美学倾向与重视丑的价值的傅山、郑板桥、康有为等还是有区别的。

造的最高原则就是"势"，书法形式尽力寻求内在冲荡的最大值。孙过庭说："一画之间，变起伏于锋杪；一点之内，殊衄挫于毫芒。"①一画之中有起伏，一点之内有机锋。直来横去，本可一笔而过，却藏头护尾，包裹万千，一横如千里阵云，隐隐而来，铺天盖地，荡魂摄魄，一波有三折之过，一点有数转之功，一垂如万岁枯藤，一勾如长空之初月，机锋内藏，波翻云谲，奇幻而不可测。前人总结的用笔之法，如悬针法，指垂画末端如悬针。垂露法，指一垂收笔时势不露，如露水垂而未滴之势。二法均在垂而未垂，垂而复缩，正得无往不复之妙。悬针垂露，具有狡兔暴骇、将奔未突的蓄势。又有所谓锥画沙、屋漏痕，前者强调用笔时如锥画沙，声色不露，力掩其中。后者说的是用笔如屋漏之迹，若断若连，未可一泻而下，要有似露还藏的妙处，等等。一切都是为了将力孕育于其中，将发未发，似发非发，以取于力的最大值，以取于玩味不尽的美。前人论书，有学书如用兵之说。宋陈思说："夫书势法，犹若登阵。"明代书法家项穆说："夫字犹用兵。"王羲之的《笔势论》十二章，就是假托兵道来说书道的。"兵者，诡道也"，也是这个道理。

刘熙载的用笔"疾涩"论，不仅是快慢的问题。快慢主要是用笔的速度，疾涩虽然包含速度，但更重在笔势。慢缓易痴，快速易滑，单纯快慢容易做到，疾涩却不易做到。疾涩是快中有慢，慢中有快，行中有留，留中有行，行处留，留处行，且行且留，留即是行，行即是留，这才是用笔中疾涩的奥义。疾涩之法的精义，就在于将顿挫的美感和飞动的气势结合起来。疾与涩，顿挫与飞动，是矛盾的，又是一体的。中国书法家恰恰就是制造矛盾的高手，并使之成为一体，他们作书，是在玩一种"捉对厮杀"的游戏。无论是逆向取势，还是疾中求涩，都是将矛盾的双方完美统一起来，并且在这种统一中更张扬了各自的特点。

刘熙载以疾涩二字论笔法，一如《易传》所言："易者，逆数也。"逆，就

---

① 衄(nǜ)挫：此指顿挫，书法中有衄锋和挫锋，都是属于顿挫之技法。殊衄挫于毫芒：意为在毫芒运转之间显示出顿挫之变化。

是往复回环。中国艺术的形式构成深受"逆"向哲学的影响。清沈宗骞说:"笔墨相生之道,全在于势。势也者,往来顺逆而已。而往来顺逆之间,即开合之所寓也。"顺为劣,逆为优。逆玩的就是捉对厮杀,致使形式内部跌宕多姿。绘画的笔墨与书法是相通的。在书法中,"逆"几乎成为书道不言之秘。清笪重光在《书筏》中说:"将欲顺之,必故逆之;将欲落之,必欲起之;将欲转之,必故折之;将欲掣之,必故顿之;将欲伸之,必故屈之;将欲拔之,必故攫之;将欲束之,必故拓之;将欲行之,必故停之。书亦逆数焉。"《易》在逆数,书道也在逆数。一开一合,一推一挽,一虚一实,一伸一屈,逆而行之,得往复回环之趣。

刘熙载将书法形式之妙概括为阴阳之道,也是对传统书论的推展。清人程瑶田说:"昔人传八法,言点画之变形有其八也。问者曰:止于八乎? 曰:止是尔! 非惟止于是,又损之,在二法而已。二法者,阴阳也。"[①]永字八法是中国书法的空间结构之法,这一大法最终被凝聚为阴阳二法上,无阴阳,即无八法。阴阳二法,即为中国书法美学中所藏之道。书道要斟酌疾涩顺逆之妙:疾为阳,涩为阴,疾涩之道就是阴阳之道;顺为阳,逆为阴,顺逆之道,蕴涵阴阳之精神。

书道之秘只在阴阳。古往今来书家将阴阳之理贯彻于书势、书体结构、点画、墨线等一切方面。如在用笔上方是阳,圆是阴;用墨上,燥为阳,湿为阴;结构上,实为阳,空为阴,等等,从而形成了一开一合的内在运动之势,在字的空间结构上,朝揖、避就、向背、旁插、覆盖、偏侧、回抱、附丽、借换等,都是其表现。阴阳二法,就是变汉字相对静止的空间为运动的空间。有了阴阳,才有了回荡的空间。

---

① 〔唐〕孙过庭《书谱》说:"岂知情动形言,取会风骚之意;阳舒阴惨,本乎天地之心。"天地之心,就在于阴阳惨舒之变化。万物负阴而抱阳,书道法象,就要酌取自然中的阴阳运行之理。唐虞世南说:"然则字虽有质,亦本无为,禀阴阳而动静,体万物而成形。"得阴阳,即得万物之生命,即从玄奥难测的道的领悟落实为艺术生命。东汉书法家蔡邕说:"夫书肇于自然,自然既立,阴阳生焉。"为什么要从自然开始,就在于摄得阴阳之气。有了阴阳,就产生了回互飞腾之势、相摩相荡之力。

第二节 观我与观物：艺术创造论

与一阴一阳之谓道学说密切相关的，是他对物我关系的讨论。

中国在先秦时就有"经天纬地故曰文"的说法，《周易·系辞》中有与天地"参"的哲学。天地为二，人融于其中，谓之"参"，所谓"裁成"、"辅相"就是"参"。如《文心雕龙·原道》所说的："仰观吐曜，俯察含章，高卑定位，故两仪既生矣。惟人参之，性灵所钟，是谓三才。为五行之秀，实天地之心，心生而言立，言立而文明，自然之道也。""参"的精神就是创造的精神。刘熙载在物我关系的论述中，推阐他的创造哲学。

他认为艺术创造的内在根源是天人互荡、物我相参。他在论赋体时说："在外者物色，在我者生意，二者相摩相荡而赋出焉。""相摩相荡"出自《易传》，刘熙载以此来论述物与我的关系，强调艺术创造的根源来自物我之间的相互"摩荡"。他论诗时说："《诗纬·含神雾》曰：'诗者，天地之心。'《文中子》曰：'诗者，民之性情也。'此可见诗为天人之合。"论书法时说："学者书有二观，曰观物，曰观我。观物以类情，观我以通德。如是则书之前后莫非书也，而书之时可知矣。"一脉艺术的清流在天人之间流动，用他在《持志》中的话说就是："人与天地相感应，只为元来是一个。"

这种精神化为一种不粘不滞的创造方式，不滞于一点，不局于一曲，体现出刘熙载独特的美学坚持。如他欣赏的"赋家之心"："赋家之心，其小无内，其大无垠，故能随其所值，赋像班形。"随其所值，而俯仰自如，充满了活泼泼的中国美学情调。他说："陶诗'吾亦爱吾庐'，我亦具物之情也。'良苗亦怀新'，物亦具我之情也。《归去来兮辞》亦云：'善万物之得时，感吾生之行休。'"万物皆流，天地为一，在艺术家的流观中，我也具物之情，物也具我之意，物我一如，款款相合，物我之间有深沉的优游漾洄。

正因此，人与自然的关系，不是何者为主、何者为次的地位关系，而是深沉的交融。他有一则著名的论断："书当造乎自然。蔡中郎但谓书肇于自然,此立天定人,尚未及乎由人复天也。"

"肇乎自然"与"造乎自然",虽一字之别,却有根本差异。"肇乎自然",只是确定从自然出发,并没有看到人的创造精神,匍匐在自然之下,并不是艺术的坦途,模仿自然,也不是真正的艺术创造所取之道。"造乎自然",立足于人与自然深沉契合中的创造。《易传》上说:"天行健,君子以自强不息。"上句言天,下句言人,天在乾乾创造,人在精进不已。人的精进不已,是天然的,必然的,因为人的文化创造只有在效法自然中才能克臻其善,效法自然,就是要效法其创造不息的精神。"天行健,君子以自强不息"一语,核心精神就是"造乎自然",天以健动不已为德,而人必以自强不息应之,人惟有如此,方能成其为人,二者中隐藏着一种逻辑关系。

更进一步,刘熙载论艺强调"物一无文",同时又强调"物无一则无文"。前者的"一"是单一,后者的"一"乃统合。

《文概》云:"《国语》言'物一无文',后人更当知道物无一则无文。盖一乃文之真宰,必有一在其中,斯能用夫不一者也。"其思想根源显然来自《易传》,是"一阴一阳之谓道"这个命题所含之意。《易传》认为,"易有太极,是生两仪",分而为阴阳相摩相荡,是为动,然而"天下之动,贞夫一者"。刘熙载以这个"一"为艺术的灵魂,二为杂多,一为统领。二而为一,故守常处变,静而不乱。一而分二,故动出应多,流转不息。如他谈书法时,既注意到阴阳相摩相荡所产生的种种变化,同时又以"一"统领之,控驭之。如他说:"崔子玉《草书势》云:'放逸生奇。'又云:'一画不可移。''奇'与'不可移'合而一之,故难也""张伯英草书隔行不断,谓之'一笔书',盖隔行不断,在书体均齐者犹易,惟大小疏密,短长肥瘦,倏忽万变,而能潜气内转,乃称神境耳。""奇"是荡迹回环,是放;"一画"是内在气脉,是收。正如他对"一笔书"的诠释,并非笔画相连不断,而是潜气内转,有内在的生命之流,这就是"一"。

刘熙载还在"一"的基础上,置入他的自然为上的美学观念。归于一,就是归于天,归于本,归于自然而然的呈现方式。文本同而末异,艺道变化,无所不有,然会之有元,归之有本,回复常道,乃为艺不刊之法则。他在《游艺约言》中写道:"无为者,性也,天也。有为者,学也,人也。学以复性,人以复天,是有我去仍薪至于无为也,画家逸品出能品之上,意之所通者广矣。""作书当如自天而来,不然,则所谓为者败之,执者失之,昔人谓好诗必是拾得,书亦尔尔。"无为为本,有为为用;无为为天然本性,有为为变化万方。艺术创造,妙在能变,然变中有常,万变不离宗极。这个宗极就是自然之性。"文莫贵于深造自得。深造,人之尽也;自得,天之道也。"刘熙载于此要表现的美学思想是:既要放逸于创造,又要返归于天然,方能合天人之道。

他对"饰"的解释颇有思致,《游艺约言》云:"文之不饰者,乃饰之极,盖人饰不如天饰也。是故易言白贲。"《艺概》云:"白贲占于贲之上爻,乃知品居极上之文,只是本色。"这正是刘勰所说的"贲象穷白,贵乎反本"。"饰"而"不饰",方有大妙。用一句刘熙载所引录的禅语概括,就是"本地风光"。

第三节　对书法"意象"说的总结

《书概》是《艺概》的一部分,集中汇集了刘熙载一生关于书法艺术的真知灼见。其中所收 246 条论书札记,于书法之一艺,探源本,析流派,窥大指,阐幽微,明技法,涉及书法的艺术创造、艺术风格、艺术形式、艺术技巧以及书体渊源流变等诸多方面,可谓以检核之笔,发微中之谈。虽然《书概》中所涉及的书法概念、范畴和命题多为前代书法批评理论家提出过、讨论过,但是刘熙载往往以短短几句话甚至几个字,来评论一位书法家或书法作品,概括一种字体或时代的风格特点,极其精炼,也极其深刻。书中少有关于传闻佚事的大量记载或连篇累牍的史料考证,其书法美学理论往往一语击中要害,显示出刘熙载对于中国古代文化和书法艺术有着极深的修养。基于他论文论艺立足宏观视野的立场,其书法美学也从清代书法理论家那种沉湎于点画、用笔、结体、章法等书法技法的精细阐发和解说中摆脱出来，由具体的、局部的、切用的角度拓展为一种融会了哲学、美学内涵的理性思考。他以辩证的思想来全面、系统地讨论书法的本质，同时一如他治学无门户之见一样，其书法观念亦无偏激乖戾之失，显示出很高的水平，常常被视为中国古典书法美学之殿军。

从《书概》来看，刘熙载的书法美学理想深受《易传》思想的影响。一生以经学为主的刘熙载，在谈文论艺时他特别突出六经的作用。而六经之中，刘氏尤其推崇《周易》之《易传》。他认为"制义推明经意，近于传体，传莫先于《易》之《十翼》。"（《经义概》）所以，其《书概》第一条开宗明义地指出："圣人作《易》，立象以尽意。意，先天，书之本也；象，后天，书之用也。"从《易传》中所引发出来的这一思想，可以被看作是刘熙载书法美学的立足点，也是其书法美学"意象"论的理论基石。

在中国哲学中，"象"是一个独特的哲学范畴。中国哲学中"象"的思想，源自《周易》哲学。在《周易》中，除了言和意之外，还有一个"象"的系统，即所谓卦爻系统，它通过可视的视觉形象来传达微妙难言的意。《易传·系辞上》里说："书不尽言，言不尽意"，故"圣人立象以尽意"。言不尽意，故立象以尽意，《周易》在言和意之间增加了象，形成了言、象、意的互动系统。在《易传》作者看来，概念化的语言是凿实的、确定的，因而是有限的。那种语言僵化凿实地界定，往往不能很好地完成心灵的传达，不能反映出生命内在变化的丰富性和整体性，因而不能充分地表达"意"。象之所以优于言，就在于象可以超越语言自身的局限性，以一种生命的代码去模拟生命和显现生命，从而使得象和意之间能够高度融合。象不执着于一性一能、一功一效，事物之一象，可以子立应多，守常处变，以一应万，以少总多。这种立象以尽意的思想传统，以及"象"思维的流布，对中国艺术发展影响极大，也直接影响到中国书法的意象创造。

刘熙载正是吸收了宋代易学把"意"、"象"和"先天"、"后天"联系起来的观点，从书法艺术的实际出发，把"象"解释为书象（即书法的形象），把"意"解释为书家试图通过书法作品要表达出来的"意"，这样就赋予书法创作深刻的哲理内涵：书法创作虽然离不开"象"，但"象"只是"书之用"，而"意"才是"书之本"。他在《艺概·文概》中也说："易道有先天、后天。"宋代邵雍《皇极经世·观物外篇》云："先天之学,心也;后天之学,迹也。"邵雍所谓"心"与"迹",与书法中的"意"与"象"正好对应,所以刘熙载还援引了钟繇的名言"笔迹者,界也;流美者,人也"以印证。正如"心"与"迹"有"先天"、"后天"之分,书法中"意"和"象"也有先后之别。刘熙载借用易学中"意为先天"的命题,来阐明书法家欲书之时"意在笔先"的创作规律,揭示书法艺术"立象以尽意"的本质特征,是非常深刻的。他是对唐代张怀瓘等人书法"意象"说的进一步发展,可视为古代书法美学中"意象"说的总结。

刘熙载认为,既然书法要"尽意",而"流美者"又是人,因此书法必然联结着"观我";同时,"尽意"又离不开"立象",这又必然联结着"观物",所以,令人饶感兴味的是,《书概》的最后一条是："学书有二观:曰'观物',曰'观我'。观物以类情,观我以通德。如是,则书之前后莫非书也,而书之时可知矣。""观我"、"观我"的说法,也出自邵雍《皇极经世·观物内篇》："不以我观物者,以物观物之谓也。"《观物外篇》又补充说："以物观物,性也;以我观物,情也。"黄粤洲注曰："《皇极》以观物也,即本物之理观乎本物,则观者非我,物之性也。若我之意观乎是物,则观者非物,我之情也。"刘熙载认为,书家应该观"物之性",从而总括出万物的情状及其动态美,"观物"的目的是"以类万物之情"。大自然不仅感发审美的心胸,激我情思,而且给书法家提供一个澡雪精神的场所,使得书法家在陶然相对、氤氲满怀的境界中升腾,进入到一无挂碍、物我合一的境地。所以,对于书法家而言,观物取象,就是一种美的观照,是从对象的形象里,发掘出新的、显现其本质的形象,亦即有价值、有意味的新的形象,并通过赋予形象新的意味,而使其艺术化。一般人所不能美化、艺术化的事物,在书法家挟带着想象力的眼光里,都被美化和艺术化了,真是化臭腐为神奇,这也是中国一切大书法家的共同本领。《书概》中深受《易传》思想影响的两段话,被刘熙载放在全书的一头一尾,遥相呼应,是大有深意的,它揭示出书法的本质和学书的根本方法,所以可被视为《书概》思想的核心。

那书法家究竟如何才能观物取象,"以类万物之情"呢? 刘熙载说:"与天为徒,与古为徒,皆学书者所有事也。天,当观于其章;古,当观于其变。"要和大自然交朋友,也要和古人交朋友,一方面师法自然,一方面尚友古人,观察自然本身的形象、文采、条理之美,同时揣摩书法发展变化和创新的规律,这才是书法艺术创造的不二法门。为了说明自己的"观天之章"和"观物类情"之理,他还举唐代书法家怀素和李阳冰为例予以阐发:

> 怀素自述草书所得,谓"观夏云多奇峰,尝师之"。然则学草者径师奇峰可乎? 曰:不可。盖奇峰有定质,不若夏云之奇峰无定质也。
>
> 李阳冰学《峄山碑》,得《延陵季子墓题字》而变化。其自论书也,谓于天地山川、日月星辰、云霞草木、文物衣冠,皆有所得。虽未尝显以篆诀示人,然已示人毕矣。

怀素草书不直接取法于有定质的奇峰,而是师法无定质的"夏云多奇峰",这样写出来的草书线条,就能如行云流水,姿态横生,这就是书法家"与天为徒"的结果。李阳冰曾专攻篆书三十年,终于认识到不能满足于"与古为徒",必须"与天为徒":"缅想圣达立卦造书之意,乃复仰观俯察六合之际焉:于天地山川,得方圆流峙之形;于日月星辰,得经纬昭回之度;于云霞草木,得霏布滋蔓之容;于衣冠文物,得揖让周旋之体;于须眉口鼻,得喜怒惨舒之分;于虫鱼禽兽,得屈伸飞动之理;于骨角齿牙,得摆拉咀嚼之势。随手万变,任心而成。可谓通三才之气象,备万物之情状者矣。"①刘熙载还借用佛家悟有顿渐之说,来阐明师法古人与师法自然之不同:"悟有顿、渐。学书从摹古人得者,渐也;从观物得者,顿也。"可见,李阳冰、怀素的"观天之章",就属于书法学习中的顿悟。

---

① 参见朱长文《墨池编》卷一《唐李阳冰上李大夫论古篆书》,文渊阁《四库全书》本。

刘熙载《书概》中最受近代书学研究者推许的，是他的批评理论中充满着辩证思维的色彩，而这一点恰恰也是受到了《易传》思想的沾溉。《易传》把早期的阴阳概念发挥成带有根本性的哲学范畴，认为"一阴一阳之谓道"，阴阳的相互交替作用是宇宙间运动的根本规律，并认为阴阳所代表的矛盾对立双方相互包含、相互转化是极为重要的。受《易传》阴阳刚柔书学的影响，中国美学把美区分为阴柔之美和阳刚之美两大类型。刘熙载继承了这一思想，他说："立天之道曰阴与阳，立地之道曰柔与刚。文，经纬天地者也，其道惟阴阳刚柔可以该之。"（《经义概》）"文章书法皆有乾坤之别，乾变化，坤安贞也。"（《游艺约言》）又说："书要兼备阴阳二气。大凡沉著屈郁，阴也；奇拔豪达，阳也。"（《书概》）刘氏不仅看到了阴阳对立的一面，更看到了二者互相渗透和转化的一面，他把两物相待、强弱相成、刚柔相形视为天地万物的基本法则，也是贯穿文学艺术的基本法则。正是基于这一思想，他对书法批评中很多辩证法则进行了深入地思考。

受《易传》辩证思维的影响，刘熙载常常以一对互相对立同时又互相联系的范畴，通过比较其异同及相互关系来解释书法的规律，这一思维模式涉及书法的字体、风格、形式结构和笔法技巧。比如在论述各种字体时，刘熙载说：

> 书之有隶生于篆，如音之有徵生于宫。故篆取力弇气长，隶取势险节短，盖运笔与奋笔之辨也。
>
> 隶形与篆相反，隶意却要与篆相用。以峭激蕴纤余，以倔强寓款婉，斯征品量。不然，如抚剑疾视，适足以见无能为耳。
>
> 草书之笔画，要无一可以移入他书；而他书之笔意，草书却要无所不悟。
>
> 书凡两种：篆、分、正为一种，皆详而静者也；行、草为一种，皆简而动者也。
>
> 正书居静以治动，草书居动以治静。

这些话，集中反映了刘氏关于"书体互通"的观点，指出篆书和隶书形态和运笔的差异，以及内在意蕴相通的特点，既相反又相用。尤其是草书，更要借鉴吸收其他书体的笔意。概括地说，中国书法家有两个任务：一是尽可能艺术化地塑造汉字结构的形态本身，使之包含着均衡、理性、秩序、和谐的意味；二是力求挣脱汉字结构本身的限制与规定，努力表达出自己的情趣。由此，书法的艺术性就突出表现在造型性和节奏化两方面。前者是类似于建筑和雕塑的特征，是静；后者是类似于音乐和舞蹈的特征，是动。在不同的字体中，便有不同的表示，所以，刘熙载说篆隶楷属于"详而静"，行草属于"简而动"。但是，刘熙载接着又说："正书居静以治动，草书居动以治静。"可见，楷书表面上处于静止，但为了避免它呆板和僵化，就要求取动的态势；草书虽然处于流动的态势之中，但为了避免流于浮滑，就要求取一种静谧的意境和在流动中的从容。这样，无论楷书（包括篆隶）和草书（包括行书），或者动中有静，或者静中有动，都是有动有静、动静结合了。

在讨论书法的风格时，刘熙载认为，书法艺术的风格中也包含着各种矛盾的因素，他还排列出很多成对的审美范畴，比如"委屈"和"简直"、"萧散"和"严密"、"神超"和"骨练"、"力劲"和"气厚"等，来说明矛盾对立的因素对于风格构造的意义，因为任何一种风格中的矛盾因素既是对立的，又是统一的。比如，他评"蔡邕洞达，钟繇茂密。余谓两家之书同道，洞达正不容针，茂密正能走马。"这就是"洞达"和"茂密"的辩证统一。又如，"书要力实而气空，然求空必于其实，未有不透纸而能离纸者也。"这就是"力实"和"气空"的对立统一。再如，"怪石以丑为美，丑到极处，便是美到极处。一'丑'字中丘壑未易尽言。俗书非务为妍美，则故托丑拙，美丑不同，其为为人之见一也。"这是"妍美"和"丑拙"的辩证统一。

在具体的笔法技巧方面，刘熙载的评论也充满了辩证思想。例如，刘熙载多次论到"提"和"按"这一对技法范畴："书家于提、按二字，有相合而无相离。故用笔重处正须飞提，用笔轻处正须实按，始能免堕、飘二

病。"又说："凡书要笔笔按,笔笔提。辨按尤当于起笔处,辨提尤当于止
笔处。"按是在提的基础上按下去,提是在按的动作下提起来,也就是
"提"和"按"能够"有相合而无相离",这样按下的笔画,即使粗而不"自
偃",不会粗笨地死躺在纸上;这样提起的笔画,就不会出现虚浮飘弱的
笔迹。又如:"蔡中郎云:'惟笔软则奇怪生焉。'余按此一'软'字,有独而
无对。盖能柔能刚之谓软,非有柔无刚之谓软也。""画有阴阳。如横则
上面为阳,下面为阴;竖则左面为阳,右面为阴。惟毫齐者能阴阳兼到,
否则独阳而已。"由此可见,《易传》阴阳刚柔的思想对于刘熙载的深刻影
响。刘熙载虽然曾受到过佛老学说的浸染,但在他思想中占主导地位的
还是儒家思想。这种思想,在他的《持志塾言》和《古桐书屋札记》表现得
非常强烈,显示出他积极入世、经世致用的倾向。根据儒家"诗言志"的
传统观念,刘熙载在《书概》中直接提出了"写字者,写志也"的命题,并且
多次阐发这一命题:

> 扬子以书为心画,故书也者,心学也。心不若人而欲书之过人,
> 其勤而无所也宜矣。

> 笔情墨性,皆以其人之性情为本。是则理性情者,书之首务也。

刘熙载继承了汉代杨雄"书为心画"之说,认为书法直接导源于人的内
心,进而将书法作品与书法家的内心世界、品行志趣联系起来。他还进
一步指出:"书,如也,如其学,如其才,如其志,总之曰如其人而已。"在刘
熙载看来,心和志乃是书之根本,而"心"和"志"乃是包含了书者之学与
才诸要素在内的人的精神特质。刘熙载强调书法作品的高下与书家的
学识、才情、志趣密切相关,而最重要的乃是"志","志"是人的胸襟气度
和道德修养的综合表现。刘熙载曾取《孟子》中"持其志,无暴其气"之
意,将自己的书斋取名为"持志",又作《持志塾言》一书,其中云:"志乃人
生之大主意,一生之学术事业,无不本此以贯之,故不可容其少有差失。"
又说:"具有圣人之才者,千万人中不能有一人,若圣人之志,是人人能存
底,不存之是自弃也。"虽然刘熙载所持的依然是儒家文艺观念,但他没

有把人的本质归于单一的社会伦理道德,而是更强调学、才、志等人的心性本质因素,这就比之前柳公权、郑杓、项穆等人主张的"人正则书正"的机械论更加丰富而深刻,所以,他关于书品与人品关系的概括,就最广为人们所接受。

主要参考文献

严羽:《沧浪诗话》,郭绍虞校释本,北京:人民文学出版社,2005年。

吴宽:《匏翁家藏集》,四部丛刊初编本。

谢肇淛:《五杂俎》,上海:上海书店出版社,2009年。

胡应麟:《少室山房笔丛》正集三十二卷,续集十六卷,文渊阁《四库全书》本。

杨慎:《词品》,词话从编本。

陈继儒:《陈眉公先生全集》,明刊本。

汪道昆:《太函集》,明刊本。

袁宏道:《袁中郎全集》,明刻本。

袁宗道:《白苏斋类稿》,上海:上海古籍出版社标点本。

袁中道:《珂雪斋集》,北京:中国书店影印世界书局本。

袁中道:《珂雪斋近集》,上海:上海书店出版社,1982年。

汤显祖:《汤显祖集》,北京:中华书局标点本。

文震亨著、陈植校:《长物志校注》,南京:江苏科学技术出版社,1984年。

王世贞:《弇州山人四部稿》一百七十四卷,续稿二〇七卷,文渊阁《四库全书》本。

王世贞辑:《王氏书苑》一〇卷,泰东书局影印本,1922年。

王世贞:《古今法书苑》七十六卷,王昌乾原刊本(清华大学图书馆藏)。

何良俊:《四友斋书论》一卷,美术丛书本。

张丑:《清河书画舫》十二卷,文渊阁《四库全书》本。

赵宦光:《寒山帚谈》二卷,文渊阁《四库全书》本。

杨慎:《墨池琐录》四卷,说郛续本。

吕天成:《曲品》,清乾隆五十六年杨志鸿钞本。

胡应麟:《诗薮二》十卷,上海:上海古籍出版社排印本。

题李贽评点(实为叶昼):李卓吾先生批评忠义《水浒传》一百卷,明万历容与堂刻本。

李贽评点、杨定见增编:李卓吾评忠义水浒全传,不分卷,明万历袁无涯刻本。

李贽:《焚书》,北京:中华书局标点本。

明罗本撰、李贽评:李卓吾先生批评三国志120回,清嘉兴九思堂。

徐上瀛:《大还阁琴谱》六卷,北京大学图书馆藏清康熙十二年蔡毓荣刻本。

张岱:《琅嬛文集》,长沙:岳麓书社,1985年。

张大复:《梅花草堂笔谈》,四库全书存目丛书本。

祁彪佳:《寓山注》,明崇祯刻本。

祁彪佳:《寓山志》,日本尊经阁藏本。

祁彪佳:《寓山续志》,明末抄本。

祁彪佳:《远山堂曲品》、《远山堂剧品》,中国古典戏曲论著集成本,北京:中国戏剧出版社1959年。

祁彪佳:《祁彪佳集》,北京:中华书局标点本。

祁彪佳:《远山堂诗集》,清初东书堂钞本。

董其昌:《容台文集》、《容台诗集》,四库存目丛书本。

董其昌:《画禅室随笔》,济南:山东画报出版社,2007年。

陈继儒:《晚香堂集》,四库禁毁丛书本。

计成撰、陈植校:《园冶校释》,北京:中国建筑工业出版社,2006年。

李日华撰:《味水轩日记》,北京:线装书局,2003年。

李渔:《一家言居室器玩部》,上海科技出版社,1984年。

李渔:《闲情偶寄》,江巨荣、卢寿荣校注,上海:上海古籍出版社,2005年。

李渔:《李渔全集》,杭州:浙江古籍出版社,1992年。

吴伟业:《吴梅村集》,四部丛刊本。

傅山:《霜红龛集》,太原:山西人民出版社,1984年影印丁宝铨刊本。

叶燮:《原诗》四卷本,北京:人民文学出版社合刊本,1998年。

叶燮:《已畦文集》二十二卷,诗集十集,康熙刻本。

朱彝尊:《静志居诗话》二十四卷,北京:人民文学出版社校点本,1990年。

朱彝尊:《曝书亭集》八十卷,文渊阁四库全书本。

王士禛撰:《带经堂诗话》三十卷,张宗柟辑,北京:人民文学出版社,2006年。

王士禛:《渔洋诗话》三卷,清诗话本。

沈德潜:《说诗晬语》二卷,北京:人民文学出版社合刊校注本,1998年。

方薰:《山静居诗话》(不分卷),清诗话本。

包世臣:《艺舟双楫》九卷,光绪十四年《安吴四种》重校刊本。

金圣叹:《金圣叹全集》,南京:江苏古籍出版社,2008年。

金圣叹:《第六才子书西厢记评点》,叶朗总主编《中国历代美学文库·清代卷上》,北京:高等教育出版社,2003年。

金圣叹:《第五才子书水浒传评点》,叶朗总主编《历代美学文库·清代卷上》,北京:

高等教育出版社,2003 年。

王夫之:《船山全集》,长沙:岳麓书社,1996 年。

王夫之撰、舒芜校笺:《姜斋诗话校笺》,北京:人民文学出版社,1961 年。

都穆:《南濠诗话》,丁福保辑《历代诗话续编》(下),北京:中华书局,1983 年。

纪昀:《纪文达公遗集》三十二卷嘉庆刻本。

纪昀:《纪晓岚文集》,石家庄:河北教育出版社,1991 年。

施闰章:《施愚山文集》二十八卷,合肥:黄山书社,1992 年。

傅山:《霜红龛集》,太原:山西古籍出版社,2007 年。

朱彝尊:《鲒埼亭诗集》,上海:上海古籍出版社,2002 年。

沈德潜:《沈归愚先生全集》,清乾隆刻本。

沈德潜:《古诗源》、《唐诗别裁集》,国学基本丛书本。

沈德潜:《元诗别裁集》,上海:上海古籍出版社 1979 年。

沈德潜:《明诗别裁集》,上海:上海古籍出版社,2008 年。

沈德潜:《清诗别裁集》,北京:中华书局,1975 年影印本。

钱谦益:《列朝诗集》八十一卷,清顺治刻本、清宣统重刻本。

毛奇龄:《西河诗话》八卷,昭代丛书本。

赵翼:《瓯北诗话》,南京:凤凰出版社,2009 年。

钱泳:《履园丛话》,北京:中华书局,1979 年。

李斗:《扬州画舫录》,北京:中华书局,2004 年。

马宗霍:《书林藻鉴》,北京:文物出版社,2003 年。

包世臣:《艺舟双楫》六卷,翠琅轩馆丛书本。

康有为:《广艺舟双楫》,上海:上海书画出版社,2006 年。

石涛:《大涤子题画诗跋》四卷本,美术丛书本。

汪研山编:《清湘老人题记》,清刻本。

汪世清:《石涛诗录》,石家庄:河北教育出版社,2006 年。

龚贤:《半千山水课徒画稿》,成都:四川人民出版社,1981 年。

宋荦:《漫堂题跋》,中国书画全书本。

周亮工:《读画录》,《周亮工全集》本,南京:凤凰出版社,2008 年。

笪重光:《画筌》,俞剑华中国画论类编本。

王石谷:《清晖画跋》,秦祖永画学心印本。

恽南田:《南田画跋》,杭州:西泠印社,2008 年。

王原祁:《王麓台司农诗集》,国家图书馆藏清钞本。

王原祁:《麓台题画稿》,上海:上海古籍书版社,2002 年。

布颜图:《画学心法问答》,俞剑华中国画论类编本。

唐岱:《绘事发微》,中国书画全书本。

金农:《冬心题跋》,美术丛书本。

方薰:《山静居画论》,俞剑华中国画论类编本。

沈宗骞:《芥舟学画编》,济南:山东画报出版社,2013年。

华琳:《南宗抉秘》,中国书画全书本。

黄钺:《二十四画品》,见陈育德等校点《壹斋集》,合肥:黄山书社,1991年。

《郑板桥集》,上海古籍出版社,1979年。

方士庶:《天慵庵随笔》,丛书集成初编本。

张潮:《幽梦影》,南京:凤凰出版社,2010年。

黄旭东等编:《查阜西琴学文萃》,杭州:中国美术学院出版社,1995年。

杨宗稷编:《琴学丛书》二函十四册,北京:中国书店,2000年。

何焯:《义门题跋》一卷,昭代丛书本。

杨宾:《大瓢偶笔》八卷,筱石山房抄本。

冯武:《书法正传》十卷,上海书画出版社,崔尔平点校本,1985年。

刘墉:《书法菁华》八卷,上海图书公司石印本,1924年。

程瑶田:《书势五势》一卷,美术丛书本。

笪重光:《书筏》一卷,昭代丛书本。

高士奇:《江村消夏录》三卷,文渊阁四库全书本。

梁巘:《承晋斋积闻录》一卷,上海书画出版社,洪丕谟点校本,1984年。

沈曾植:《海日楼题跋》三卷,北京:中华书局,1962年。

袁枚:《袁枚全集》,南京:江苏古籍出版社,1997年。

袁枚:《随园诗话》二十六卷,北京:人民文学出版社校点本,1982年。

何绍基:《东洲草堂文钞》二十卷,何氏家刻本。

翁方纲:《复初斋文集》三十五卷,嘉业堂丛书本。

翁方纲:《石洲诗话》八卷,陈迩冬校点,北京:人民文学出版社,1981年。

刘熙载:《艺概》六卷,上海古籍出版社王国安校点本,1978年。

杨守敬:《学书迩言》一卷,北京:文物出版社,陈上岷校注本,1982年。

黄霖、韩同文编:《中国历代小说论著选》,南昌:江西人民出版社,1982年。

丁锡根编:《中国历代小说序跋集》,北京:人民文学出版社,1996年。

崔令钦编:《中国古典戏曲论著集成》,台北汉京文化事业有限公司,1983年。

中国戏曲研究院编:《国古典戏曲论著集成》,北京:中国戏剧出版社1959年。

丁福保编:《清诗话》上下册,上海古籍出版社,1983年。

郭绍虞编、富寿荪点校:《清诗话续编》三册,上海古籍出版社,1983年。

《古今诗话续编》四十三册,台北成文书局1973年据台湾珍藏善本书稿影印。

张照、梁诗正等奉敕编纂:《石渠宝笈》四十四卷,文渊阁《四库全书》本。

《石渠宝笈》初编、二编,三编,台北故宫博物院印行,1969年。

孙岳颁等编:《佩文斋书画谱》,文渊阁四库全书本。

《金瓶梅资料汇编》,北京:中华书局,1987年版。

索　引

本卷分工*：

朱良志　第六、七、八章，第十章部分。

肖　鹰　第四、五章。

孙　焘　第一、二、三章。

崔树强　第九章，第十章部分。

---

　*　第一、二、四、五章参考叶朗《中国美学史大纲》、《中国小说美学》撰成。